Ontologie der Fabrikplanung mit Hilfe von Building Information Modeling (BIM)

Ontology of Factory Planning through Building Information Modeling (BIM)

Von der Fakultät für Maschinenwesen
der Rheinisch-Westfälischen Technischen Hochschule Aachen
zur Erlangung des akademischen Grades eines
Doktors der Ingenieurwissenschaften
genehmigte Dissertation

vorgelegt von

Matthias Aref Ebade Esfahani

Berichter/in:

Univ.-Prof. Dr.-Ing. Dipl.-Wirt. Ing Günther Schuh
Univ.-Prof. Dr.-Ing. Peter Burggräf, MBA

Tag der mündlichen Prüfung: 25. April 2022

ERGEBNISSE AUS DER PRODUKTIONSTECHNIK

Matthias Ebade Esfahani

Ontologie der Fabrikplanung mit Hilfe von Building Information Modeling (BIM)

Herausgeber:
Prof. Dr.-Ing. T. Bergs
Prof. Dr.-Ing. Dipl.-Wirt. Ing. G. Schuh
Prof. Dr.-Ing. C. Brecher
Prof. Dr.-Ing. R. H. Schmitt

Band 25/2022

WZL | RWTH AACHEN UNIVERSITY

Fraunhofer IPT

Bibliografische Information der Deutschen Nationalbibliothek
Die Deutsche Nationalbibliothek verzeichnet diese Publikation in der Deutschen Nationalbibliografie; detaillierte bibliografische Daten sind im Internet über https://portal.dnb.de abrufbar.

Matthias Ebade Esfahani:

Ontologie der Fabrikplanung mit Hilfe von Building Information Modeling (BIM)

1. Auflage, 2022

Gedruckt auf holz- und säurefreiem Papier, 100% chlorfrei gebleicht.

Apprimus Verlag, Aachen, 2022
Wissenschaftsverlag des Instituts für Industriekommunikation und Fachmedien an der RWTH Aachen
Steinbachstr. 25, 52074 Aachen
Internet: www.apprimus-verlag.de, E-Mail: info@apprimus-verlag.de

Druck: CPI Druckdienstleistungen GmbH, Ferdinand-Jühlke-Straße 7 I 99095 Erfurt

ISBN 978-3-98555-084-5

D 82 (Diss. RWTH Aachen University, 2022)

Vorwort

Die vorliegende Dissertation entstand während meiner Tätigkeit als wissenschaftlicher Mitarbeiter am Lehrstuhl für Produktionssystematik des Werkzeugmaschinenlabors WZL der Rheinisch-Westfälischen Technischen Hochschule (RWTH) Aachen.

Herrn Professor Günther Schuh danke ich für die Möglichkeit zur Promotion. Herrn Professor Peter Burggräf danke ich für die Übernahme des Korreferats. Frau Professorin Katharina Schmitz möchte ich meinen Dank für die Übernahme des Prüfungsvorsitzes und Herrn Professor Eike Stumpf für die Übernahme des Prüfungsbeisitzes aussprechen.

Für die inhaltliche Betreuung und Unterstützung bei meiner Dissertation möchte ich mich bei Personen aus meinem nahen Umfeld bedanken. Meinen Kolleginnen und Kollegen aus der Abteilung Fabrikplanung möchte ich meinen herzlichen Dank aussprechen für die intensive, vertrauensvolle und wirklich auch lustige Zeit. Insbesondere möchte ich Herrn Dr. Matthias Dannapfel hervorheben, bei dem ich nicht nur bereits als studentische Hilfskraft Erfahrung sammeln konnte, sondern der mich als Oberingenieur über die vergangenen Jahre inhaltlich eng betreut, mir zahlreiche hilfreiche Tipps zur Erstellung der Dissertation gegeben und viel Vertrauen geschenkt hat. Seinem Nachfolger Tobias Adlon möchte ich ebenfalls danken, der mich speziell während der Prüfungsvorbereitung bei der Dissertation unterstützt hat, aber auch darüber hinaus eine wichtige Vertrauensperson während meiner Zeit am WZL war. Weiterhin möchte ich die studentischen Mitarbeiterinnen und Mitarbeiter sowie Abschlussarbeiterinnen und Abschlussarbeiter hervorheben, die mich bei meiner Dissertation unterstützt haben und mir immer als Diskussionspartner zur Verfügung standen. Für die außergewöhnliche Hilfsbereitschaft bedanke ich mich bei: Stephan Matoni, Nora Schwamborn, Svea Wrede, Corinna Geukes, Marius Groß und Daniel Cäsar.

Durch das gemeinsame Studium und die folgende Dissertationszeit sind enge Freundschaften entstanden, die vermutlich fürs Leben halten. Ich danke Hannes Kahmann und Carsten Fölling für den Rückhalt über die gesamte Zeit. Ebenso danke ich meiner tollen Gruppe Werksstrukturplanung für die unvergesslichen Erlebnisse: Jonas Dackweiler, Jan Salzwedel, Steffen Schupp und Tingni Xu.

Zuletzt gebührt der Dank meinen Eltern, die mir den Weg zur Promotion mit dem Studium erst ermöglich haben. Weiterhin danke ich meiner Frau Patricia Schmitz für die unermüdliche Unterstützung, die aufbauenden Worte sowie die Geduld, die sie mir entgegengebracht hat.

Aachen, im April 2022 Matthias Ebade Esfahani

Inhaltsübersicht

Inhaltsverzeichnis

Abbildungsverzeichnis

Tabellenverzeichnis

Formelverzeichnis

Formelzeichenverzeichnis

Lateinische Symbole

J	-	Maßeinheit der Energie
kg	-	Maßeinheit der Masse
K	-	Maßeinheit der Temperatur
M	$\frac{kg}{mol}$	Molare Masse
R	$\frac{J}{mol * K}$	Allgemeine Gaskonstante
p	Pa	Maßeinheit des Drucks
W	-	Maßeinheit der Leistung
X	-	Beladung
$\dot{Q}$	W	Wärmestrom
V	m^3	Volumen
L	$\frac{1}{s}$	Luftwechselzahl
y	-	Abscheidegrad
$\dot{m}$	$\frac{kg}{s}$	Massenstrom

Griechische Symbole

ϑ	°C	Celsius-Temperatur
φ	%	Relative Luftfeuchtigkeit
β	-	Gewichtungsfaktor zwischen Precision und Recall

Hoch-/Tiefstehende Indizes

R	-	Raum
W	-	Wasser
L	-	Luft
s	-	gesättigt

Abkürzungsverzeichnis

AIA	Auftraggeberinformationsanforderung(en)
BAP	BIM-Abwicklungsplan
BCF	Open BIM Collaboration Format
BI-Model	Building Information Model
BIM	Building Information Modeling
BIM-AwF	BIM-Anwendungsfall
BPMN	Business Process Modeling Notation
bsDD	buildingSMART Data Dictionary
bsDD-LD	buildingSMART Data Dictionary-Linked Data
CAFM	Computer-Aided Facility Management
CAGR	Compound Annual Growth Rate
CIRP	College International pour la Recherche en Productique
CQ	Competency Question(s)
CQIE	Construction Quality Inspection and Evaluation
CRISP	Cross-Industry Standard Process for data mining
CWA	Closed-World Assumption
DAML-ONT	DARPA Agent Markup Language
DC	Dublin Core
DFMA	Design for Manufacture and Assembly
DL	Description Logic
DSGVO	Datenschutzgrundverordnung
DSR	Design Science Research
ER	Exchange Requirements
EU	Europäische Union
FN	False Negatives
FOL	First-Order Logic
FP	False Positives
FP-IDM	Factory Planning Information Delivery Manual

GMP	Good Manufacturing Practice
GOT	Glossary of Terms
HOAI	Honorarordnung für Architekten und Ingenieure
HVAC	Heating, Ventilation, Air Conditioning
IAA	Informationsaustauschanforderung
ICV	Integrity Constraint Validation
IDM	Information Delivery Manual
IFC	Industry Foundation Classes
IPD	Integrated Project Delivery
IRI	Internationalized Resource Identifier
IT	Informationstechnologie
JIF	Java Inspection Framework
KAP	Kapazitätsplanung
KG	Kostengruppe
LOD	Level of Development
LOG	Level of Geometry
LOI	Level of Information
LPH	Leistungsphase
MASON	Manufacturing‘s Semantic Ontology
MVD	Model View Definition
N3Logic	Notation3Logic
NFA	Nicht-funktionale Anforderung(en)
NLP	Natural Language Processing
OFP	Ontology for Factory Planning
ORSD	Ontology Requirements Specification Document
OWA	Open-World Assumption
OWL	Web Ontology Language
PGOT	Pre-Glossary of Terms
PMP	Produktionsmittelplanung
POC	Point of Connection
PRE	Precision
PRISMA	Preferred Reporting Items for Systematic reviews and Meta-Analyses
RASE	Requirement, Applicability, Select, Exception
RDF	Resource Description Framework
REC	Recall

Resp.	Respektive
RIF	Rule Interchange Format.
RLT-Anlagen	Raumlufttechnische Anlagen
SHACL	Shapes Constraint Language
ShEx	Shape Expressions
SKOS	Simple Knowledge Organization System
SPIN	SPARQL Inferencing Notation
STARLITE	Sampling strategy, Type of study, Approaches, Range of years, Limits, Inclusion and exclusions, Terms used, Electronic sources
SWRL	Semantic Web Rule Language
TGA	Technische Gebäudeausrüstung
TN	True Negatives
TP	True Positives
Turtle	Terse RDF Triple Language
u.a.	unter anderem
UML	Unified Modeling Language
VDI	Verein Deutscher Ingenieure
Vgl.	Vergleiche
VPI	Virtual Production Intelligence
W3C	World Wide Web Consortium
WSML	Web Service Modeling Language
WWW	World Wide Web
WZL	Werkzeugmaschinenlabor WZL der RWTH Aachen University
XML	Extensible Markup Language
z.B.	zum Beispiel

Zusammenfassung

Building Information Modeling (BIM) ermöglicht eine zentrale Datenverwaltung aller Bauwerksinformationen in einem digitalen Modell, wodurch die Planungssicherheit verbessert wird, Fehler frühzeitig entdeckt und behoben werden können und das Informationsmanagement zwischen allen Beteiligten vereinfacht werden kann. Durch BIM erhält die Digitalisierung der Bauindustrie somit einen starken Anschub. Im Industriebau ist diese Methode trotz großer Potentiale jedoch noch nicht weit verbreitet, was insbesondere auf den Bereich der Fabrikplanung zutrifft. Dies ist vor allem auf die vielschichtige Schnittstelle zwischen technischer Gebäudeausrüstung (TGA) und Produktion zurückzuführen, innerhalb der eine Validierung der seitens der TGA und Produktion gelieferten nicht-geometrischen Informationen sehr aufwändig und fehlerbehaftet ist. Zur Lösung dieser Herausforderung sollten die Informationen automatisch validiert werden. Hierzu greift die Arbeit die Ansätze des Semantic Web sowie bestehende Rahmenwerke von buildingSMART auf. Im Konkreten wird ein Lösungskonzept entwickelt, welches mittels einer OWL-Ontologie (Web Ontology Language), eines Information Delivery Manual (IDM) sowie unter Anwendung von in SHACL (Shapes Constraint Language) formulierten Prüfregeln eine automatische Validierung befähigt. Ein abschließend durchgeführtes Experiment zeigt, dass dieses Konzept einen Beitrag zur Weiterentwicklung der BIM-basierten Fabrikplanung in der Praxis darstellt und gleichzeitig forschungsseitig ein Wissensmodell bietet, auf welchem für die Erschließung weiterer Planungsdisziplinen (z. B. Elektro) aufgebaut werden kann.

Summary

Building Information Modeling (BIM) enables central data management of all building information in a digital model, which improves planning reliability, allows errors to be detected and corrected at an early stage, and simplifies information management between all involved parties. With BIM, the digitization of the construction industry is thus receiving a strong boost. Despite great potential, however, this method is not yet commonly used in industrial construction, which is especially true in the area of factory design. This can mainly be attributed to the complex interface between Mechanical, Engineering, Plumbing (MEP) and Production, within which non-geometric information delivered by MEP and Production can be very time-consuming and error-prone to validate. To address this challenge, the information should be validated automatically. For this purpose, the dissertation uses the approaches of the Semantic Web as well as existing frameworks of buildingSMART. In particular, a solution concept is developed that enables automatic validation by means of an OWL-ontology (Web Ontology Language), an Information Delivery Manual (IDM), and by applying checking rules formulated in Shapes Constraint Language (SHACL). A concluding experiment shows that this concept represents a contribution to the further development of BIM-based factory planning in practice and, at the same time, provides a knowledge model on the research side that can be expanded to other planning disciplines (e.g. electrical).

1 Einführung

> *„Wir waren jene, die wussten, aber nicht verstanden, voller Informationen aber ohne Erkenntnis, randvoll mit Wissen, aber mager an Erfahrung."*
>
> *Roger Willemsen*

Der Fabrikplanungsprozess besteht im Wesentlichen aus der Planung des Produktionssystems als wertschöpfendes Innenleben der Fabrik sowie aus der Planung der die Wertschöpfung umgebenden Hülle, der Industriebauplanung[1,2]. Folglich wird das gewöhnliche Gebäudeplanungsteam durch die Planungsdisziplin der Produktionsplanung erweitert. Hierdurch entstehen zusätzliche Anforderungen an Informationen und Daten, die zwischen den Planern[3] ausgetauscht werden müssen. Innerhalb eines solchen Fabrikplanungsprozesses wurden in der Vergangenheit insbesondere an den Synchronisationspunkten zwischen den Planern Aktivitäten sichtbar, die nicht dem direkten Projektfortschritt dienten. Vielmehr waren sie durch Koordinations- und Abstimmungstätigkeiten geprägt, die die Sicherstellung der Konsistenz und somit der Stabilität der Planung zum Ziele hatten. In einem regelungstechnischen Verständnis ist die Stabilität eines Systems dann gegeben, wenn die Zustandsvariablen des Systems nach Änderung der Stör- bzw. Führungsgröße wieder auf ein Gleichgewicht zustreben, so dass sich das System insgesamt wieder einschwingt.[4] Diesem theoretischen Verständnis folgend beschreibt die Stabilität von Fabrikplanungsprozessen analog den Zustand, in dem sich alle Zustandsvariablen der Planung trotz wechselnder Parameter (also Planungsinformationen) weitgehend im Gleichgewicht befinden. Die beschriebenen Koordinations- und Abstimmungstätigkeiten sind folglich für das Einschwingen des Planungssystems nach Einfluss von Störgrößen notwendig. Solch ein Einschwingen des Planungssystems erfordert Zeit und vermindert somit die Effizienz von Fabrikplanungsprojekten.

Derartige Störgrößen an Synchronisationspunkten zwischen Planern bestehen zum Beispiel aus Medienbrüchen (wie der Wechsel von papierbasierten 2D-Zeichnungen hin zu 3D-CAD-Zeichnungen). Um solchen zunächst in der Baubranche generell vorherrschenden Problemen zu

[1] Vgl. Burggräf, P. et al. (2019), Integrated Factory Modelling, S. 144.

[2] Dem Autor ist bewusst, dass insbesondere durch die zunehmende Vernetzung im Zuge der Industrie 4.0 die Grenze zwischen dem wertschöpfenden Innenleben und dem Gebäude verschwimmt. Dennoch liegt die Wertschöpfung bei fertigenden Betrieben noch immer hauptsächlich im Produktionsbereich.

[3] Aus Gründen der Lesbarkeit wurde im Text bei Personenbezeichnungen die männliche Form gewählt, nichtsdestoweniger beziehen sich die Angaben auf Angehörige aller Geschlechter.

[4] Vgl. Föllinger, O. et al. (2016), Regelungstechnik, S. 1ff.

begegnen, wurde in der Bauwirtschaft das *Building Information Modeling* (deutsch: Gebäudedaten- bzw. Gebäudeinformationsmodellierung, kurz: BIM) eingeführt; eine integrale Methode, welche mittels objekt- und informationsorientierter Modellierung Transparenz in den Planungsständen sowie den Austauschformaten sicherstellt[5]. Der Stellenwert dieser Methodik für die deutsche Bauindustrie wird dadurch deutlich, dass sie für alle ab 2020 zu vergebenden öffentlichen (Infrastruktur-)Projekte in Deutschland eingesetzt werden muss[6]. Dennoch wird diese Methode vorrangig von Gebäudeplanenden genutzt[7]. Daher ist in diesem Zusammenhang festzuhalten, dass auch im BIM-Zeitalter Produktion und Gebäude häufig als zwei Systeme gesehen und daher getrennt voneinander geplant werden[8].

Die fehlende Integration von Produktion und Gebäude ist laut einer im Jahre 2019 vom Autor dieser Forschungsarbeit durchgeführten Expertenstudie auf drei übergreifende Ursachen zurückzuführen:[9]

- Der Fokus der Planungsineffizienz liegt in der Schnittstelle zwischen TGA- und Produktionsplanung (TGA = Technische Gebäudeausrüstung).
- Die Planungsreifegrade in der BIM-basierten Fabrikplanung sind nicht einheitlich definiert.
- Es fehlt an Transparenz über die Abhängigkeiten der Planungsparameter und -attribute, was die Prüfung von Planungsständen erschwert.

1.1 Zielsetzung der Forschungsarbeit

Bestehende Ansätze im Feld der beschriebenen Problemstellung erkennen die Notwendigkeit, Informationen und Daten in Gebäudeplanungsprozessen transparent zu gestalten, daraus Planungsprozesse abzuleiten und Prüfprozesse auszulegen. Weiterhin weisen die bestehenden Ansätze deutlich in Richtung der Nutzung von Ontologien zur transparenten Darstellung der Abhängigkeiten von Informationen sowie abgeleiteten Prüflogiken. Ziel des Forschungsvorhabens ist daher die Entwicklung eines informations- und reifegradbasierten Konzepts mithilfe von Ontologie-Modellen, um die informatorische Transparenz parametrischer und prozessualer Abhängigkeiten zwischen produktions- und TGA-bezogener BIM-Planung zu erhöhen und automatische, fabrikplanungsspezifische Prüfungen durchzuführen. Der Nutzen des Vorhabens liegt final in der Vermeidung von Schnittstellenproblemen, so dass die BIM-basierte Fabrikplanung schneller, flexibler und mit weniger Planungsfehlern durchgeführt werden kann.

[5] Vgl. van Treeck, C. et al. (2016), Gebäude.Technik.Digital, S. 15.

[6] Vgl. planen-bauen 4.0 - Gesellschaft zur Digitalisierung des Planens, Bauens und Betreibens mbH (2015), Stufenplan Digitales Planen und Bauen, S. 9.

[7] Vgl. Burggräf, P. et al. (2018), Factory-BIM zur integrierten Produktions- und Gebäudeplanung, S. 159f.

[8] Vgl. Burggräf, P. et al. (2019), Integrated Factory Modelling, S. 144.

[9] Vgl. ebd., S. 148ff.

Die dieser Forschungsarbeit zugrundeliegende Forschungsfrage kann mithin wie folgt formuliert werden:

Kann der Informationsaustausch zwischen Produktions- und TGA-Planung im BIM-basierten Fabrikumfeld mittels Ontologie-Modellen automatisch verifiziert werden?

1.2 Design Science Research als Forschungsmethodik

Der typische Zwiespalt des Forschers ist es, einerseits nicht zu früh Strukturvorgaben zu erzwingen und andererseits den Lösungs- und Methodikraum hinreichend einzuschränken, um ein Thema fokussiert bearbeiten zu können.[10,11] Die Wahl einer geeigneten Forschungsmethodik kann diesen Zwiespalt beherrschbar machen.

Die vorliegende Arbeit ist in den Bereich der *Information Systems Research* (deutsch: Informationssystemforschung) einzuordnen. Diese ist unterteilbar in die *Behavioral Science* (deutsch: Verhaltensforschung) und die *Design Science Research* (deutsch: Forschung der Gestaltungswissenschaft). Die *Behavioral Science* möchte Theorien entwickeln und verifizieren, um Ist-Verhaltensweisen von Personen oder Organisationen zu erklären. Die *Design Science Research* (DSR) agiert hingegen problemlösungsorientiert, indem sie Methoden, Ideen und Werkzeuge (so benannte Artefakte) entwickelt, durch die die Implementierung, das Management und die Nutzung von Informationssystemen effektiv und effizient durchgeführt werden können.[12] Um eine konkrete Lösung für den Fabrikplanungsprozess zu erarbeiten, folgt die vorliegende Forschungsarbeit im Folgenden der Methodik der *Design Science Research.* Durch die beschriebenen Aspekte gibt sie grundlegende Maximen des Forschungsprozesses vor, lässt jedoch ausreichend Entfaltungsraum für die Ausgestaltung des individuellen Forschungsvorhabens, wodurch dem anfangs beschriebenen Zwiespalt des Forschers erfolgreich begegnet werden kann.

---

[10] Vgl. Turabian, K. (2011), A manual for writers of research, S. 27ff.
[11] Vgl. ebd., S. 23ff.
[12] Vgl. Hevner, A. et al. (2004), Design Science in Information Systems Research, S. 76.

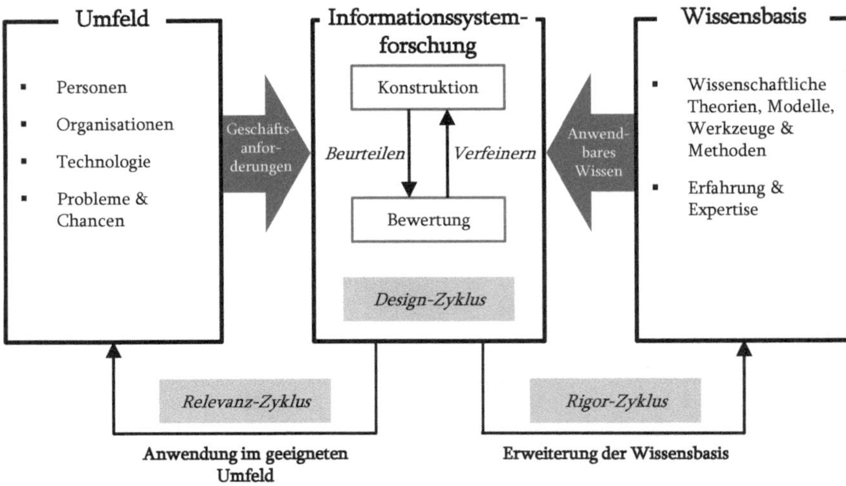

Abbildung 1-1: Rahmen der Design Science Research als Forschungsmethodik[13]

Die DSR ist durch drei übergreifende Zyklen geprägt (siehe Abbildung 1-1). Der Relevanz-Zyklus verknüpft das kontextuelle Umfeld des Forschungsprojekts mit den relevanten Forschungsaktivitäten. Der Relevanz-Zyklus initiiert somit die DSR mit einem konkreten Anwendungskontext, der als Input nicht nur die Anforderungen an die Forschung liefert, sondern auch Akzeptanzkriterien für die letztendliche Bewertung der Forschungsergebnisse definiert. Ziel dieses Zyklus ist somit in einfachen Worten, dass ein praktisch relevantes Problem gelöst wird.[14] Der Rigor-Zyklus verknüpft die Forschungsaktivitäten mit der Basis an wissenschaftlichen Grundlagen, Kompetenzen und Erfahrungen, die das vorliegende Forschungsvorhaben prägen. Die Ergebnisse des gesamten Forschungsvorhabens basieren somit auf der Auswahl und Anwendung der geeigneten Theorien und Methoden. Gleichzeitig erweitern die erarbeiteten Ergebnisse die Wissensbasis durch Ausbau der ursprünglichen Modelle und Artefakte. Mithin fördert dieser Zyklus die Generierung eines forschungsrelevanten Erkenntnisgewinns.[15] Der Fokus der DSR auf Relevanz und Rigor stellt somit sicher, dass die erarbeiteten Ergebnisse sowohl in der praktischen Anwendung als auch in der Wissenschaft nutzenstiftend sind. Jene Ergebnisse werden innerhalb des zentralen Design-Zyklus kreiert, der zwischen den Kernaktivitäten der Lösungsfindung und der Bewertung der erarbeiteten Lösungsartefakte und -prozesse kontinuierlich iteriert.[16]

[13] I.A.a.Hevner, A. (2007), A Three Cycle View of Design, S. 88.

[14] Vgl. ebd., S. 88f.

[15] Vgl. ebd., S. 89f.

[16] Vgl. ebd., S. 90f.

1.3 Struktureller Aufbau der Arbeit

Die Forschungsarbeit basiert auf der Methodik der DSR. Abbildung 1-1 verdeutlicht, dass DSR-Forschung auf Zyklen beruht und somit vom Grundsatz her kein vordefiniertes Ende besitzt. Projekte der Forschung und damit auch wissenschaftliche, universitäre Schriften allerdings sind per definitionem schon auf ein konkretes Ende hin ausgerichtet[17]. Dies unterstreichen auch PEFFERS ET AL., indem sie schreiben, dass es der DSR an einem konzeptionellen Prozess zur Durchführung mangele, um in der Informationsforschungs-Community Akzeptanz für die Forschungsergebnisse zu erzielen[18]. OSTERWALDER hat mit ähnlichen Gedanken das DSR-Vorgehen linearisiert und seine Dissertation dementsprechend strukturiert: Kapitel 2 und 3 seiner Arbeit zeigen Rigor und Relevanz des Forschungsvorhabens, worauf in Kapitel 4 der Design-Zyklus folgt. Kapitel 5 und 6 implementieren den Lösungsansatz aus dem Design-Zyklus in einer Fallstudie und Kapitel 7 evaluiert das Gesamtvorgehen. Die hier zugrundeliegende Annahme ist, dass die Dissertation bei Abschluss ein in sich finalisiertes **Zwischen**ergebnis des Gesamtvorgehens entsprechend der DSR darstellt. Diese Zwischenergebnisse sind allerdings weiterhin als Prototypen zu betrachten, die in weiteren Forschungsvorhaben zusätzlich iteriert werden sollten.[19] Auf dieser Basis und auf Grundlage weiterer analysierter Ansätze schlagen OFFERMANN ET AL. vor, DSR-Forschung sequentiell in die Schritte Problemidentifikation, Lösungsdesign und Evaluation zu strukturieren[20].

[17] Vgl. Project Management Institute (PMI), [Stand: 27.02.2021] What is Project Management?

[18] Vgl. Peffers, K. et al. (2006), The Design Science Research Process, S. 87.

[19] Vgl. Osterwalder, A. (2004), The Business Model Ontology.

[20] Vgl. Offermann, P. et al. (2009), Outline of a design science research process, S. 3ff.

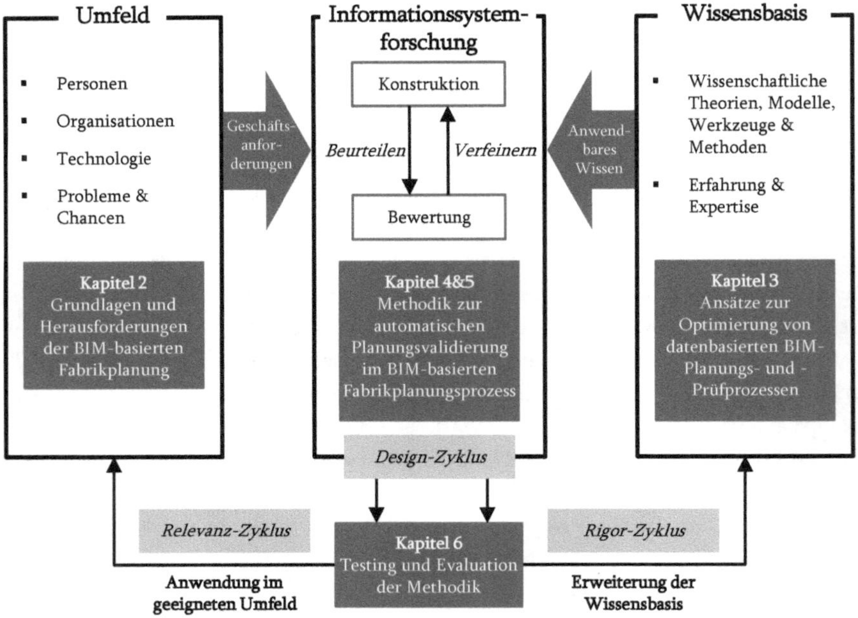

Abbildung 1-2: Aufbau der Forschungsarbeit auf Basis der DSR[21]

Basierend auf dieser sequentiellen Vorgabe zeigt Abbildung 1-2 die Einordnung der Kapitel der vorliegenden Forschungsarbeit in das Rahmenwerk der DSR. Für das linearisierte Vorgehen ordnet Abbildung 1-3 diese Kapitel entsprechend den Ansätzen von PEFFERS ET AL., OSTERWALDER und OFFERMANN ET AL. in einen sequentiellen Prozess ein: Nach einer Einführung in Kapitel 1 beschreibt Kapitel 2 zunächst die Grundlagen von BIM-basierter Fabrikplanung. Mittels einer Expertenstudie wird daraufhin der zugrundeliegende Entwicklungsbedarf aus der Praxis dargestellt und die Relevanz des Forschungsvorhabens abgeleitet. Kapitel 3 analysiert daraufhin die Wissensbasis im Bereich reifegradbasierter Fabrikplanung mit BIM, um genügend Theorie und Werkzeuge für den folgenden Design-Zyklus zur Verfügung zu stellen und Rigor des Forschungsvorhabens zu gewährleisten. Der praktische Entwicklungsbedarf und die Wissensbasis kulminieren am Ende von Kapitel 3 in die zentrale Forschungsfrage.

[21] I.A.a. Hevner, A. (2007), A Three Cycle View of Design, S. 88.

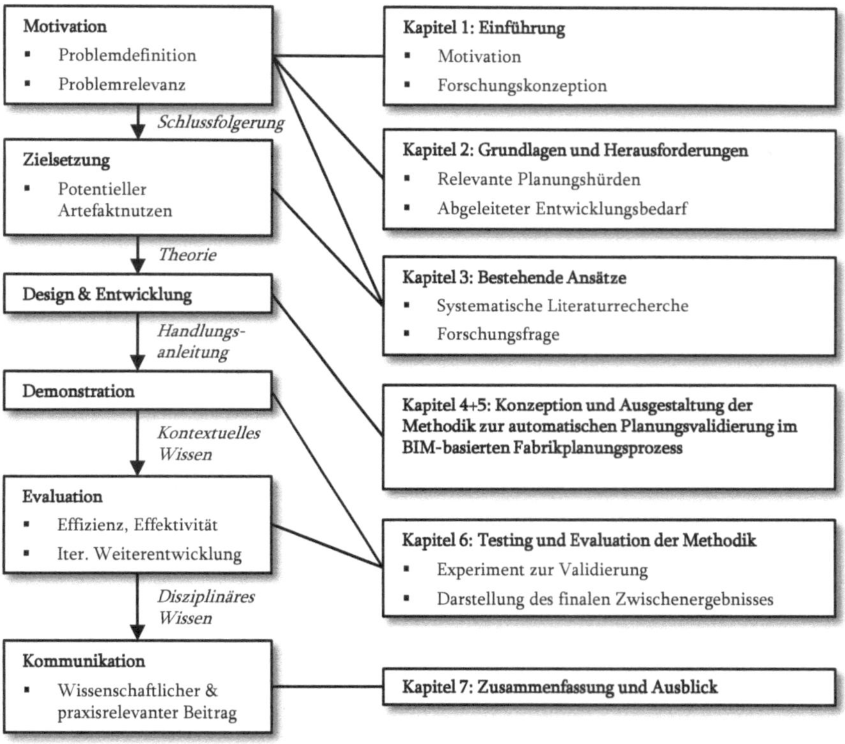

Abbildung 1-3: Linearisierte DSR-Struktur der vorliegenden Arbeit[22]

In Kapitel 4, dem eigentlichen Gestaltungsraum, wird das Lösungskonzept als erstes, prototypisches Ergebnis des Design-Zyklus dargestellt, welches in der Folge in Kapitel 5 durch die detaillierte Beschreibung der einzelnen Lösungsartefakte eingehend konkretisiert wird. Das Kapitel 6 widmet sich schließlich dem Testen und der Evaluation des Prototyps als notwendige erste Iteration; der Prototyp inklusive Erkenntnissen aus der Iteration stellt sodann das Endergebnis der Dissertation dar. Die Kernergebnisse werden schließlich in Kapitel 7 zusammengefasst und bieten ein Sprungbrett für die Skizzierung der zukünftig nötigen, weiteren Ausarbeitungen des Prototyps.

[22] I.A.a. Peffers, K. et al. (2006), The Design Science Research Process, S. 93ff.; Osterwalder, A. (2004), The Business Model Ontology, Inhaltsverzeichnis; Offermann, P. et al. (2009), Outline of a design science research process, S. 3ff.

2 Grundlagen und Herausforderungen der BIM-basierten Fabrikplanung

In einem ersten Schritt wird in Kapitel 2 das Praxisproblem hergeleitet, das im Rahmen der vorliegenden Forschungsarbeit gelöst werden soll. Innerhalb der Forschungsmethodik *Design Science Research* ist dieses Kapitel in den Relevanz-Zyklus einzuordnen (vgl. Abbildung 2-1). Es werden das Umfeld sowie genutzte Technologien und der Entwicklungsbedarf in der Praxis dargestellt, die als Geschäftsanforderungen in den Design-Zyklus einfließen.

Kapitel 2.1 gibt eine kurze Einführung in das Gebiet der Fabrikplanung und des Aachener Fabrikplanungsvorgehens. Anschließend wird die Relevanz der Nutzung von BIM im Zusammenhang mit der Planung von Fabriken dargelegt. Kapitel 2.2 fokussiert daraufhin eine relevante Schnittstelle im Fabrikplanungsprozess: Planung der TGA und der Produktion. Kapitel 2.3 führt beide vorigen Kapitel zusammen und leitet anhand einer Expertenstudie konkrete Entwicklungsbedarfe aus der Praxis ab (Kapitel 2.4).

Teile dieses Kapitels wurden zum Zeitpunkt der Erscheinung dieser Forschungsarbeit als erste Iteration des Relevanz-Zyklus im Rahmen der DSR bereits vorveröffentlicht. Die Inhalte dieser Veröffentlichungen wurden maßgeblich vom Autor dieser Forschungsarbeit erarbeitet und verschriftlicht.[23] Die Primärquellen der Vorveröffentlichungen werden in dieser Forschungsarbeit referenziert. Bei Ergebnissen aus den Vorveröffentlichungen selbst werden die Vorveröffentlichungen zitiert.

---

[23] Die Vorveröffentlichungen sind: Burggräf, P. et al. (2019), Paradigmenwechsel im Fabrikplanungsdatenmanagement, Burggräf, P. et al. (2019), Integrated Factory Modelling, Burggräf, P. et al. (2018), Factory-BIM zur integrierten Produktions- und Gebäudeplanung

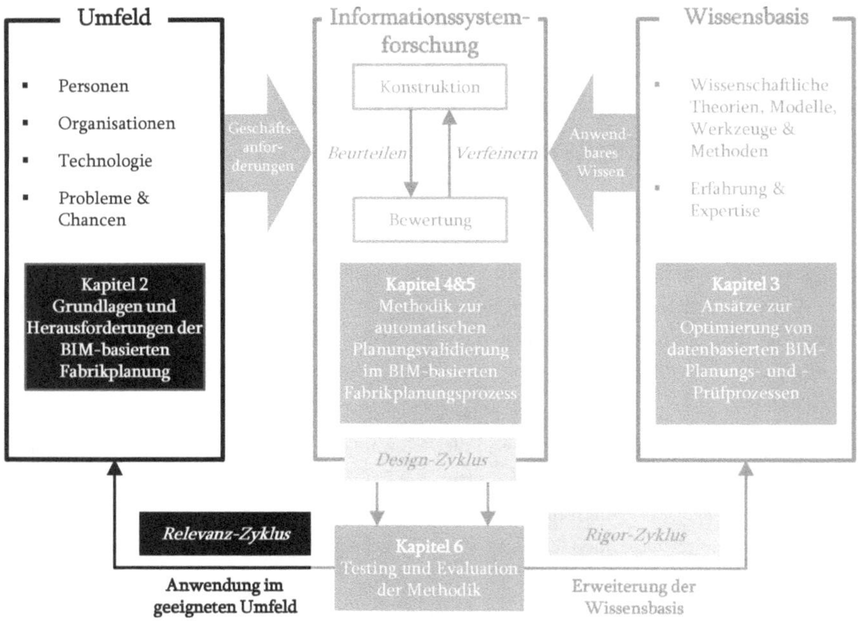

Abbildung 2-1: Einordnung des Kapitels 2 in den Rahmen der DSR[24]

2.1 Einführung in die BIM-basierte Fabrikplanung

Fabrikplanung ist gemäß der VDI 5200 ein *„[...] unter Zuhilfenahme von Methoden und Werkzeugen durchgeführter Prozess zur Planung einer Fabrik [...]“*[25], wobei die Fabrik selbst beschrieben wird als *„Ort, an dem Wertschöpfung durch arbeitsteilige Produktion industrieller Güter unter Einsatz von Produktionsfaktoren stattfindet.“*[26] Bei der Lektüre weitergehender Literatur wird jedoch deutlich, dass keine einheitliche, abschließende Definition der Fabrikplanung existiert. So kann Fabrikplanung auch als Führungsinstrument oder gar als Abteilung im organisatorisch-hierarchischen Verständnis gesehen werden[27]. Im Rahmen dieser Arbeit wird jedoch dem Verständnis von PAWELLEK gefolgt: Fabrikplanung repräsentiert die Funktion, einmalige Greenfield- oder Brownfield-Projekte methodisch zu unterstützen und Entscheidungsprozesse durch konkrete Vorschläge zu faszilitieren.[28] Aufgaben der Fabrikplanung können dabei

[24] I.A.a. Hevner, A. (2007), A Three Cycle View of Design, S. 88.
[25] Norm VDI 5200 - Blatt 1 (2011) Fabrikplanung, S. 3.
[26] Ebd.
[27] Vgl. Pawellek, G. (2008), Ganzheitliche Fabrikplanung, S. 13f.
[28] Vgl. Pawellek, G. (2008), Ganzheitliche Fabrikplanung, S. 13.

strategisch (z. B. Erarbeitung von Outsourcingstrategien im Rahmen von Greenfield-Projekten), struktureller Natur (z. B. eine Anpassung der Produktions- oder Gebäudestruktur) oder systemisch sein (z. B. das Design von Organisationssystemen oder Lagersystemen).[29] Die vorliegende Forschungsarbeit betrachtet im Wesentlichen die letzten beiden Aufgabengebiete: Systemische und strukturelle Aufgaben.

Tabelle 2-1: Darstellung des Gebäudelebenszyklus anhand der ISO 22263[30], der DIN EN ISO 29481-1[31] sowie den IFM-Phasen

<table>
<tr><th>ISO 22263</th><th>DIN EN ISO 29481 - 1</th><th>IFM-Phasen der Fabrikplanung</th></tr>
<tr><td>Einführung
(Inception)</td><td>Portfolioanforderungen</td><td rowspan="4">Planung
(Plan)</td></tr>
<tr><td rowspan="3">Klärung der Aufgabenstellung
(Brief)</td><td>Bedarfskonzeption</td></tr>
<tr><td>Bestimmung der Machbarkeit</td></tr>
<tr><td>Tatsächliche Machbarkeit</td></tr>
<tr><td rowspan="3">Entwurf
(Design)</td><td>Entwurfsplanung umreißen</td><td rowspan="2">Entwurf
(Design)</td></tr>
<tr><td>Vollständige Entwurfsplanung</td></tr>
<tr><td>Abgestimmter Entwurf (und Beschaffung)</td><td>Validierung
(Validate)</td></tr>
<tr><td rowspan="2">Bauphase *(Production)*</td><td>Information zur Produktion</td><td rowspan="2">Bauphase
(Construct)</td></tr>
<tr><td>Bau</td></tr>
<tr><td></td><td>Betrieb und Instandhaltung</td><td>Bauphase
(Operate)</td></tr>
<tr><td>Rückbau *(Demolition)*</td><td>Entsorgung</td><td></td></tr>
</table>

Der Prozess der Fabrikplanung ordnet sich in einen übergreifenden Fabriklebenszyklus ein[32]. Tabelle 2-1 zeigt die von der ISO 22263 und der DIN EN ISO 29481 vorgegebenen Phasen eines Gebäudelebenszyklus, die mit der Klärung der Aufgabenstellung beginnen und mit dem Rückbau des Gebäudes enden. Am Werkzeugmaschinenlabor WZL der RWTH Aachen wurde im Rahmen des Konzepts des *Integrated Factory Modeling*[33] ebenfalls ein Phasenmodell eingeführt, das den beiden zuvor beschriebenen Konzepten ähnelt, jedoch die ersten Lebenszyklusphasen in *Plan* zusammenfasst und zudem den Rückbau unbeachtet lässt. Es ist jedoch übergreifend zu erkennen, dass die Gebäudelebenszyklen grundsätzlich in eine Planungs-, eine Entwurfs-, eine Bau-, eine Betriebs- und schließlich in einer Rückbauphase eingeordnet werden können. Die Bezeichnung *Gebäudelebenszyklus* leitet bereits über zu einem sehr wichtigen Unterscheidungsmerkmal

---

[29] Vgl. ebd., S. 14.

[30] Vgl. Norm ISO 22263 (2008) Organization of information about construction works, S. 9ff.

[31] Vgl. Norm DIN EN ISO 29481-1 (2018) Bauwerksinformationsmodelle, S. 30.

[32] An dieser Stelle wird abstrahiert von der Dreiteilung des Fabriklebenszyklus nach BURGGRÄF ET AL. im Rahmen der Zieldefinition innerhalb der Fabrikplanung. Die Dreiteilung besteht dort aus Planung, Anlauf, Betrieb. Nach Ansicht des Autors dieser Forschungsarbeit ist diese Definition um den Betrachtungswinkel des Gebäudes zu erweitern, vgl. Burggräf, P. et al. (2021), Einführung in die Fabrikplanung, S. 50ff.

[33] Vgl. ebd., S. 39. Auf die in dieser Quelle verwiesene Internet-Primärquelle von DANNAPFEL kann zum Zeitpunkt der Verfassung dieser Forschungsarbeit nicht mehr zugegriffen werden, weshalb an dieser Stelle die Sekundärquelle BURGGRÄF ET AL. referenziert wird. Es ist jedoch anzumerken, dass DANNAPFEL als Autor der Primärquelle ebenfalls Co-Autor der Sekundärquelle BURGGRÄF ET AL. ist.

der Fabrikplanung gegenüber der Planung anderer Gebäude: Für das Verständnis der Forschungsarbeit ist es wichtig zu verdeutlichen, dass Fabrikplanung immer die zusammenhängende und untrennbare Planung zweier Grundsysteme abdeckt: Das der wertschöpfenden Systeme, dem „Innenleben", sowie das der äußeren Gebäudehülle als Hilfs- und Stützfunktion[34].[35] Der dahinterliegende Prozess der Fabrikplanung ist – ebenso wie die Definition des Begriffs – nicht eindeutig zu erfassen:

Die VDI 5200 beschreibt in ihrem Phasenmodell sieben rein konsekutive Fabrikplanungsphasen von der Zielfestlegung (Phase 1) bis zur Hochlaufbetreuung (Phase 7)[36]. Die dort genannten grundsätzlichen Phasen sind inhaltlich valide, jedoch bildet die Organisation als rein konsekutiv organisierter „Wasserfall-Prozess" aufgrund auftretender Iterationen und gegenseitiger Abhängigkeiten nicht die Realität in der Praxis ab[37].

Vor diesem Hintergrund wurde das Aachener Fabrikplanungsvorgehen[38] entwickelt. Dieses Vorgehen basiert auf einem statischen und einem dynamischen Teil. Der statische Teil wird durch die Aachener Modullandkarte abgebildet, welche Planungsmodule beinhaltet, die mittels Eingangs- und Ausgangsinformationen transparent miteinander verknüpft sind.[39] So ist in Abbildung 2-2 zu erkennen, dass die Kapazitätsplanung (KAP) unter anderem einen Kapazitätsbedarf pro Produktionssegment erarbeitet, welcher wiederum als Input für das Modul Produktionsmittelplanung (PMP) fungiert[40]. Die Modullandkarte, auch Vernetzungsmodell genannt, ist unterteilt in drei Bereiche: Die Planungsmodule der Produktionssystemplanung, die Module der Industriebauplanung sowie kommunale Planungsmodule[41]. Mit Ausnahme der Industriebaupla-

---

[34] Auch bei anderen Bauobjekten wie Bürogebäuden ist das sowohl das „Innenleben" als auch die umgebende Hülle relevant. Bei der Fabrikplanung ist jedoch insbesondere das „Innenleben" aufgrund der wertschöpfenden Produktion weitaus relevanter.

[35] Vgl. Burggräf, P. et al. (2019), Integrated Factory Modelling, S. 144.

[36] Vgl. Norm VDI 5200 - Blatt 1 (2011) Fabrikplanung, S. 8.

[37] Vgl. Schuh, G. et al. (2009), Frei konfigurierbare Planungsprozesse in der Fabrikplanung, S. 193.

[38] Vgl. Schuh, G. et al. (2011), Condition based factory planning.

[39] Vgl. Meckelnborg, A. (2015), Integrative Fabrikplanung durch effiziente Koordinationsmodelle, S. 100.

[40] Die Informationen im dargestellten Ausschnitt werden im Zeitverlauf immer weiter immer vefeinert, so dass der Ausschnitt im Planungsprozess mehrfach durchlaufen wird.

[41] Vgl. ebd., S. 101.

nung hat KRUNKE die Module der Landkarte weiter ausdetailliert und mit einer Logik ausgestattet, um den Fabrikplanungsprozess auf Basis von Informationsreifegraden zu steuern.[42]

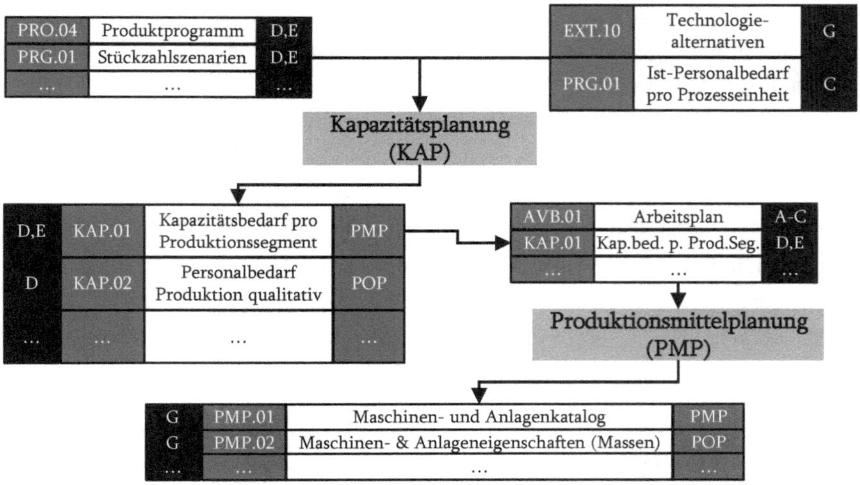

Abbildung 2-2: Beispielhafter Auszug aus dem Vernetzungsmodell des Aachener Fabrikplanungsvorgehens

Auf Grundlage des statischen Teils des Aachener Fabrikplanungsvorgehens wurde ein dynamisches Koordinationsmodell, ein Vorgehensmodell, entworfen. Dieses Modell wird zur Strukturierung des operativen Fabrikplanungsprozesses genutzt und bedient sich den Ansätzen des agilen Projektmanagements.[43]

Das Aachener Fabrikplanungsvorgehen stellt somit einen Ordnungsrahmen dar, der Fabrikplanende bei der Durchführung ihrer Projekte durch die Prinzipien Standardisierung, Agilität und Transparenz unterstützt.[44] Im Rahmen der Herleitung des dynamischen Koordinationsmodells hebt MECKELNBORG bereits das große Potential der Methode des Building Information Modeling (BIM) hervor. Insbesondere die dadurch mögliche Senkung von Planungs- und Nachtragskosten sowie die Verringerung der Projektlaufzeit sieht er als mögliche Gründe, das integrative Konzept der Aachener Fabrikplanung durch BIM zu erweitern.[45] Vor diesem Hintergrund werden der Hintergrund und die Nutzung von BIM im Folgenden näher erläutert.

[42] Vgl. Krunke, M. (2017), Reifegradmanagement in der Fabrikplanung.
[43] Vgl. Meckelnborg, A. (2015), Integrative Fabrikplanung durch effiziente Koordinationsmodelle, S. 100.
[44] Vgl. Kampker, A. et al. (2014), Das Aachener Fabrikplanungsvorgehen, S. 194f.
[45] Vgl. Meckelnborg, A. (2015), Integrative Fabrikplanung durch effiziente Koordinationsmodelle, S. 89ff.

Die gesamte Bauwirtschaft ist im Vergleich zu anderen Wirtschaftszweigen stark fragmentiert[46]. Dadurch ergibt sich eine starke Anfälligkeit der Gesamtplanung gegenüber individuellen Planungsfehlern. Dies ist der Ursprungsgedanke von BIM. Es existiert für BIM jedoch keine einheitliche, allgemein akzeptierte Definition. Eine in Deutschland gebräuchliche Definition stammt vom BUNDESMINISTERIUM FÜR VERKEHR UND DIGITALE INFRASTRUKTUR (BMVI):

„Building Information Modeling bezeichnet eine kooperative Arbeitsmethodik, mit der auf der Grundlage digitaler Modelle eines Bauwerks die für seinen Lebenszyklus relevanten Informationen und Daten konsistent erfasst, verwaltet und in einer transparenten Kommunikation zwischen den Beteiligten ausgetauscht oder für die weitere Bearbeitung übergeben werden."[47]

Folglich kann zunächst grundlegend festgehalten werden, dass BIM auf mit Informationen[48] angereicherten, digitalen 3D-Modellen basiert und als oberste Maxime die Integration von Planungsbeteiligten und Planungsergebnissen verfolgt. Prozessual fokussiert BIM hierbei vor allem die Verlagerung von Planungsaufwänden in möglichst frühe Phasen, um erste Mengenbedarfe ableiten sowie Zeit- und Kostenpläne schon zu einem frühen Zeitpunkt generieren zu können. Mit diesem *Frontloading* werden auch initiale Fehlannahmen bereits zu einem frühen Zeitpunkt entdeckt. Die Behebung dieser Fehler ist dann noch ohne maßgeblichen Einfluss auf die Kosten und den Zeitplan möglich.[49]

Häufig wird BIM irrtümlicherweise mit einem reinen 3D-Modell gleichgesetzt. Es sind aber insbesondere die über die reine Geometrie und Visualisierung hinausgehenden Informationen, die nötig sind, um im Gesamtmodell Analysen durchzuführen und um das Modell später auch im Betrieb des Gebäudes nutzen zu können.[50]
Der Name *Building* Information Modeling offenbart bereits, dass diese Methodik vorrangig von Gebäudeplanern entwickelt und genutzt wird[51]. Tatsächlich findet BIM in der Fabrikplanung bis heute nur sehr rudimentär Anwendung. Die Fabrik wird noch immer in zwei Welten geplant: das produktionstechnische Innenleben und das umhüllende Gebäude. Letzteres wird auch in Deutschland zunehmend mit BIM geplant, jedoch ohne die Einbindung der Produktion.[52] Dieser Status Quo ist jedoch insofern in Frage zu stellen, als dass der Hauptfokus des Bauherren einer Fabrik auf der amortisierenden Wertschöpfung und nicht auf dem Gebäude selbst liegt. Zudem

---

[46] Vgl. Girmscheid, G. (2010), Strategisches Bauunternehmensmanagement, S. 264.

[47] planen-bauen 4.0 - Gesellschaft zur Digitalisierung des Planens, Bauens und Betreibens mbH (2015), Stufenplan Digitales Planen und Bauen, S. 4.

[48] Informationen und Daten werden in dieser Forschungsarbeit als unterschiedliche Konzepte verstanden. Daten sind für sich genommen reine Fakten, die aus Symbolen und Zeichen bestehen. Die Bedeutung wird den Daten erst durch Strukturierung, Kontextuierung und Interpretation in Form von Informationen zuteil (z. B. 24071992 wird zu einer Information, wenn man weiß, dass es sich um ein Geburtsdatum handelt) Vgl. YourDictionary, [Stand: 18.03.2021] Difference Between Data and Information Explained.

[49] Vgl. van Treeck, C. et al. (2016), Gebäude.Technik.Digital, S. 25ff.

[50] Vgl. ebd., S. 15f.

[51] Vgl. Burggräf, P. et al. (2018), Factory-BIM zur integrierten Produktions- und Gebäudeplanung, S. 159f.

[52] Vgl. Burggräf, P. et al. (2019), Integrated Factory Modelling, S. 144.

führt die nicht-integrierte Planungsweise zu verlängerten Planungszeiten und somit auch zu höheren Planungskosten.[53] Die Frage ist folglich an dieser Stelle: Warum werden die Produktionsplanung und damit auch anlagenbasierte Gewerke noch nicht ganzheitlich in den Planungsprozess mittels BIM eingebunden? Um dieser Frage auf den Grund zu gehen, erläutert das folgende Kapitel 2.2 die in diesem Zusammenhang relevante Schnittstelle zwischen der technischen Gebäudeausrüstung (TGA) und der Produktionsplanung. Im Anschluss daran legt Kapitel 2.3 eine Expertenstudie dar, die im Jahre 2019 vor dem Hintergrund der obigen Frage durchgeführt wurde.

2.2 Die Planungsschnittstelle zwischen TGA und Produktion

Ein Produktionsprozess beschreibt auf abstrakter Ebene die physische Herstellung eines Produkts und somit die Transformation von Produktionsfaktoren als Input (z. B. Rohstoffe und Betriebsmittel) in Produkte (Output).[54] Das College International pour la Recherche en Productique (CIRP) beschreibt die Produktion noch breiter als die *„[…] Gesamtheit wirtschaftlicher, technologischer und organisatorischer Maßnahmen, die unmittelbar mit der Be- und Verarbeitung von Stoffen zusammenhängen […]“* [55]. Die Planung einer solchen Produktion wird nach Wiendahl unterteilt in die Objekt- und Prozessanalyse, das Strukturdesign, die Layoutgestaltung und schließlich die Umsetzung, welche die Vergabe, die Bauüberwachung sowie den Produktionshochlauf umfasst[56]. Für eine tiefergehende Beschreibung der Produktionsplanung im Allgemeinen sei an dieser Stelle auf Wiendahl, Dangelmeier sowie das College International pour la Recherche en Productique verwiesen.

Die TGA, auch Haustechnik genannt, wird durch die VDI 4700 definiert als *„alle im Bauwerk eingebauten oder damit fest verbundenen technischen Einrichtungen und nutzungsspezifische Einrichtungen sowie technische Einrichtungen in Außenanlagen und in Ausstattungen“*[57]. Diese recht breite Definition kann bei Betrachtung der Kostengruppe 400 der DIN 276 (vgl. Abbildung

[53] Vgl. Burggräf, P. et al. (2019), Integrated Factory Modelling, S. 143; Burggräf, P. et al. (2018), Factory-BIM zur integrierten Produktions- und Gebäudeplanung, S. 165; Burggräf, P. et al. (2019), Paradigmenwechsel im Fabrikplanungsdatenmanagement, S. 262.

[54] Vgl. Dangelmaier, W. (2009), Theorie der Produktionsplanung und -steuerung, S. 1ff.

[55] College International pour la Recherche en Productique (CIRP) (2020), Dictionary of Production Engineering III – Manufacturing, S. 9.

[56] Vgl. Wiendahl, H.-P. et al. (2014), Handbuch Fabrikplanung, S. 454.

[57] Norm VDI 4700 (2015) Begriffe der Bau- und Gebäudetechnik, S. 145.

2-3) konkretisiert werden.[58] So ist es Hauptaufgabe der TGA in der Fabrikplanung, optimale Produktionsbedingungen aus Sicht der Medienversorgung sicherzustellen[59]. Es sind insbesondere folgende Bereiche hervorzuheben:[60,61]

- Elektrische Anlagen (KG440[62]): Für die Fabrik ist die Versorgung von Maschinen & Anlagen mit Prozess- und Antriebsenergie von hoher Bedeutung. Zudem wird durch eine ausreichende Ausleuchtung ein optimales Arbeitsumfeld für Personen geschaffen.
- Nutzungsspezifische und verfahrenstechnische Anlagen (KG470): In dieser Kostengruppe werden sämtliche Anlagen der technischen Gebäudeausrüstung subsummiert, die direkt den nutzungsspezifischen Prozessen im Gebäude dienen. Hierunter fallen insbesondere:
    a. die Ver- und Entsorgung mit respektive von Prozesswasser (KG477)
    b. die Zuführung von Druckluft zu den Arbeitsplätzen (KG473)
    c. die Konditionierung der Raumluft in Hinblick auf Temperatur, Feuchte und Partikelreinheit (KG475)
- Gebäude- und Anlagenautomation (KG480): Ein wichtiger Teil für das spätere Facility Management der Fabrik ist die Planung von Überwachungs-, Regelungs- und Steuerungseinheiten im Hinblick auf das Gebäude selbst sowie die Produktionsanlagen.

Entgegen der einschlägigen Literatur[63] sei an dieser Stelle ausdrücklich darauf hingewiesen, dass solche fabrikplanungsspezifischen und somit nutzungsspezifischen Bedarfe nicht in den Kostengruppen 410-430 abgewickelt werden.

[58] Vgl. Norm DIN 276 (2018) Kosten im Bauwesen, S. 23ff.

[59] Vgl. Trautz, M. et al. (2021), Gebäudeplanung und Technische Gebäudeausrüstung, S. 476.

[60] Vgl. Norm DIN 276 (2018) Kosten im Bauwesen, S. 23ff.

[61] Die immense Kostenrelevanz von Kostengruppen wie der KG430 soll an dieser Stelle nicht geleugnet werden; die Eingrenzung der Betrachtung ist jedoch thematischer Natur mit Fokus auf nutzungsspezifische Medienbedarfe.

[62] KG = Kostengruppe

[63] Vgl. Wiendahl, H.-P. et al. (2014), Handbuch Fabrikplanung, S. 351f.

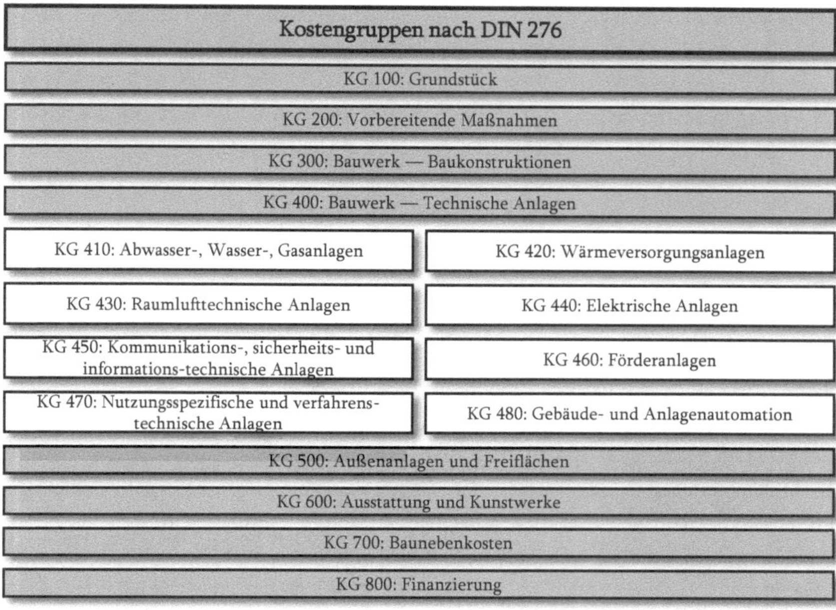

Abbildung 2-3: Kostengruppe 400 der DIN276[64]

Der Planungsprozess der TGA basiert wie der der Architektur auf der Honorarordnung für Architekten und Ingenieure (HOAI)[65]. Diese ist in neun Leistungsphasen (LPH) gegliedert. Aufgrund des Fokus dieser Forschungsarbeit auf der Schnittstelle zur Produktionsplanung werden im Folgenden lediglich die LPH 1-3 beschrieben. Zu weitergehenden Vertiefung der HOAI sei an dieser Stelle auf Fachliteratur[66] verwiesen.

In der LPH 1, der Grundlagenermittlung, wird ein klares Verständnis über die Nutzung des Gebäudes erarbeitet. Für erste grobe Betrachtungen können bereits Berechnungen durchgeführt werden (z. B. zu Wärmequellen im Raum), eine Dimensionierung von Trassen oder Ähnlichem

[64] Vgl. Norm DIN 276 (2018) Kosten im Bauwesen, S. 14ff.

[65] Seit dem 01.01.2021 ist die HOAI nicht mehr strikte Vorgabe zur Honorarberechnung. Durch ein Urteil des Europäischen Gerichtshof vom 04.07.2019 wurden die bis dahin geltenden Mindest- und Höchstsätze der Honorarordnung für unvereinbar mit entsprechenden Vorgaben des Europäischen Parlaments und des Europäischen Rates erklärt. Die HOAI bleibt weiterhin Grundlage und Maßstab der Honorarermittlung, ist jedoch als unverbindlich für die nunmehr freie Vereinbarung des Honorars zu sehen. Vgl. Bundesministerium für Wirtschaft und Energie, [Stand: 04.06.2021] Erste Verordnung zur Änderung der Honorarordnung.

[66] Vgl. Simmendinger, H. (2013), HOAI 2013; Bundesingenieurkammer 17. Juli 2013 – Verordnung über die Honorare, [Stand: 04.12.2020].

findet jedoch noch nicht statt.[67] In der zweiten Leistungsphase, der Vorplanung, werden aus den Nutzungsinformationen anhand erster Anlagenzeichnungen und -beschreibungen konkrete Flächenbedarfe abgeleitet. Weiterhin folgt hieraus der Platzbedarf für zum Beispiel Trassen, Decken und Versorgungsleitungen sowie die Definition erster Medienbedarfe (z. B. Kühlbedarf und elektrische Bedarfe). Ebenfalls wird hier eine erste Kostenschätzung auf Basis der DIN 276 durchgeführt.[68] Die dritte LPH, die Entwurfsplanung, fokussiert die iterative Verfeinerung der Grobabmessungen zur Erstellung eines Grundrissplans. Am Ende dieser Planungsphase wird ein Gebäudekonzept erwartet, an dem keine grundlegenden Änderungen mehr durchgeführt werden müssen.[69]

Um nun die Phasen der Produktionsplanung mit denen der HOAI zu vereinen, hat WIENDAHL die synergetische Fabrikplanung entwickelt. Wie in Abbildung 2-4 zu erkennen ist, wurden in diesem Ansatz die Phasen der VDI 5200 für die Produktionsplanung sowie die Leistungsphasen der HOAI für die Gebäudeplanung (hier: Objektplanung) miteinander kombiniert. Die einzelnen Phasen der synergetischen Fabrikplanung sind durch Meilensteine voneinander getrennt und werden durch ein begleitendes Projektmanagement unterstützt.[70] Es wird jedoch deutlich, dass auch dieses Vorgehen weiterhin rein phasenorientiert ist und aufgrund Meilenstein-getriebener Planung ein agiler, iterativer Kooperationsmodus nicht vorgesehen ist. Die Integration von BIM als Planungsmethodik gemeinsam mit einem agilen Projektmanagement würde hingegen der hohen Interdisziplinarität, Dynamik und dem Umfang von Fabrikplanungsprojekten in höherem Maße gerecht werden (vgl. Kapitel 2.1).

[67] Vgl. Norm VDI 6026 - Blatt 1 (2008) Dokumentation in der Technischen Gebäudeausrüstung, S. 7.

[68] Vgl. ebd., S. 7f.

[69] Vgl. ebd., S. 8f.

[70] Vgl. Wiendahl, H.-P. et al. (2014), Handbuch Fabrikplanung, S. 454.

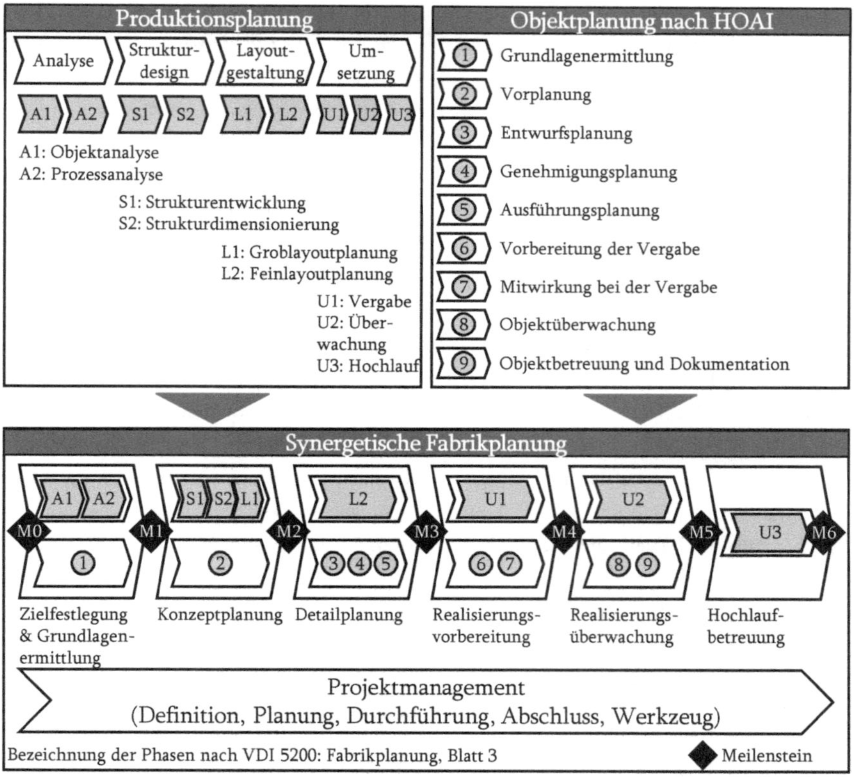

Abbildung 2-4: Synergetische Fabrikplanung nach WIENDAHL[71]

Am Ende des Kapitels 2.1 wurde die Frage aufgeworfen: „Warum werden die Produktionsplanung und damit auch anlagenbasierte Gewerke noch nicht ganzheitlich in den Planungsprozess mittels BIM eingebunden?" Diese Frage ist zunächst generell für alle Planungsbereiche der Fabrikplanung und ihre Schnittstellen zutreffend. Es wurde bereits erwähnt, dass eine Fabrikplanung durch die hohe Anzahl an Planungsbeteiligten[72] als stark vernetzt zu betrachten ist. Die Intensität und die Änderungssensitivität dieser Vernetzung variieren jedoch stark zwischen den einzelnen Schnittstellen. Vor diesem Hintergrund ist im Besonderen die Schnittstelle zwischen der Produktionsplanung und der TGA hervorzuheben, speziell in dem Planungsbereich der raumlufttechnischen Anlagen (RLT-Anlagen) und der nutzungsspezifischen bzw. verfahrenstechnischen Anlagen. Planungsfehler oder kleine Änderungen der Planungsanforderungen der

[71] Vgl. Wiendahl, H.-P. et al. (2014), Handbuch Fabrikplanung, S. 454.
[72] Vgl. Felix, H. (1998), Unternehmens- und Fabrikplanung, S. 789ff.

Produktion können hier zu einem generellen späteren Zeitpunkt im Planungsprozess zu vergleichsweise starken Kostensteigerungen führen[73], die sich laut TGA-Experten je nach Fall zwischen 10-100% bewegen. Als Beispiel für eine Ursache ist der häufig nicht ausreichende parametrische Detailgrad der übermittelten Informationen zu nennen. So mag es für einen grob umformenden Produktionsprozess ohne Hochpräzisionsanforderungen nicht relevant sein, ob die Kühlflüssigkeit 6 oder 8 °C aufweist; für die TGA-Planung sind solche Unterscheidungen jedoch stark kostenrelevant.[74] Es ist ersichtlich, dass aufgrund der beschriebenen, hochsensiblen Abhängigkeiten eine einstufige Kollaboration (vgl. VDI 5200) – d.h. die Produktion übergibt eine finale Produktionsplanung an die TGA-Planung ohne jegliche Rückkopplung – nicht zielführend ist (vgl. Kapitel 2.3.3). An dieser Stelle soll der Fokus noch auf einen besonders kritischen Faktor gelegt werden: funktionale Raumluftanforderungen; also Anforderungen, die der Produktionsprozess an die Raumluft stellt. Dieser Betrachtungsfall findet sein Extremum häufig im Rahmen der Rein- bzw. Trockenraumproduktion. Ein Raum wird dann als Reinraum bezeichnet, wenn in ihm die Maximalanzahl von luftgetragenen Partikeln vorgegeben wird und Vorkehrungen bzgl. Einbringung, Entstehung und Ablagerung von Partikeln getroffen werden.[75] Wenn zusätzlich oder stattdessen Luftfeuchte und -temperatur geregelt werden, spricht man auch von einem Trockenraum. Im Folgenden wird für einen Rein-Trockenraum vereinfachend der Begriff Reinraum genutzt. Als Beispiele für typische Reinraumproduktionen können die Halbleiterproduktion, die Batteriezellfertigung sowie die Produktion in Pharmazie und Medizin genannt werden. Je nach Anwendungsfall sollen mittels der Reinraumtechnik verschiedene Parameter geregelt werden. Dazu zählen unter anderem: Partikelanzahl, Luftgeschwindigkeit, -menge, -temperatur, und -feuchte sowie Strömungen, Bakterien und Keime (vgl. Abbildung 2-5).[76]

[73] Vgl. Burggräf, P. et al. (2019), Integrated Factory Modelling, S. 148.
[74] Vgl. ebd., S. 148f.
[75] Vgl. Norm DIN EN ISO 14644-1 (2016) Reinräume und zugehörige Reinraumbereiche, S. 9.
[76] Vgl. Bürkle, E. et al. (2013), Reinraumtechnik, S. 16.

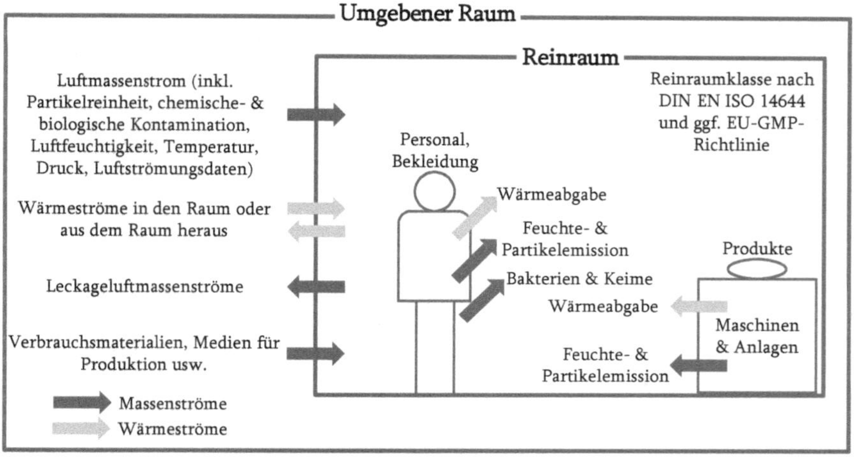

Abbildung 2-5: Überblick über zu regelnde Parameter im Reinraum[77]

Insbesondere die Partikelzahl ist als hoch relevanter Parameter einzuordnen, da ein Reinraum in erster Linie anhand seiner ISO-Klassifizierung ausgelegt wird. Diese ISO-Klassifizierung (ISO 1-9) gibt den Maximalwert an Partikeln einer definierten Größe pro Kubikmeter vor. So darf beispielsweise ein Reinraum der Klasse ISO 7 maximal 352.000 Partikel/m³ größer als 0,5µm, maximal 83.200 Partikel/m³ größer als 1µm sowie maximal 2.930 Partikel/m³ größer als 5µm aufweisen.[78] Bei einer Produktion im Reinraum können solche Partikel aus unterschiedlichen Quellen stammen:[79]

- Produktions- und Anlagentechnik: Freigesetzte Partikel durch Reibung, Schmierung und Vibration von Produktionskomponenten sowie durch Handhabungsoperationen und manuelle Eingriffe
- Prozessmedien, Produkte und Werkzeuge: Partikelimmission
- Personal: Partikel aus Hautschuppen, Haaren sowie Kleidung, die durch die jeweilige Arbeitsweise freigesetzt werden
- Umgebung: Partikelimmission aus der zugeführten Frischluft sowie durch Cross-Kontamination bei Öffnung und Schließung des Reinraums

Es ist zusammenzufassen, dass die Schnittstelle TGA-Produktion durch die starke Planungsvernetzung eine Schnittstelle ist, in der sich Planungsfehler vergleichsweise gravierend auswirken.

---

[77] I.A.a. Norm VDI 2078 (2015) Berechnung der thermischen Lasten und Raumtemperaturen, S. 7; Norm VDI 2083 - Blatt 1 (2020) Reinraumtechnik, S. 3; Norm VDI 2083 - Blatt 4.1 (2006) Reinraumtechnik, S. 16.

[78] Vgl. Norm DIN EN ISO 14644-1 (2016) Reinräume und zugehörige Reinraumbereiche, S. 14.

[79] Vgl. Geißinger, J. (1989), Grundlagen zur Entwicklung reinraumtauglicher Handhabungssysteme, S. 24.

Vor diesem Hintergrund legt Kapitel 2.3 weitere Problemfelder dar, die in eben dieser Schnittstelle zu weiteren Einbußen der Planungseffektivität und -effizienz führen.

2.3 Planerische Herausforderungen an der Schnittstelle zwischen Produktions- und TGA-Planung

Kapitel 2.1 und 2.2 haben gezeigt, dass die Produktion und das sie umhüllende Gebäude in der Fabrikplanung heutzutage noch getrennt voneinander geplant werden, was zu negativen Auswirkungen hinsichtlich Zeit und Kosten führen kann. Daraufhin wurde dargelegt, dass eine solche nicht-integrierte Planungsweise insbesondere in der kostenintensiven und änderungssensitiven Schnittstelle zur TGA bzw. zu den funktionalen Luftanforderungen zu starken Einbußen der Planungseffizienz führt. Vor diesem Hintergrund wurde im Jahre 2019 eine Expertenstudie durchgeführt, um die Ursachen für die nicht-integrierte Planungsweise zwischen Produktions- und Gebäudeplanung im BIM-Zeitalter zu ergründen. Ein besonderer Fokus wurde hierbei auf die Schnittstelle zur TGA gelegt. Das folgende Kapitel 2.3.1 beschreibt die Methodik und den Erkenntnisprozess zur Identifikation der Hürden, die in der integrierten Fabrikplanung bestehen. Die Kapitel 2.3.2 und 2.3.3 beschreiben diese Hürden als Ergebnis der Expertenstudie.

2.3.1 Darstellung des Erkenntnisprozesses zur Identifikation derzeitiger Hürden im Forschungsbereich

Die Studie zur Identifikation der Hürden im Forschungsbereich folgte einem offenen, explorativen Forschungsansatz durch eine Kombination aus Thesentests und Experteninterviews[80]. Unter dem Begriff *Experte* wird im Allgemeinen eine Person verstanden, die einen privilegierten Zugang zu relevantem Fachwissen hat, z. B. durch praktische Erfahrung[81]. Entsprechend dieser Definition bestand das Expertengremium der Studie aus elf Experten der verschiedenen Gewerke einer Fabrikplanung[82]. Die Ebene des BIM-Managers bzw. BIM-Koordinators wurde ebenfalls miteinbezogen[83].

Der erste Teil der Studie bestand aus einem Online-Fragebogen zur Prüfung von Thesen, die zur Ergründung der Ursachen von nicht-integrierter Fabrikplanung formuliert wurden (vgl. Anhang 9.1)[84]. Basierend auf den ausgewerteten Expertenantworten zu den Thesen wurde für jeden

[80] Vgl. Burggräf, P. et al. (2019), Integrated Factory Modelling, S. 146.

[81] Vgl. Meuser, M./ Nagel, U. (2016), The Expert Interview, S. 18f.

[82] In Einklang mit der deutschen DSGVO wurde den Teilnehmer der Studie Anonymität zugesichert.

[83] Ein BIM-Manager bzw. BIM-Koordinator ist zuständig für die übergreifende Modellkoordinierung sowie das projektbezogene BIM-Management inkl. Integrationsleistungen und Anforderungsüberprüfung gemeinsam mit dem Bauherrn.

[84] Dieser Aspekt tangiert augenscheinlich den Bereich der *Behavioral Science* (vgl. Kapitel 1.2). Es ist jedoch anzumerken, dass es hierbei um die Ergründung der Inhalte des Relevanz-Zyklus geht. Die spätere Lösungsfindung im Design Zyklus wird dadurch nicht eingeschränkt.

Experten ein individueller Interviewleitfaden für den zweiten Teil der Studie entworfen. Dieser bestand aus teiloffenen Interviews, um die Ergebnisse des ersten Teils der Studie zu validieren und um weiteres Tiefenwissen zu erkunden. Diese Interviews wurden in Einzelgesprächen mit einer Dauer von jeweils 45 Minuten realisiert. Nach Transkription der Interviews wurde eine Inhaltsanalyse nach MAYRING[85] sowie HSIEH UND SHANNON[86] durchgeführt (vgl. Anhang 9.3.5 zur detaillierten Erklärung der Analysemethode). Als Ergebnis dieser Inhaltsanalyse wurden die Kernergebnisse der Expertenstudie abgeleitet und als Haupthindernisse des BIM-basierten Fabrikplanungsprozesses formuliert.[87] Diese werden in den folgenden Kapiteln 2.3.2 sowie 2.3.3 beschrieben.[88]

2.3.2 Nicht durchgängige Planungsinformationen

Das Ziel bei der Planung einer Fabrik orientiert sich stets an den Zielen des Unternehmens, welches die Fabrik betreibt. Klassische Fabrikplanungsziele sind somit die Qualität des Produktionsprozesses, Flexibilität und Wandlungsfähigkeit.[89] In jedem Falle ist es die oberste Maxime der Fabrikplanung, die Anforderungen des Fabrikbetreibers bzw. des Bauherrn zu erfüllen[90]. Diese Anforderungen sind jedoch in den allermeisten Fällen zu Beginn des Projekts weder eindeutig noch abschließend definiert. Die Konsequenzen der dadurch hervorgerufenen Änderungen sind wegen der zahlreichen Abhängigkeiten und Zirkelschlüsse der Planungsaktivitäten untereinander kaum zu überblicken[91]. Dies ist zurückzuführen auf die Intransparenz von semantischen und somit nicht-geometrischen Abhängigkeiten. Hiermit sind an dieser Stelle sowohl rechnerische, parametrische Abhängigkeiten als auch solche Abhängigkeiten gemeint, die zwischen nicht-numerischen Merkmalen existieren (z. B. Farbe).[92]

Ebendieses Problem manifestiert sich bei der Prüfung von Planungsständen der einzelnen Fachplanerinnen und Fachplaner zu den jeweiligen Synchronisationspunkten im Fabrikplanungsprozess. Es liegt grundsätzlich im Aufgabenbereich eines BIM-Koordinators bzw. BIM-Managers, zentrale BIM-Qualitätsprüfungen durchzuführen, indem er die Teilmodelle nach dem Zusammenführen Plausibilitätsprüfungen unterzieht[93]. Das Problem dabei ist, dass es kaum Personen gibt, die in einer Generalplanungsrolle über eine so ausreichende Qualifizierung verfügen, dass

[85] Vgl. Mayring, P. (2010), Qualitative Content Analysis.

[86] Vgl. Hsieh, H.-F./ Shannon, S. (2005), Three approaches to qualitative content analysis.

[87] Vgl. Burggräf, P. et al. (2019), Integrated Factory Modelling, S. 146f.

[88] Ein Hindernis als Ergebnis der Expertenstudie war die hochsensible Schnittstelle zwischen TGA und Produktion. Aus strukturellen Gründen wurden die Ausführungen dieses Hindernisses bereits teilweise in Kapitel 2.2 inkludiert.

[89] Vgl. Norm VDI 5200 - Blatt 1 (2011) Fabrikplanung, S. 5.

[90] Vgl. Burggräf, P. et al. (2019), Integrated Factory Modelling, S. 149.

[91] Vgl. Bejjani, C. et al. (2018), Flow Chart Based Information Modeling, S. 410f.

[92] Vgl. Burggräf, P. et al. (2020), How to Improve Collaboration Efficiency, S. 475.

[93] Vgl. van Treeck, C. et al. (2016), Gebäude.Technik.Digital, S. 38f.

sie in interdisziplinärer Art und Weise verschiedene Teilmodelle effizient auf Kongruenz[94] zueinander validieren können.[95] Diese Aufgabe bedeutet nicht nur eine Prüfung der Teilmodelle auf Erfüllung der Auftraggeberinformationsanforderungen (AIA), sondern auch die Begutachtung der Kongruenz der Teilmodelle zueinander. In der Fabrikplanung verlangt jedoch insbesondere der zweite Bereich eine kaum zu bewältigende Expertise auf informatorischer Ebene. Dies ist ohne technische Hilfe bzw. ohne klare Strukturierung der rechnerischen und attributbezogenen Abhängigkeiten zwischen den einzelnen Planungsdisziplinen kaum zu bewältigen.[96] Dies trifft auf Greenfield-Planungen zu, in denen der Freiheitsgrad der Planung sehr hoch ist, als auch auf Brownfield-Projekte, bei denen mit schon existierenden Informationen umgegangen werden muss[97]. Softwaretechnische Unterstützung existiert heutzutage hauptsächlich auf Seiten der Geometrie sowie bezüglich der reinen Existenz von Attributen und Parametern.[98] Darüber hinaus existieren Werkzeuge zur automatischen Generierung von nicht-geometrischen Regeln aus Normen und behördlichen Vorgaben heraus, also die Generierung von maschinenlesbaren Regeln aus geschriebenem Text. Dies wird z. B. auf Basis des *Natural Language Processing* (NLP)[99] sowie der von HJELSETH UND NISBET entwickelten RASE-Methodik durchgeführt (Requirement, Applicability, Select and Exception)[100]. Diese Ansätze unterstützen in der Tat bei der Validierung von Planungen hinsichtlich regulatorischer Vorgaben; jedoch können sie nicht genutzt werden, um einzelne Planungen auf Kongruenz zueinander zu prüfen.

2.3.3 Asynchroner Planungsprozess

In Kapitel 2.2 wurde bereits angesprochen, dass insbesondere nicht-geometrische Informationen in der Schnittstelle zwischen Produktions- und TGA-Planung stark relevant sind. Die Prüfung solcher Informationen ist derzeit problembehaftet. Ein Grund dafür sind die in Kapitel 2.3.2 dargestellten intransparenten Abhängigkeiten einzelner Planungsinformationen verschiedener Planungsdisziplinen. Ein weiterer Grund ist jedoch, dass innerhalb des iterativen Planungsvorgehens, das in BIM verfolgt wird, nicht klar vorgegeben ist, welche Informationen an den einzelnen Synchronisationspunkten in welchem Reifegrad wie an wen zu übergeben sind.[101]

---

[94] Mit *Kongruenz* ist in diesem Falle gemeint, dass die verschiedenen Teilplanungen aufeinanderpassen und keine inhaltlichen Widersprüche bei dem Zusammenführen der Teilplanungen entstehen.

[95] Vgl. Burggräf, P. et al. (2019), Integrated Factory Modelling, S. 149f.

[96] Vgl. Burggräf, P. et al. (2021), Creation of an expert system for design validation, S. 3f.

[97] Vgl. Grundig, C.-G. (2009), Fabrikplanung, S. 18.

[98] Vgl. Burggräf, P. et al. (2020), How to Improve Collaboration Efficiency, S. 475; Burggräf, P. et al. (2021), Creation of an expert system for design validation, S. 3.

[99] Vgl. Zhang, J./ El-Gohary, N. (2012), Extraction of Construction Regulatory Requirements; Zhang, J./ El-Gohary, N. (2017), Integrating semantic NLP and logic reasoning.

[100] Vgl. Hjelseth, E./ Nisbet, N. (2011), Capturing normative constraints.

[101] Vgl. Burggräf, P. et al. (2019), Integrated Factory Modelling, S. 149.

BIM basiert in der Planungs- bzw. Entwurfsphase eines Gebäudes auf effizientem Informations- und Datenaustausch zwischen den Planenden. Hierzu ist es indes notwendig, dass der Adressat genau auf die von ihm benötigten Informationen und Daten zugreifen kann.[102] Hiermit ist nicht zwingend ein mangelnder Zugriff im Sinne von fehlenden Zugriffsrechten gemeint, sondern vielmehr die kontextspezifische und somit bedarfsgenaue Bereitstellung von Informationen und Daten. Insbesondere in Zusammenarbeit mit der Produktionsplanung werden häufig geometrisch sehr detaillierte Teilmodelle bereitgestellt, die eine genaue Informationsextraktion nur unter hohem Aufwand ermöglichen.[103] Zudem basiert speziell zu einem frühen Zeitpunkt ein Großteil der Informationen der Produktionsplanung auf Annahmen, die im Laufe des Fabrikplanungsprozesses verfeinert werden. Bei der Kollaboration zwischen Planungsdisziplinen ist es folglich wesentlich, dass vorab definiert ist, welchen Reifegrad eine bestimmte Information oder bestimmte Daten zu einem definierten Zeitpunkt aufweisen müssen.[104] Innerhalb des Aachener Fabrikplanungsvorgehens wurde dieser Bedarf von KRUNKE bereits auf Projektmanagementebene, jedoch nicht auf parametrischer, mathematisch auswertbarer und somit numerischer Ebene adressiert[105].

Entsprechend der Unterscheidung zwischen geometrischen und nicht-geometrischen Informationen wird im Bereich des Building Information Modeling zwischen geometrischen Reifegraden – sogenannten *Level of Geometry* (LOG) – sowie nicht-geometrischen Reifegraden – sogenannten *Level of Information* (LOI) – unterschieden. Die Summe aus LOI und LOG ergibt den Entwicklungsgrad – das sogenannte *Level of Development* (LOD).[106] Das BIMForum hat bereits für zahlreiche Objekte Reifegrade definiert, die zunehmend als Standard in BIM-Projekten herangezogen werden. Jedoch fokussiert das BIMForum fast ausschließlich geometrische Reifegrade, also LOG. LOI werden nur sehr rudimentär erwähnt (*„Non-graphic information may also be attached to the Model Element.“* [107]). Darüber hinaus werden Objekte der Produktionsplanung ebenfalls kaum inkludiert.[108] Ähnlich verhält es sich mit der LOD-Definition von VAN TREECK ET AL., bei welcher zusätzlich zum LOG und LOI noch der Koordinationsreifegrad (*Level of Coordination* – LOC) sowie der Logistikreifegrad (*Level of Logistics* – LOL) hinzugenommen werden.[109] Während die LOG ähnlich wie im Standard des BIMForums spezifiziert werden[110], sind die LOI bereits feiner ausdetailliert und grob auf die Leistungsphasen der HOAI zugeschnitten.

---

[102] Vgl. ebd.
[103] Vgl. Burggräf, P. et al. (2018), Factory-BIM zur integrierten Produktions- und Gebäudeplanung, S. 162.
[104] Vgl. Burggräf, P. et al. (2019), Integrated Factory Modelling, S. 149.
[105] Vgl. Krunke, M. (2017), Reifegradmanagement in der Fabrikplanung, S. 99ff.
[106] Vgl. Baunetz_Wissen_, [Stand: 30.06.2020] Was bedeutet LOD/LOI? | BIM | Modellinhalte.
[107] BIMForum (2019), LEVEL OF DEVELOPMENT (LOD) SPECIFICATION, S. 13.
[108] Vgl. ebd.
[109] Vgl. van Treeck, C. et al. (2016), Gebäude.Technik.Digital, S. 58ff.
[110] Vgl. ebd., S. 60.

So sollen für das LOI 3 bereits Attribute aus ingenieurstechnischen Berechnungen in den Objekten vorhanden sein.[111] Solche Berechnungen werden gewöhnlich in der LPH 3 durchgeführt. Allerdings werden weder konkrete Objekt-Beispiele dieser LOI-Definition aufgezeigt, noch findet die Integration von nutzungsspezifischen Anlagen wie die der Produktion Betrachtung.

Für eine Anwendung in der Fabrikplanung sollten die vorhandenen Ansätze folglich auf die Produktionsplanung übertragen werden. Eine integrierte Fabrikplanung kann nur durchgeführt werden, wenn die richtigen Daten und Informationen in der richtigen Granularität der entsprechenden Planungsdisziplin zum richtigen Zeitpunkt in der richtigen Form zur Verfügung gestellt werden.

2.4 Abgeleiteter Entwicklungsbedarf der BIM-basierten Fabrikplanung

BIM ist ein Lösungsansatz, mit dem die Transparenz von Planungsständen und somit durchgehende Planungsinformationen von Bauprojekten sichergestellt werden können. Vor diesem Hintergrund ist zu erwarten, dass die Anwendung von BIM kontinuierlich wachsen und folglich in immer mehr Bereichen der Bauindustrie Einzug erhalten wird. So wird die jährliche Wachstumsrate des Marktes für BIM-Technologien für die Jahre 2020-2027 auf 15,2% prognostiziert.[112] Doch auch mit BIM werden die verschiedenen Planer weiterhin in ihrer eigenen Software arbeiten und individuelle Planungsvorgehen, Planungsinformationen und Austauschformate haben. Fabrikplanerinnen und Fabrikplaner müssen in der klassischen Rolle der Projektleitung oder Generalplanung diese Planungen auch in Zukunft zusammenführen und validieren. Im derzeitigen Status Quo von BIM-basierter Fabrikplanung ist hingegen zu beobachten, dass solche Validierungen in manueller Form[113] aufgrund unklarer Prozessvorgaben (vgl. Kapitel 2.3.3) und fehlender Transparenz über nicht-geometrische Abhängigkeiten der Prozessparameter (vgl. Kapitel 2.3.2) sehr zeitaufwändig und fehlerbehaftet sind. Zudem ist es nicht praktikabel, von einem Fabrikplaner dieselbe Expertise zu erwarten, die jede einzelne Fachplanung für sich allein besitzt (z. B. TGA, Statik). Ein reibungsloser Einsatz von BIM in der Fabrikplanung ist daher aktuell insbesondere in einer Greenfield-Planung[114] noch nicht möglich. Bereits vorhandene Lösungen im Bereich automatischer Validierungen in einer BIM-Planung decken vorrangig geometrische

[111] Vgl. ebd., S. 63.

[112] Vgl. Gaikwad, V./ Rake, R., [Stand: 20.12.2020] Building Information Modeling Market.

[113] D.h. durch menschliche Logik und Arbeitskraft einzeln nacheinander geprüft

[114] Greenfield-Planung bildet den ersten Grundfall der Fabrikplanung nach Grundig ab. Dieser Grundfall beschreibt den Neubau einer Fabrik auf „grüner Wiese". Obgleich dieser Fall im Vergleich zu Brownfield-Projekten (Um- oder Rückbau) seltener vorkommt, ist er aufgrund der Gestaltungsfreiheit äußerst komplex und birgt viel Potential für eine Planung mit BIM; vgl. Grundig, C.-G. (2009), Fabrikplanung, S. 18f.

Fragestellungen mittels Kollisionsprüfungen ab (englisch: *Clash Control*). Im nicht-geometrischen und somit informatorischen Bereich existieren bislang lediglich Analysen für Teilbereiche wie zum Beispiel Energieeffizienzsimulationen[115] oder Lichteinfallsimulationen[116].

Eine denkbare Zwischenlösung wäre der Aufbau eines formelbasierten Validierungs-Blatts in Microsoft Excel, in welches konkrete Ausprägungen der BI-Models eingepflegt werden, die dann mithilfe der vorher definierten Formeln validiert werden. Es kann jedoch häufig beobachtet werden, dass solche Dateien für gewöhnlich von jedem weiteren Nutzer bearbeitet werden, so dass eine Vielzahl an unterschiedlichen Versionen existiert, was den Aufbau eines möglichst allgemeingültigen Validierungsstandards erschwert. Weiterhin ist eine solche Art der Prüfung recht nah an einer manuellen Prüfung zu verorten, da sämtliche Inhalte aus dem BIM-Projekt manuell in die Prüfmaske eingegeben werden müssen. Ein solches Vorgehen ist zudem sehr aufwändig. Vielmehr sollte versucht werden, diese Validierungen von Modellinformationen in der Fabrikplanung zu automatisieren. Bei der Umsetzung sollte der Fokus auf Methoden gelegt werden, die es erlauben, dass die Ergebnisse von möglichst vielen Anwendern genutzt werden können und dadurch als Standard implementierbar sind; und zwar beginnend in dem Bereich, in dem Fehler vergleichsweise hohe Auswirkungen auf Planungszeit und -kosten haben: In der Schnittstelle zwischen raumlufttechnischen Anforderungen der TGA und Produktion (vgl. Kapitel 2.2). Wie in Kapitel 2.3.3 beschrieben liegt innerhalb dieser Schnittstelle das noch tieferliegende Problem in fehlenden Vorgaben bezüglich individuell zu erreichender Informationsreifegrade im Fabrikplanungsprozess. Eine oben beschriebene, automatische Validierung wäre auch abhängig von solchen Vorgaben. Ebenfalls ist für eine automatische Validierung notwendig, dass Beziehungen zwischen Informationen und Daten eindeutig definiert sind (vgl. Kapitel 2.3.2) Das folgende Kapitel 3 stellt daher bestehende Ansätze im Bereich reifegradbasierter Informations- und Datenmodelle in der Fabrikplanung bzw. im Industriebau dar, welche im Zusammenhang mit BIM entwickelt wurden.

In Kapitel 2 konnte gezeigt werden, dass BIM für die Fabrikplanung insbesondere bei Greenfield-Projekten von hoher Relevanz ist. Eine Expertenstudie im Rahmen dieses Dissertationsvorhabens[117] hat jedoch gezeigt, dass intransparente Informationsabhängigkeiten und fehlende Prozessvorgaben die erfolgreiche und flächendeckende Nutzung von BIM in der Fabrikplanung behindern – insbesondere an der Schnittstelle zwischen TGA- und Produktionsplanung. Hieraus ergibt sich der praktische Entwicklungsbedarf, für den zunächst zu klären ist, welche bestehenden Ansätze die derzeitigen, beschriebenen Hürden adressieren. Der Fokus der Arbeit wird sodann auf die Entwicklung einer neuen Methodik gelegt, mit der eine automatische Validierung von BIM-basierten Fabrikplanungsprojekten möglich ist.

---

115 Vgl. Ta, D./ Gould, J., [Stand: 20.12.2020] Energy Analysis for Revit.

116 Vgl. Nakatani, M./ Nobuo, M., [Stand: 20.12.2020] Advanced Lighting Design and Simulation.

117 Vgl. Burggräf, P. et al. (2019), Integrated Factory Modelling.

Die zur Erfüllung des Entwicklungsbedarfs zu klärende Frage aus der Praxis ist folglich:

Wie kann die BIM-basierte Fabrikplanung insbesondere in der Schnittstelle von TGA- und Produktionsplanung mittels reifegradbasierter Modelle effizienter gestaltet werden und eine automatische Validierung von Planungsergebnissen ermöglicht werden?

3 Ansätze zur Optimierung von datenbasierten BIM-Planungs- und -Prüfprozessen

Im vorigen Kapitel 2 wurde der Entwicklungsbedarf in der BIM-basierten Fabrikplanung dargelegt. Dieser bezieht sich insbesondere auf nicht durchgängige Planungsinformationen, was einerseits das Verständnis der Abhängigkeiten von Planungsinformationen in der Schnittstelle TGA-Produktion und zum anderen eine Validierung von *Design Deliveries* erschwert.

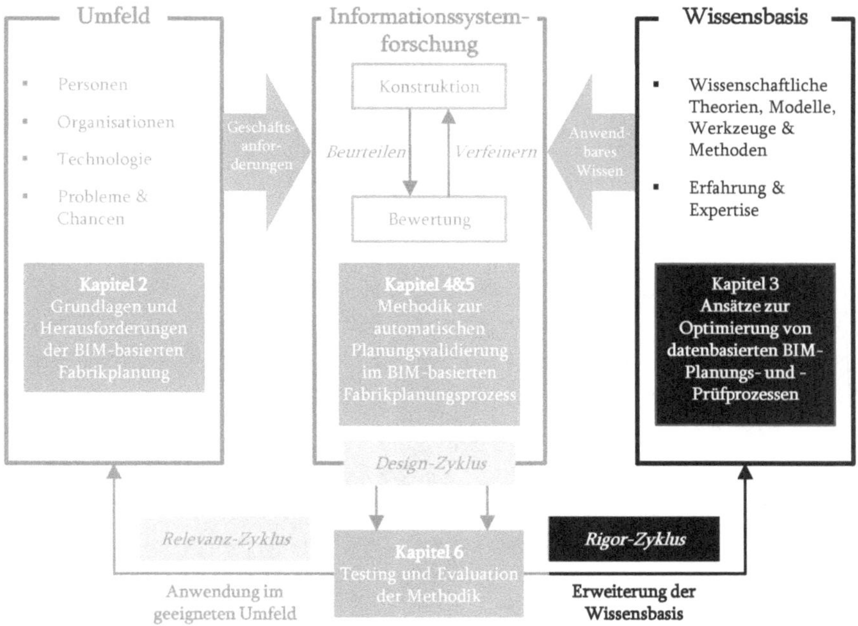

Abbildung 3-1: Einordnung des Kapitels 3 in den Rahmen der DSR[118]

Zudem wird der gesamte Planungsprozess dadurch behindert, dass keine klaren, objektorientierten Reifegrade (LOD) definiert sind. Auf wissenschaftlicher Seite stellt sich nun die Frage, welche bestehenden Ansätze und Erkenntnisse existieren, die Lösungsbausteine für das dargestellte

[118] I.A.a. Hevner, A. (2007), A Three Cycle View of Design, S. 88.

Problem bieten. Innerhalb des in Kapitel 1.2 eingeführten DSR-Rahmens dieser Forschungsarbeit bildet das vorliegende Kapitel den rechten Teil der Abbildung 3-1 und somit den Rigor-Zyklus ab.

3.1 Methodik zur Untersuchung der Ansätze

Die Methodik zur Untersuchung der bestehenden Ansätze ist angelehnt an den Ansatz von VOM BROCKE ET AL.[119] (vgl. Abbildung 3-2).

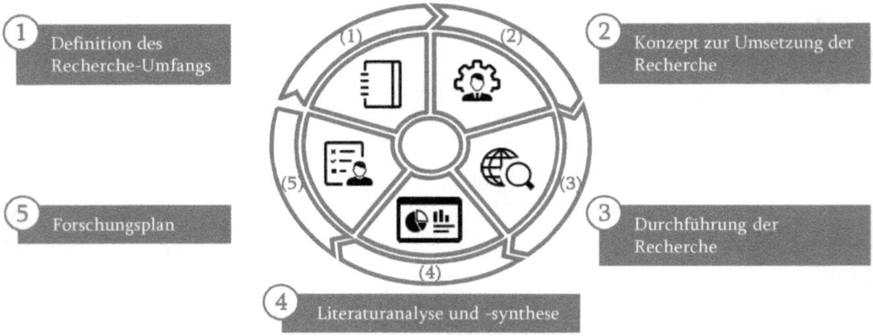

Abbildung 3-2: Methodik der strukturierten Literaturrecherche[120,121]

Die Methodik besteht demzufolge besteht aus den folgenden fünf Schritten: Definition des Recherche-Umfangs, Konzeption und Umsetzung der Recherche, Durchführung der Recherche, Literaturanalyse und -synthese sowie Aufstellung des Forschungsplans. Im Folgenden werden diese fünf Schritte näher beschrieben.

Definition des Recherche-Umfangs

Für eine wissenschaftliche Literaturrecherche ist es von entscheidender Bedeutung, dass der Umfang der Forschung ausreichend definiert und abgegrenzt wird. Zu diesem Zweck wurde in Anlehnung an COOPER[122] eine Taxonomie erstellt (vgl. Anhang 9.3.1). Für eine detaillierte Beschreibung der gesamten Review-Strategie sei an dieser Stelle auf Anhang 9.3 verwiesen.

[119] Vgl. vom Brocke, J. et al. (2009), Reconstructing the Giant.

[120] I.A.a. ebd., S. 2212.

[121] Quellen der genutzten Icons: https://uxwing.com/notebook-line-icon/ ; https://uxwing.com/manager-icon/ ; https://uxwing.com/internet-browsing-icon/ ; https://uxwing.com/dashboard-report-icon/ ; https://uxwing.com/tester-icon/ ; License: All icons are free to use any personal and commercial projects without any attribution or credit.

[122] Vgl. Cooper, H. (1988), Organizing knowledge syntheses.

Konzeption zur Umsetzung der Recherche

Bei der Konzeption der Umsetzung der Literaturrecherche wurde sich der STARLITE-Mnemonik[123] bedient (vgl. Anhang 9.3.3). Basierend darauf wurde im Rahmen der Stichprobenstrategie entschieden, den Zeitraum der zu berücksichtigenden Literatur auf zehn Jahre zu begrenzen, was auf den Vormarsch von BIM innerhalb dieses Zeitraums zurückzuführen ist. Weiterhin wurden lediglich deutsche und englische Forschungsarbeiten aus begutachteten Fachzeitschriften und Konferenzberichten analysiert, um die wissenschaftliche Strenge (engl. *Rigor*) der einbezogenen Ergebnisse zu gewährleisten. Die Schlagworte (vgl. Anhang 9.3.2) für die Literaturrecherche wurden in drei Kategorien unterteilt:

- Thematischer Fokus (z. B. Reifegrade)
- Domänenfokus (z. B. Fabrikplanung)
- Methodischer Fokus (z. B. BIM)

Für jedes Schlagwort wurden Unterbegriffe und Synonyme generiert – in deutscher und englischer Sprache. Eine Suche bestand immer aus einer UND-Verknüpfung eines Schlagworts jeder Kategorie, kombiniert mit der Einbeziehung der jeweiligen Synonyme mittels des ODER-Operators.

In einem nächsten Schritt wurden Datenbanken für die Literaturrecherche ausgewählt. LEVY UND ELLIS empfehlen in diesem Zusammenhang, Datenbanken zu verwenden, die Zugang zu führenden Zeitschriften aus dem behandelten Forschungsgebiet bieten[124]. Da das vorliegende Forschungsthema dem Gebiet der Fabrikplanung und vor allem dem der Informationssystemforschung zuzuordnen ist (siehe Kapitel 1.2), wurden folgende Datenbanken verwendet: IEEE XPlore, Elsevier (ScienceDirect), JSTOR, Web of Science und Springer Link.

Durchführung der Recherche

Die Recherche wurde zwischen Februar 2019 und Juli 2019 durchgeführt. Sie bestand aus einer Datenbank-, Stichwort-, Rückwärts- sowie Vorwärtssuche. Die Suchergebnisse wurden mit den zugehörigen Schlagworten annotiert. Da vorher durchgeführte Testdurchläufe gezeigt haben, dass eine simultane Suche auf verschiedenen Datenbanken mittels Referenzmanagern (z. B. Citavi) zu unterschiedlichen Ergebnissen geführt hatten als bei einer direkten Recherche in der jeweiligen Datenbank, wurde auf die Unterstützung dieser Programme bei der Recherche verzichtet.

---

[123] Vgl. Booth, A. (2006), "Brimful of STARLITE", S. 4.

[124] Vgl. Levy, Y./ J. Ellis, T. (2006), A Systems Approach to Conduct an Effective Literature Review, S. 185ff.

Literaturanalyse und -synthese

Als erster Schritt der Analyse wurde eine Metadatenanalyse durchgeführt (vgl. Abbildung 3-3 und Abbildung 3-4).

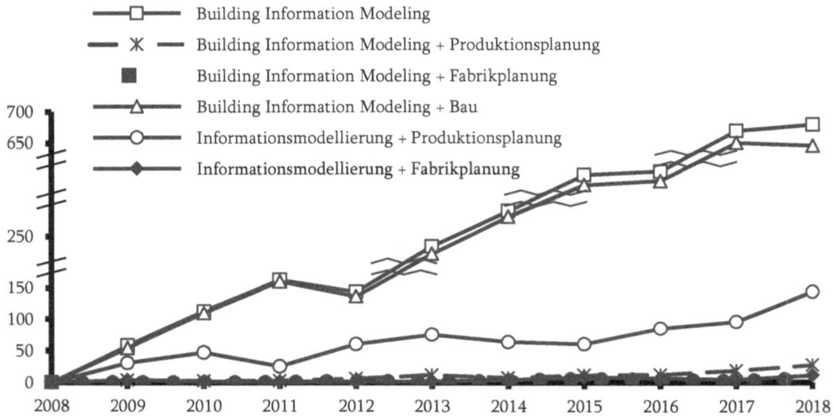

Abbildung 3-3: Metadatenanalyse der Literaturrecherche: Entwicklung der Forschungsrelevanz der Gebiete anhand der Anzahl an Treffern nach Schlagworten[125]

Es ist in Abbildung 3-3 erkennbar, dass die Relevanz von BIM in den letzten zehn Jahren stark zugenommen hat. Dies trifft auch auf die Kombination mit der Produktionsplanung zu, jedoch in geringerem Maße. Mithin kann eine hohe wissenschaftliche Relevanz gefolgert werden. In Abbildung 3-4 kann gezeigt werden, dass insbesondere die Begriffe Entwicklungsgrad und Zuverlässigkeit im Bereich des Baus in Veröffentlichungen stark vertreten sind. Dies ist unter anderem auf die in der Bauforschung im Bereich des Reifegradmanagements bekannten englischen Begriffe *Level of Development* sowie *Reliability* zurückzuführen. Ebenfalls wird im unteren Teil der Abbildung deutlich, welch großen wissenschaftlichen Nachholbedarf die Fabrikplanung im Bereich der Informationsmodellierung mit BIM noch hat. Es wurden daher Anknüpfungspunkte aus bestehender Forschung identifiziert, die zwar nicht direkt aus der Fabrikplanung stammen, wohl aber auf sie übertragbar sind (vgl. hierfür Kapitel 3.2, 3.5 und 4).

[125] Die Suchergebnisse umfassen auch die Ergebnisse, die mittels der englischen Synonymen der deutschen Schlagwörter gefunden wurden.

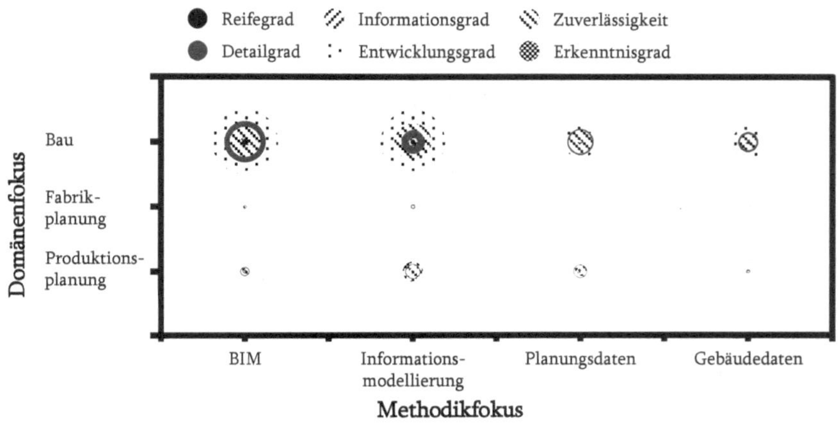

Abbildung 3-4: Metadatenanalyse der Literaturrecherche: Darstellung der am stärksten beforschten Kombinationen der Schlagworte

Entsprechend der PRISMA-Methodik[126] wurden im nächsten Schritt hin zu einer inhaltlichen Analyse zunächst sämtliche Duplikate der Ergebnisse aussortiert (vgl. Anhang 9.3.4). In einem weiteren Schritt wurden die verbleibenden Ergebnisse durch eine Analyse des Titels und anschließend durch eine Analyse des Abstracts nach Relevanz sortiert und ausgeschlossen. Die übrigen Ergebnisse wurden daraufhin mittels qualitativen Forschungsmethoden nach HSIEH UND SHANNON sowie MAYRING analysiert (vgl. Anhang 9.3.5 für eine detaillierte Beschreibung der Methodik). Die Ergebnisse dieser Analyse sind Kapitel 3.2 zu entnehmen.

Forschungsplan

Die Ergebnisse der Literaturanalyse kulminieren in Kapitel 3.5 in einer aus Praxis und Theorie abgeleiteten Forschungsfrage, welche mittels der in Kapitel 4 dargestellten Bausteine beantwortet bzw. bearbeitet wird.

3.2 Bestehende Ansätze zur Weiterentwicklung der BIM-basierten Fabrikplanung

Im vorliegenden Kapitel werden die bestehenden Ansätze, welche im Volltext analysiert wurden (vgl. Kapitel 3.1), zunächst in Kapitel 3.2.1 wertfrei zusammengefasst (vgl. Abbildung 3-5). Anschließend ordnet Kapitel 3.2.2 diese Ansätze inhaltlichen Clustern zu. Darauf folgend werden diese Cluster und ihre Ansätze vor dem Hintergrund des Entwicklungsbedarfs aus der Praxis

[126] Vgl. Moher, D. et al. (2009), Preferred reporting items for systematic reviews.

kritisch gewürdigt. Ergebnis ist eine konkrete Auswahl von Anknüpfungspunkten aus dezidierten Fokusclustern.

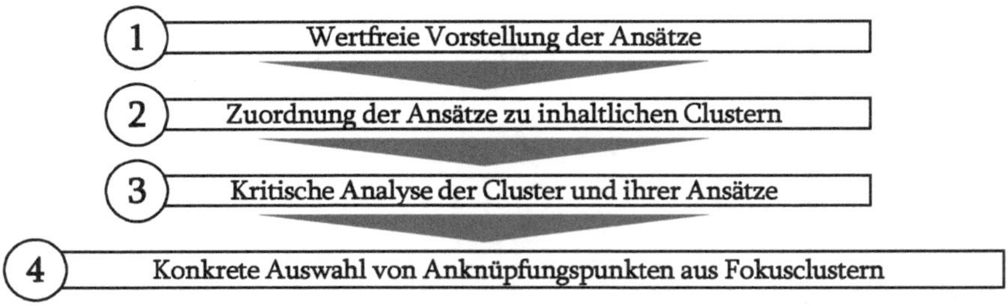

Abbildung 3-5: Konkretes Vorgehen in Kapitel 3.2 bezüglich der inhaltlichen Analyse der ausgewählten Ansätze

3.2.1 Vorstellung bestehender Ansätze

Mithilfe der vorgestellten Methodik wurden 18 Ansätze identifiziert, die im Volltext analysiert wurden. Das Kapitel 3.2.1 stellt diese Ansätze nun zunächst wertfrei vor, um sie in Kapitel 3.2.2 in den Kontext des in Kapitel 2.4 beschriebenen Praxisproblems zu setzen und dahingehend zu analysieren.

Akzeptanzbarrieren bei der Kollaboration mit BIM (Olawumi et al.)

Olawumi et al. haben eine zweiründige Delphi-Studie durchgeführt, um die wichtigsten Hemmnisse für eine BIM-Implementierung in Bauprozessen statistisch zu filtern und hinsichtlich ihrer Auswirkungen auf die Nachhaltigkeit der Bauwirtschaft zu priorisieren. Sie geben mit Verweis auf bestehende Ansätze an, dass BIM als Technologie eine zentrale Quelle für alle Stakeholder bereitstellen kann, um Nachhaltigkeitsparameter ganzheitlich zu optimieren. Jedoch sei BIM bislang noch nicht flächendeckend implementiert. Im Ergebnis ihrer Analyse werden als Hauptbarrieren unter anderem das Festhalten an traditionellen Arbeitsabläufen, fehlende Geschäftsprozesse sowie ein mangelndes Verständnis der Prozesse genannt.[127]

Faktoren für die Effizienzsteigerung bei der Steuerung von BIM-Projekten (Alreshidi et al.)

Alreshidi et al. haben mittels halbstrukturierter Interviews ein Rahmenwerk für die BIM-Steuerung entwickelt. So sei in Bauprojekten ein steigender Grad an Komplexität beobachtbar. Die Autoren setzen auf der Methode Building Information Modeling auf und untersuchen unter anderem derzeitige Barrieren für die Einführung von BIM. Diese sollen in ihrem *BIM governance framework* (G-BIM) adressiert werden. Als relevante Hindernisse werden unter anderem ge-

[127] Vgl. Olawumi, T. et al. (2018), Barriers to the integration of BIM.

nannt: fehlende Mechanismen für den Datenaustausch zwischen Planern, unklare Designprozesse für BIM, nicht definierte Prozesse der Informationsbereitstellung sowie Dateninkonsistenz zwischen Planungsständen bzw. Planungsdisziplinen.[128]

Erforschung von Effekten auf die Kollaborationseffizienz in BIM-Projekten (LIU ET AL.)

LIU ET AL. haben die Effekte analysiert, welche Effektivität und Effizienz in der BIM-Kollaboration beeinflussen. Es sind zu nennen: (1) IT-Kapazität, (2) Technologiemanagement, (3) Einstellung und Verhalten, (4) Rollenübernahme, (5) Vertrauen, (6) Kommunikation, (7) Führung sowie (8) Lernen und Erfahrung. Es wird betont, dass Organisationen von der IT-Infrastruktur abhängig seien, um ihre Planungsergebnisse in angemessener Weise zu liefern. Dieses technische Subsystem müsse allerdings mit einem sozialen Subsystem ausbalanciert werden. Diese beiden Systeme werden derzeit jedoch von LIU ET AL. als inkongruent zueinander angesehen, da unterschiedliche Werkzeuge und Standards zu Modellen mit unterschiedlichen Formaten und LOD führen würden. In der Konsequenz würden Projekte laut den Autoren unter unklaren Zuständigkeiten sowie Kommunikationsfehlern leiden.[129]

Einführung von nachhaltigkeitsbasierten Reifegraden mittels BIM-Kollaboration (SAIEG ET AL.)

SAIEG ET AL. stellen in ihrem Beitrag eine strukturierte Literaturrecherche vor, die die BIM-Methodik, Lean-Prinzipien und Ressourcenschonung integriert. Die Inhaltsanalyse aller 32 Artikel zeigt u.a., dass die Etablierung von Reifegraden bei der BIM-Planung die Umsetzung von Lean-Prinzipien erleichtern könnte. Darüber hinaus wird betont, dass menschliche Fehler in der Planung durch maschinenlesbare Validierung vermieden werden könnten. Nach Ansicht der Autoren könne BIM an dieser Stelle durch integrierte Projektabwicklung sowie strukturierte, zentralisierte und austauschbare Informationen Abhilfe schaffen. Allerdings mangele es BIM nach wie vor an Interoperabilität, weshalb das Eingreifen des Planers weiterhin von entscheidender Bedeutung sei.[130]

Analyse von Modellierungsaufwänden bei verschiedenen LOD-Stufen in Building Information Models (LEITE ET AL.)

Die Autoren dieses Artikels haben sich auf das bereits in Kapitel 2.3 beschriebene Konzept des LOD fokussiert. An dieser Stelle sei aber darauf hingewiesen, dass LEITE ET AL. unter LOD nicht ein *Level of Development* verstehen, sondern ein *Level of Detail*. Dieses ist gleichzusetzen mit dem bereits in dieser Forschungsarbeit definierten LOG (*Level of Geometry*). Das LOI (*Level of Information*) ist folglich bei LEITE ET AL. nicht betrachtet worden. LEITE ET AL. haben den Modellierungsaufwand bewertet, der mit drei verschiedenen Detaillierungsebenen in zwei Projekten zur TGA-Design-Koordination verbunden war. Die drei LOD wurden definiert als: Angenä-

---

[128] Vgl. Alreshidi, E. et al. (2017), Factors for effective BIM governance.
[129] Vgl. Liu, Y. et al. (2017), Understanding effects of BIM on collaborative design and construction.
[130] Vgl. Saieg, P. et al. (2018), Interactions of Building Information Modeling.

herte Geometrie, präzise Geometrie und Fertigung (zu verstehen als: detailliert genug, um Objekte (z. B. eine Fertigwand) auf Basis der Modellinformationen heraus fertigen zu lassen). Die Autoren weisen in ihrem Artikel darauf hin, dass ein höheres Detail bei der Modellierung nicht unbedingt mehr Modellierungsarbeit erfordere. Sie haben auch die manuelle Kollisionserkennung mit der automatischen Kollisionserkennung verglichen und berichten in ihrem Artikel über eine höhere Erkennungsrate der Kollisionsermittlung bei automatischem Prozess, jedoch bei gleichzeitig geringerer Präzision. Das bedeutet, dass zwar eine größere Anzahl vorhandener Kollisionen erkannt wurden, jedoch auch weitere als solche gekennzeichnet wurden, die es aber nicht waren.[131]

Weiterentwicklung der Informationsstandards von buildingSMART hinsichtlich Anwendungsfeldern in der Betriebsphase eines Gebäudes (VOLK ET AL.)

VOLK ET AL. haben eine umfangreiche Literaturrecherche zum Einsatz von BIM in bestehenden Gebäuden durchgeführt – also Gebäuden, die ohne BIM geplant und bislang auch ohne BIM betrieben worden waren. Sie haben in diesem Zusammenhang Probleme identifiziert, die sie in funktionale, informationstechnische, technische und organisatorische Fragestellungen kategorisiert haben. Die von den Autoren identifizierten Hauptherausforderungen beim Einsatz von BIM in bestehenden Gebäuden sind die automatisierte Datenerfassung im Gebäudebetrieb, die Aktualisierung und Pflege von Gebäudeinformationen sowie der Umgang mit unsicheren Daten beim BIM-Planungsprozess.[132]

Verbesserung der LOD-Spezifikationen für 3D-Gebäude (BILJECKI ET AL.)

BILJECKI ET AL. haben an Reifegradmodellen für BIM geforscht. In diesem Zusammenhang haben sie bestehende LOD-Modelle analysiert, um einen granularen LOD-Rahmen zu entwickeln (hier wieder: LOD = *Level of Detail*). Der Bedarf hierfür wird im Artikel dadurch begründet, dass die derzeit bestehenden LOD nicht präzise genug seien und daher viel Raum für Ambiguität lassen würden. Als Hauptgründe für den nicht-ausreichenden Status Quo werden u.a. genannt: hohe Anzahl von Datenproduzenten und damit viele projekt- bzw. planerspezifische Anforderungen, die eine Zunahme inhomogener LOD-Datensätze begünstigen würden.[133]

Anwendung der DFMA-Methode auf die Fertigteilproduktion für Gebäude (YUAN ET AL.)

YUAN ET AL. stellen in ihrem Artikel eine Methodik zur Verbindung von parametrischem BIM-Design und *Design for Manufacture and Assembly* (DFMA) vor. Die Integration von Fachkenntnissen aus den Bereichen Fertigung und Montage in die Fabrikplanung wird als entscheidend für die Verbesserung der Entwicklung von Fertiggebäuden angesehen. Der besondere Schwerpunkt der Forscher liegt auf der Entwurfsphase, da diese bis zu 80% der Betriebskosten des Gebäudes bestimme. Es wird betont, dass nicht-geometrische Informationen, die für die Fertigung und

[131] Vgl. Leite, F. et al. (2011), Analysis of modeling effort and impact.
[132] Vgl. Volk, R. et al. (2014), Building Information Modeling (BIM) for existing buildings.
[133] Vgl. Biljecki, F. et al. (2016), An improved LOD specification for 3D building models.

Montage relevant sind, bereits in der Entwurfsphase in den jeweiligen digitalen Modellen integriert werden müssten. Das aus der Produktentwicklung stammende Konzept des DFMA machen sich die Forscher in ihrem Beitrag zu Nutze und bescheinigen ihrem Ansatz die Sicherstellung einer höheren Herstellbarkeit der geplanten Gebäudeteile im Vergleich zu traditionellen Planungsansätzen.[134]

Integration der betriebs- und instandhaltungsbezogenen TGA-Informationen in die Objekte der vorbetrieblichen Entwurfsphase (WANG ET AL.)

WANG ET AL. präsentieren in ihrem Artikel eine Fallstudie, in der sie ihr Rahmenwerk für die TGA-Integration in den BIM-basierten Planungsprozess validiert haben. Das Rahmenwerk ist in vier Reifegrade der Integration unterteilt: Im ersten Schritt der Integration findet eine TGA-Systemkoordination auf Grundlage der Gebäudeanforderungen und des Budgets statt. Im nächsten Schritt wird die TGA-Raumordnungskoordination auf Grundlage der Raumanforderungen durchgeführt, was wiederum in die Koordination hinsichtlich Konstruierbarkeit bzw. Fertigbarkeit übergeleitet wird. Im letzten Schritt der Integration findet eine TGA-Entwurfsverifizierung statt. Das Ergebnis ihrer Fallstudie bestätige die grundsätzliche Annahme der Vorteilhaftigkeit des Rahmenwerks, ließe jedoch noch Raum für Verbesserungspotentiale, insbesondere bei der Raumkoordination, welche größtenteils manuell mittels Maßband durchgeführt wurde.[135]

Transparenzsteigerung in BIM-Designprozessen mittels buildingSMART Standards (ARAYICI ET AL.)

ARAYICI ET AL. haben *Design Science Research* angewandt, um Interoperabilitätsspezifikationen in der Entwurfsphase eines BIM-Projekts auf Basis der Standards von buildingSMART zu erforschen. Die Spezifikationen werden in ihrem Beitrag beschrieben durch eine Art Prozessmodell, welches mit einem Daten-Layer, einem Service-Layer sowie einem Nutzerschnittstellen-Layer unterfüttert wird. Die Forschung von ARAYICI ET AL. war eingebettet in das von der EU geförderte Projekt *Design4Energy* und fokussierte folglich Bestandteile bzw. Objekte eines Gebäudes, die bereits in der Entwurfsphase einen erheblichen Einfluss auf die Energieeffizienz haben, wie zum Beispiel Fassadenelemente oder Wandöffnungen. Sie sehen ihren Beitrag als elementaren Baustein für die Weiterentwicklung der integrierten BIM-Praxis für energieeffiziente Gebäude.[136]

Kollaborationsoptimierung in der Bauindustrie durch *Integrated Project Delivery* (MA ET AL.)

MA ET AL. beschreiben in ihrem Forschungsbeitrag einen Ansatz, wie die Kollaboration in der Bauindustrie durch *Integrated Project Delivery* (IPD; Deutsch: integrierte Projektabwicklung) insbesondere in der Planungsphase optimiert werden kann. Sie gehen hierbei auf bekannte ver-

[134] Vgl. Yuan, Z. et al. (2018), Design for Manufacture and Assembly-oriented parametric design.
[135] Vgl. Wang, J. et al. (2016), Building information modeling-based integration of MEP.
[136] Vgl. Arayici, Y. et al. (2018), Interoperability specification development.

tragliche Projektabwicklungsformen wie *Design-Bid-Build* oder *Design-Build* ein. Die wichtigsten funktionalen Anforderungen an ihr Modell sind (1) die automatische Generierung eines Arbeitsplans mittels des *Last Planner Systems*[137], (2) die automatische Informationsbenachrichtigung an die Planer und Nutzer sowie (3) die Darstellung der informatorischen und datenbasierten Beziehungen zwischen den Planungsergebnissen basierend auf der *Unified Modeling Language* (UML).[138]

Integration von nicht-geometrischen TGA-Informationen in der Entwurfsphase für die Betriebs- und Instandhaltungsphase (Hu et al.)

Hu et al. haben ein Konzept mit dem Namen „BIM-FIM" entwickelt, um die Phasen des Betriebs und der Instandhaltung eines Gebäudes in ein BI-Model (Building Information Model) zu integrieren. Sie betonen die Bedeutung von nicht nur geometrischen Informationen, sondern heben speziell semantische, nicht-geometrische Informationen hervor. Das aktuelle in der Industrie vorherrschende Problem wird als Mangel eben solcher Schlüsselinformationen von TGA-Komponenten beschrieben. Diese Art von Informationen und Daten sollte nach Ansicht der Forscher bereits in der Entwurfsphase hinterlegt werden, woraus folgt, dass ein informatorisches und datenbasiertes Modell für eine effiziente Betriebs- und Instandhaltungsdurchführung ebenfalls bereits in der Designphase vorliegen müsse.[139]

Nutzung von Ontologien zur Definition von Datenaustauschanforderungen im Building Information Modeling (Lee et al.)

Lee et al. haben in einer Fallstudie einen Prozess zur transparenten und interoperablen Erstellung von Informationen für die Produktion von Betonfertigteilen in der Bauindustrie konzipiert. Hierzu haben sie zunächst betrachtet, wie aus einer Ontologie mittels standardisierter Terminologie sowie transparenten Beziehungen Dokumente erstellt werden können, die den Standards der internationalen Organisation buildingSMART entsprechen. Hierzu zählt speziell das *Information Delivery Manual* (IDM; Deutsch: Informationslieferungshandbuch). Hieran anschließend haben die Forscher eine Regelebene mittels der *Semantic Web Rule Language* (SWRL) zur Validierung des Informationsmodells abgeleitet.[140]

---

[137] Im Last Planner System arbeiten die Planer nicht nach der PUSH-Methode, um Pläne zu erstellen, sondern nach der PULL-Methode. Das bedeutet, dass die Planer selbständig anhand vordefinierter Meilenstein zurückrechnen, welche Ergebnisse sie als Voraussetzung weiterer Planungen liefern sollen und können, vgl. Ma, Z. et al. (2018), A dedicated collaboration platform, S. 201.

[138] Vgl. ebd.

[139] Vgl. Hu, Z.-Z. et al. (2018), BIM-based integrated delivery technologies.

[140] Vgl. Lee, Y.-C. et al. (2016), An ontology-based approach.

Anwendung der *Semantic Web*-Technologie zur Maschinenlesbarkeit von IFC-basierten Daten und Informationen aus dem EXPRESS-Schema (Pauwels und Terkaj)

Pauwels und Terkaj haben eine Methodik entwickelt, um die Welt des BIM an die des semantischen Webs anzuknüpfen. Hierfür zeigen sie in ihrem Artikel, wie EXPRESS-Daten in die Sprache *Web Ontology Language* (OWL) konvertiert werden können. EXPRESS ist eine Spezifikationssprache, die von der internationalen Organisation buildingSMART genutzt wird, um den BIM-Standard IFC zu spezifizieren. Mit ihrem Ansatz möchten Pauwels und Terkaj den IFC-Standard mit den Möglichkeiten der Datenverteilung, Abfrage und *Reasoning* verbinden.[141]

SWRL-gestützte Validierung von Planungen auf Basis einer Ontologie für Fertigungsdienstleistungen (Ameri et al.)[142]

Ameri et al. beschreiben in ihrem Artikel eine Methodik, um eine Ontologie für Fertigungsdienstleistungen in der mechanischen Bearbeitung zu gestalten. Konkret entwickelt und angewandt wurde die Ontologie für die Anwendung bei Metallgussprozessen. Um ein kontrolliertes Vokabular für die Ontologie zu entwickeln, haben die Forscher die Methode *Simple Knowledge Organization System* (SKOS) genutzt. Auf Basis des erstellten Vokabulars wurden daraufhin mittels OWL Klassen, Klasseneigenschaften und logische Verbindungen zwischen den Termini des Vokabulars definiert. Die dadurch entstandene Ontologie war darauffolgend Grundlage für Validierungskonzepte durch Nutzung der Regelsprache SWRL.[143]

Validierung ausgetauschter BIM-Daten mittels Regeln basierend auf der First-Order-Logic (Lee et al.)

Lee et al. haben auf Basis der mathematischen *First-Order Logic* (FOL; Deutsch: Prädikatenlogik erster Stufe) Regelprüfsätze entwickelt. Diese Prüfsätze sollen zur Validierung von ausgetauschten *Design Deliveries*[144] genutzt werden, um die Integrität der von verschiedenen Beteiligten bereitgestellten Informationen und Daten in einem Planungsprojekt sicherzustellen. Für die Sicherung der Kompatibilität zu buildingSMART-Standards haben sie die Ergebnisse in das IfcDoc-Tool[145] übertragen, einem von buildingSMART entwickelten Werkzeug für die Sicherstellung der Interoperabilität von MVDs.[146]

---

[141] Vgl. Pauwels, P./ Terkaj, W. (2016), EXPRESS to OWL for construction industry.

[142] Die Quelle von Ameri et al. wurde nach der initialen Literaturrecherche im Rahmen einer Backward/Forward Search mit in den zu analysierenden Literaturpool aufgenommen.

[143] Vgl. Ameri, F. et al. (2012), A systematic approach to developing ontologies.

[144] *Design Delivery* ist ein im BIM-Umfeld gebräuchlicher Begriff für die Übermittlung individueller Planungen an eine zentrale Instanz, z. B. dem BIM-Manager

[145] Vgl. Mirtschin, J. et al., [Stand: 28.12.2020] IFC Documentation and Toolkit.

[146] Vgl. Lee, Y.-C. et al. (2018), Logic for ensuring the data exchange integrity.

Nutzung semantischer Modellierung für Fabrikplanungsprojekte (BÜSCHER ET AL.)[147]

Die Forschung von BÜSCHER ET AL. war eingebettet in das Exzellenzcluster *Internet of Production*[148]. Die Autoren haben basierend auf dem Aachener Fabrikplanungsvorgehen eine Plattform namens *Virtual Production Intelligence* (VPI) aufgebaut. Ziel dieser Plattform ist es, Daten und Informationen aus verschiedenen heterogenen Quellen mittels semantischer Annotation in einer Kollaborationsplattform zu integrieren und zu validieren. Zur Repräsentierung der Informationen und ihrer Abhängigkeiten haben die Forscher die *Web Ontology Language* genutzt. Laut den Autoren seien die Planer einer Fabrik mithilfe dieser Plattform schon frühzeitig im Prozess in der Lage, Entscheidungen zu treffen, die ohne diese Art der Informationsintegration vormals nicht möglich gewesen waren.[149]

Prüfung der Konstruktionsqualität hinsichtlich der Einhaltung von offiziellen Regularien (ZHONG ET AL.)[150]

Die Autoren beschreiben in ihrem Artikel die Ontologie namens *CQIEOntology*, die Informationen von Bauprojekten zunächst strukturieren und daraufhin mittels der Regelsprache SWRL validieren soll. Hierfür werden regulatorische Vorgaben in OWL-Axiome sowie SWRL-Regeln übersetzt. Diese Axiome und Regeln werden daraufhin auf die Informationen und Daten der Ontologie angewendet. Die Autoren stellen fest, dass ihr ontologiebasierter Ansatz die Effizienz von Bauprojekten erhöhe und menschliche Ressourcen schone.[151]

3.2.2 Bewertung und kritische Würdigung der Ansätze zur Lösung des Praxisproblems

Die in Kapitel 3.2.1 beschriebenen Ansätze wurden nach erster Sichtung inhaltlich analysiert (vgl. Kapitel 3.1 sowie Anhang 9.3 für die Methodik). Ein wesentlicher Teil der angewendeten Methodik ist das Zusammenfassen von Themen in Kategorien bzw. Cluster mittels themenspezifischer Labels. Abbildung 3-6 zeigt das Ergebnis dieser Cluster-Analyse, das im Folgenden vorgestellt wird.

Es wurden fünf Cluster gebildet: Business Interoperabilität, Akzeptanzbarrieren, IT-Interoperabilität, IT- und Prozessstandards sowie Fallstudien. Diese sind entlang eines Gebäudelebenszyklus angeordnet, welcher entsprechend den IFM-Phasen (*Integrated Factory Modelling*) des Werkzeugmaschinenlabors WZL der RWTH Aachen benannt ist (vgl. Tabelle 2-1). Über die

[147] Die Quelle von BÜSCHER ET AL. wurde nach der initialen Literaturrecherche im Rahmen einer Backward/Forward Search mit in den zu analysierenden Literaturpool aufgenommen.

[148] Vgl. RWTH Aachen University, [Stand: 16.02.2021] Internet of Production.

[149] Vgl. Büscher, C. et al. (2016), Semantic Information Modelling for Factory Planning.

[150] Die Quelle von ZHONG ET AL. wurde nach der initialen Literaturrecherche im Rahmen einer Backward/Forward Search mit in den zu analysierenden Literaturpool aufgenommen.

[151] Vgl. Zhong, B. et al. (2012), Ontology-based semantic modeling of regulation constraint.

verschiedenen Phasen hinweg wird das BI-Model von links nach rechts fortgehend mit Informationen angereichert werden, was durch das sich nach rechts aufweitende Dreieck symbolisiert wird. Die Cluster *Business Interoperabilität* und *Fallstudien* sind folglich auf den gesamten Lebenszyklus anwendbar, *Akzeptanzbarrieren* vornehmlich auf die ersten Phasen. Die Cluster *IT-Interoperabilität* sowie *IT- und Prozessstandards* fokussieren hauptsächlich die Austauschprozesse innerhalb der Phasen *Plan/Design/Validate* sowie *Construct.*

Es ist hervorzuheben, dass nicht alle analysierten Forschungsbeiträge das Ziel hatten, konkrete Lösungsvorschläge zu erarbeiten, sondern beispielsweise eher einen Fokus auf die Beschreibung vorherrschende Probleme gelegt haben. Daher sind die in die Cluster eingeordneten Themen nicht immer strikt nach methodischen Lösungsansätzen und rein thematischen Fokussierungen zu trennen. Weiterhin ist es möglich, dass Beiträge mehr als einem Cluster zugeordnet sind, da verschiedene Labels der methodischen Analyse desselben Beitrags zu verschiedenen Clustern gehören können. Dies bezieht sich insbesondere auf das Cluster der Fallstudien. In dieses Cluster wurde jeder Ansatz eingeordnet, der sich auf ein konkretes Projekt oder eine Fallstudie bezieht. Ziel dessen war es, diese Ansätze von denjenigen Ansätzen zu unterscheiden, die sich nicht auf eine bestimmte Branche, Lebenszyklusphase oder Planungsdisziplin beschränken. Dementsprechend ist in diesem Cluster kein thematischer Fokus zu sehen, weshalb auf eine ausführliche Vorstellung dieses Clusters im Weiteren verzichtet wird.

Nachfolgend werden die verbleibenden vier Cluster vorgestellt, um anschließend eine Fokussierung auf einzelne konkrete Ansätze vorzunehmen, die zur Adressierung des in Kapitel 2.4 dargestellten Entwicklungsbedarfs verfolgt werden sollten.

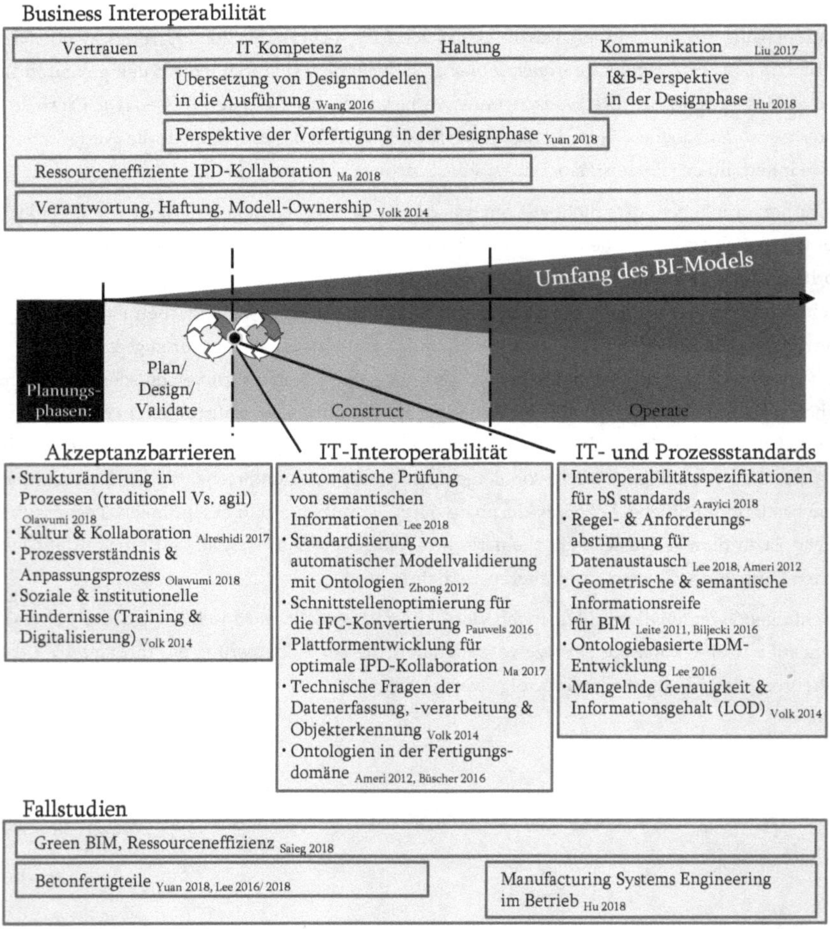

BI-Model = Building Information Model BIM = Building Information Modeling bS = buildingSMART
IDM = Information Delivery Manual I&B = Instandhaltung & Betrieb IFC = Industry Foundation Classes
IPD = Integrated Project Delivery IT = Informationstechnologie MVD = Model View Definition
LOD = Level of Development

Abbildung 3-6: Clusteranalyse der bestehenden Ansätze

Das erste Cluster ist *Business Interoperabilität*. Es fasst Probleme und Lösungen zusammen, die sich mit der zwischenmenschlichen Zusammenarbeit im Rahmen von BIM befassen. Dieses Cluster beinhaltet Lösungsansätze zur Verbesserung der notwendigen Voraussetzungen für eine effiziente, teils vollständig digitale[152] Zusammenarbeit in einer datengesteuerten BIM-Umgebung. Darunter fallen z. B. ein bestimmtes notwendiges Level an IT-Kompetenz, eine positive Grundeinstellung bzw. Haltung gegenüber der neuen Planungsmethodik[153], eine proaktive Modellverantwortung sowie klare Haftungsprinzipien[154]. Darüber hinaus konzentriert sich dieses Cluster auf die *Frontloading*-Perspektive von BIM (vgl. Kapitel 2.1), indem neue Ansätze angeboten werden, um die Bau-[155] sowie Betriebs- und Wartungsperspektive[156] besser in die Entwurfsphase einer Fabrik mithilfe von BIM zu integrieren. YUAN ET AL. haben in diesem Zusammenhang ein Prozessmodell entwickelt, um die Betonfertigteilproduktion mithilfe des aus der Produktentwicklung stammenden *Design for Manufacture and Assembly* (DFMA) schon frühzeitig im Planungsprozess mit parametrischen Informationen zu versorgen[157]. Zu diesem Zweck müssen weiterhin geeignete Reifegradmodelle definiert werden, die diese Frontloading-Perspektiven bereits in der Entwurfsphase einbeziehen. Die Hauptaussage dieses Clusters *Business Interoperabilität* ist, dass sich die Zusammenarbeit mit BIM zwischen Parteien vor allem dann optimieren lässt, wenn bei der Planung von Objekten und ihren Attributen früh im Prozess schon über die aktuelle Designphase hinausgeblickt wird. Hierzu haben HU ET AL. und WANG ET AL. erste Ansätze kreiert, die definieren, welche Eigenschaften und Objekte aus späteren Lebenszyklusphasen bereits früh in der Planung berücksichtigt werden müssen. Weiterhin müssen alle Beteiligten befähigt und gewillt sein mit BIM zu arbeiten, sowohl in Bezug auf die IT-Kompetenzen als auch auf die generelle Grundhaltung gegenüber BIM.[158]

Akzeptanzbarrieren stellt das zweite Cluster von Problemen und entsprechenden Lösungsansätzen im Bereich des reifegradbasierten Datenmanagements und der Bauplanung mit BIM dar. Es ist ein eher analytisches, problemorientiertes Cluster, das die geringe Verbreitung der BIM-Methodik in der Bauindustrie erklären möchte. Hierzu werden kulturelle Unterschiede thematisiert, die zwischen Nationalitäten, aber auch zwischen traditionellen und agilen Unternehmen entstehen.[159] Trotz des starken Fokus auf die Erklärung des geringen BIM-Einsatzes werden auch teilweise Lösungsansätze skizziert. So fließen verschiedene Formen von Schulungen in dieses Cluster ein, die sich auf den Wissensaufbau in Unternehmen konzentrieren, welche derzeit über

[152] Vgl. Ma, Z. et al. (2018), A dedicated collaboration platform.

[153] Vgl. Liu, Y. et al. (2017), Understanding effects of BIM on collaborative design and construction, S. 689ff.

[154] Vgl. Volk, R. et al. (2014), Building Information Modeling (BIM) for existing buildings, S. 122ff.

[155] Vgl. Wang, J. et al. (2016), Building information modeling-based integration of MEP.

[156] Vgl. Hu, Z.-Z. et al. (2018), BIM-based integrated delivery technologies.

[157] Vgl. Yuan, Z. et al. (2018), Design for Manufacture and Assembly-oriented parametric design, S. 17ff.

[158] Vgl. Hu, Z.-Z. et al. (2018), BIM-based integrated delivery technologies; Wang, J. et al. (2016), Building information modeling-based integration of MEP.

[159] Vgl. Alreshidi, E. et al. (2017), Factors for effective BIM governance; Olawumi, T. et al. (2018), Barriers to the integration of BIM.

zu wenig Ressourcen und Wissen im Bereich BIM verfügen, um effektiv an BIM-Projekten teilzunehmen[160]. Ein weiterer, konkret genannter Lösungsansatz zur Überwindung solcher Barrieren besteht im Aufbau eines Governance-Frameworks für die BIM-Adoption in Unternehmen[161] mit der Ableitung von klaren strategischen Handlungsstrategien.

Das Cluster *IT-Interoperabilität* beschäftigt sich im Speziellen mit den operativen Schnittstellen, über die unterschiedliche *Design Deliveries* und sonstige Planungsergebnisse ausgetauscht werden. Die Kernaussage dieses Clusters ist, dass die Kollaboration mittels BIM in hohem Maße optimiert werden kann, wenn der Austausch auf operativer Ebene zwischen verschiedenen Datenbeständen möglichst nahtlos bewerkstelligt werden kann. Hierzu gehören die Bereiche der Datenbeschaffung, der Integration heterogener Daten und der Durchführung von Analysen der beschafften Daten hinsichtlich der AIA. Die Forscher dieses Clusters schlagen zu diesem Zweck die Nutzung einer IPD-Kollaborationsplattform[162] vor oder die Anwendung von Ontologien aus dem Bereich der semantischen Technologien. Letzteres impliziert die Umwandlung von IFC-bezogenen Daten in ontologiespezifische Datenformate bzw. Rahmenwerke (z. B. in das Resource Description Framework (RDF)), wofür PAUWELS UND TERKAJ einen konkreten Ansatz entwickelt haben[163]. LEE ET AL haben an diesem Punkt angesetzt und plädieren in ihrem Beitrag für eine Automatisierung der Prüfung semantischer Informationen aus BIM-Projekten. Hierfür verbinden sie die IFC-Objekte mit Regeln, die sie mittels *First-Order Logic* formulieren[164]. Dabei erwähnen LEE ET AL. das *ifcOWL*-Tool[165], mit dessen Hilfe IFC-Daten in die OWL und somit in eine Ontologie umgewandelt werden können[166]. Im Bereich der Ontologie bewegen sich auch AMERI ET AL., BÜSCHER ET AL. und ZHONG ET AL. Alle drei Forschungsbeiträge leisten einen Beitrag zur Steigerung der operativen Interoperabilität mithilfe von Ontologien. BÜSCHER ET AL. stellen die Interoperabilität mittels einer Plattform namens *Virtual Production Intelligence* sicher. Zur Formalisierung und Integration des benötigten Domänenwissens der Fabrikplanung nutzen sie ebenfalls OWL.[167] AMERI ET AL. haben mit ähnlicher Intention eine OWL-Ontologie für Fertigungsprozesse aufgebaut und bilden damit die Brücke zwischen maschinenbasierter Programmierung und Wissensrepräsentation der Fertigungsdomäne[168].

Das verbleibende fünfte Cluster ist eng mit dem der *IT-Interoperabilität* verbunden: *IT- und Prozesssstandards.* Dieses Cluster impliziert, dass eine wesentliche Optimierung der BIM-Kollaboration erreicht werden kann, wenn Standards in den Arbeitsalltag eingeführt werden.

---

[160] Vgl. Volk, R. et al. (2014), Building Information Modeling (BIM) for existing buildings, S. 122ff.
[161] Vgl. Alreshidi, E. et al. (2017), Factors for effective BIM governance.
[162] Vgl. Ma, Z. et al. (2018), A dedicated collaboration platform.
[163] Vgl. Pauwels, P./ Terkaj, W. (2016), EXPRESS to OWL for construction industry.
[164] Vgl. Lee, Y.-C. et al. (2018), Logic for ensuring the data exchange integrity.
[165] Vgl. ebd., S. 251.
[166] Vgl. Beetz, J. et al. (2009), IfcOWL: A case of transforming EXPRESS.
[167] Vgl. Büscher, C. et al. (2016), Semantic Information Modelling for Factory Planning.
[168] Vgl. Ameri, F. et al. (2012), A systematic approach to developing ontologies.

Der Unterschied dieses Clusters zu vorigem Cluster liegt insbesondere in seinem prozessualen Fokus, während das Cluster *IT-Interoperabilität* sich verstärkt auf programmiertechnische Schnittstellen und Konvertierungen fokussiert. Die prozessuale Standardisierung bezieht sich zum einen auf die gemeinsame, unternehmensübergreifende Entwicklung von IT-Standards – wie z. B. die in der DIN EN ISO 16739 spezifizierte Verwendung von IFC sowohl als Datenformat und andererseits als einheitliches Informationsmodell[169]. Zum anderen bezieht sich dieses Cluster auf Standards, die den Design- bzw. Planungsprozess betreffen. Das Framework der *Information Delivery Models* (IDMs) von der internationalen Organisation buildingSMART adressiert diesen Punkt, indem es Prozessmodelle und entsprechende Austauschanforderungen einführt, die exakt festlegen sollen, welcher Planer in welchem Teil des Prozesses welche Daten in welchem Reifegrad liefern muss. Die Reife der Planungsdaten wird als *Level of Development* (LOD) bezeichnet und umfasst sowohl die geometrische als auch die nicht-geometrische Datenreife bzw. Datentiefe. Für viele Bereiche der Bauindustrie ist jedoch noch kein anwendbares IDM entwickelt worden. Hierdurch fehlt es den konkreten Objekten in BIM-Projekten häufig an dringend benötigten Informationen[170]. LEITE ET AL. und BILJECKI ET AL. zeigen in diesem Zusammenhang konkrete Spezifikationen zur Präzisierung von Reifegradstufen von BIM-Objekten; im Falle von LEITE ET AL. mit Fokus auf TGA-Komponenten[171]. In die Reihe der buildingSMART-Standards gehört auch die Weiterentwicklung des IDM zu einer *Model View Definition* (MVD), die in einfachen Worten eine Teilmenge des IFC-Schemas ist, die für einen spezifischen Anwendungsfall benötigt wird. ARAYICI ET AL. haben hierzu mittels DSR einen Prozess zur MVD-Entwicklung erarbeitet, der den Anwendungsfall Energieeffizienz fokussiert[172]. Die Entwicklung von IDM und MVD haben auch LEE ET AL. (2016 und 2018) verfolgt, jedoch mit dem Unterschied, dass sie diese Standards aus OWL-Ontologien abgeleitet haben. LEE ET AL. (2018) haben in ihrem Forschungsbeitrag hierzu eine konkrete Ontologie entwickelt.[173] Einen ähnlichen Weg sind auch ZHONG ET AL. gegangen, jedoch ohne Bezug zu buildingSMART-Standards; selbst auf BIM wird bei Ihnen kaum Bezug genommen. AMERI ET AL. erwähnen ebenfalls keine Nähe zu BIM, folgen aber einem ähnlichen Weg wie ZHONG ET AL., indem sie eine für Fertigungsdienstleistungen allgemeingültige OWL-Ontologie entwickeln und darauf basierend mittels SWRL konkrete Prüfregeln definieren[174].

[169] Vgl. Norm DIN EN ISO 16739 (2017) Industry Foundation Classes (IFC) für den Datenaustausch.

[170] Vgl. Volk, R. et al. (2014), Building Information Modeling (BIM) for existing buildings, S. 110.

[171] Vgl. Leite, F. et al. (2011), Analysis of modeling effort and impact, S. 604ff.; Biljecki, F. et al. (2016), An improved LOD specification for 3D building models, S. 29ff.

[172] Vgl. Arayici, Y. et al. (2018), Interoperability specification development.

[173] Vgl. Lee, Y.-C. et al. (2016), An ontology-based approach; Lee, Y.-C. et al. (2018), Logic for ensuring the data exchange integrity.

[174] Vgl. Ameri, F. et al. (2012), A systematic approach to developing ontologies.

Analyse der Cluster und thematische Priorisierung

Nach Einordnung der Ansätze in die beschriebenen Themencluster und einer eingehenden Beschreibung dieser Cluster wird im Folgenden eine thematische Priorisierung vorgenommen, um mithilfe von klaren Anknüpfungspunkten aus den bestehenden Lösungsansätzen eine Forschungsfrage für den weiteren Forschungsplan zu formulieren (vgl. Abbildung 3-2).

Das Cluster *Fallstudien* enthält – wie bereits beschrieben – Ansätze, die sich weitestgehend in anderen Clustern thematisch wiederfinden. So beschreiben YUAN ET AL. die Planung von Betonfertigteilen mittels BIM, betonen jedoch auch die Perspektive der Vorfertigung solcher Betonfertigteile in frühen Planungsphasen, was wiederum in das Cluster der *Business Interoperabilität* einzuordnen ist. SAEIG ET AL. beschreiben den Ansatz der Messung von Nachhaltigkeitsansätzen in BIM, der jedoch für die in Kapitel 2 beschriebenen Handlungsbedarf thematisch nicht adäquat erscheint: Es ist nicht ersichtlich, wie Nachhaltigkeitsansätze die Problemstellungen hinsichtlich intransparenter informatorischer Abhängigkeiten oder fehlender Reifegrade lösen können. Aus den genannten Gründen wird das Cluster der *Fallstudien* im weiteren Verlauf der Forschungsarbeit nicht explizit weiterverfolgt.

Das Cluster *Business Interoperabilität* liefert Ansätze, um durch Optimierungen in zwischenmenschlichen Fragestellungen eine stärkere Verbreitung von BIM in der Planung zu erreichen. Im Vergleich zu anderen Clustern liegen diese Ansätze dem Forschungsbereich des Autors ferner und bieten weniger thematische Anknüpfungspunkte an die Fabrikplanung. So bleibt bei WANG ET AL. offen, wie die Produktionsperspektive in dem vorgestellten Ansatz integriert werden könnte, wenngleich sie auf TGA-Ebene sehr detaillierte Planungsschritte vorschlagen[175]. Dieser hohe Detailgrad allerdings sorgt für einen in sich abgeschlossenen, kaum erweiterbaren Ansatz. Auch die Ansätze der IPD-Plattform von MA ET AL. attackieren zwar in ihren funktionalen Anforderungen eines der Kernprobleme der BIM-basierten Fabrikplanung (fehlende Darstellung der Beziehung der Planungsergebnisse untereinander)[176], bieten jedoch keine Anknüpfungspunkte an den Industriebau. Die mangelnde Zusammenarbeit der Planungsbeteiligten, die in diesem Cluster besonders adressiert wird, führt dazu, dass das insbesondere in der Fabrikplanung so wichtige *Frontloading* von Planungsinformationen (vgl. Kapitel 2) leidet. Die Bedeutung dessen wird von HU ET AL. unterstrichen, jedoch mit starkem Fokus auf die Lebenszyklusphase des Betriebs und der Instandhaltung sowie ohne Bezug zur TGA oder produktionsrelevanten Fragestellungen[177]. Das Cluster *Business Interoperabilität* bietet zwar wertvolle Ansätze, bleibt jedoch auf einer zu generischen Ebene, um die Ansätze auf das in Kapitel 2.4 dargestellte Praxisproblem anzuwenden.

[175] Vgl. Wang, J. et al. (2016), Building information modeling-based integration of MEP.

[176] Vgl. Ma, Z. et al. (2018), A dedicated collaboration platform, S. 203.

[177] Vgl. Hu, Z.-Z. et al. (2018), BIM-based integrated delivery technologies.

Das Cluster *Akzeptanzbarrieren* liefert zahlreiche Erkenntnisse über Hindernisse der BIM-Einführung in Unternehmen, die auch auf die Fabrikplanung zutreffen. So ist das Hindernis *„Unzulänglichkeit der BIM-Datenschemata zur semantischen Darstellung von […] Wissen“*[178] eines der bereits beschriebenen Grundprobleme der BIM-basierten Fabrikplanung. Auch die Tatsache, dass insbesondere BIM-Akteure aus der Praxis die Zögerlichkeit bei BIM-bezogenen Zukunftsinvestitionen[179] anprangern, ist durch die Vernachlässigung von BIM im Industriebau auch stark auf die Fabrikplanung zutreffend. Die auch von ALRESHIDI ET AL. sowie VOLK ET AL. vorgeschlagenen Maßnahmen wie verstärktes Training[180] oder Klärung von Rechtsansprüchen und Haftungsfragen[181] adressieren den im Kapitel 2.4 dargestellten Handlungsbedarf nach Meinung des Autors dieser Forschungsarbeit allerdings nur unzureichend. So können Training und die Klärung von Haftungsfragen zwar den Zugang zu BIM erleichtern, die Strukturen selbst – wie transparente informatorische Abhängigkeiten und ein klarer Reifegrad-basierter Planungsprozess – sind jedoch unabhängig davon aufzubauen.

Die beiden Cluster *IT-Interoperabilität* und *IT- und Prozessstandards* bieten im Vergleich zu den vorigen Clustern Ansätze, die zur Lösung der dargestellten Problemstellungen genutzt werden können. Das Cluster *IT-Interoperabilität* zeigt einen starken Fokus auf der Nutzung von Ontologien und der damit zusammenhängenden Konstrukte des *Semantic Web* (vgl. Kapitel 3.3 zur näheren Beschreibung). AMERI ET AL., ZHONG ET AL., BÜSCHER ET AL. sowie PAUWELS UND TERKAJ zeigen die Vorteilhaftigkeit der Nutzung semantischer Technologien im Zusammenhang mit BIM auf. PAUWELS UND TERKAJ haben in diesem Zusammenhang einen anwendungsnahen Ansatz zur Konvertierung des BIM-Standards IFC in die Ontologie-Sprache OWL entwickelt. BÜSCHER ET AL. haben Ontologien für die semantische Informationsmodellierung in Fabrikplanungsprojekten angewendet. Innerhalb des übergreifenden Projekts des Exzellenzclusters *Internet of Production*[182] wurde eine Plattform entwickelt, um heterogene Fabrikplanungsdaten verschiedener Planer auf Basis einer Ontologie zu integrieren. Insbesondere in seiner weiterführenden Dissertation hat BÜSCHER die damit zusammenhängende Trennung von allgemeiner Integrationslogik (bzw. des generischen Wissensmodells) und projektspezifischen Daten betont.[183] Mit einer solchen Vorgehensweise ist eine projektunabhängige Ontologie allgemeingültig und somit auf verschiedene Projekte anwendbar, was nicht nur ressourcenschonend ist, sondern auch dem generellen Ansatz der Wiederverwendbarkeit und Erweiterbarkeit in Forschung und *Knowledge*

[178] Olawumi, T. et al. (2018), Barriers to the integration of BIM, S. 67.

[179] Vgl. ebd.

[180] Vgl. Volk, R. et al. (2014), Building Information Modeling (BIM) for existing buildings, S. 122.

[181] Vgl. Alreshidi, E. et al. (2017), Factors for effective BIM governance.

[182] Vgl. Brecher (2011) Integrative Produktionstechnik für Hochlohnländer.

[183] Vgl. Büscher, C. (2015), Ontologiebasierte Kennzahlenentwicklung, S. 78f.; Büscher, C. et al. (2015), Ontologiebasiertes Informationsmanagement für die Fabrikplanung, S. 33; Büscher, C. et al. (2015), Ontologiebasiertes Informationsmanagement für die Fabrikplanung, S. 32.

Engineering folgt.[184] Trotz der großen Nähe zum Handlungsbedarf der vorliegenden Forschungsarbeit fehlt es dem Ansatz von BÜSCHER bzw. BÜSCHER ET AL. zur Lösung des beschriebenen Problems an einigen Aspekten. Sein Ansatz könnte für die vorliegende Forschungsarbeit wie folgt weitergedacht werden:

- Es könnte *Building Information Modeling* miteinbezogen werden.
- Die Validierung der Informationen könnte in einer öffentlich-zugänglichen und somit nicht proprietären Plattform ermöglicht werden, die in einem wissenschaftlichen Sinne mittels openSource-Werkzeugen realisiert wird.
- Der Fokus könnte von der der Betriebsphase einer Fabrik auf die Planungsphase verschoben werden.

Als weiterer Beitrag innerhalb des Clusters *IT-Interoperabilität* haben AMERI ET AL. ebenfalls eine Ontologie für den Produktionsbereich aufgestellt. Relevant für das vorliegende Forschungsvorhaben ist, dass die Autoren ausschlaggebende Eigenschaften für eine produktionsorientierte Ontologie definieren, wie zum Beispiel die Abbildung technologischer (z. B. Toleranzen, Geschwindigkeit) oder geometrischer Kompetenzen (z. B. Wandstärke, produzierbare Formen). Es wird jedoch deutlich, dass der Fokus von AMERI ET AL. stark auf Gussprozessen liegt und somit lediglich urformende Fertigungsverfahren berücksichtigt werden. Die detaillierte Beschreibung der einzelnen Schritte des Ansatzes sowie die Begründungen der Wahl jeder individuellen Methodik sind für das vorliegende Forschungsvorhaben jedoch relevant. Trotz der Tatsache, dass sich die entwickelte Ontologie auf die Betriebsphase und nicht die Entwurfsphase einer Fabrik fokussiert, bietet dieser Ansatz zahlreiche produktionsrelevante, methodische Anknüpfungspunkte, die in das vorliegende Forschungsvorhaben integriert werden können, um informatorische Abhängigkeiten in der Fabrikplanung transparent zu gestalten.[185]

LEE ET AL. zeigen mittels *First-Order Logic* auf, wie automatische Prüfungen in BIM trotz heterogener Datenformate durchgeführt werden können[186]. Die Autoren fußen ihren Ansatz auf EXPRESS; eine Sprache, die zur Datenspezifikation innerhalb der Produktmodellierungssprache STEP entwickelt wurde[187], jedoch keine ausreichende Expressivität und Flexibilität bietet. Ebenfalls ist das IfcDoc-Tool nach Ansicht des Autors dieser Forschungsarbeit ein nicht mehr kontinuierlich aktualisiertes Werkzeug und daher für die Anwendung im Bereich der BIM-basierten Fabrikplanung nicht geeignet. Das Vorgehen der Forscher zur Generierung der Regeln auf Basis der *First-Order Logic* kann jedoch für das vorliegende Forschungsvorhaben vor dem Hintergrund der fehlenden Transparenz der informatorischen und datenbasierten Abhängigkeiten in der BIM-basierten Fabrikplanung relevant sein.

---

[184] Vgl. Burggräf, P. et al. (2020), How to Improve Collaboration Efficiency, S. 476.
[185] Vgl. Ameri, F. et al. (2012), A systematic approach to developing ontologies.
[186] Vgl. Lee, Y.-C. et al. (2018), Logic for ensuring the data exchange integrity.
[187] Vgl. Norm ISO 10303-11 (2004) Industrial automation systems and integration.

Auch das letzte Cluster *IT-und Prozessstandards* liefert Ansätze, die zur Lösung des dargelegten Handlungsbedarfs verfolgt werden können. Zwar enthält auch dieses Cluster Ansätze, die in ihrer Ausarbeitung zu vage sind, um sie erfolgreich auf den Anwendungsfall der Fabrikplanung zu übertragen: So haben BILJECKI ET AL. und LEITE ET AL. zwar die Entwicklung von „LOD“ betrachtet, meinen jedoch im Verständnis der vorliegenden Arbeit LOG und vernachlässigen somit die nicht-geometrischen Informationen.[188] Ein besonderer Fokus dieses Clusters liegt aber in der Nutzung des Standardrahmenwerks von buildingSMART (vgl. Kapitel 3.4 für eine detaillierte Beschreibung). ARAYICI ET AL. haben sich diesbezüglich auf die Standards IFC, IDM und MVD fokussiert. Eine Übertragung der Ergebnisse auf den Industriebau – und somit auf die Fabrikplanung – ist nicht ausgeschlossen. Die sehr detailliert beschriebene Vorgehensweise der IDM-Erstellung kann für das vorliegende Forschungsvorhaben berücksichtigt werden; es fehlt jedoch der Fokus auf der Integration der Planung des Produktionssystems in die BIM-Methodik.[189] LEE ET AL. greifen diesen Gedanken auf und beschreiben aus einer Fallstudie heraus verschiedene, dem vorliegenden Forschungsvorhaben ähnliche, Problemstellungen, die sich bei ihnen im Rahmen der Erstellung eines IDMs beziehungsweise beim Einsatz desselben ergeben:

- Manuelle, vom Menschen gesammelte, lückenhafte Informationen
- Intransparent definierte Attribute
- Unmöglichkeit der Validierung von Daten aufgrund von inkonsistenten Datenhierarchien und unstrukturierten Datenspezifikationen
- Diskontinuierlicher Planungsprozess aufgrund verschiedener Dateiformate

Hieraus geht hervor, dass Haupthürden für die Entwicklung und effiziente Implementierung von IDMs im Wesentlichen fehlende Standards und fehlende Reifegrade sind. Für das vorliegende Forschungsvorhaben ist insbesondere der bei LEE ET AL. beschriebene Prozess des Transfers eines Ontologie-Modells in IDMs relevant, da er die Brücke zwischen den Clustern *IT-Interoperabilität* sowie *IT- und Prozessstandards* schlägt. Die Autoren zeigen, wie auf Basis einer Ontologie buildingSMART-Standards entwickelt bzw. abgeleitet werden können, was für das vorliegende Forschungsvorhaben trotz des fehlenden Fokus auf produktionsrelevante Fragestellungen von hoher Relevanz ist. Hierdurch kann insbesondere die im Handlungsbedarf beschriebene Herausforderung der unzureichenden Planungsprozesse attackiert werden.

Fazit der Literaturrecherche

Der Fokus der strukturierten Literaturrecherche lag auf der Effizienz der Zusammenarbeit in der BIM-basierten Fabrikplanung durch Sicherstellung geeigneter Reifegrade und einen optimierten Datenaustausch. Obwohl die Ergebnisse der Recherche allesamt Arbeitshypothesen versprechen,

[188] Vgl. Biljecki, F. et al. (2016), An improved LOD specification for 3D building models; Leite, F. et al. (2011), Analysis of modeling effort and impact.

[189] Vgl. Arayici, Y. et al. (2018), Interoperability specification development.

die es wert sind, weiterverfolgt zu werden, verfolgt der vorliegende Forschungsbeitrag thematisch die beiden letzten Cluster: *IT-Interoperabilität* sowie *IT- und Prozessstandards*. Diese Cluster bieten spezifische Lösungsansätze im Bereich der Datenreife und des Datenaustauschs und fokussieren nicht auf einen bestimmten Industriezweig. Inhaltlich gibt es große Überschneidungen zwischen diesen Clustern hinsichtlich der Verwendung von Ontologien und der Standardisierung mittels buildingSMART-Frameworks. Beide Ansätze sollen daher im Folgenden verfolgt werden, um den in Kapitel 2.4 dargestellten Handlungsbedarf zu adressieren. In Rückbezug zu der genutzten Forschungsmethodik der Literaturrecherche (vgl. Kapitel 3.1) wird diese Erkenntnis bzw. Entscheidung in den Forschungsplan übertragen, welcher in Kapitel 4 und 5 ausgeführt wird. Für ein tiefergehendes Verständnis der fokussierten Ansätze gehen die folgenden Kapitel auf die Hintergründe von Ontologien sowie der buildingSMART-Standards ein.

3.3 Das Resource Description Framework (RDF) und die Web Ontology Language (OWL)

Im vorigen Kapitel 3.2 wurden für den in Kapitel 2.4 definierten Handlungsbedarf mögliche Lösungsansätze analysiert und synthetisiert. Ein Lösungsbereich, der insbesondere für den Aspekt der transparenten informatorischen Abhängigkeiten hervorgehoben wurde, ist die Nutzung der *Web Ontology Language* (OWL) und das dahinterliegende Konzept des *Semantic Web*. Im Folgenden wird daher in deduktiver Vorgehensweise der potentielle Nutzen von OWL für das vorliegende Forschungsthema aus den theoretischen Grundlagen von semantischen Technologien abgeleitet.

Die Auswahl der Forschungsmethodik dieser Arbeit (DSR) erfolgte auf Grundlage des zugrundeliegenden Forschungsbereichs: Informationssystemforschung; oder im engeren Kontext: Informationsintegration und -modellierung. Der Bereich der Informationsmodellierung ist nach HAERDER in den Bereich klassischer Datenmodelle sowie in den Bereich der Wissensrepräsentation einteilbar (vgl. Abbildung 3-7)[190]. Techniken zur Wissensrepräsentation unterscheiden sich von starren Daten(bank-)modellen dadurch, dass sie Objekte, Aktivitäten und Beziehungen darstellen, Ableitungsverfahren nutzen sowie allgemeine Abstraktionskonzepte (wie zum Beispiel Aggregation) anwenden können[191]. Innerhalb der Wissensrepräsentation wiederum kann zwischen Repräsentationstechniken für prädikatives Wissen sowie für assoziatives Wissen unterschieden werden. Prädikatives Wissen beschreibt klar abgegrenzte Sachzusammenhänge mittels Teil-Ganzes-Beziehungen, strikten Regelhaftigkeiten und Unter-Oberbegriffshierarchien. Solch prädikatives Wissen, welches häufig im Rahmen der Strukturierung von Fachwissen angewendet wird, kann mittels Thesauri oder Taxonomien repräsentiert werden. Assoziatives Wissen hinge-

[190] Vgl. Haerder, T. (1989), Klassische Datenmodelle und Wissensrepräsentation, S. 141.
[191] Vgl. ebd., S. 142f.

gen strukturiert vor allem Erfahrungswissen und stützt sich folglich auf weniger strikte Regelhaftigkeit als das prädikative Wissen.[192] Unter die Repräsentation assoziativen Wissens fallen unter anderem die *First-Order Logic*, Semantische Netzwerke, *Frames* sowie insbesondere Ontologien[193].

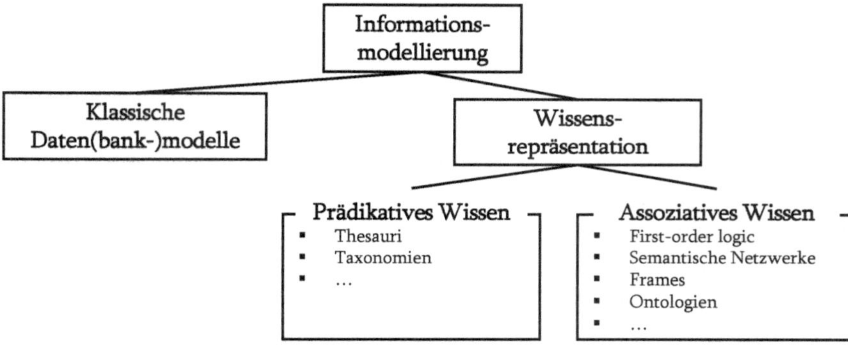

Abbildung 3-7: Strukturierung der Informationsmodellierung nach HAERDER[194]

Für ein Verständnis von semantischen Technologien, in welche Ontologien einzuordnen sind, ist an dieser Stelle ist das *Semantic Web* zu erläutern, das erstmals im Jahre 2001 von BERNERS-LEE vorgeschlagen wurde[195]. Es definiert sich als maschineninterpretierbares Informationsnetzwerk sowie als Weiterentwicklung des heute geläufigen *World Wide Web* (WWW) und ermöglicht es, Daten von verschiedenen Systemen für Maschinen verwertbar und somit nutzbar zu machen.[196] Dies ist vor allem aus der Bedeutung des Begriffs *Semantik* abzuleiten: Im Gegensatz zur Syntax, welche sich mit rein formalen Gesichtspunkten einer Sprache auseinandersetzt, fokussiert die Semantik die Bedeutung von Sprache und somit die Zusammenhänge von Sprachfragmenten[197]. In einfachen Worten bedeutet dies, dass das *Semantic Web* das Konzept des *World Wide Web* um die Logik hinter den jeweiligen Informationen ergänzt. Für ein klareres Verständnis kann folgendes Beispiel helfen: Angenommen, es gäbe einen Designer, der sich darauf spezialisiert hat für die Hauptstädte der 16 deutschen Bundesländer besondere Parkbänke zu kreieren und diese im Zentrum der Hauptstädte aufzustellen. Sollte man nun aber auf der Suche nach einer entsprechenden Bank in Sachsen im *World Wide Web* den Such-String *Dresdner Bank* eingeben, so wird einem hauptsächlich das gleichnamige Geldinstitut angezeigt. Dies

---

[192] Vgl. Panyr, J. (2006), Thesauri, Semantische Netze, Frames, Topic Maps, S. 140f.

[193] Vgl. ebd., S. 143ff.; Mylopoulos, J. (1981), An overview of Knowledge Representation, S. 5ff.

[194] Vgl. Haerder, T. (1989), Klassische Datenmodelle und Wissensrepräsentation, S. 141ff.; Panyr, J. (2006), Thesauri, Semantische Netze, Frames, Topic Maps, S. 140ff.

[195] Vgl. Berners-Lee, T. et al. (2001), The Semantic Web.

[196] Vgl. ebd., S. 37.

[197] Vgl. Church, A. (1943), Carnap's Introduction to Semantics, S. 298.

liegt daran, dass es nicht möglich ist, dem *World Wide Web* zu vermitteln, dass man mit *Bank* nicht das Geldinstitut, sondern die Sitzgelegenheit meinte. Eine solche Annotierung von Informationen ist jedoch im *Semantic Web* möglich.

Das *Semantic Web* ist grundsätzlich darstellbar durch einen beschrifteten Graphen aus Knoten und Kanten, wobei jeder Knoten eine Ressource[198] darstellt und die Kanten Beziehungen zwischen diesen Ressourcen repräsentieren. Konkret konstruiert werden kann ein solcher Graph mittels des *Resource Description Framework* (RDF).[199] Dieses *Framework* basiert auf Tripeln. Ein Tripel besteht aus Subjekt, Prädikat und Objekt, wobei Subjekt und Objekt die Knoten des Graphen sind und das Prädikat eine Kante darstellt. Da aus einer solchen Konstruktion bereits eine bedeutungsvolle Aussage abgeleitet werden kann, wird ein solches Tripel auch als *Statement* bezeichnet. Abbildung 3-8 zeigt zur Verdeutlichung ein einfaches Beispiel, in welchem die Maschine1 (Subjekt) den Rohstoff5 (Objekt) verarbeitet (Prädikat).[200]

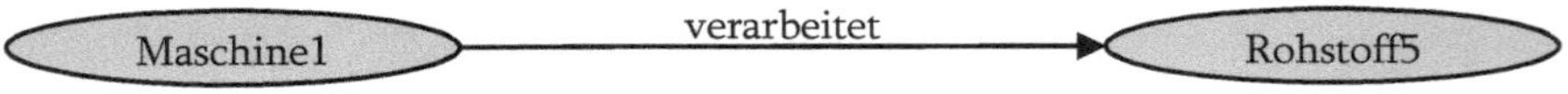

Abbildung 3-8: Konstruktion eines RDF-Tripels[201]

Verschiedene Statements können problemlos zu einem größeren RDF-Graphen zusammengefügt werden (vgl. Abbildung 3-9).

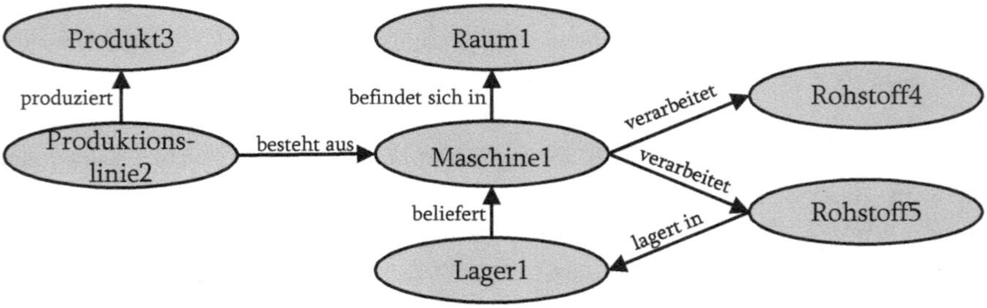

Abbildung 3-9: Konstruktion eines RDF-Graphen

RDF allein ist jedoch zur Operationalisierung des *Semantic Web* noch nicht ausreichend, da die Graphen-basierte Darstellungsweise für sich allein genommen noch nicht maschinenlesbar ist[202]. Hierfür bedarf es trotz allem einer einheitlichen Syntax, die die Beziehungen explizit formuliert, was in der Informatik auch als Serialisierung bezeichnet wird. Die Maschinenlesbarkeit wird

---

198 Eine Ressource oder auch Entität kann per definitionem alles sein, was auf der Welt existiert: physische Dinge, Dokumente, Nummern oder auch abstrakte Konzepte, vgl. Cyganiak, R. et al., [Stand: 19.01.2021] RDF 1.1 Concepts and Abstract.

199 Vgl. RDF Working Group, [Stand: 19.01.2021] Resource Description Framework (RDF).

200 Vgl. Labra Gayo, J. et al. (2018), Validating RDF data, S. 10.

201 I.A.a. ebd.

202 Vgl. Horrocks, I. (2008), Ontologies and the semantic web, S. 60.

hierbei durch feste Muster, also durch Formalisierung der Semantik erreicht. Die bekanntesten Serialisierungen für RDF sind die *Extensible Markup Language* (XML) sowie die *Terse RDF Triple Language* (*Turtle*)[203]. Während man sich bei XML stets der kontraintuitiven Herausforderung gegenübersieht, das Tripel-Format mit der baumähnlichen Struktur von XML zu vereinen, ist *Turtle* selbst bereits Tripel-basiert. Aus diesem Grunde wurde die Verwendung von *Turtle* zur „Vertextlichung", also zur Serialisierung von RDF-Daten seitens des *World Wide Web Consortium* (W3C) empfohlen[204] und wird auch in dieser Forschungsarbeit Anwendung finden. Das Beispiel aus Abbildung 3-8 ist in der folgenden Abbildung 3-10 in *Turtle*-Syntax dargestellt.

```
1 <http://rdfexample.org#Maschine1>
2 <http://rdfexample.org#verarbeitet>
3 <http://rdfexample.org#Rohstoff5> .
```

Abbildung 3-10: Beispiel aus Abbildung 3-8 in Turtle-Syntax

Die Lesbarkeit des Codes aus Abbildung 3-10 wird vor allem durch ein Element erschwert, das jedoch für die Maschinenlesbarkeit im Sinne des *Semantic Web* unerlässlich ist: der *Internationalized Resource Identifier* (IRI). Dieses Element befähigt die exakte, datenbankübergreifende Identifizierung von Ressourcen und ist somit die Basis für die Integration verteilter Daten.[205] Im Beispiel der Abbildung 3-10 beschreibt der IRI *http://rdfexample.org#Rohstoff5* (3) eindeutig den Rohstoff5. Andere Datenmodelle müssen diese Ressource nun nicht mehr selbst anlegen, sondern können mittels des IRI direkt auf die Ressource des schon vorhandenen Datenmodells referenzieren, wodurch unter anderem auch unbeabsichtigte, unterschiedliche Benennungen derselben Ressource vermieden werden. Wie aus anderen Syntaxen bzw. Programmiersprachen bekannt, ist es möglich, solch lange Referenzierungen von Datenbasen zu Beginn eines Codes mittels eines Präfixes zu deklarieren und innerhalb des Codes nur noch das Präfix zu verwenden, wodurch die Lesbarkeit für den Menschen stark verbessert wird (siehe Abbildung 3-11).

```
@prefix rdfex: <http://rdfexample.org#>
rdfex:maschine1 rdfex:verarbeitet rdfex:rohstoff5 .
```

Abbildung 3-11: Vereinfachte Schreibweise der Turtle-Syntax mittels Präfixen

Obgleich RDF samt Serialisierung strukturell nun die Anforderungen des *Semantic Web* erfüllt, so fehlt es dem Framework noch an ausreichend Expressivität bzw. Vokabular[206]. Eine Definition von Datentypen ist beispielsweise mit RDF nicht möglich. Infolgedessen wurde der Begriff der Ontologien im Bereich der Informationsforschung geprägt. Ontologien werden grundsätzlich durch Klassen, Subklassen, Eigenschaften und logischen Beziehungen zwischen diesen Kompo-

203 Vgl. Cyganiak, R. et al., [Stand: 19.01.2021] RDF 1.1 Concepts and Abstract.

204 Vgl. Beckett, D. et al., [Stand: 19.01.2021] RDF 1.1 Turtle.

205 Vgl. Horrocks, I. (2008), Ontologies and the semantic web, S. 59.

206 Vgl. Horrocks, I. (2008), Ontologies and the semantic web, S. 60.

nenten dargestellt. Die logischen Beziehungen und Eigenschaften bilden die Grundlage der Inferenz: selbständiges, logisches Schlussfolgern aus bestehenden Axiomen und somit Generierung von abgeleiteten Axiomen[207]. Folglich beschreibt HORROCKS Ontologien als ein *„Engineering-Artefakt […]; es führt das Vokabular ein, um verschiedene Aspekte einer Domäne zu modellieren und es bietet eine explizite Spezifikation der beabsichtigten Bedeutung des Vokabulars."*[208] Ontologien bieten daher im Rahmen des vorliegenden Forschungsvorhabens die Möglichkeit, semantische Beziehungen zwischen den Informationen der Planungsdomäne Fabrik maschineninterpretierbar abzubilden und ein einheitliches, domänenübergreifendes Vokabular einzuführen. Zur Nutzung als Ontologie wurde das RDF in ein *Resource Description Framework Schema* (RDFS) weiterentwickelt, wodurch die Definition von Klassen, Subklassen und Datentypen ermöglicht wurde. Weiterhin ist es mit RDFS möglich, den Aufbau von Tripeln vorzudefinieren. Hierfür ist in Abbildung 3-12 ein Beispiel in *Turtle*-Syntax dargestellt. Es wird hier mittels *rdfs:domain* (1) festgelegt, dass das Prädikat *verarbeitet* stets eine Instanz der Klasse *Maschine* als sein Subjekt besitzen muss. *rdfs:range* (2) definiert, dass *verarbeitet* stets eine Instanz der Klasse *Rohstoff* als sein Objekt besitzen muss.

```
1 :Maschine rdfs:domain :verarbeitet .
2 :Rohstoff rdfs:range :verarbeitet .
```

Abbildung 3-12: Beispiel einer Erweiterungsmöglichkeit von RDF durch RDFS[209]

Doch auch RDFS erfüllt noch immer nicht die Anforderungen an Expressivität, die die Forscher und Praktiker im *Knowledge Engineering* brauchen; eine Kardinalität[210] kann beispielsweise bei RDFS nicht genutzt werden.[211] Als Weiterentwicklung der bestehenden RDFS-Konzepte wurde infolgedessen die heute im Bereich der Wissensmodellierung bekannte *Web Ontology Language* (OWL)[212] entwickelt[213]. Im Folgenden wird stets auf die aktuelle OWL2-Spezifikation Bezug genommen.[214]

OWL verfügt über Untersprachen bzw. Profile, die je nach Anwendungsszenario vom Nutzer gewählt werden können (vgl. Abbildung 3-13). Die ursprünglichste Form ist *OWL Full.* Obwohl

[207] Vgl. Berners-Lee, T. et al. (2001), The Semantic Web, S. 40.

[208] Horrocks, I. (2008), Ontologies and the semantic web, S. 60.

[209] Aus Übersichtlichkeitsgründen wurde an dieser Stelle auf eine Deklaration des Präfixes verzichtet, die aber operativ bei Erstellung einer Ontologie notwendig wäre, damit „:" eindeutig zugeordnet werden kann.

[210] Eine Kardinalität definiert die Anzahl von Beziehungen zwischen zwei Ressourcen (z. B. mindestens, oder maximal): Vgl. Rector, A./ Schreiber, G., [Stand: 19.01.2021] Qualified cardinality restrictions (QCRs).

[211] Vgl. Horrocks, I. (2008), Ontologies and the semantic web, S. 60.

[212] Es wurde das Akronym OWL statt WOL gewählt, um einerseits eine einfache Aussprechbarkeit zu gewährleisten und andererseits die Eule (engl.: owl) als Symbol verwenden zu können.

[213] Vgl. Pauwels, P./ Terkaj, W. (2016), EXPRESS to OWL for construction industry.

[214] Vgl. W3C OWL Working Group, [Stand: 19.01.2021] OWL 2 Web Ontology Language Document.

hier die größtmögliche syntaktische Freiheit gewährt ist, ist Berechenbarkeit sowie Maschinenlesbarkeit durch die hohe Komplexität nicht ausnahmslos sichergestellt[215]. Die nächstfolgende Kategorie ist OWL DL, kurz für *Web Ontology Language Description Logic*. Das dahinterliegende Konzept der *Description Logic* beschreibt eine Familie von Sprachen zur Wissensrepräsentation. Diese wiederum sind ein Fragment der *First-Order Logic*, welche ein fallbasiertes Schließen mittels arithmetischer Logik und mathematischen Axiomen ermöglicht; jedoch nicht um Dinge auszurechnen, sondern um logische Beziehungen und Bedeutungen zu definieren. Die dort verwendeten Quantoren zur Herstellung dieser Beziehungen kommen auch bei OWL zum Einsatz – zum Beispiel bei der Definition von eben erwähnten Kardinalitäten.

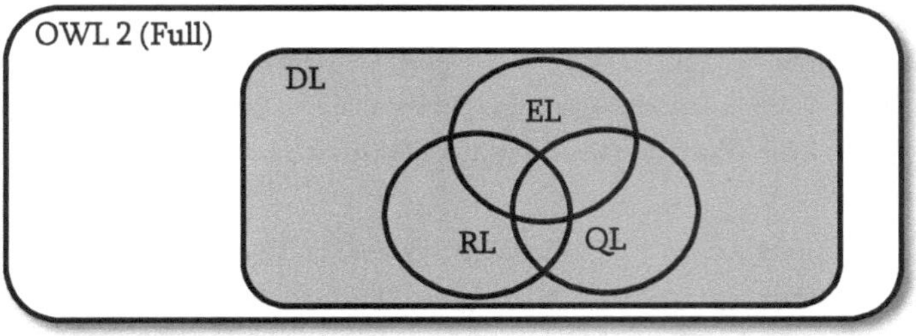

Abbildung 3-13: OWL-Profile[216]

Die vorliegende Forschungsarbeit wird sich aufgrund der Entscheid- und Berechenbarkeit auf die Spezifikation OWL DL stützen und als Synonym dafür im Folgenden vereinfachend die Abkürzung OWL nutzen. Die Entscheid- bzw. Berechenbarkeit wird durch entsprechende *Constraint Languages* wie SHACL sichergestellt (vgl. Kapitel 5.3). Für das detaillierte Studium der weiteren OWL-Profile EL, QL und RL sei an dieser Stelle auf Fachliteratur verwiesen.[217]

Eine besonders wichtige Eigenschaft von OWL ist die *Open-World Assumption* (OWA). Folgt eine Sprache oder ein System diesem Konzept, so wird stets angenommen, dass die vorhandene Datenbasis unvollständig ist. Die *Closed-World Assumption* – die Basis aller herkömmlichen Datenbanken – betrachtet hingegen die vorhandene Datenbasis als die absolute Wahrheit.[218] Der Unterschied sei an folgendem Beispiel verdeutlicht: Es liegen die Aussagen vor „Rohstoff5 ist ein

[215] Vgl. McGuinness, D./ van Harmelen, F., [Stand: 19.01.2021] OWL Web Ontology Language.

[216] Vgl. Pauwels, P./ Terkaj, W. (2016), EXPRESS to OWL for construction industry, S. 102. Dies ist lediglich die Sekundärquelle. Die Primärquelle, die PAUWELS UND TERKAJ angegeben haben, ist nicht mehr abrufbar: W3C OWL Working Group, OWL2 web ontology language document overview —W3C working draft 27 March 2009,W3C working draft, available online: http://www.w3.org/TR/2009/WDowl2- overview-20090327/ (Last accessed on 21 August 2015) 2009.

[217] Vgl. ebd.; Vgl. Motik, B. et al., [Stand: 19.01.2021] OWL 2 Web Ontology Language Profiles; Vgl. Sugumaran, V. (2010), Methodological advancements in intelligent information technologies.

[218] Vgl. Reiter, R. (1978), On Closed World Data Bases.

roter Rohstoff" sowie „Rote Rohstoffe sind Eisenrohstoffe". Ein OWA-Datenmodell würde nun implizit ableiten, dass Rohstoff5 ein Eisenrohstoff ist, ein CWA-Datenmodell hingegen würde eine Fehlermeldung ausgeben, da diese angenommene Beziehung im Datenmodell nicht explizit formuliert wurde. Diese grundsätzliche Annahme der Unvollkommenheit der Daten im Rahmen von OWA bietet für die Fabrikplanung enorme Potentiale (vgl. Kapitel 2.1), birgt jedoch Herausforderungen bei der Formulierung von möglichst eindeutigen Validierungsregeln (vgl. Kapitel 5.3.2).

Eine OWL-Ontologie umfasst verschiedene strukturgebende Elemente. So umfassen sie neben Klassen und Instanzen[219] (*Individuals* genannt) drei Arten an Eigenschaften, oder *Properties. Object Properties* setzen verschiedene Instanzen zueinander in Beziehung[220]. *Data Properties* hingegen versehen Instanzen mit konkreten Datenwerten[221]. Werden weiterführende Informationen zu Klassen, Instanzen, *Data* oder *Object Properties* zugeordnet, so werden diese zuordnenden Elemente *Annotation Properties* genannt.[222] Insbesondere *Object* und *Data Properties* stellen die Prädikate des RDF-Tripels dar. Das Subjekt des Tripels wird als *Domain* bezeichnet, das Objekt als *Range*[223,224].

Um Ontologien und insbesondere OWL implementieren zu können, wurde vom technischen Institut für Informatik der *Stanford University* das OpenSource-Tool *Protégé* entwickelt. Obgleich noch weitere Ontologie-Modellierungsmöglichkeiten existieren, wird für die vorliegende Forschungsarbeit *Protégé* genutzt, da es einen OpenSource-Charakter besitzt und weiterhin das Ontologie-Modellierungstool mit der größten Nutzercommunity ist (366.084 Nutzer am 23.01.2021).[225] In *Protégé* sind auch bereits so benannte *Reasoner* enthalten, die nicht nur die bereits beschriebene Inferenz durchführen, sondern auch das Ontologie-Modell auf Konsistenz prüfen können[226].

Zusammenfassend ist festzuhalten, dass die Nutzung von OWL im Rahmen des *Knowledge Engineering* folgende Vorteile aufweist:

---

[219] In den meisten Fällen können *Individuals* und Instanzen synonym zueinander gesehen werden. Es ist jedoch möglich in OWL ein *Individual* hinzuzufügen, ohne es einer konkreten Klasse zuzuordnen. Erst durch eine konkrete Zuordnung würde dieses *Individual* instanziiert.

[220] Als Beispiel: Wenn *Maschine5* und *Rohstoff5* Instanzen einer Ontologie sind, so wäre im Statement *Maschine5 verarbeitet Rohstoff5* das Prädikat *verarbeitet* ein *Object Property.*

[221] Als Beispiel: Wenn *Maschine5* eine Instanz einer Ontologie ist, so wäre im Statement *Maschine5 hatHoehe 4* das Prädikat *hatHoehe* ein *Data Property.* Die Liste, was alles an Datenwerten hinterlegt werden kann, ist nahezu unerschöpflich und reicht vom OWL- über das RDF- bis zum XML-Schema.

[222] Vgl. Horridge, M. et al. (2004), A Practical Guide To Building OWL, S. 25.

[223] Vgl. ebd., S. 35.

[224] Als Beispiel: Wenn *Maschine5* und *Rohstoff5* Instanzen einer Ontologie sind, so wäre im Statement *Maschine5 verarbeitet Rohstoff5* die Klasse *Maschine* die *Domain* des *Object Properties verarbeitet* und *Rohstoff* die *Range.*

[225] Vgl. Stanford University, [Stand: 23.01.2021] Protégé.

[226] Vgl. University of Oxford, [Stand: 23.02.2021] HermiT OWL Reasoner; World Wide Web Consortium (W3C), [Stand: 23.02.2021] Pellet.

- Eingliederung in die internationale Forschungscommunity bzgl. des *Semantic Web*
- Fokus auf die Nutzung des Informationsmodells und nicht auf die grafische Darstellung für den Nutzer (im Gegensatz zu z. B. UML)
- Umgang mit heterogenen Datenquellen zur Informationsintegration
- Schaffung eines gemeinsamen Verständnisses einer Informationsstruktur zwischen Menschen und/oder Software-Agenten
  - Ermöglichung der weltweiten Wiederverwendung von Domänenwissen, was dem generellen Forschungsgedanken entspricht
  - Möglichkeit von Plausibilitätsprüfungen und der Nutzung von Inferenz
  - Open-World Assumption als Ausgangsbasis für die Wissensrepräsentation

3.4 buildingSMART-Standards und ihre Anwendung im Building Information Modeling

In Kapitel 3.2.2 wurde auf die Relevanz von Standardisierungsaktivitäten durch buildingSMART hingewiesen. Vor diesem Hintergrund gibt das vorliegende Kapitel einen Überblick über diese Standards sowie deren Anwendungsbereiche.

In dieser Forschungsarbeit wurde bereits mehrfach die Bedeutung von Interoperabilität hervorgehoben. Zu eben diesem Zweck in BIM hat sich die internationale Organisation buildingSMART gegründet. Sie versteht sich als die internationale Wiege der openBIM-Prozesse, wobei openBIM offene Standards und somit das Gegenteil zu proprietären, softwarespezifischen Formaten repräsentiert.[227] Der Kern dieser Standardisierung ist IFC (*Industry Foundation Classes*). Hierbei handelt es sich um das zentrale Datenformat für openBIM (*.ifc), aber auch gleichzeitig um ein Informationsmodell, also eine vorgegebene Strukturierung von Planungsinformationen[228]. Der dazugehörige Industriestandard heißt IFC4, der durch die DIN EN ISO 16739 mittels der Sprache EXPRESS in Datenschemata überführt wird[229].
Aufbauend auf IFC wurden weitere Standards entwickelt. So wurde das *Open BIM Collaboration Format* (BCF) entwickelt, um Nachrichten zwischen Planungsbeteiligten eines BIM-Projekts vereinfacht auszutauschen, zum Beispiel bzgl. bestimmter geometrischer Kollisionen im Modell. Hierbei gelingt es, bestimmte Bereiche des Modells visuell zu referenzieren, ohne das Modell selbst in die Nachricht zu integrieren.[230]
Darüber hinaus bildet das kontinuierlich weiterentwickelte *buildingSMART Data Dictionary* (bsDD) eine Übersicht der in verschiedenen Sprachen zu verwendenden Terminologien für Objekte und ihre Eigenschaften.[231] Diese Terminologien finden Einzug in das *Information Delivery*

[227] Vgl. buildingSMART International, [Stand: 02.02.2021] openBIM.
[228] Vgl. Baunetz_Wissen_, [Stand: 02.02.2021] IFC der offene Standard für BIM-Modelle.
[229] Vgl. Norm DIN EN ISO 16739 (2017) Industry Foundation Classes (IFC) für den Datenaustausch.
[230] Vgl. Baunetz_Wissen_, [Stand: 02.02.2021] Modellbasierter Nachrichtenaustausch mit BCF.
[231] Vgl. Baunetz_Wissen_, [Stand: 02.01.2021] bsDD – für eine definierte BIM-Terminologie.

Manual (IDM). Ein IDM bildet den Planungsprozess einer BIM-Planung ab inklusive des nötigen Informationsaustauschs zwischen den Beteiligten sowie den Anforderungen an diesen Informationsaustausch. In einfachen Worten beschreibt ein IDM folglich, welche Information von welchem Akteur wann im Planungsprozess in welchem Detailgrad wie zur Verfügung gestellt werden muss.[232] Kapitel 3.4.1 und 3.4.2 gehen in tieferer Ebene auf die Komponenten und die Erstellung eines IDM ein.[233]

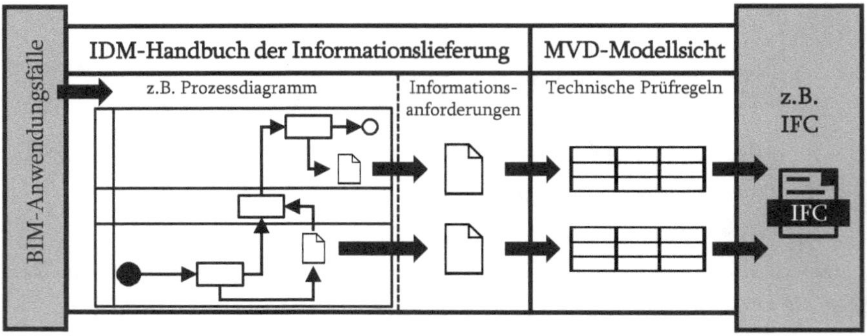

Abbildung 3-14: Zusammenhang von IDM, MVD und IFC[234]

Ein IDM kann unter anderem zur technischen Spezifizierung im Rahmen einer *Model View Definition* (MVD) genutzt werden (vgl. Abbildung 3-14). Einfach gesprochen ermöglicht es ein MVD auf technischer Ebene die im IDM definierten Informationen auszutauschen ohne das gesamte Modell übermitteln zu müssen; es ermöglicht somit den erforderlichen IFC-Exportprozess. Auch MVD ist ein Datenformat (z. B. *.mvdxml für den Datenaustausch im XML-Datenformat) und ein Informationsmodell. Die bekanntesten Informationsmodelle bzw. Schemata sind in diesem Zusammenhang: *IFC2x3 Coordination View 2.0* (u. a. zur Kombination der ausgetauschten Daten zu einem Koordinationsmodell), *IFC4 Reference View* (zum Austausch eines Modells, das vom Empfänger nur referenziert, aber nicht geändert werden kann) sowie *IFC4 Design Transfer View* (wie IFC4 Reference View, jedoch mit Änderungsmöglichkeit).[235]

Da bereits der Entwicklungsbedarf der vorliegenden Forschungsarbeit das Fehlen von Planungsreifegraden verdeutlicht und in den bestehenden Ansätzen eine starke Fokussierung auf IDMs beobachtet werden kann, wird in den folgenden Unterkapiteln auf Inhalt, Komponenten sowie

---

[232] Vgl. Norm VDI 2552 - Blatt 11.1 (2020) Building Information Modeling, S. 4; Baunetz_Wissen_, [Stand: 02.02.2021] Standardisierte Informationsanforderungen mit IDM.

[233] Bei genauerer Betrachtung fällt auf, dass die Logik des IDM der der Modullandkarte aus Kapitel 2.1 ähnelt; dies wird später in Kapitel 5.2 genutzt.

[234] I.A.a. Norm VDI 2552 - Blatt 11.1 (2020) Building Information Modeling, S. 4.

[235] Vgl. Baunetz_Wissen_, [Stand: 02.02.2021] Beschreibung von Modellansichtsdefinitionen mit MVD; Norm DIN EN ISO 29481-1 (2018) Bauwerksinformationsmodelle, S. 18f.

den Entwicklungsprozess eines IDM eingegangen. Das Kapitel schließt mit einer Beschreibung der Anwendung der beschriebenen buildingSMART-Standards in der heutigen Planungspraxis.

3.4.1 Inhalt und Komponenten eines IDM

Das IDM ist eine Schlüsselkomponente bei Planungsprozessen, die mittels BIM durchgeführt werden, da es die erforderliche Datenkommunikation für alle Beteiligten transparent strukturiert, indem die notwendigen Planungsprozesse eines Bauwerks mit Informationsspezifikationen verknüpft werden.[236]

Die Hauptkomponenten eines IDM sind ein Prozessmodell sowie die dazugehörigen Informationsaustauschanforderungen (englisch: *Exchange Requirement*, kurz: ER)[237]. Ein **Prozess-Diagramm** beschreibt die im Planungsprozess erforderlichen Akteure und deren verwendete bzw. generierte Informationen. Hierzu wird für jeden Akteur eine Swimlane generiert, innerhalb derer alle zu diesem Akteur gehörenden Aktionen und Informationen eingeordnet werden. Für jeden Austausch einer Information zwischen den Swimlanes werden Austauschanforderungen definiert. Zur besseren Übersichtlichkeit können bei umfangreichen Planungsprozessen auch Teildiagramme erstellt werden. Die DIN EN ISO 29481 empfiehlt die *Business Process Model and Notation* (BPMN)[238] zur Visualisierung des Prozessdiagramms als Teil eines IDM[239].[240]

Die DIN EN ISO 29481 nennt darüber hinaus zwei Alternativen zum Prozessmodell:

a) Ein **Interaktionsplan** *„[...] definiert die beteiligten Rollen und die Transaktionen zwischen diesen Rollen“*[241]. Es wird als Diagramm auf Basis des CRISP-Modell nach DIETZ[242] erstellt.[243]
b) Ein **Transaktionsdiagramm** stellt die Nachrichten dar, die zwischen den Rollen ausgetauscht werden inklusive der vorgegebenen Reihenfolge. Eine Nachricht wird selbst als Informationsmodell definiert und enthält notwendige Daten. Es wird als UML-Sequenzdiagramm visualisiert.[244]

---

[236] Vgl. buildingSMART International, [Stand: 02.02.2021] Information Delivery Manual (IDM); Norm VDI 2552 - Blatt 11.1 (2020) Building Information Modeling, S. 4.

[237] Vgl. Norm DIN EN ISO 29481-1 (2018) Bauwerksinformationsmodelle, S. 8.

[238] Vgl. Norm ISO/IEC 19510 (2013) Information technology.

[239] Für ein Beispiel eines BPMN-Diagramms sowie zur Darstellung der zu verwendenden BPMN-Symbole bei der IDM-Erstellung: Vgl. Lee, G. et al. (2013), Extended Process to Product Modeling (xPPM), S. 640, Vgl. Norm DIN EN ISO 29481-1 (2018) Bauwerksinformationsmodelle, S. 32, Vgl. ebd., S. 24; Norm DIN EN ISO 29481-1 (2018) Bauwerksinformationsmodelle, S. 16f.

[240] Vgl. Norm DIN EN ISO 29481-1 (2018) Bauwerksinformationsmodelle, S. 16f.

[241] Ebd., S. 13.

[242] Vgl. Dietz, J. (2006), The CRISP Model.

[243] Vgl. Norm DIN EN ISO 29481-1 (2018) Bauwerksinformationsmodelle, S. 16; Für ein Beispiel eines Interaktionsplans: Vgl. Norm DIN EN ISO 29481-1 (2018) Bauwerksinformationsmodelle, S. 25.

[244] Vgl. Norm DIN EN ISO 29481-1 (2018) Bauwerksinformationsmodelle, S. 16; Für ein Beispiel eines Transaktionsdiagramms: Vgl. Norm DIN EN ISO 29481-1 (2018) Bauwerksinformationsmodelle, S. 26.

Für die Entscheidung zwischen den drei Alternativen schlägt die VDI 2552 vor, ein Prozess-Diagramm zu verwenden, wenn der klare Fokus auf dem Endprodukt und somit auf der Lieferung einer Dienstleistung liegt. Interaktionspläne und Transaktionspläne sollten eher verwendet werden, wenn die Kommunikation selbst im Vordergrund steht.[245] Da die bestehenden Ansätze die Erstellung eines IDMs nahelegen und der dazugehörige Planungsprozess den Fokus auf die Lieferung einer Dienstleistung bzw. die Erstellung eines Endproduktes legt, wird zur Darstellung der Prozessabläufe im Folgenden das Prozessdiagramm fokussiert.

Name: er_01_beispiel
Identifizierung: er_01_beispiel_1
Projektphase: Entwurfsplanung

Leitfaden: Diese Informationsaustauschanforderung gilt für die Design Delivery von Räumen
Bedarfsbescheibung: Die erforderliche Information wird für die Prüfung der platztechnischen Anforderungen in der Entwurfsphase einer Fabrik verwendet.

Objekttyp			**Definition**	**Beispiel und Erläuterungen**	**Obligatorisch**	**Optional**
Objekttyp	**Merkmalkonzept**	**Merkmal**				
Raum			Eine begrenzte Fläche oder ein Volumen, das bestimmte Funktionen innerhalb eines Gebäudes vorsieht	Reinraum, Toilette, Umkleide		
	3D-Modell		Dreidimensionaler, digitaler Umfassungskörper (UK)	-		
		Identifizierung	Kurzer Name für Verweisungszwecke	-	x	
		Beschreibung	Informative Kommentare	-		x
		Länge	Länge des UK	[mm]	x	
		Breite	Breite des UK	[mm]	x	
		Höhe	Höhe des UK	[mm]	x	
		Bereich	Verortung des Raumes im Gebäude	Produktionsbereich	x	

Bibliotheksanford.: Objekttypen, Konzepte eines Merkmals und Merkmale müssen nach dem Inhalt einer Objekttypenbibliothek strukturiert sein
Formatanford.: Informationseinheiten müssen im XML-Format geliefert werden; alle Einheiten dürfen in einer Datei enthalten sein. Informationseinheiten müssen als Anhang einer Nachricht während einer Transaktion geliefert werden. Metainformationen werden durch die Nachricht während einer Transaktion bereitgestellt.

Abbildung 3-15: Beispiel einer Informationsaustauschanforderung[246]

Eine **Informationsaustauschanforderung** (IAA) verbindet das Prozessdiagramm mit den dazugehörigen Daten[247]. Sie definiert, *„[...] welche Informationen ausgetauscht werden müssen, um einen bestimmten Geschäftsprozess zu einem bestimmten Zeitpunkt während des Projekts zu*

[245] Vgl. Norm VDI 2552 - Blatt 4 (2020) Building Information Modeling, S. 6.
[246] I.A.a. Norm DIN EN ISO 29481-1 (2018) Bauwerksinformationsmodelle, S. 26ff.
[247] Vgl. ebd., S. 17.

unterstützen"[248]. Hierbei ist zu beachten, dass hinreichend detailliert, aber gleichzeitig für Laien einfach verständlich formuliert ist, welche Informationen zwischen zwei Rollen bzw. Akteuren auszutauschen sind.[249]

Eine IAA besteht aus eventuell zu erfüllenden Vorbedingungen, der Informationseinheit, auf die sich die Anforderung bezieht (z. B. ein konkretes Objekt) sowie Informationsbeschränkungen in Form von Regeln und Beschränkung der Nutzung.[250] Die Existenz einer IAA wird im Prozessdiagramm vermerkt, die Anforderung selbst jedoch sollte dort aus Gründen der Übersichtlichkeit nicht ausdetailliert werden. Abbildung 3-15 zeigt ein verkürztes Beispiel einer Informationsaustauschanforderung in einem IDM. Hierbei ist anzumerken, dass die VDI 2552 sowie die DIN EN ISO 29481 keine einheitlichen Templates zur Verfügung stellen. Abbildung 3-15 zeigt auf Basis des Templates der DIN EN ISO 29481 die Anforderungen, die an die *Design Delivery* eines Raums gestellt werden könnten. So müssen unter anderem die gängigen Maßangaben vorhanden sein sowie die Angabe, in welchen Bereich des Gebäudes der Raum zu verorten ist.

Beide Komponenten eines IDM, Prozessdiagramm und IAA, müssen vorgegebene Kopfdaten enthalten:[251]

- Ein Name oder Titel nach einer Namenskonvention[252],
- Die jeweils durch die IDM-Komponente unterstützte Projektphase, die sich nach den Lebenszyklusphasen nach ISO 22263 richtet (vgl. Tabelle 2-1) oder den Leistungsphasen der HOAI (vgl. Anhang 9.2)
- Ein Änderungsprotokoll, welches die Erstellung und jede Änderung inklusive Autor und Datum enthalten muss

Bei der Benennung der IDM-Komponenten und auch der BIM-Objekte selbst ist besonders auf eine einheitliche Namensgebung zu achten. Dies stellt sicher, dass ein IDM von anderen Planern wiederverwendet bzw. erweitert werden kann. Das bereits erwähnte bsDD bietet für viele Komponenten bereits Vorgaben. Darüber hinaus existiert *ECLASS* als branchenübergreifendes Klassifizierungssystem, welches einheitliche Benennungen auf internationaler Ebene etablieren möchte, um die Stammdatenpflege zur erleichtern und die Nutzung semantischer Daten zu ermöglichen.[253]

Nach Darstellung der Komponenten eines IDM wird das folgende Unterkapitel 3.4.2 den konkreten Entwicklungsprozess eines IDM darlegen.

---

[248] Norm DIN EN ISO 29481-1 (2018) Bauwerksinformationsmodelle, S. 17.
[249] Vgl. ebd.
[250] Vgl. Norm VDI 2552 - Blatt 11.1 (2020) Building Information Modeling, S. 7.
[251] Vgl. ebd., S. 5.
[252] Vgl. Norm DIN EN ISO 29481-1 (2018) Bauwerksinformationsmodelle, S. 15.
[253] Vgl. ECLASS e.V., [Stand: 06.02.2021] ECLASS - STANDARD FÜR STAMMDATEN UND SEMANTIK.

3.4.2 Entwicklungsprozess eines IDM

Sofern noch kein IDM für den betrachteten Anwendungsfall existiert, sollten laut der DIN EN ISO 29481 die folgenden vier Schritte bei der IDM-Erstellung berücksichtigt werden: Definition des Anwendungsbereichs, Festlegung eines Entwicklungsansatzes, Identifizierung von konkreten Ressourcen und Aufbau eines Projektplans.[254] Diese vier Schritte werden im Folgenden näher beschrieben.

a) Als erster Schritt wird eine Definition des Anwendungsbereichs vorgenommen, um einer kontinuierlichen Ausweitung des Arbeitsinhalts zuvorzukommen. Hierfür werden folgende Leitfragen genutzt:[255]
   - Was sind die zu berücksichtigenden Geschäftsprozessanforderungen, wie z. B. Ziele des Informationsaustauschs?
   - Aus welcher Perspektive können die Anforderungen am besten beschrieben werden?
   - Welche Akteure können für das IDM identifiziert werden und was sind die spezifischen Interessen?
   - Wie kann der konkrete Informationsaustausch vorbereitet und gehandhabt werden?
   - Existieren bestehende Normen und Vereinbarungen, die den Informationsaustausch unterstützen?

   Nach Beantwortung dieser Fragen wird eine Bewertung vorgenommen, ob die Anforderungen des Geschäftsprozesses erfüllt werden können. Sollte die Bewertung positiv ausfallen, wird mit dem nächsten Schritt weiterverfahren. Eine konkrete Dokumentationsform gibt die Norm nicht vor, es bieten sich aber gängige Textverarbeitungsprogramme wie Microsoft Word an.

b) Bei der Festlegung des Entwicklungsansatzes schlägt die DIN EN ISO 29481-1 drei konkrete mögliche Vorgehensweisen zur IDM-Entwicklung vor: den Process-Discovery-Ansatz, den Ansatz der Anpassung der geschäftlichen Anforderungen und den Reverse-Engineering-Ansatz. Die Beschreibung dieser Ansätze ist in der Norm allerdings sehr vage gehalten, so dass sich keine Leitlinien zur Erstellung herausfiltern lassen.[256] Demgegenüber lässt die VDI 2552 die konkreten Entwicklungsschritte offen. Vielmehr ordnet sie die IDM-Erstellung in den praktischen BIM-Planungsprozess ein (vgl. Abbildung 3-14). So werden Projektziele üblicherweise in den AIAs bzw. im BIM-Abwicklungsplan (BAP) definiert. Hieraus können BIM-Anwendungsfälle generiert werden, die die Basis für die IDM-Erstellung liefern.[257]

[254] Vgl. Norm DIN EN ISO 29481-1 (2018) Bauwerksinformationsmodelle, S. 20ff.
[255] Vgl. ebd., S. 20.
[256] Vgl. ebd., S. 21ff.
[257] Vgl. Norm VDI 2552 - Blatt 11.1 (2020) Building Information Modeling, S. 3f.

c) Für die Identifizierung von konkreten Ressourcen werden bei der IDM-Erstellung diejenigen Personen genannt, die für die IDM-Entwicklung essentiell sind. Nach der Identifikation dieser Personen sollten diese zu den Bereichen Projektmanagement, Entwicklung und Branchenkenntnis zugeteilt werden. Eine konkrete Methodik für Identifikation und Zuteilung auf die Kategorien bietet die Norm nicht.[258]

d) Der aufzustellende Projektplan gibt einen Zeitrahmen für die Entwicklung des IDM vor. Außerdem bestimmt er die Aufgaben im Projekt, teilt Ressourcen ein und bestimmt die späteren Ergebnisse. Eine weitere Beschreibung bietet die Norm nicht.[259]

Nach nun erfolgter Erläuterung der Theorie eines IDM sowie des Prozesses zur Erstellung desselben wird im Folgenden auf die praktische Anwendung von IDMs sowie der weiteren buildingSMART-Standards im Bau-Planungsalltag eingegangen.

3.4.3 Anwendung der buildingSMART-Standards in der heutigen Praxis

Trotz der Standardisierungs-Bemühungen von buildingSMART werden diese Standards heutzutage noch nicht flächendeckend in allen Bauplanungsprojekten in Deutschland eingesetzt, geschweige denn in allen Fabrikplanungsprojekten. Dies liegt zum einen an dem bereits beschriebenen stetig steigenden und doch insgesamt noch niedrigen Anteil an deutschen Bauprojekten, die überhaupt mit BIM planen (im Vergleich zu anderen Ländern wie Großbritannien oder den skandinavischen Ländern). Aber auch innerhalb der offiziell mit BIM geplanten Projekte finden sich diese Standards noch nicht in ausreichendem Maße wieder. So ist zu beachten, dass IFC zwar ein openBIM-Format ist, die Planung selbst jedoch häufig mittels proprietärer Software wie *Autodesk Revit* oder *Allplan* durchgeführt wird. Dies bedeutet, dass man für den reibungslosen Export mittels IFC auf die Schnittstellen in proprietären Datenprogrammen angewiesen ist. Obgleich die Softwarehersteller sich in den letzten Jahren immer mehr gegenüber der openBIM-Schnittstelle geöffnet haben, bleibt die Hürde, alle im Modell befindlichen Objekte und Eigenschaften auf das vordefinierte Informationsmodell von IFC zu mappen. Hierbei gehen Informationen verloren, sei es durch menschliche Fehler oder schlicht durch die Tatsache, dass gewisse Informationen im IFC-Schema noch nicht angelegt sind. Durch die stetigen Weiterentwicklungen der Softwarelandschaft wird das IFC-Informationsmodell wohl immer ein Stück hinter den Softwareinnovationen her hängen.[260] Auch ist die alleinige Nutzung von IFC für die Kollaboration nicht ausreichend. So ist IFC nur für den Export von Dateien sinnvoll geeignet. Aber auch hierbei ist es nicht sinnvoll, das gesamte Modell zu exportieren, da dies enorm große Datenmengen bedeutet und gleichzeitig den Empfänger der Nachricht zu einer ähnlich manuellen, unstrukturierten Problemsuche zwingt wie wenn er einen PDF-Bericht erhalten hätte. Daher ist

[258] Vgl. Norm DIN EN ISO 29481-1 (2018) Bauwerksinformationsmodelle, S. 21.
[259] Vgl. ebd.
[260] Vgl. Larsen, B. (2012), Accessing large 3D BIMs, S. 505.

hierfür wiederum ein anderes Format notwendig: das bereits beschriebene *BIM Collaboration Format* (BCF); ein weiterer Standard, den sich die Planungsbeteiligten zum effizienten Informationsaustausch aneignen müssen.[261]

Auch das *Information Delivery Manual* wird noch nicht weitgehend eingesetzt. In der heutigen Praxis wird das IDM häufig manuell als Papier-basiertes Dokument erstellt, also z. B. in Form einer reinen Excel-Tabelle. Dies hat zur Folge, dass Nutzer nur schwer an und mit einem IDM arbeiten können, was wiederum zu Fehlern in der IDM-Ausführung und zu nicht vollständig erfassten Informationen führen kann. Auch ist eine Rückverfolgbarkeit in einem solch manuellen Prozess nur schwer realisierbar. Weiterhin kann auf diese Art nicht nachvollzogen werden, wie Instanzen und Attribute untereinander verknüpft sind und welche Instanzen die gleichen Attribute teilen. Die Erstellung eines modularisierten Konzepts ist somit nicht möglich, was ein Hindernis für die spätere, konkrete Ableitung eines MVDs ist. Zudem ist die Wiederverwendbarkeit und damit der Austausch eines IDMs innerhalb desselben Industriezweigs oder auch darüber hinweg erschwert.[262] Um diesen Problemen entgegenzuwirken kann die Wissensbasis, aus der sich ein spezifisches IDM nährt, statt in einer Excel in einer Ontologie aufgebaut werden (vgl. Kapitel 3.3 für nähere Informationen). Durch eine Formalisierung des Domänenwissens mithilfe von ontologischen Prinzipien kann eine erweiterbare, austauschbare und frei zugängliche Basis geschaffen werden, um IDMs zu erstellen und Planungsprozesse bzw. die dazugehörigen Daten zu validieren.[263] Eine speziell erstellte Ontologie würde als Wissensbasis von Begriffen der Anwendungsdomäne Fabrikplanung fungieren und die Semantik, also die Bedeutung der vorhandenen Informationen, formalisieren und verwendbar zu machen.[264] Es würde mithin eine Community-basierte, dezentral aufgebaute *Single Source of Truth* entstehen, die eine integrierte Formulierung von Standardisierungsartefakten erlaubt (z.B. IDM, MVD).

3.5 Darstellung des Forschungsbedarfs

In Kapitel 2.4 wurde beschrieben, dass die Fabrik derzeit größtenteils nicht integriert geplant wird; das bedeutet, dass die Planung der Produktion sowie des Gebäudes noch immer getrennt voneinander durchgeführt werden. Der Einzug von BIM in die Welt der Fabrikplanung bringt viele Vorteile, hat jedoch den beschriebenen Konflikt noch nicht beheben können. Zurückzuführen ist dies zum einen auf intransparente Abhängigkeiten von insbesondere nicht-geometrischen Informationen, was eine automatisierte Validierung von Planungen unterschiedlicher Quellen unmöglich macht. Eine rein manuelle Validierung insbesondere zwischen der Produk-

---

[261] Vgl. Baldwin, M. (2019), Der BIM-Manager, S. 70.
[262] Vgl. Lee, Y.-C. et al. (2016), An ontology-based approach, S. 355ff.
[263] Vgl. ebd., S. 359f.; El-Diraby, T./ Osman, H. (2011), A domain ontology for construction concepts.
[264] Vgl. Busse, J. et al. (2014), Was bedeutet eigentlich Ontologie?, S. 287.

tions- und der TGA-Planung ist aufgrund der Vielschichtigkeit und der starken auch rechnerischen Abhängigkeiten weder effektiv noch effizient. Zum anderen fehlt es an einem fabrikplanungsspezifischen Reifegradmanagement, das innerhalb des BIM-Planungsprozesses vorgibt, welche Informationen in welchem Detailgrad wann von wem zu liefern sind. Die folglich formulierte Fragestellung aus Sicht der Praxis lautete:

Wie kann die BIM-basierte Fabrikplanung insbesondere in der Schnittstelle von TGA- und Produktionsplanung mittels reifegradbasierter Modelle effizienter gestaltet werden und eine automatische Validierung von Planungsergebnissen ermöglicht werden?

Die daraufhin analysierten Ansätze haben ebenso die Notwendigkeit erkannt, Informationen und Daten in Gebäudeplanungsprozessen und somit auch Fabrikplanungsprozessen transparent zu machen, daraus Planungsprozesse abzuleiten und Prüfprozesse auszulegen. Besonders relevante Anknüpfungspunkte bestehen in

- der Integration bestehender BIM-Rahmenstandards von buildingSMART sowie
- in einer systematischen Integration der Forschungsmethoden beim Aufbau von Ontologien und abgeleiteten Prüflogiken.

Innerhalb der Rahmenstandards von buildingSMART ist für das vorliegende Forschungsvorhaben insbesondere das Information Delivery Manual (IDM) hervorzuheben, welches aus einem Prozessmodell sowie dazugehörigen Informationsaustauschbedingungen besteht. Für den Bereich der Gebäudeplanung existieren bereits IDMs. Für die Produktionsplanung gilt dies jedoch noch nicht, woraus folgt, dass auch für die Fabrikplanung noch kein IDM existiert.[265] Innerhalb des Aachener Fabrikplanungsvorgehens wurde zwar ein dynamisches Vorgehen auf Basis von agilen Takten entwickelt[266], strukturiert wurde dieses bislang jedoch nicht mittels Reifegraden für die Industriebauperspektive[267]. Die Erstellung eines IDM adressiert bezüglich des Handlungsbedarfs insbesondere den Aspekt eines fehlenden refegradbasierten Planungsprozesses in der BIM-basierten Fabrikplanung.

Der zweite relevante Anknüpfungspunkt der bestehenden Ansätze ist die Nutzung von Ontologien. Hierbei wird innerhalb des beschriebenen Handlungsbedarfs aus der Praxis insbesondere der Aspekt der intransparenten informatorischen Abhängigkeiten und somit die Unfähigkeit automatischer Validierungen attackiert. An dieser Stelle kann die kritische Frage aufgeworfen werden, weshalb nicht weiter mit dem von buildingSMART etablierten IFC-Standard verfahren wird. Diese Frage ist insoweit berechtigt, als dass die meisten BIM-Tools eine Funktion zur Verfügung stellen, mit der die Modellinformationen auf das bestehende IFC-Schema gemappt werden können. Hierfür müssten die für die Fabrikplanung notwendigen Informationen jedoch bereits in besagtem Schema modelliert sowie frei abrufbar sein. Die Objekte und ihre Eigenschaften

---

[265] Vgl. Burggräf, P. et al. (2020), How to Improve Collaboration Efficiency, S. 478.
[266] Vgl. Meckelnborg, A. (2015), Integrative Fabrikplanung durch effiziente Koordinationsmodelle, S. 162ff.
[267] Vgl. Krunke, M. (2017), Reifegradmanagement in der Fabrikplanung.

werden seitens buildingSMART über das *IFC4 PropertySet* im bsDD dargestellt[268]. Obgleich das *PropertySet* stetig erweitert wird, fehlen elementare Bestandteile einer Fabrikplanung völlig. So ist das einzige Ergebnis bei der Suche nach „*manufacturing*" 1 Treffer innerhalb des Standards *OmniClass*, einem vornehmlich durch die USA genutzten Standard[269]. Darüber hinaus ist das bsDD bislang eine gewöhnliche, nicht-maschinenlesbare Website. Das bedeutet, dass keine inhärenten Verknüpfungen zwischen Objekten und ihren Eigenschaften hinterlegt sind. Konkret hat dies zur Folge, dass die Website zwar die Eigenschaft „has member *thermal transmittance*" für das Objekt „*Slab Common*" anzeigt, diese Eigenschaft jedoch nicht an das Objekt geknüpft ist, sondern nur an die konkrete Website. Referenziert man nun von extern das Objekt, so erscheint die Benennung des Objekts, die Eigenschaften werden jedoch nicht automatisch mitreferenziert. Der Mensch als Leser versteht die Eigenschaft als Eigenschaft des Objekts, weil er visuell auf der Website selbst diese Beziehung herstellt; maschinenlesbar ist sie jedoch nicht. Insofern repräsentiert das bsDD noch eindeutig das heutige *World Wide Web* und nicht das *Semantic Web*. Vor diesem Hintergrund beschäftigt sich eine Forschergruppe mit dem bsDD-LD: *buildingSMART Data Dictionary - Linked Data*. Zum Zeitpunkt der Erstellung dieser Forschungsarbeit befindet sich das bsDD-LD noch einer frühen Entwicklungsphase. Dieser Entwicklungsansatz zeigt jedoch die Relevanz der Verknüpfung der buildingSMART-Standards mit der Idee des *Semantic Web* und somit zu Ontologien.

Ontologien, insbesondere die Sprache OWL, ermöglichen die transparente, maschinenlesbare Darstellung aller informatorischen, semantischen Abhängigkeiten in einem formalen Wissensmodell, das ein einheitliches und domänenübergreifendes Vokabular etabliert und darüber hinaus Möglichkeiten zur automatischen Validierung der Informationen bietet. Nach intensiven Recherchen des Autors dieser Forschungsarbeit – wie unter anderem die der strukturierten Literaturrecherche in Kapitel 3.2 - ist festzustellen, dass für die Fabrikplanung noch keine nutzbare, frei zugängliche Ontologie besteht. Jedoch existieren bereits Ansätze und Ontologien, auf denen aufgebaut werden kann (vgl. Ansätze von LEE ET AL., BÜSCHER ET. AL sowie AMERI ET AL. in Kapitel 3.2). Es ist auch an dieser Stelle anzumerken, dass es bereits eine Ontologie namens *ifcOWL* gibt, die das IFC-Schema in OWL repräsentiert[270]. Diese Ontologie ist jedoch nicht deckungsgleich mit dem *IFC4 PropertySet* aus dem bsDD, das jedoch für viele Gebäudeplanende die Quelle der Strukturierung ihrer BIM-Daten darstellt. Ein besonderes Problem ist auch hier das Fehlen von Eigenschaften. So ist die Eigenschaft *window common security rating*[271] nicht nur nicht der Ressource *Window* zugeordnet, es ist in der *ifcOWL*-Ontologie gar nicht vorhanden.

---

[268] Vgl. buildingSMART International, [Stand: 27.02.2021] buildingSMART Data Dictionary.

[269] Suche innerhalb des bsDD durchgeführt am 27.02.2021

[270] Vgl. Pauwels, P./ Terkaj, W. (2016), EXPRESS to OWL for construction industry; buildingSMART International, [Stand: 28.02.2021] ifcOWL.

[271] Vgl. buildingSMART International, [Stand: 28.02.2021] window common . security rating.

Um die Anforderungen aus dem IDM auf konkrete Objekte zu beziehen, bedarf es einer grundlegenden Wissensrepräsentation für das Planungsmodell. Eine solche liegt in aktuellen BIM-basierten Fabrikplanungsprojekten bisweilen nicht vor. Ontologien können diese Lücke schließen, da sie das Vokabular sowie die semantischen Beziehungen für die Datenmodellierung bieten. Ein ontologiebasiertes Planungsmodell könnte somit die Möglichkeit bieten, die Anforderungen aus dem IDM mit konkreten Planungsobjekten zu verknüpfen (vgl. Kapitel 3.4) und automatisierte Planungsvalidierungen mit Technologien des *Semantic Web* zu ermöglichen. Aus dem dargestellten Handlungsbedarf aus der Praxis sowie den Ergebnissen der Literaturrecherche ergibt sich folgende Forschungsfrage:

Kann der Informationsaustausch zwischen Produktions- und TGA-Planung im BIM-basierten Fabrikplanungsumfeld mittels Ontologie-Modellen automatisch verifiziert werden?

Das Zielbild des weiteren Verlaufs der Forschungsarbeit ist mithin, ein Konzept aus Ontologie-Modellen zu entwickeln, um die Transparenz der informatorischen Abhängigkeiten zu erhöhen und somit automatische, fabrikplanungsspezifische Prüfungen zu ermöglichen. Somit wird der in Kapitel 2.4 formulierte Handlungsbedarf adressiert, der aus intransparenten informatorischen Abhängigkeiten in der BIM-basierten Fabrikplanung in der Schnittstelle TGA-Produktion sowie fehlenden Prozessreifegraden bestand.

Zur Einschränkung des Betrachtungsraums der Lösung wurden folgende Annahmen getroffen:

- Die Gebäudelebenszyklusphasen ab Bauausführung werden nicht betrachtet (vgl. IFM-Phase *Construct*).
- Im Bereich der TGA werden Zeitabhängigkeiten vernachlässigt und somit nur statische Berechnungen vorgenommen.
- Softwareschnittstellen im operativen Sinne werden nicht berücksichtigt, sondern vielmehr die Logik der Validierung selbst wird fokussiert.

Kapitel 4 stellt im Folgenden die Lösungsthese zur Beantwortung der Forschungsfrage auf und arbeitet den konkreten Erkenntnisgewinn der Forschungsarbeit heraus.

4 Methodik zur automatischen Planungsvalidierung im BIM-basierten Fabrikplanungsprozess

„Wenn die Begriffe nicht richtig sind, so kommen die Worte nicht zustande. Stimmen die Worte nicht, so kommen die Werke nicht zustande."

Konfuzius

Die Forschungsfrage der vorliegenden Forschungsarbeit wurde in geschlossener Form[272] formuliert. Im Gegensatz zu offenen Forschungsfragen („Wie...") gibt die vorliegende, geschlossene Form der Forschungsfrage in logischer Konsequenz den Kern der Lösungsthese bereits vor. Dieser lautet: **Der Austausch von Informationen und Daten in BIM-Fabrikplanungsprojekten kann mittels Ontologie-Modellen automatisch validiert werden.** Diese Lösungsthese wird in den folgenden Kapiteln zunächst skizziert, inhaltlich ausgestaltet und sodann gemäß dem in Kapitel 1.2 dargestellten forschungsmethodischen Ordnungsrahmen evaluiert. Die Kapitel 4 und 5 sind mithin in den Design-Zyklus der DSR einzuordnen (vgl. Abbildung 4-1). Dies bedeutet, dass aus den Geschäftsanforderungen sowie der Wissensbasis heraus Lösungsartefakte entwickelt werden, die im Nachgang in Kapitel 6 in den Relevanz- sowie Rigor-Zyklus rückgekoppelt werden. Zur Kreierung der Lösungsartefakte werden zunächst formale, methodische und inhaltliche Anforderungen in Kapitel 4.1 synthetisiert. Danach wird der Erkenntnisgewinn der vorliegenden Forschungsarbeit dargelegt. Der Erkenntnisgewinn ist zweigeteilt: Kapitel 4.2 stellt die einzelnen Lösungsartefakte der Lösungsthese dar, mit denen die automatische Validierung von BIM-basierten Fabrikplanungen hypothetisch ermöglicht werden kann. Um die Forschungsfrage jedoch vollends zu beantworten, ist zu erörtern, ob die Lösungsthese aus Kapitel 4.2 tatsächlich eine automatische Validierung ermöglicht. Hierzu erläutert Kapitel 4.3 die Methodik zur Evaluation der Lösungsthese und beantwortet die Forschungsfrage aus den erarbeiteten Ergebnissen heraus.

Teile dieses Kapitels wurden zum Zeitpunkt der Erscheinung dieser Forschungsarbeit als erste Iteration des Design-Zyklus im Rahmen der DSR bereits vorveröffentlicht. Die Inhalte dieser Veröffentlichung wurden maßgeblich vom Autor dieser Forschungsarbeit erarbeitet und verschriftlicht.[273] Die Primärquellen der Vorveröffentlichung werden in dieser Forschungsarbeit referenziert. Bei Ergebnissen aus der Vorveröffentlichung selbst wird die Vorveröffentlichung zitiert.

[272] Die Antwort einer geschlossenen Frage lautet regelmäßig „ja" oder „nein", wobei die Angabe von Einschränkungen der Gültigkeit der Antwort zulässig sind.

[273] Die Vorveröffentlichung ist: Burggräf, P. et al. (2020), How to Improve Collaboration Efficiency.

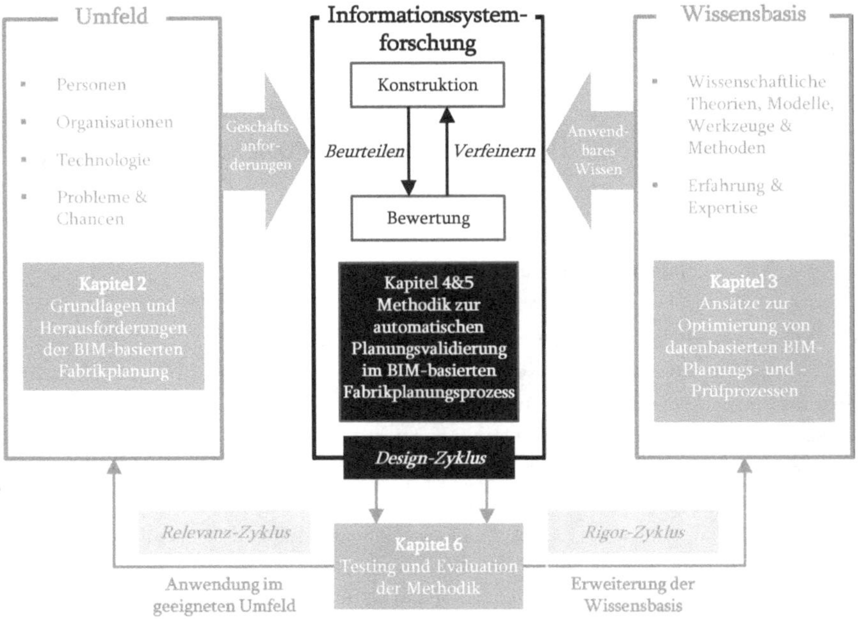

Abbildung 4-1: Einordnung des Kapitels 4 in den Rahmen der DSR[274]

4.1 Anforderungen an die Methodik

Die Forschungsfrage stellt die Ausgangsposition für die Erarbeitung des Lösungskonzepts dar. Hierfür ist ein zielgerichtetes und effizientes Vorgehen nötig. Es ist daher zu klären, welche Anforderungen aus der Zielstellung bzw. der Forschungsfrage und aus den erfolgten Schilderungen der Praxis sowie der bestehenden Ansätze impliziert werden. Diese Anforderungen stellen Akzeptanzkriterien für die letztendliche Bewertung der Forschungsergebnisse dar (vgl. Kapitel 1.2 und 6). Im Folgenden findet eine Kategorisierung in methodische, inhaltliche und formale Anforderungen statt.

4.1.1 Methodische Anforderungen

Für eine stringente Fortführung des Forschungsvorhabens ist das weitere Vorgehen in die in Kapitel 1.2 vorgestellte übergeordnete Forschungsmethodik (DSR) einzuordnen. Aus dieser Metho-

[274] I.A.a. Hevner, A. (2007), A Three Cycle View of Design, S. 88.

dik folgt, dass das zu entwickelnde Gesamtkonzept einen zunächst in sich abgeschlossenen Prototypen repräsentieren soll, der evaluiert werden kann (vgl. Kapitel 1.3). Diese Evaluation im Sinne einer ersten Rückkopplung des Design-Zyklus ist wichtiger Bestand eines linearisierten DSR-Vorgehens (vgl. Kapitel 1.2 und 1.3). Weiterhin sollte das Konzept sowohl praktische Erfordernisse aus dem Relevanz-Zyklus adressieren und gleichzeitig auf bestehenden Ansätzen aus dem Rigor-Zyklus aufbauen. Zur Nutzung der Ergebnisse innerhalb der Community der Informationssystemforschung sind die genutzten Methoden so zu wählen, dass die Ergebnisse von einer breiten Anwenderschaft genutzt werden können und dadurch als Standard implementierbar sind. Dies ist zurückzuführen auf einen Kerngedanken des *Semantic Web*, der das kontinuierliche Erweitern der gesamten Wissensbasis durch die Community fokussiert und somit empfiehlt, auf bereits bestehendem Wissen aufzubauen (vgl. Tabelle 4-1). Durch die Nutzung etablierter Methoden[275] im Bereich des *Semantic Web* wird dieser Anforderung Rechnung getragen.

Tabelle 4-1: Methodisches Anforderungsprofil

Methodische Anforderungen
Das Konzept sollte einen ersten, vollständig funktionalen Prototypen darstellen.
Das Konzept sollte in einer ersten Iteration evaluiert und rückgekoppelt werden.
Das Konzept sollte die praktischen Anforderungen aus dem Relevanz-Zyklus adressieren.
Das Konzept sollte auf der Wissensbasis innerhalb des Rigor-Zyklus aufbauen.
Die genutzten Methoden sollten breite Anwendbarkeit des Konzepts ermöglichen (Standardisierungsmöglichkeit).

4.1.2 Inhaltliche Anforderungen

Die inhaltlichen Anforderungen wurden unterteilt bzgl. der Modellierung, der Datenhaltung sowie bzgl. Anforderungen, die sich gesondert auf die betrachtete Domäne Fabrikplanung beziehen (vgl. Tabelle 4-2). Der Aufbau folgt somit der Strukturierung der Anforderungen nach BÜSCHER[276].

Vor dem Hintergrund des Ziels dieser Forschungsarbeit sollte im Rahmen der **Modellierung** der einzelnen Artefakte des Lösungskonzepts darauf geachtet werden, dass konkrete Informationen und Daten aus einem BI-Model heraus direkt genutzt werden können (vgl. Kapitel 3.5). Hieraus folgt, dass die Modellierung soweit möglich ebenfalls objektorientiert durchgeführt werden sollte, um die Einordnung der Modellinformationen zu erleichtern. Darüber hinaus sollte das aufzubauende Informationsmodell (Ontologie) stets von projektspezifischer Datenhaltung getrennt werden, um eine Allgemeingültigkeit des Informationsmodells zu gewährleisten und die

[275] Vgl. Fernández-López, M. et al. (1997), Methontology.

[276] Vgl. Büscher, C. (2015), Ontologiebasierte Kennzahlenentwicklung, S. 73ff.

ablauflogischen Strukturen der Prozesse innerhalb des Konzepts vom Inhalt der Prozesse unterscheidbar zu machen (vgl. Kapitel 3.2)[277,278]. Die Informationen und Daten müssen hierbei derart gestaltet sein, dass sie evaluierbar sind (vgl. methodische Anforderungen in Kapitel 4.1.1). Weiterhin sind semantische Transformationsdienste, die innerhalb des Konzepts genutzt werden, klar zu definieren, um eine Nachvollziehbarkeit und auch Reproduzierbarkeit des Lösungsansatzes zu gewährleisten[279]. Für ein besseres Nutzerverständnis sowie zur Sicherstellung der Wart- und Wiederverwendbarkeit sollte das Informationsmodell weiterhin visualisierbar und modular aufgebaut sein[280].

Innerhalb von Informationssystemen gelten besondere Anforderungen an die **Datenhaltung**, die sich nicht zwingend aus den bisherigen Ausführungen der Forschungsarbeit ergeben, sondern vielmehr allgemein zu verfolgende Maximen sind. HUH ET AL. haben hierzu wegweisende Kriterien definiert. Demnach müssen Daten korrekt (d.h. ohne inhaltliche Fehler), für den Anwendungsfall vollständig (d.h. ohne Lücken), formal und logisch in sich konsistent sowie aktuell sein[281]. In der späteren, praktischen Anwendung des Konzepts sollte darauf geachtet werden, dass die teils sensiblen Projektdaten vor unberechtigtem Zugriff geschützt sind. Dies kann unter anderem schon dadurch erreicht werden, dass das Informationsmodell von der konkreten Datenhaltung getrennt wird (vgl. Anforderungen an die Modellierung) und somit die Ontologie selbst zwar im *Semantic Web* zugänglich ist, die einzupflegenden projektspezifischen Daten jedoch in eine geschlossene Arbeitsumgebung transferiert werden. Zur Nachverfolgbarkeit im Projektgeschehen sollte das Lösungskonzept es ermöglichen, etwaige Analyse- und Bewertungsergebnisse zu exportieren und dauerhaft abzuspeichern.

---

[277] Vgl. Werth, D. (2007), Modellierung unternehmensübergreifender Geschäftsprozesse, S. 57.

[278] Vgl. Büscher, C. (2015), Ontologiebasierte Kennzahlenentwicklung, S. 79.

[279] Vgl. ebd.

[280] Vgl. ebd., S. 78.

[281] Vgl. Huh, Y. et al. (1990), Data quality, S. 560f.

Tabelle 4-2: Inhaltliches Anforderungsprofil

Inhaltliche Anforderungen
Anforderungen an die Modellierung
Konkrete Informationen und Daten sollten aus dem Building Information Model heraus ableitbar sein.
Die Modellierung sollte objektorientiert geschehen.
Die projektspezifische Datenhaltung sollte vom allgemeinen Informationsmodell getrennt werden.
Das Modell sollte möglichst allgemeingültig sein.
Es ist im Konzept zwischen ablauflogischen Strukturen und Inhalten des Prozesses zu unterscheiden.
Informationen müssen ihrer Natur her nach evaluierbar sein.
Es müssen klare Transformationsdienste definiert werden.
Das Modell und seine Komponenten müssen visualisierbar sein.
Zu Zwecken der Verständlichkeit sowie Wartbar- und Wiederverwendbarkeit sollte ein modularer, erweiterbarer Aufbau angestrebt werden.
Anforderungen an die Datenhaltung
Daten müssen korrekt, vollständig, konsistent und aktuell sein.
Daten sollten vor unberechtigtem Zugriff geschützt sein.
Analyse- und Bewertungsergebnisse sollten dauerhaft gespeichert und archiviert werden.
Domänenspezifische Anforderungen
Der Zweck des Konzepts ist eine Fabrikplanungsprojekt-spezifische Verwaltung und Überwachung von Informationen aus Design Deliveries.
Das Konzept muss sich in ein bestehendes Planungsumfeld aus Anwendern, Prozessen und Systemen integrieren.
Die Erfassung von relevanten Planungsdaten aus existierenden Anwendungen muss möglich sein aufgrund der starken Heterogenität der Werkzeuge und Rollen in der Fabrikplanung.
Ein Versionsmanagement sollte vorhanden sein.

Die Entwicklung des Lösungskonzepts für die Domäne der Fabrikplanung impliziert weitergehende, **domänenspezifische** Anforderungen. Ziel des Konzepts – und somit Grundanforderung – ist eine Fabrikplanungsprojekt-spezifische Verwaltung und Überwachung von *Design Deliveries* im BIM-Umfeld. Das Konzept sollte sich folglich das bestehende Planungsumfeld aus (BIM-)Anwendern, existierenden Prozessen und Systemen zu Nutze machen und dort andocken, um eine Kompatibilität mit bestehenden Arbeitsabläufen zu ermöglichen. Aufgrund der starken Interdisziplinarität der Fabrikplanung ist es zudem erforderlich, dass das Konzept gegenüber der Heterogenität der verschiedenen Planungswerkzeuge robust ist (vgl. Kapitel 2.1 und 2.4). Weiterhin sollte das Gesamtkonzept ein Versionsmanagement ermöglichen würde, um den stark iterativen Charakter, den eine Planung auf Basis des Aachener Fabrikplanungsvorgehens mit sich bringt (vgl. Kapitel 2.1), transparent abbilden und managen zu können.

4.1.3 Formale Anforderungen

Bei der Ausarbeitung des Lösungskonzepts werden die einzelnen Lösungsartefakte Modellcharakter aufweisen. Nach STACHOWIAK weisen alle Modelle vor allem drei Merkmale auf:[282]

- Abbildungsmerkmal: Modelle bilden etwas Anderes ab, was selbst wieder ein Modell oder eine natürliche Gegebenheit sein kann. Hierdurch bilden Modelle die Attribute des zu repräsentierenden Gegenübers ab.
- Verkürzungsmerkmal: Modelle bilden nur solche Attribute des zu Repräsentierenden ab, die im Anwendungskontext als relevant und geeignet erscheinen.
- Pragmatisches Merkmal: Modelle werden auf einen bestimmten Zweck und für handelnde, modellbenutzende Subjekte erstellt.

Auch die im Rahmen des Lösungskonzepts erstellten Modelle sollen diese Merkmale aufweisen: Das Ziel der transparenten Darstellung der Planungsabhängigkeiten zur Befähigung einer automatisierten Validierung prägt sowohl das Abbildungs- als auch das pragmatische Merkmal. Durch den Fokus auf raumlufttechnische Anforderungen ist zudem ohnehin eine Verkürzung des Anwendungsbereichs Fabrikplanung gegeben. Darüber hinaus wird innerhalb der Modelle durch den Anspruch der Allgemeingültigkeit eine weitere Verkürzung gegenüber anwendungsfallspezifischen Gegebenheiten vorherrschen.

PATZAK hat daraufhin in Einklang mit STACHOWIAK fünf formale Anforderungen definiert, die Modelle trotz oder genau aufgrund der drei beschriebenen Merkmale erfüllen müssen (vgl. Tabelle 4-3):[283]

- Modelle müssen empirisch richtig, also realitätsgetreu sein. Hierzu gehört auch, dass alle für die fokussierte Fragestellung relevanten Systemelemente im Modell enthalten sind. Die erwähnten Systemelemente werden entsprechend der Forschungsfrage Elemente einer Ontologie zur automatischen Validierung sein. Eine intensive Literaturrecherche, iterative Expertengespräche und insbesondere die Verwendung bereits bestehenden Wissens aus existierenden Ontologien werden dieser Anforderung in der vorliegenden Forschungsarbeit Rechnung tragen. Speziell die Nutzung der etablierten Methode *Methontology*[284] zur Erstellung der Ontologie wird dies unterstützen.
- Modelle müssen formal richtig sein. Dies bedeutet, dass das Modell nachprüfbar, wiederholbar und widerspruchsfrei ist. Insbesondere die *Reasoner*-Funktionen[285] von *Protégé* (vgl. Kapitel 3.3) werden diese Anforderung adressieren.

---

[282] Vgl. Stachowiak, H. (1973), Allgemeine Modelltheorie, S. 131ff.

[283] Vgl. Patzak, G. (1982), Systemtechnik - Planung komplexer innovativer Systeme, S. 309f.

[284] Vgl. Fernández-López, M. et al. (1997), Methontology.

[285] Vgl. University of Oxford, [Stand: 23.02.2021] HermiT OWL Reasoner; World Wide Web Consortium (W3C), [Stand: 23.02.2021] Pellet.

- Ein Modell sollte immer zweckbezogene Antworten liefern können und somit produktiv sein. Hierzu wird das Kapitel 6 den entwickelten Prototyp der Lösungsthese evaluieren.
- Ein Modell sollte in seiner Anwendung nutzerfreundlich und somit handhabbar sein. Hierzu wird im Rahmen der kritischen Reflektion in Kapitel 6.4 evaluiert, inwiefern Personen das Konzept nutzen können, die aus der Domäne Fabrikplanung stammen und nicht zwingend Experten aus dem Bereich des *Semantic Web* oder von Ontologien sind. Kriterien zur Bewertung sind hierbei notwendiges Vorwissen zur Durchführung der Schritte, Intuitivität der Durchführung der einzelnen Schritte und auch Dauer der Vorbereitung zur Validierung der Planungsergebnisse.
- Im Sinne eines ausgewogenen Aufwand-Nutzenverhältnisses sollte Modellierung und Modellanwendung mit möglichst geringem Aufwand durchführbar sein. Im Rahmen der kritischen Reflektion in Kapitel 6.4 wird der erwähnte Aufwand in Verbindung mit der vorigen Anforderung anhand des *F1-Score* (vgl. Kapitel 4.3) kritisch hinterfragt.

Tabelle 4-3: Formales Anforderungsprofil

Formale Anforderungen
Das Konzept sollte empirische Richtigkeit aufweisen.
Das Konzept sollte formale Richtigkeit aufweisen.
Das Konzept sollte produktiv sein.
Das Konzept sollte handhabbar sein.
Das Konzept sollte mit geringem Aufwand erstellbar sein.

Die drei vorgestellten Anforderungsprofile (methodisch, inhaltlich, formal) sollen Leitplanken für die Lösungsgestaltung vorgeben. Die Erfüllung dieser Anforderungen wird im Rahmen der ersten evaluierenden Rückkopplung (vgl. Kapitel 6) konkret geprüft. Es ist zusätzlich festzuhalten, dass einige Anforderungen in Konkurrenz zu einander stehen, wie z. B. die Anforderung der Generierung eines ersten voll funktionalen Prototyps gegenüber den Anforderungen der hohen Allgemeingültigkeit sowie des geringen Aufwands bei der Erstellung. Es gilt daher im Zuge der Konzeption der Lösungsartefakte einen optimalen Trade-off zwischen Modellnutzen und Modellierungsaufwand zu finden.

4.2 Darstellung der Lösungsartefakte als Lösungsthese zur durchgängigen Planung und automatischen Planungsvalidierung

Das vorliegende Forschungsvorhaben fokussiert entsprechend der Forschungsfrage in Kapitel 3.5 eine automatische Validierung von BIM-*Design Deliveries* in der Fabrikplanung mittels Ontologie-Modellen und buildingSMART-Standards. Die Vorteilhaftigkeit der Nutzung von Ontologien wurde bereits in Kapitel 3.3 dargelegt, woraus auch die Entscheidung auf OWL als Modellierungssprache fiel. Bezüglich der buildingSMART-Standards ist anzuführen, dass entsprechend der beschriebenen Problemstellung in Kapitel 2.3.3 (nicht abgestimmte Reifegrade) insbesondere das IDM als Rahmenwerk von buildingSMART fokussiert werden sollte (vgl. Kapitel 3.4). Ein konkretes IDM liegt bislang für die Fabrikplanung nicht vor (vgl. Kapitel 3.5). Die erfolgten Ausführungen sowie die in Kapitel 3.5 konstituierte Forschungsfrage führen zu folgender These der Lösungsfindung[286]:

Die Erstellung einer domänenspezifischen Ontologie erhöht die Transparenz der Abhängigkeiten von Attributen und Parametern der Fabrikplanung und ermöglicht, wenn sie mittels der buildingSMART-Standards in mit Reifegraden ausgestattete Planungsprozesse überführt wird, gemeinsam mit spezifischen Prüfungsregeln eine automatische Validierung von BIM-spezifischen Fabrikplanungen.

[286] Die These wurde in Anlehnung an die Definition von BORTZ UND DÖRING bzgl. (Hypo-)thesen formuliert: „Wissenschaftliche Hypothesen sind Annahmen über reale Sachverhalte (empirischer Gehalt, empirische Untersuchbarkeit) in Form von Konditionalsätzen. Sie weisen über den Einzelfall hinaus (Generalisierbarkeit, Allgemeinheitsgrad) und sind durch Erfahrungsdaten widerlegbar (Falsifizierbarkeit)." (Bortz, J./ Döring, N. (2015), Forschungsmethoden und Evaluation, S. 4). Die gewählte Lösungsthese setzt die Überführung der Ontologie-Informationen in Planungsprozesse als Kondition, um automatische Validierungen zu befähigen. Weiterhin besitzt sie im Bereich der Fabrikplanung den Anspruch der Generalisierbarkeit (vgl. die Anforderung der Trennung zwischen allgemeingültigem Modell und projektspezifischer Datenhaltung (Kapitel 4.1.2)) und ist validier- bzw. falsifizierbar (vgl. Kapitel 6).

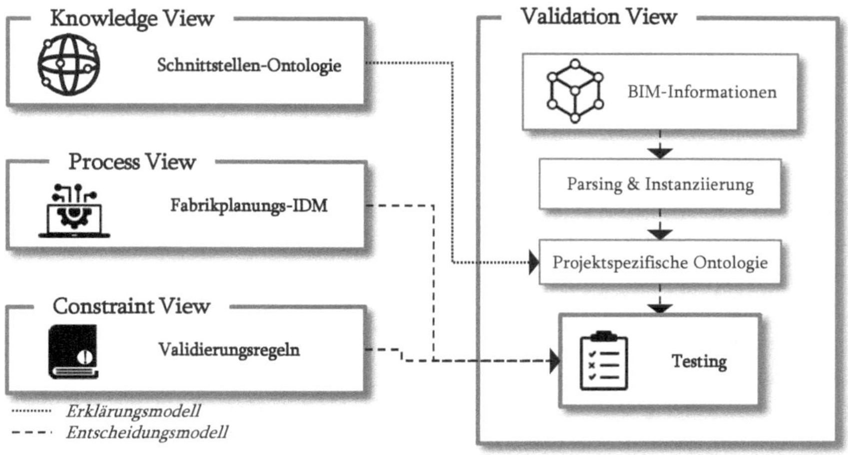

Abbildung 4-2: Überführung der Lösungsthese in geeignete Lösungsartefakte[287,288]

Abbildung 4-2 visualisiert die formulierte Lösungsthese und repräsentiert somit den ersten Teil des Erkenntnisgewinns der vorliegenden Forschungsarbeit. Im Einzelnen sind in der Abbildung die individuell benötigten Lösungsartefakte[289] sowie deren Verknüpfung untereinander dargestellt. Die einzelnen Artefakte repräsentieren in Anlehnung an die Programmierungsarchitektur des BIM-FIM von HU ET AL.[290] und dem Vorgehen von ARAÇIYI ET AL.[291] unterschiedliche Sichten, die konsequent aufeinander aufbauen. Für ein einfacheres Verständnis kann der Leser das Artefakt und die Views zunächst als Synonym ansehen. Der Begriff Artefakt fokussiert jedoch im eigentlichen Sinne eher die methodische Komponente des Lösungskonzepts nach der DSR, die Views vielmehr die Seite der programmiertechnischen Implementierung der Gesamtarchitektur der Lösung. Die Begriffe werden je nach Kontext eingesetzt. Die Artefakte haben Modellcharakter und sind somit einem bestimmten Modelltyp zuzuordnen. Bei der Beschreibung der einzelnen Artefakte wird hierauf eingegangen. Detailliertere Ausführungen zur Modelltheorie sind jedoch Anhang 9.7 zu entnehmen.

---

[287] Quelle der Icons: *https://uxwing.com/book-literature-icon/* (durch Autor angepasst); *https://uxwing.com/information-technology-icon/*; *https://uxwing.com/3d-modeling-icon/*; *https://uxwing.com/rules-icon/* [Stand: 12.09.2021] „All icons are free to use any personal and commercial projects without any attribution or credit."

[288] Das Vorgehen basiert auf den Erkenntnissen einer Vorveröffentlichung: Burggräf, P. et al. (2020), How to Improve Collaboration Efficiency, S. 478ff.

[289] Die Bezeichnung „Lösungsartefakte" wird in Einklang mit der Nutzung der DSR gewählt und bezeichnet, die einzelnen in sich abgeschlossenen Komponenten einer Lösung, die mittels iterativer Rückkopplung stetig weiterentwickelt werden.

[290] Vgl. Hu, Z.-Z. et al. (2018), BIM-based integrated delivery technologies, S. 10.

[291] Vgl. Arayici, Y. et al. (2018), Interoperability specification development, S. 179ff.

Das erste Artefakt des Lösungskonzepts ist die *Knowledge View*. Ziel dieses ersten Artefakts ist die Entwicklung eines Modells zur durchgängigen Erklärung der parametrischen und attributbezogenen Abhängigkeiten in der fokussierten Schnittstelle zwischen Produktion und TGA. Zwar ist das eigentliche Ziel die automatische Validierung, jedoch sind erstens die derzeit intransparenten Abhängigkeiten der Informationen Teil des Entwicklungsbedarfs aus der Praxis (vgl. Kapitel 2.4) und zweitens ist dieses Informationsmodell selbst zwingende Voraussetzung für das Konzept der automatischen Validierung. Das Ziel des Artefakts deutet bereits daraufhin, dass es sich hierbei um ein Erklärungsmodell handelt. Ein solches hat gemäß PATZAK das Ziel, generelle und allgemeingültige Wirkzusammenhänge unter Nennung von Beschränkungen begreiflich zu machen[292]. Eben solche Wirkzusammenhänge sollen mittels des Informationsmodells erarbeitet werden.

Die *Knowledge View* wird durch eine Ontologie dargestellt, welche auf OWL-DL basiert[293]. Die Ontologie wiederum wird mittels der etablierten Methode *Methontology* erarbeitet, die aus den Schritten Wissenserwerb, Spezifikation, Konzeptionierung, Integration und Implementierung besteht. Im Ergebnis repräsentiert dieses Lösungsartefakt ein Ontologie-Modell, das als *Knowledge View* die allgemeingültige, projektunabhängige Wissensbasis darstellt, auf der die folgenden *Views* zur automatischen Validierung aufbauen. Die Inhalte der Ontologie stammen aus Arbeitskreisen mit Experten sowie – entsprechend der *Methontology* – aus bereits existierenden Ontologien. Operativ wird die Ontologie mittels des Ontologie-Editors *Protégé* der Stanford University erstellt. In Abbildung 4-3 ist ein verkürztes Beispiel dargestellt, das ein mögliches Ergebnis des Lösungsartefakts verdeutlicht. Obgleich die *Knowledge View* allgemeingültig ist, ist dieses Beispiel zu Verdeutlichungszwecken bereits mit projektspezifischen Informationen befüllt. Somit ist es eine projektspezifische Ontologie. Es ist die *Produktionsmaschine* als Instanz einer Klasse *Maschine* dargestellt, der eine Anschlussleistung von 7.000 W beigeordnet ist. Innerhalb der Klasse *Medienbereitstellung* ist die Instanz *Starkstromsteckdose* verortet, die als Anschlussleistung 6.400 W besitzt. Beide Instanzen sind über ihre örtliche Beziehung miteinander verknüpft, da sie sich beide im *Reinraum1* befinden.

---

292 Vgl. Patzak, G. (1982), Systemtechnik - Planung komplexer innovativer Systeme, S. 313f.

293 Zur Begründung der Wahl von OWL-DL wird hiermit auf Kapitel 3.3 verwiesen.

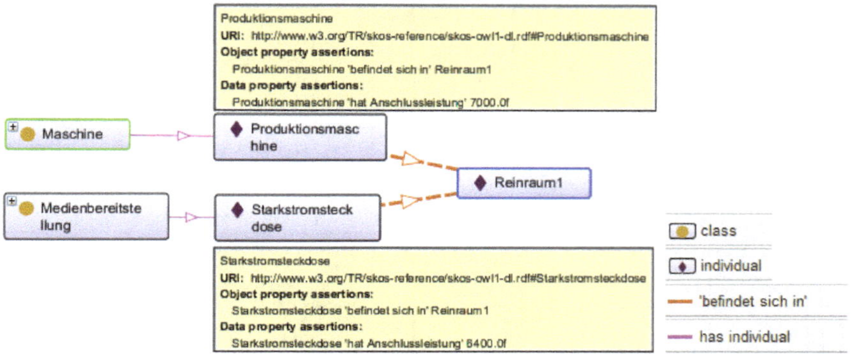

Abbildung 4-3: Screenshot aus *Protégé* zur exemplarischen Darstellung der *Knowledge View*

Das zweite Lösungsartefakt ist die *Process View*. Ziel dieses Artefakts ist die Ableitung und Entwicklung eines Modells zur Gestaltung eines IDM für die Fabrikplanung. Hierzu wird zunächst ein Prozessmodell auf Basis des Aachener Fabrikplanungsvorgehens entwickelt, indem die recht abstrakten Ontologie-Zusammenhänge aus der *Knowledge View* in ein IDM überführt werden, welches ein etabliertes Instrument darstellt, um Planungsprozesse für BIM zu strukturieren. Für diese Austauschaktivitäten werden sodann eindeutige Austauschanforderungen inklusive den zugehörigen LOD definiert. Somit adressiert dieses Artefakt den in Kapitel 2.3.2 beschriebenen Entwicklungsbedarf bzgl. fehlender nicht-geometrischer Reifegrade (LOI[294]). Gemäß des Verkürzungsmerkmals von Modellen (vgl. Kapitel 4.1) wird an dieser Stelle nicht der Anspruch erhoben, ein IDM für die gesamte Fabrikplanung zu erstellen, sondern lediglich für die fokussierte Schnittstelle (vgl. Kapitel 2.4 und 3.5). Im Einklang mit der buildingSMART-Empfehlung wird das Prozessmodell mittels BPMN erstellt werden.[295]

[294] LOD = LOG & LOI (vgl. Kapitel 2)

[295] Zum Zeitpunkt der Erstellung dieser Forschungsarbeit wurde mit der Erstellung des Blattes 11.8 der VDI 2552 begonnen, welches BIM-Anwendungsfälle in der BIM-basierten Fabrikplanung beschreibt. An dieser Erstellung wirkt der Autor mit; jedoch gibt es zum Zeitpunkt der Erstellung der Forschungsarbeit noch keine verwertbaren Ergebnisse.

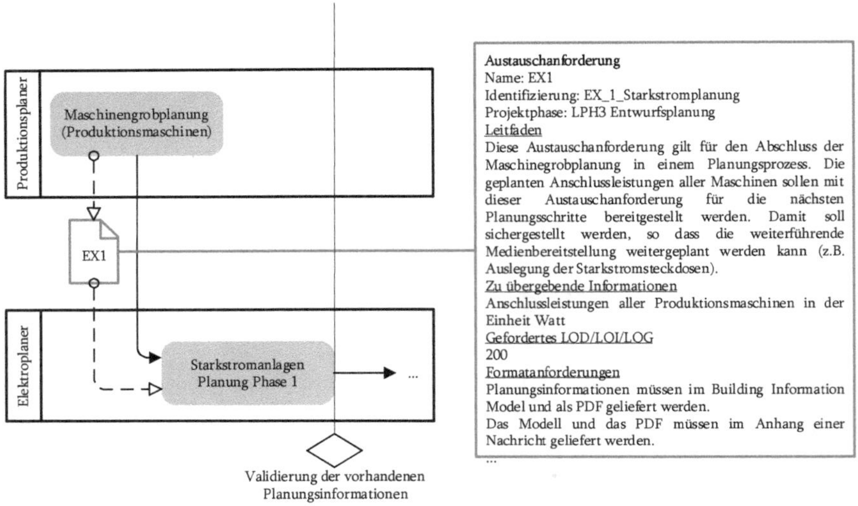

Abbildung 4-4: Exemplarische Darstellung der Anwendung der *Process View*

In Abbildung 4-4 ist aufbauend auf dem Beispiel aus Abbildung 4-3 eine mögliche Ausprägung der *Process View* in Form eines IDM dargestellt. Es ist zu erkennen, dass Planungsumfänge einzelnen Planern in *Swimlanes* zugeteilt sind. Zwischen den Planern werden Informationen ausgetauscht, die mit IAA behaftet sind (hier: EX1). Jede IAA erklärt die zu übergebende Information und listet Anforderungen auf. Zu erkennen ist hier, dass sich die übergebenden Informationen auf die in Abbildung 4-3 dargestellten Entitäten der Beispiel-Ontologie beziehen. Die dort auch zu erkennende örtliche Beziehung (*Reinraum1*) ist der Hintergrund für den Zusammenhang zwischen den Informationen der beiden Planer. Durch die Vorgaben von Anforderungen in Verbindung mit Elementen der Ontologie können in der *Constraint View* nachfolgend Regeln definiert werden.

Das Ziel der Forschungsarbeit ist die automatisierte Validierung von Informationen und Daten in konkreten Fabrikplanungsprojekten. Neben der Modellierung von Planungsinformationen (vgl. *Knowledge View*) müssen Prüfregeln formuliert und ausgeführt werden, um im Anschluss einen automatischen Prüfbericht zu erzeugen. Hierfür baut die *Constraint View*, welche das dritte Lösungsartefakt darstellt, ein Regelmodell auf, um *Design Deliveries* automatisch zu validieren. Hierzu werden aus der *Process View* heraus zunächst übergreifende Regelkategorien definiert. Daraufhin wird die geeignete Regelsprache multikriteriell ausgewählt, um die auf RDF basierenden Daten zu validieren. Im letzten Schritt werden für die Regelkategorien konkrete Regeln in der ausgewählten Regelsprache erstellt werden. Im Ergebnis steht somit ein „Regelbuch" zur Anwendung in konkreten Fabrikplanungsprojekten.

Abbildung 4-5 zeigt die Anwendung der *Constraint View* auf Basis des Beispiels aus Abbildung 4-3 und Abbildung 4-4. Die Regel selbst basiert aus dem Beispiel-IDM aus Abbildung 4-4. Die konkret zu prüfenden Informationen werden abgegriffen aus der Ontologie, hier konkret die Instanzen der Klasse *Medienbereitstellung* und die *Range* von *hat_Anschlussleistung*. Anschließend wird für einen speziellen Raum geprüft, ob die Anschlussleistung der Steckdose kleiner ist als die der Maschine. In diesem Falle wird die Nachricht ausgegeben *„Anschlussleistung der Maschine ist zu hoch für die Steckdose"*.

```
#Überprüfung, ob die Anschlussleistung der Steckdose für die
Produktionsmaschine im Reinraum reicht
:POCShape a sh:NodeShape ;
    sh:targetClass :POC ;
    sh:property [
       sh:path :hat_Anschlussleistung ;
       sh:sparql [
         a sh:SPARQLConstraint ;
         sh:message "Anschlussleistung der Maschine ist zu hoch für die
Steckdose" ;
         sh:prefixes [
           sh:declare [
             sh:prefix "" ;
             sh:namespace
"http://www.semanticweb.org/mebadeesfahani/OFP#"^^xsd:anyURI ;
           ]
         ] ;
         sh:select
         """SELECT $this (?AnschlussleistungSteckdose as ?value)
         WHERE {
                         $this $PATH
                         ?AnschlussleistungSteckdose .
                         $this :befindet_sich_in ?raum .
                         ?raum :ist_ausgestattet_mit ?Maschine .
                         ?Maschine :hat_Anschlussleistung
?AnschlussleistungMaschine .
                         FILTER (?AnschlussleistungMaschine >
?AnschlussleistungSteckdose)
          }""" ;
        ]
      ] .
```

Abbildung 4-5: Exemplarische Darstellung der Anwendung der *Constraint View*

Nach Durchführung der Prüfung wird ein Validierungsbericht ausgegeben, der exemplarisch in Abbildung 4-6 dargestellt wird.

Message	FocusNode
Anschlussleistung der Maschine ist zu hoch für die Steckdose	http://www.w3.org/TR/skos-reference/skos-owl1-dl.rdf#Starkstromsteckdose

Abbildung 4-6: Exemplarische Darstellung des Validierungsberichts (Screenshot aus *Protégé*)

Im Rahmen der *Validation View* findet die Anwendung der Lösungsartefakte und somit die erste Rückkopplung der Lösungsthese mittels eines Experiments[296] statt. Die allgemeingültige Ontologie der *Knowledge View* (als projektunabhängige „Wahrheit"), das IDM der *Process View* sowie die Regeln der *Constraint View* finden hier Anwendung. In der Fabrikplanung verwendet die Vielzahl an Planern viele verschiedene Planungstools mit eigenen proprietären Datenformaten. Es ist folglich nicht zielführend, das Lösungskonzept dieser Forschungsarbeit an jedes einzelne Tool anzupassen. In Kapitel 3.5 wurde bereits dargelegt, dass die Nutzung von IFC dahingehend nicht optimal ist, da die einzelnen Planungsinformationen zunächst einmal innerhalb des Planungstools, sofern es überhaupt IFC unterstützt, auf das IFC-Informationsschema gemappt werden müssen. Hierzu muss das IFC-Schema entsprechend fähig sein, die modellierten Informationen zu repräsentieren. Dies ist insbesondere bei produktionsbezogenen Informationen und Objekten ein Problem. Eine Gemeinsamkeit vieler Planungstools ist jedoch die Fähigkeit, eine objektorientierte Excel-Datei mit den benötigten Informationen ausgeben zu lassen. Diese Excel-Datei muss daraufhin ein *Parsing* durchlaufen, um das Datenschema der Excel-Datei in das Tripel-basierte Format von RDF zu transformieren. Dadurch können die Daten sodann als Instanzen in die Ontologie geladen werden, wodurch die allgemeingültige in eine projektspezifische Ontologie überführt wird. Hierdurch wird insbesondere die Anforderung an die Trennung von Geschäftslogik und anwendungsspezifischer Datenhaltung erfüllt (vgl. Kapitel 4.1). In Kapitel 2.4 wurde angeführt, dass eine Excel-Lösung als manuelle Lösung angesehen wird, sofern die Gebäudeinformationen aus dem BI-Model manuell in eine Excel-Maske überführt werden müssen. Sowohl diese Überführung als auch die Validierung der Daten anhand der zuvor erstellten Regeln sollen in diesem Konzept perspektivisch jedoch auf Knopfdruck geschehen.

Nach der nun erfolgten Beschreibung der Artefakte der Lösungsthese soll im Folgenden erläutert werden, wie die Güte der Lösungsthese zur Beantwortung der Forschungsfrage ermittelt wird[297]. Diese Evaluation stellt den zweiten und gemäß der *Design Science Research* auch den wichtigsten Teil des Erkenntnisgewinns dar.

4.3 Evaluation der Lösungsthese zur automatischen Validierung

Forschung nach der DSR-Methodik ist nie vollkommen abgeschlossen, da die definierten Zyklen ein kontinuierliches Testing und eine daraus folgende Verbesserung erzielen möchten. In Kapi-

[296] Für ein tiefergehendes Studium zur Theorie von Experimenten, vgl. Anhang 9.8

[297] Dies adressiert unter anderem die formale Anforderung nach Nützlichkeit und Produktivität des Modells (vgl. Kapitel 4.1.3)

tel 1.3 wurde vor diesem Hintergrund dargelegt, dass die vorliegende Forschungsarbeit mit definiertem Anfangs- und Endpunkt zwar linearisiert werden kann, das Ergebnis jedoch sodann im Sinne der DSR nicht als Abschluss der Forschung gesehen werden darf, sondern Input ist für weitere Zyklen. Es wird ersichtlich, dass die Zyklen und somit die kritische Evaluation der Ergebnisse Kern der DSR sind. Gepaart mit der geschlossenen Form der Forschungsfrage folgt hieraus, dass der Erkenntnisgewinn des vorliegenden Forschungsvorhabens erst durch die erste Rückkopplung vollkommen ist. In einfachen Worten wird hierdurch eruiert, wie effektiv und auch effizient die entwickelte Lösungsthese zur automatischen Validierung von BIM-Fabrikplanungen ist und was noch geändert werden kann oder muss[298]. In einem Experiment[299] wird hierzu die automatische Validierung von BIM-basierter Fabrikplanung auf Basis der Lösungsthese mit der manuellen Validierung verglichen. Konkreter Inhalt des Experiments ist die Validierung der Ergebnisse der Entwurfsplanung[300] einer Fabrik für Batteriezellen. Hierzu werden die *Design Deliveries* der Produktions- und der TGA-Planung miteinander und in Hinblick auf die AIA verglichen. Der objektseitige Betrachtungsfall ist ein Reinraum, in dem eine Batteriezellassemblierung stattfinden soll. Innerhalb dieses Betrachtungsfalls werden seitens des Produktionsprozesses starke Anforderungen an die TGA gestellt bezüglich Reinheit und Trockenheit der Raumluft. Diese Anforderungen sowie weitere Anforderungen des Auftraggebers werden in diesem Experiment manuell sowie automatisch anhand des Konzepts dieser Forschungsarbeit validiert. Manuell bedeutet in diesem Fall, dass in wie bislang gewohnter Weise Attributlisten, Zeichnungen und weitere Dokumente exportiert werden, die die Fabrikplanung eigenhändig gegeneinander prüft. Das automatische Vorgehen stützt sich dem gegenüber auf die Lösungsthese dieser Forschungsarbeit.

Die Ergebnisse beider Vorgehen des Experiments werden sodann zur Beantwortung der Forschungsfrage und zur Generierung des Erkenntnisgewinns evaluiert. Als Maß zur Evaluation des Konzepts mittels des Experiments wird der *F1-Score* genutzt; eine Methode der mathematischen Statistik, welche im Bereich der Informationssystemforschung etabliert ist[301]. Der *Score* errechnet mittels *Precision* (deutsch: Präzision) und *Recall* (deutsch: Rückruf) eine Kennzahl zur Bemessung der Güte des vorgestellten Lösungskonzepts dieser Forschungsarbeit.

---

[298] Hierdurch wird eine Vielzahl der in Kapitel 4.1 dargestellten Anforderungen adressiert. Konkret werden die Anforderungen im Rahmen der kritischen Reflektion in Kapitel 6.4 abgeprüft. Der Begriff *effektiv* bezieht sich hierbei auf die de-facto-Beantwortung der Forschungsfrage: Kann eine automatische Validierung so ermöglicht werden? Der Begriff *effizient* bezieht sich daraufhin auf die Frage, mit welchem zeitlichen Aufwand dieses Ziel erreicht werden kann. Dieser Aufwand wird dementsprechend mit in die Bewertung einfließen.

[299] Für ein tiefergehendes Studium zur Theorie von Experimenten, vgl. Anhang 9.8

[300] Vgl. LPH 3 in Kapitel 2

[301] Vgl. Wood, T., [Stand: 13.03.2021] What is the F-score?

Tabelle 4-4: Confusion Matrix[302]

	Negativ vorhergesagt	Positiv vorhergesagt
Tatsächlich negativ	TN (*True Negatives*)	FP (*False Positives*)
Tatsächlich positiv	FN (*False Negatives*)	TP (*True Positives*)

Grundlage ist die *Confusion Matrix* (vgl. Tabelle 4-4). Diese Matrix clustert Ergebnisse eines binären Klassifizierungsproblems, das häufig bei Informationsabfragediensten vorkommt. Wenn der Dienst beispielsweise rote Kugeln ausgeben soll, dann wäre das Ergebnis genau dann korrekt, wenn alle roten Kugeln und auch nur diese ausgegeben werden. In diesem Falle hätte der Dienst alle Werte korrekt klassifiziert.[303]

Der *F_β-Score* ermittelt hieraus nun die Güte des Dienstes aus *Precision* und *Recall*. *Precision* gibt hierbei an, welcher Anteil der ausgegebenen Werte auch hätten ausgegeben werden sollen („Sind alle ausgegebenen Kugeln rot?"). Basierend auf der *Confusion Matrix* lautet die Formel:

Formel 4-1: Errechnung der *Precision*[304]

$$Precision\ (PRE) = \frac{TP}{TP + FP}$$

Recall hingegen gibt an, wie viele der auszugebenden Werte tatsächlich ausgegeben wurden („Wurden alle roten Kugeln ausgegeben?"). Hierzu lautet die Formel:

Formel 4-2: Errechnung des *Recalls*[305]

$$Recall\ (REC) = \frac{TP}{TP + FN}$$

Der Faktor β des *F_β-Score* kann genutzt werden, um die Gewichtung zwischen *Precision* und *Recall* einzustellen. Die generelle Formel des *F_β-Score* lautet:

Formel 4-3: Errechnung des generellen *F_β-Score*

$$F_\beta = (1 + \beta^2) * \frac{PRE * REC}{(\beta^2 * PRE) + REC}$$
$$= \frac{(1 + \beta^2) * TP}{(1 + \beta^2) * TP + \beta^2 * FN + FP}$$

---

[302] Vgl. Powers, D. (2011), Evaluation: From precision, recall and F-measure, S. 38f.
[303] Vgl. Wood, T., [Stand: 13.03.2021] What is the F-score?
[304] Vgl. ebd.
[305] Vgl. ebd.

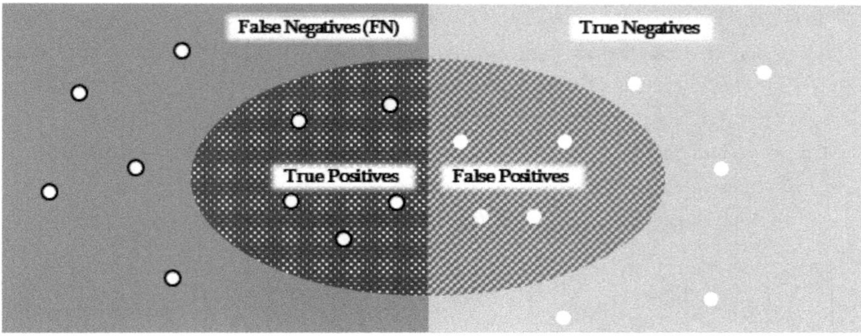

Abbildung 4-7: Visualisierung von *Precision* und *Recall*[306]

Abbildung 4-7 stellt den Zusammenhang von *Precision* und *Recall* noch einmal anschaulich dar. Während sich *Precision* nur auf die ausgewählten – und somit vom Dienst ausgegebenen – Elemente bezieht, betrachtet Recall die Gesamtheit an korrekterweise auszugebenden bzw. auszuwählenden Elementen.

In dem vorliegenden Forschungsvorhaben wird angenommen, dass es ebenso wichtig ist, alle Planungsfehler auszugeben wie die Tatsache, dass alle als Fehler deklarierten Elemente auch wirklich Planungsfehler sind. Folglich gilt:

$$\beta = 1$$

Der somit relevante *F₁-Score* wird wie folgt formuliert:

Formel 4-4: Errechnung des F_1-Score

$$F_1 = \frac{2 * TP}{2 * TP + FN + FP} = \frac{2 * PRE * REC}{PRE + REC}$$

Der *F_1-Score* dient im vorliegenden Forschungsvorhaben mithin als konkrete Maßgabe, anhand der das Lösungskonzept evaluiert wird. In einer ersten Iteration wird hier ein Schwellenwert von 0,333 angesetzt, der überschritten werden muss, um die Aussage tätigen zu können, dass das Konzept überhaupt effektiv ist[307]. Weiterhin sollte der *F_1-Score* der automatischen Validierung höher sein als der der manuellen Validierung. Zu Anschauungszwecken sind hierzu in Abbildung 4-8 drei mögliche Kurvenverläufe dargestellt. Da β = 1 ist, könnten die *Precision*- und *Recall*-Kurven auch vertauscht werden ohne das Ergebnis zu verändern. Das Bild a) zeigt den Verlauf

306 Vgl. Wikipedia, [Stand: 16.03.2021] Precision and recall.

307 Zum besseren Verständnis der Schwellenwertdefinition: vgl. Kapitel 6. Grundsätzlich kann festgehalten werden, dass der Score aus statistischer Perspektive über dem Wert liegen muss, der durch pures „Münze werfen" erreicht werden könnte.

4-8 drei mögliche Kurvenverläufe dargestellt. Da β = 1 ist, könnten die *Precision*- und *Recall*-Kurven auch vertauscht werden ohne das Ergebnis zu verändern. Das Bild a) zeigt den Verlauf des *F1-Score* bei mittlerem konstanten *Precision*-Wert, b) zeigt den Verlauf bei niedrigem konstanten *Precision*-Wert und c) zeigt ihn bei hohem konstanten *Precision*-Wert. Es ist zu erkennen, dass eine niedrige *Precision* nicht durch einen hohen *Recall* ausgeglichen werden kann, um den hier angenommenen Schwellenwert von 0,5 zu überschreiten. Folglich ist eine hohe Güte von sowohl *Recall* als auch *Precision* notwendig, um das Akzeptanzkriterium zu erfüllen.

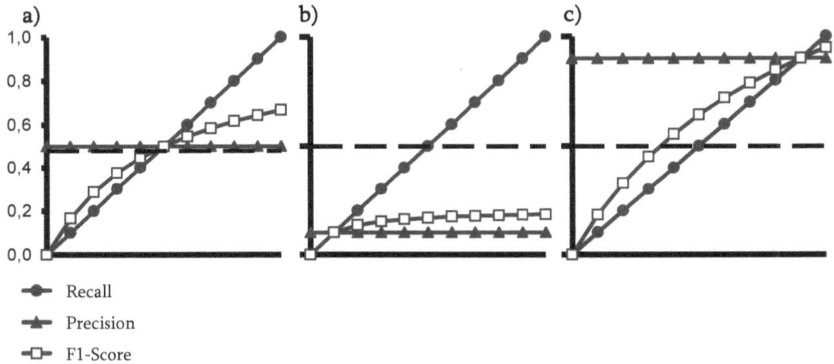

Abbildung 4-8: Verläufe der F1-Score Kurven; a) konstante mittlere Precision, steigender Recall, b) konstante niedrige Precision, steigender Recall, c) konstante hohe Precision, steigender Recall; Schwellenwert liegt bei 0,5

Recall und *Precision* - und folglich auch der ermittelte *F1-Score* – sind jedoch reine Effektivitätsparameter. So ist es möglich, mit ausreichend Aufwand sowohl *Recall* als auch *Precision* stark zu optimieren. Insbesondere vor dem Hintergrund des Zeitdrucks in Fabrikplanungsprojekten fehlt es der Evaluationsmethodik noch an einem Effizienzparameter.[308] Folglich soll der ermittelte *F1-Score* noch bezüglich des benötigten Aufwands zur Planungsvalidierung normiert werden. Dies wird konkret durch einen Effektivitäts- und Effizienzvergleich der manuellen und automatischen Planungsvalidierungen und somit durch einen Vergleich ihrer zeitlich normierten *F1-Scores* erreicht. Hierdurch soll auch die in Kapitel 4.1.3 definierte formale Anforderungen eines optimalen Aufwand-Nutzenverhältnisses des entwickelten Modells adressiert werden.

Es ist zu dokumentieren, dass das Experiment zur Evaluation der Lösungsthese folgende Ergebnisse zeigt:

[308] Vgl. Helmis, S./ Hollmann, R. (2009), Webbasierte Datenintegration, S. 121ff.

Die manuelle Durchführung wies im Experiment einen *Recall* von 0,657 und eine *Precision* von 0,74 auf. Hieraus folgte ein normierter *F_1-Score* von 0,688. Im Vergleich dazu zeigt die automatische Validierung einen *Recall* von 1 und eine normierte *Precision* von 0,833 auf, woraus sich ein normierter *F_1-Score* von 0,909 errechnet. Es ist hieraus erkenntlich, dass der *F_1-Score* sich bei der automatischen Validierung um 32% verbessert hat. Weiterhin ist der vorab definierte Schwellenwert von 0,333 überschritten. Somit kann die Forschungsfrage wie folgt beantwortet werden:

Ja, der Informationsaustausch zwischen Produktions- und TGA-Planung im BIM-basierten Fabrikplanungsumfeld kann mittels Ontologie-Modellen automatisch und zeiteffizient verifiziert werden.

Im Folgenden detailliert das Kapitel 5 die Lösungsthese aus Kapitel 4.2 weiter aus (vgl. Abbildung 4-9). Hierzu wird in Kapitel 5.1 die *Knowledge View* mittels einer OWL-Ontologie aufgebaut. Diese Ontologie ist Basis für die *Process View* in Kapitel 5.2. Es wird diesbezüglich ein IDM gestaltet, das aus einem Prozessmodell sowie IAA besteht. Sowohl Ontologie als auch das IDM sind Grundlage für die folgende *Constraint View* in Kapitel 5.3. Hier werden konkrete Prüfregeln aus dem IDM abgeleitet und direkt mit den Elementen der Ontologie verbunden. In Kapitel 6 wird die Lösungsthese evaluiert. Zu diesem Zweck werden in einem Experiment konkrete Projekt-Informationen aus einem BI-Model extrahiert, transformiert, in die Ontologie als konkrete Instanzen eingefügt und so dann validiert.

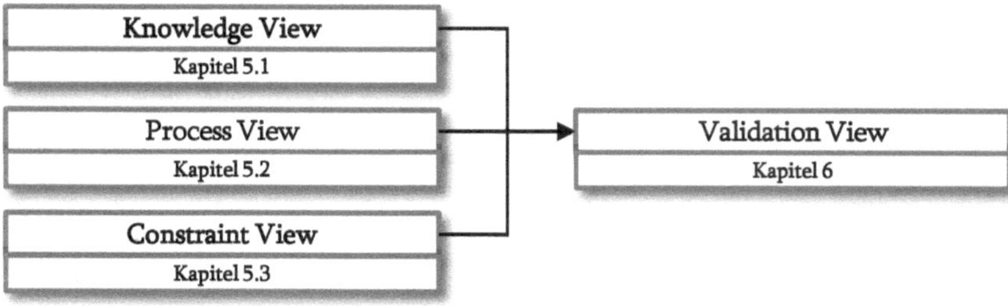

Abbildung 4-9: Aufteilung der Lösungsartefakte auf Folgekapitel

5 Ausgestaltung der Methodik

Die Lösungsthese, die in Kapitel 4.2 dargestellt wurde, besteht aus vier Views: der *Knowledge View*, *Process View*, *Constraint View* sowie der *Validation View*.

Während sich Kapitel 6 intensiv der *Validation View* widmet, werden in diesem Kapitel die Grundsteine durch die ersten drei *Views* gelegt. Kapitel 5.1 stellt die Ontologie vor, die im Rahmen der *Knowledge View* zur transparenten Darstellung der informatorischen Abhängigkeiten in der BIM-basierten Fabrikplanung an der Schnittstelle TGA-Produktion (vgl. Kapitel 2) erstellt wird. Diese Ontologie wird als *Ontology for Factory Planning* (OFP) bezeichnet. Darauf aufbauend wird in Kapitel 5.2 ein IDM entwickelt (FP-IDM genannt), was wiederum Basis ist für die Regeln in der *Constraint View* des Kapitel 5.3.

5.1 OFP – Ontology for Factory Planning

Der erste Bestandteil der Lösungsthese ist die *Knowledge View*, die mit einer Ontologie ein Wissensmodell bereitstellt, das Basis für alle nachfolgenden Views ist. Somit ist Inhalt dieses Kapitels 5.1, den Erstellungsprozess der OFP sowie die OFP selbst zu beschreiben. Nachdem die einzelnen Schritte des Erstellungsprozesses vorgestellt wurden, wird in Kapitel 5.1.1 auf die expliziten Anforderungen eingegangen, die die OFP im vorliegenden Anwendungsfall erfüllen muss. Kapitel 5.1.3 beschreibt daraufhin im Sinne des *Semantic Web* bestehende Ontologien, aus denen Informationen in die OFP integriert wurden. Aufbauend auf einer Vorkonzeptionierung der OFP in Kapitel 5.1.2 beschreibt Kapitel 5.1.4 schließlich die einzelnen Bestandteile der entwickelten OFP. Augenscheinlich sollte der Fokus auf Kapitel 5.1.4 und damit auf der endgültigen OFP liegen. Die Erläuterung der Herleitung, bzw. der Entwicklungsprozess ist jedoch enorm relevant, um eine Akzeptanz innerhalb des *Knowledge Engineering* zu erreichen. Aus diesem Grunde stellen die Kapitel 5.1.1 bis 5.1.3 eben diese Entwicklungsschritte dar.

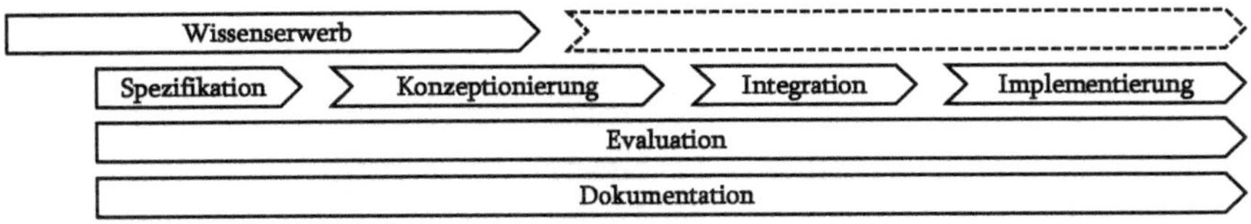

Abbildung 5-1: Prozess der Ontologie-Erstellung[309]

Als Methodik zur Erstellung der Ontologie wird die *Methontology* nach FERNANDEZ ET AL. verwendet. Der Ablauf dieser Methodik ist in Abbildung 5-1 dargestellt. Er besteht aus sieben Schritten, die in ihrer Reihenfolge zunächst nicht zwingend festgelegt sind. Der Wissenserwerb stellt die Basis des Ontologie-Erstellungsprozesses dar, wird jedoch mit reduzierter Intensität über den gesamten Erstellungsprozess weitergeführt. Es werden darin im ersten Schritt Vorgehen und Quellen für den Wissenserwerb ausgewählt[310]. Weiterhin wird die Wissensdomäne, die abgebildet werden soll, konkret abgegrenzt. Dies stellt für die Ontologie-Entwicklung eine große Herausforderung dar, da solche Domänen selten einen definierten Beginn oder ein definiertes Ende besitzen[311]. Für die konkrete Beschreibung des Wissenserwerbs im Rahmen der vorliegenden Ontologie sei auf Anhang 9.4.1 verwiesen.

In Anschluss an eine erste Recherche im Rahmen des Wissenserwerbs sollten die Arbeitspakete *Spezifikation, Konzeptionierung* und *Integration* in ihrer Reihenfolge so stringent aufeinander folgen wie in Abbildung 5-1 dargestellt. Die *Spezifikation* und *Konzeptionierung* der OFP werden – wie bereits beschrieben – in den folgenden Kapiteln 5.1.1 und 5.1.2 erläutert. Die *Integration* bestehender Ontologien wird in Kapitel 5.1.3 behandelt. Für ein detailliertes Studium der Phasen *Evaluation* und *Dokumentation* der OFP sei auf Anhang 9.4.12 verwiesen. Diese beiden Schritte finden kontinuierlich parallel zu den genannten Schritten statt, um Nachvollziehbarkeit und eine hohe Ergebnisqualität zu gewährleisten.

5.1.1 Factory Design Ontology Requirements Specification Document (Factory-ORSD)

Für die Erstellung einer realitätsnahen und zweckbestimmten Ontologie ist es notwendig, die vielschichten Anforderungen, die an die Ontologie gestellt werden, zu sammeln und zu strukturieren. Diese Tätigkeiten werden im Rahmen des Schritts *Spezifikation* abgedeckt.

Die Spezifikation im vorliegenden *Knowledge Engineering* kann vom Grundsatz her mit der des *Software-Engineering* verglichen werden. Die Erstellung eines Dokuments, das die Anforderun-

---

[309] Vgl. Fernández-López, M. et al. (1997), Methontology, S. 35ff.

[310] Vgl. ebd., S. 37.

[311] Vgl. Doan, A. et al. (2012), Principles of data integration, S. 126f.

gen an die Software stellt, repräsentiert einen unverzichtbaren Bestandteil des Software-Erstellungsprozesses. Der Fokus eines solchen Dokuments ist die transparente Dokumentation aller Einschränkungen und geforderten *Services*.[312] Dieser Grundgedanke wurde im Rahmen der *Methontology* auf den Erstellungsprozess von Ontologien übertragen, indem die Anfertigung eines *Ontology Requirements Specification Document* (ORSD) nahegelegt wird[313]. Im Folgenden wird der theoretische Aufbau eines ORSD nur in Kürze beschrieben. Für eine detaillierte Beschreibung sei auf Anhang 9.4.2 verwiesen.

Die Erstellung eines ORSD ist in Anlehnung an SUÁREZ-FIGUEROA ET AL. in acht übergreifende Schritte zu unterteilen[314]. Im Ergebnis entsteht ein ORSD, das die *Konzeptionierung* der Ontologie einleitet. Zu Anschauungszwecken ist das konkrete ORSD in dieser Forschungsarbeit auf verschiedene Abbildungen bzw. Tabellen aufgeteilt (vgl. Tabelle 5-1, Tabelle 5-2, Tabelle 5-3).

Schritt 1 & 2: Definition von Zweck und Umfang der Ontologie

Der Zweck der Ontologie ergibt sich aus der in Kapitel 4.2 dargestellten Lösungsthese: Die Ontologie soll die informatorischen Abhängigkeiten zwischen den Planungsdomänen Produktion und TGA transparent darstellen und als *Knowledge View* die Basis für eine automatische Validierung von fabrikplanungsspezifischen BIM-*Design Deliveries* bereitstellen (vgl. Tabelle 5-1). Bezüglich des Umfangs ist festzuhalten, dass sich die Granularität der Ontologie an den Anforderungen bemisst, die an sie gestellt werden (vgl. Schritt 7). Als weitere Dimension des Umfangs ist die Definition der Reichweite der Ontologie zu sehen. Im Rahmen der vorliegenden Forschungsarbeit ist zunächst festzuhalten, dass innerhalb der OFP ein Fokus auf die Schnittstelle der Produktions- und TGA-Planung gesetzt wird. Nichtdestotrotz soll die OFP im Sinne des *Semantic Web* erweiterbar und somit auch für den gesamten Fabrikplanungsprozess anwendbar sein.

Schritt 3 & 4: Identifikation der adressierten Nutzer und des intendierten Nutzens

Aus der Identifikation des Ontologie-Bedarfs ergibt sich ebenfalls der Kreis der Endnutzer der Ontologie. Im vorliegenden Fall sind dies Produktions- und TGA-Planer. Darüber hinaus sind koordinierende, zentrale Instanzen zu nennen, wie der BIM-Manager bzw. -Koordinator, Projektsteuerer, Generalplaner und Projektleiter. Diese Nutzer unterstützt das Ergebnis der Lösungsthese im Gesamten durch die automatische Validierung. Auch ein Bauherr oder Betreiber einer Fabrik können Nutzer der OFP sein, um die hochgradig vernetzten Planungsinformationen transparent zu betrachten und ggf. zu prüfen.

---

[312] Vgl. Sommerville, I. (2016), Software engineering, S. 54.

[313] Vgl. Fernández-López, M. et al. (1997), Methontology, S. 36f.; Uschold, M. (1996), Building Ontologies, S. 8.

[314] Vgl. Suárez-Figueroa, M. et al. (2009), How to Write and Use the ORSD, S. 969ff.

Der Nutzen der OFP liegt – wie in Kapitel 4.2 beschrieben – in der Bereitstellung einer Basis für die automatische Validierung von BIM-*Design Deliveries.*

Schritt 5 & 6: Bestimmung des Formalitätsgrads und der Implementierungssprache

Entsprechend der Klassifizierung der Formalitätsgrade von USCHOLD UND GRUNINGER[315] (vgl. Anhang 9.4.2) wird die OFP *rigoros formal* entwickelt. Dies liegt darin begründet, dass eine eindeutige Semantik notwendig ist, um automatische Entwurfsvalidierungen durchführen zu können. Nach der Wahl des Formalitätsgrads ist daraufhin die Implementierungssprache zu wählen. Für die OFP wird auf OWL zurückgegriffen. Die Vorteile diese Sprache wurden bereits in Kapitel 3.3 herausgestellt. Insbesondere ist jedoch zu betonen, dass OWL seitens des W3C als explizite Empfehlung für Ontologien ausgesprochen wurde[316].

Schritt 7: Bestimmung der Ontologie-Anforderungen

Die Ontologie-Anforderungen können in funktionale (FA) sowie nicht-funktionale Anforderungen (NFA) unterteilt werden (vgl. Anhang 9.4.2). Die Unterscheidung kommt maßgeblich dadurch zustande, dass funktionale Anforderungen direkten Bezug zum abzubildenden Inhalt der Ontologie besitzen.

Auf Seiten der NFA ist für die OFP festzuhalten, dass die Inhalte in deutscher Sprache zu implementieren sind, da auch die Planungsinhalte deutscher Fabrikplanungsprojekte fast ausschließlich in deutscher Sprache verfasst werden. Weiterhin soll auf möglichst viele bestehende Standards und Normen zurückgegriffen werden, um Einheitlichkeit und Akzeptanz der Lösung in der Praxis zu gewährleisten. Es ist darüber hinaus eine einheitliche Benennung in der Ontologie zu etablieren. Obgleich diesbezüglich keine globale Vorgabe für Ontologien existiert, werden entsprechend der Empfehlung von HORRIDGE alle Klassennamen mit Großbuchstaben und Eigenschaften mit kleinem Buchstaben begonnen[317]. Weiterhin wird für die Trennung von Worten die *Snake_Case Notation* genutzt (vgl. Anhang 9.4.10 für Details)[318].

[315] Vgl. Uschold, M./ Gruninger, M. (1996), Ontologies: principles, methods and applications, S. 97.

[316] Vgl. W3C OWL Working Group, [Stand: 19.01.2021] OWL 2 Web Ontology Language Document.

[317] Vgl. Horridge, M. et al. (2004), A Practical Guide To Building OWL, S. 28; Horridge, M. et al. (2004), A Practical Guide To Building OWL, S. 18.

[318] An dieser Stelle wird sich explizit auf die Trennung von Worten bezogen. Davon abzugrenzen ist die Tatsache, dass in der *Snake_Case Notation* Worte mit Kleinbuchstaben beginnen, was in der OFP nicht so umgesetzt wurde.

Tabelle 5-1: ORSD der OFP (Teil 1/3)

Ontology Requirements Specification Document	
1. Zweck	
• Aufbau einer *Knowledge View* für die transparente Darstellung von informatorischen Abhängigkeiten im Fabrikplanungsprozess • Gestaltung einer Basis für die automatische Entwurfsvalidierung von BIM-*Design Deliveries*	
2. Umfang	
• Fokussierung der Schnittstelle zwischen Produktions- und TGA-Planung • Allgemeine Anwendbarkeit auf Fabrikplanungsprojekte	
3. Adressierte Nutzer	
• **Nutzer 1:** TGA-Planer → Prüfung der Konsistenz der TGA-Planungen mit denen der anderen Planungsdisziplinen • **Nutzer 2:** Produktionsplaner → Prüfung der Konsistenz der Produktionsplanungen mit denen der anderen Planungsdisziplinen • **Nutzer 3**: BIM -Manager /-Koordinator → Durchführung einer automatisierten Validierung von BIM-*Design Deliveries* • **Nutzer 4:** Generalplaner/Projektleiter/Projektleiter → Durchführung einer automatisierten Validierung von BIM-*Design Deliveries* • **Nutzer 5:** Bauherr/Fabrikbetreiber → Verifizierung der Übereinstimmung der aktuellen Planungsstände mit den Zielanforderungen	
4. Intendierter Nutzen	
• **Nutzen 1:** Erstellung einer Maschinen- und Menschen-lesbaren Übersicht über die verwendeten Planungsparameter und Abhängigkeiten in der Planungsschnittstelle von Produktion und TGA • **Nutzen 2:** Schaffung einer Basis für die Implementierung von Regeln für eine automatische Validierung der Konsistenz der Planungsstände und -parameter von TGA und Produktion	
5. Formalitätsgrad	6. Implementierungssprache
Rigoros formal	Web Ontology Language (OWL)

Die funktionalen Anforderungen werden in *Competency Questions* (CQs) formuliert (vgl. Anhang 9.4.2 für mehr Details zu den CQs). Diese CQs sind relevant, da die Inhalte dieser Fragen und der jeweiligen Antworten durch die zu entwickelnde Ontologie abgedeckt werden sollen. Startpunkt für die CQs sind die aus Praxis und Theorie in Kapitel 2 und 3 abgeleiteten Wissensbedarfe. Innerhalb der CQs wurde eine Gruppierung vorgenommen (z. B. Informationen der *Planung* oder der *Produktion*), welche jedoch nur zur Übersichtlichkeit der Anforderungsdokumentation dient und keinerlei Struktur für die spätere Ontologie vorgibt. Ein Auszug der CQs für die OFP ist in Tabelle 5-2 dargestellt. Die gesamte Liste an CQs der OFP ist Anhang 9.4.3 zu entnehmen. So ist beispielsweise eine der CQs, welche Aufstellfläche eine Maschine besitzt. Die Antwort kann in Form der Maschinenaufstellfläche in Quadratmetern angegeben werden. Ebenso ist es für eine Produktion unter Reinraumbedingungen relevant zu beachten, welche Reinraumklasse als Anforderung vorgegeben ist. Die Antwort kann beispielsweise in Form von den in DIN EN ISO 14644 definierten ISO-Reinraumklassen[319] gegeben werden.

[319] Vgl. Norm DIN EN ISO 14644-1 (2016) Reinräume und zugehörige Reinraumbereiche, S. 14.

Tabelle 5-2: ORSD der OFP (Teil 2/3)

Ontology Requirements Specification Document		
7. a) Nicht-funktionale Anforderungen		
• NFA1: Implementierung aller Inhalte in deutscher Sprache • NFA2: Nutzung internationaler und nationaler Standards, z.B. den buildingSMART-Standards für die Bezeichnungen und Beziehungen im Ontologie-Modell • NFA3: Großbuchstaben als Beginn für Klassennamen • NFA4: Kleinbuchstaben als Beginn für Eigenschaften *(Properties)* • NFA5: Worttrennungen in IRI short names durch Unterstriche (in Anlehnung an Snake_Case Notation)		
7. b) Funktionale Anforderungen (Auszug)		
Gruppierung	**CQ**	**Mögliche Antwort**
Planung	Welchen LOI besitzt ein Objekt?	LOI 100, LOI 200, LOI 300, LOI 400, LOI 500
	In welcher LPH der HOAI befindet sich die Planung?	LPH 1, LPH 2, LPH 3, LPH 4, LPH 5, LPH 6, LPH 7, LPH 8, LPH 9
Produktion	Was ist die Aufstellfläche einer Maschine?	Maschinenaufstellfläche: Zahl [m^2]
Personal & Organisation	Welchen Aktivitätsgrad hat eine Person?	Aktivitätsgrad 1, Aktivitätsgrad 2, Aktivitätsgrad 3, Aktivitätsgrad 4
Reinraum	Welche ISO-Reinraumklasse hat ein Raum?	ISO 1, ISO 2, ISO 3, ISO 4, ISO 5, ISO 6, ISO 7, ISO 8, ISO 9
RLT	Welchen Abscheidegrad hat eine RLT-Anlage?	Abscheidegrad: Zahl [%]

Schritt 8: Ableitung eines *Pre-Glossary of Terms* (PGOT)

Im letzten Schritt des ORSD-Erstellungsprozesses wird ein *Pre-Glossary of Terms* (PGOT) abgeleitet. Aus den CQs und den korrespondierenden Antworten werden die einzelnen Begriffe und die Anzahl der Nennung innerhalb der Anforderungen dokumentiert. Dies ist nötig, um die CQs einen Schritt näher in Richtung Operationalisierung zu entwickeln, da in der Ontologie keine Fragen, sondern konkrete Klassen und Eigenschaften implementiert werden.[320] Die Anzahl der Nennung der Begriffe kann eine Indikation sein, wie relevant ein Begriff für die Ontologie ist. Da es lediglich eine Indikation ist, folgt hieraus, dass nicht zwingend alle Begriffe des PGOT durch die Ontologie abgedeckt werden müssen. Die konkrete Auswahl liegt im Ermessen des Ontologie-Entwicklers. Ein Auszug des PGOT der OFP ist in Tabelle 5-3 dargestellt. Das gesamte PGOT ist in Anhang 9.4.3 dargestellt. Nach der Erstellung des PGOT ist das ORSD der zu erstellenden Ontologie vollständig.

[320] Vgl. Suárez-Figueroa, M. et al. (2009), How to Write and Use the ORSD, S. 975.

Tabelle 5-3: ORSD der OFP (Teil 3/3)

Ontology Requirements Specification Document			
8. Pre-Glossary of terms (Auszug)			
Gruppierung	**Unterkategorie**	**Begriff**	**Anzahl**
Planungsprozess	Entwicklungsgrad	LOI	1
		Leistungsphase	1
Gebäude	Gebäudeelemente	Raum	118
		Reinraum	16
Produktion	Produktionselemente	Maschine	40
Personal & Organisation		Aktivitätsgrad	5
Reinraum	Reinraumklasse	ISO-Reinraumklasse	2
RLT		Abscheidegrad	2
Allgemeine Eigenschaft		Aufstellfläche	2

5.1.2 Konzeptionierung der OFP

Nach Abschluss der Spezifikation in Kapitel 5.1.1 wird die OFP vorkonzeptioniert. Hierzu wird aus dem PGOT ein *Glossary of Terms* (GOT) abgeleitet, das sodann alle Begriffe der späteren Ontologie enthält (vgl. Anhang 9.4.4 für Details zum grundsätzlichen Verständnis eines GOT).

Tabelle 5-4: Auszug aus dem *Glossary of Terms*[321,322]

Begriff	Erläuterung
Raum	Eine tatsächlich oder theoretisch begrenzte Fläche oder ein Volumen; Flächen oder Volumina, die bestimmte Funktionen innerhalb eines Gebäudes bereitstellen.
Reinraum	Raum mit definierter Konzentration luftgetragener Partikel, der so konstruiert und verwendet wird, dass die Anzahl der in den Raum eingeschleppten oder im Raum entstehenden und abgelagerten Partikel kleinstmöglich ist, und in dem andere reinheitsrelevante Parameter wie Temperatur, Feuchte und Druck nach Bedarf geregelt werden.
ISO_Reinraumklasse	Die Luftreinheitsklasse anhand der Partikelkonzentration, die durch eine Klassifizierungszahl, N, gekennzeichnet ist.
hat_ISO_Reinraumklasse	Gibt eine ISO Reinraumklasse an
hat_Grenzwert_Partikelkonzentration_1	Höchstwert der zulässigen Konzentrationen (Partikel/m3) von Partikeln ≥ 1µm
hat_Feuchtelast_Personen_A1	Feuchtelast durch Personen mit Aktivitätsgrad 1
...	...
hat_Feuchtelast_Personen_A4	Feuchtelast durch Personen mit Aktivitätsgrad 4

In Tabelle 5-4 ist ein Auszug des GOT der OFP dargestellt[323]. Das GOT gibt die Verbindungen zwischen den Begriffen selbst noch nicht wieder. Einige sind jedoch bereits implizit ableitbar: So

---

[321] Vgl. Norm DIN EN ISO 14644-1 (2016) Reinräume und zugehörige Reinraumbereiche; Norm VDI 2078 (2015) Berechnung der thermischen Lasten und Raumtemperaturen; buildingSMART International, [Stand: 26.06.2021] space | space type.

[322] Norm VDI 2083 - Blatt 1 (2020) Reinraumtechnik, S. 5.

[323] Das GOT der Ontologie der vorliegenden Forschungsarbeit wurde mittels eines *Middle-Out-Ansatzes* entwickelt. Vgl. hierzu Anhang 9.4.2.

stellt die bereits im PGOT festgehaltene *ISO_Reinraumklasse* eine Eigenschaft dar, die über *hat_ISO_Reinraumklasse* einer Ressource zugeordnet werden kann. *Raum* ist die Oberklasse von *Reinraum.* Einem *Reinraum* wiederum kann nun indirekt über *hat_ISO_Reinraumklasse* eine konkrete maximale Partikelkonzentration für Partikel der Grenzpartikelgröße 1µm über *hat_Grenzwert_Partikelkonzentration_1* zugeordnet werden. Es ist hier anzumerken, dass die im GOT enthaltenen Begriffe in der Majorität der Fälle den in der OFP verwendeten Begriffen entsprechen, Abweichungen sind jedoch möglich. Die geltenden Namenskonventionen wurden bereits in Kapitel 5.1.1 dargelegt.

Nach Erstellung des GOT wurden weitere Strukturierungen durchgeführt (vgl. Anhang 9.4.4 zur Übersicht der Strukturierungsmöglichkeiten). So wurden beispielsweise *Data Dictionaries* erstellt, die die Klassen mit ihren Instanzen sowie Instanz-Eigenschaften verbinden. Das GOT wird folglich eine Stufe weiterentwickelt, indem Begriffe mit konkreten Eigenschaften verbunden werden. So sind in Tabelle 5-5 bis Tabelle 5-7 Auszüge von *Data Dictionaries* dargestellt. Tabelle 5-5 zeigt die Klasse *Fertigungskomponente,* deren Instanzen bestimmte Eigenschaften aufweisen, wie zum Beispiel eine Partikelemissionsrate von Partikeln, die größer als 1 µm sind.

Tabelle 5-5: Auszug des *Data Dictionaries* für die Fertigungskomponente[324]

Name des Klasse	Fertigungskomponente
Beschreibung	Gebrauchsgut, welches im Zuge der Fertigung verwendet wird
Unterklasse von	Gebrauchsgut
Eigenschaften der Instanzen	befindet_sich_in; hat_Abmessung; hat_Aufstellungsart; hat_Auslastung; hat_Eigengewicht; hat_Kennzeichnung; hat_Position; hat_Schalldruckpegel; wird_benutzt_von; hat_Partikelemissionsrate_0_1, ... , hat_Partikelemissionsrate_1, ... , hat_Partikelemissionsrate_5

Über die Eigenschaft *befindet_sich_in* kann diese *Fertigungskomponente* zum Beispiel einem *Reinraum* zugeordnet werden (vgl. Tabelle 5-6). Die Eigenschaften der Instanzen von *Reinraum* wiederum beschreiben unter anderem die vorherrschende Partikellast, Feuchtelast sowie die einzuhaltende Reinraumklasse (*hat_Reinraumklasse*).

[324] Die Art der Verknüpfung der Eigenschaften mit den Instanzen (z. B. *some*) wird nicht im *Data Dictionary* aufgeführt.

Tabelle 5-6: Auszug des *Data Dictionaries* für den Reinraum[325]

Name des Konzepts	Reinraum
Beschreibung	Raum mit definierter Konzentration luftgetragener Partikel, der so konstruiert und verwendet wird, dass die Anzahl der in den Raum eingeschleppten oder im Raum entstehenden und abgelagerten Partikel kleinstmöglich ist, und indem andere reinheitsrelevante Parameter wie Temperatur, Feuchte und Druck nach Bedarf geregelt werden
Unterklasse von	Raum
Eigenschaften der Instanzen	hat_Feuchtelast; hat_GMP_Reinraumklasse; hat_ISO_Reinraumklasse; hat_Kuehllast; hat_Luftwechselzahl; hat_Partikelemission_0_1; ..., hat_Partikelemission_5; hat_Reinraumklasse; hat_Soll_Raumdruck; ist_ausgestattet_mit

Die Instanzen der jeweiligen Reinraumklasse zeigen dann die einzuhaltenden Grenzwerte (vgl. Tabelle 5-7). Die Instanzen von *Fertigungskomponente* und *Reinraum* sind nicht fest vordefiniert. Die Instanzen von *ISO-Reinraumklasse* sind jedoch bereits durch die DIN EN ISO 14644-1 abschließend determiniert[326].

Tabelle 5-7: Auszug des *Data Dictionaries* für die ISO-Reinraumklasse[327]

Name des Konzepts	ISO-Reinraumklasse
Synonym(e)	ISO-Klassifizierungszahl
Abkürzung	ISO-Klasse N
Beschreibung	Die Luftreinheitsklasse anhand der Partikelkonzentration, die durch eine Klassifizierungszahl, N, gekennzeichnet ist. Der Höchstwert der zulässigen Partikelkonzentration für jede betrachtete Partikelgröße wird nach ISO 14644-1 bestimmt.
Instanzen	ISO-Reinraumklasse_1, ..., ISO-Reinraumklasse_9
Unterklasse von	Reinraumklasse
Eigenschaften der Instanzen	hat_Grenzwert_Partikelkonzentration_0_1, ..., hat_Grenzwert_Partikelkonzentration_5

Eine der in Kapitel 4.1 postulierten Anforderungen an das Lösungskonzept ist die Trennung von allgemeingültiger Logik und konkreten Projektdaten. Die konkreten Projektdaten werden hauptsächlich über Eigenschaften der verschiedenen Klassen und Instanzen integriert. Folglich ist es notwendig, die in den *Data Dictionaries* dargestellten Eigenschaften der Instanzen gesondert zu betrachten und mittels *Tables of Instance Attributes* weiter zu detaillieren. In Tabelle 5-8 wird diese Strukturierung am Beispiel einer Eigenschaft gezeigt, die bereits im Auszug des GOT in Tabelle 5-4 aufgeführt und im *Data Dictionary* der Tabelle 5-7 als Eigenschaft der Instanzen der *ISO-Reinraumklasse* genannt wurde: *hat_Grenzwert_Partikelkonzentration_1.* Hierfür wird eine Beschreibung angeführt und vordefiniert, welcher Wertetyp, welche Einheit und welcher

[325] Norm VDI 2083 - Blatt 1 (2020) Reinraumtechnik, S. 5.

[326] Die dezimalen Zwischenklassen aus Anhang E der DIN EN ISO 14644-1 wurden nicht betrachtet.

[327] Vgl. Norm DIN EN ISO 14644-1 (2016) Reinräume und zugehörige Reinraumbereiche, S. 13f.

Wertebereich zulässig ist. Die Zuordnung dieser konkreten Eigenschaft erfolgt mit der Kardinalität 1. Weiterhin ist definiert, aus welcher konkreten Eigenschaft diese Instanz-Eigenschaft abgeleitet werden kann (*hat_ISO_Reinraumklasse)*.

Tabelle 5-8: ***Table of Instance Attributes* der Instanz *hat_Grenzwert_Partikelkonzentration_1***

Table of Instance Attribute: hat_Grenzwert_Partikelkonzentration_1	
Name	hat_Grenzwert_Partikelkonzentration_1
Beschreibung	Gibt den Höchstwert der zulässigen Konzentrationen (Partikel/m³) von Partikeln gleich oder größer einer Größe von 1 µm an
Wertetyp	Integer
Einheit	Anzahl Partikel/m³
Wertebereich	83-8320000
Kardinalität	1
Abgeleitet von Instanz Eigenschaft	hat_ISO_Reinraumklasse
Quelle	DIN EN ISO 14644-1

Die OFP wird insbesondere für die Schnittstelle zwischen TGA- und Produktionsplanung erstellt. Wie bereits in Kapitel 2 beschrieben, sind an dieser Schnittstelle auch rechnerische Abhängigkeiten vorzufinden, die eine hohe Relevanz im Planungsprozess haben und daher auch innerhalb der Ontologie abzubilden sind. Für solche Anwendungsfälle legt die *Methontology* die Aufstellung einer *Table of Constants* nahe. Tabelle 5-9 führt daher die Konstanten auf, die für die Berechnungen und Wissensrepräsentationen des betrachteten Bereichs besonders relevant sind.

Tabelle 5-9: **Auszug der *Table of Constants* der OFP**

Table of Constants					
Konstante	Synonym	Beschreibung	Formelzeichen	Wert	Einheit
Spezifische Gaskonstante von trockener Luft	Individuelle Gaskonstante der trockenen Luft	Division der universellen Gaskonstante durch die molare Masse von trockener Luft	$R_{s,trockene\ Luft}$	287,05	$^{J}/_{kgK}$
Molmasse trockene Luft	Molare Masse der trockenen Luft	Masse an trockener Luft bezogen auf die Stoffmenge	$M_{trockene\ Luft}$	28,964	$^{g}/_{mol}$
Fall-beschleunigung	Schwere-beschleunigung	Die Beschleunigung eines Körpers im freien Fall auf der Erde bei vernachlässigbarem Luftwiderstand	g	9,81	$^{m}/_{s^2}$
Universelle Gaskonstante	Allgemeine Gaskonstante	Empirisch ermittelter Wert für alle idealen Gase	R	8,314	$^{J}/_{molK}$

Zuletzt sind zwei relevante, strukturgebende Elemente einer Ontologie entsprechend der *Methontology* zu erwähnen. Die *Table of Rules* sowie die *Table of Formulas.* Die *Table of Rules* dient der Dokumentation klarer Wenn-Dann-Abhängigkeiten, welche als Arbeitsanweisungen für den *Reasoner* fungieren. Dies bedeutet, dass logische Zusammenhänge konstatiert werden, die durch den *Reasoner* automatisch inferiert werden. Als Beispiel zeigt Tabelle 5-10 zwei solcher Abhängigkeiten. So erhält eine Instanz der Klasse *Raum* bei Zuweisung einer *ISO-Reinraumklasse* durch den Planer bei Ausführung des *Reasoner* automatisch seine dementsprechend maximal erlaubte *Partikelkonzentration.* Da diese Grenzwerte der verschiedenen ISO-Reinraumklassen in der DIN EN ISO 14644-1 vorgegeben sind (vgl. *Table of Instance Attributes* in Tabelle 5-8 als Vorgabe des Wertebereichs), sind sie bereits fest in der OFP implementiert und können mittels dieser Regel abgerufen werden. Das zweite Beispiel in Tabelle 5-10 gibt vor, dass die Wärmeabgabe einer Maschine immer direkt aus ihrer zugeordneten Wirkleistung abgeleitet werden kann. An dieser Stelle liegt die Annahme zugrunde, dass im Sinne der Energieerhaltung jegliche elektrisch aufgenommene Energie schließlich in Wärmeenergie umgewandelt wird (z. B. durch Reibwärme). Die gesamte *Table of Rules* kann Anhang 9.4.5 entnommen werden.

Tabelle 5-10: Auszug der *Table of Rules*

Table of Rules (Auszug)		
Titel	**Abhängigkeit**	**Beschreibung**
Grenzwert Partikel-konzentration	Raum hat ISO-Reinraumklasse → Raum hat Grenzwert Partikelkonzentration	Wird einem Raum eine ISO-Reinraumklasse zugeordnet, resultieren aus dieser Klasse die zulässigen Grenzwerte für die Partikelkonzentrationen der verschieden Partikelgrößen (0,1 µm; 0,2 µm; 0,3 µm; 0,5 µm; 1 µm; 5 µm)
Wärmeabgabe Maschine	Maschine hat Wirkleistung → Maschine hat Wärmeabgabe	Annahme in dieser Arbeit: Wird einer Maschine eine Wirkleistung zugeordnet, so entspricht die Wärmeabgabe der Maschine dieser Wirkleistung

Die *Table of Formulas* hingegen zeigt Bedingungen auf, die nicht nur reine Wenn-Dann-Beziehungen darstellen, sondern konkrete Rechenschritte erfordern. Auch hier wird das Ergebnis mithilfe des *Reasoner* generiert. Tabelle 5-11 zeigt einen Auszug der *Table of Formulas* am Beispiel der Feuchtelast von Personen mit Aktivitätsgrad 1. Die Feuchtelast wird durch den Massenstrom an Wasser $\dot{m}$ ausgedrückt. Mittels der dargestellten Formel wird dieser aus der Anzahl der betreffenden Personen sowie des Temperatur-Designwerts[328] in $\frac{g}{h}$ errechnet und sodann als *Data Property hat_Feuchtelast_Personen_A1* in die projektspezifische OFP implementiert. Die gesamte *Table of Formulas* ist Anhang 9.4.5 zu entnehmen.

[328] Die VDI 2078 gibt vor, einen Temperatur-Designwert zu nutzen, um Iterationen zu umgehen, die keinen wirklichen Gewinn mehr hinsichtlich Genauigkeit bringen. In der OFP wurde dieser Designwert der Soll-Raumtemperatur gleichgesetzt, vgl. Norm VDI 2078 (2015) Berechnung der thermischen Lasten und Raumtemperaturen, S. 26.

Tabelle 5-11: Auszug der *Table of Formulas* am Beispiel der Feuchtelast von Personen mit Aktivitätsgrad 1[329]

Table of Formulas (Auszug)	
Formel Name	Feuchtelast Personen A1
Formel	$\dot{m}$ = Anzahl der Personen mit dem Aktivitätsgrad 1 $* (-86 + 5{,}4 * \vartheta_{p,D})$
Abgeleitetes Attribut	Wasserdampfabgabe durch Person mit Aktivitätsgrad 1 pro Stunde
Beschreibung	Basierend auf der Angabe der Personenanzahl mit Aktivitätsgrad 1 und des Temperatur-Designwertes eines räumlichen Bereiches kann die Wasserdampfabgabe durch die Person mit Aktivitätsgrad 1 im betrachteten räumlichen Bereich errechnet werden
Grundlegende Instanz-Attribute	Anzahl der Personen mit dem Aktivitätsgrad 1; Temperatur-Designwert ($\vartheta_{p,D}$)
Bedingungen	Wasserdampfabgabe pro Person mit Aktivitätsgrad 1 ≥ 35
Einheit abgeleitetes Attribut	[g/h]
Quelle	VDI 2078

Nach Anwendung der verschiedenen Strukturierungsmaßnahmen ist die Konzeptionierung der Ontologie abgeschlossen. Im nächsten Unterkapitel wird beschrieben, wie bestehende Ontologien in die OFP im Rahmen der vorliegenden Forschungsarbeit integriert wurden.

5.1.3 Integration bestehender Ontologien

Es ist ein Grundverständnis des *Knowledge Engineering* im *Semantic Web*, dass auf existierendem Wissen aufzubauen ist (vgl. Kapitel 3.3). Zur Identifikation von zur Integration geeigneten Ontologien kann das PGOT genutzt werden (vgl. Kapitel 5.1.1). Aus diesem kann die Relevanz von bestimmten Begriffen anhand der Nennungshäufigkeit in den CQs abgeleitet werden. Begriffe von hoher Relevanz können dann bei der Suche nach bestehenden, geeigneten (Teil-)Ontologien im Themenbereich fokussiert werden.[330] Die in die OFP integrierten (Teil-)Ontologien werden im Folgenden dargestellt.[331] Das gesamte Integrationsdokument ist in Anhang 9.4.8 dargestellt. Die folgenden Ausführungen zeigen Auszüge dieses Dokuments.

---

[329] Der Aktivitätsgrad 1 beschreibt eine entspannt sitzende Person mit einer Wärmeabgabe von 100W (vgl. Norm VDI 2078 (2015) Berechnung der thermischen Lasten und Raumtemperaturen, S. 27)

[330] Vgl. Suárez-Figueroa, M. et al. (2009), How to Write and Use the ORSD, S. 975.

[331] Die technische Umsetzung des *Merging* wurde innerhalb Protégé mittels der Funktion *copy/move/delete Axioms* durchgeführt. Zwar verfügt der *Refactor* von *Protégé* auch über eine konkrete *Merging*-Funktion; diese integriert jedoch vollständige Ontologien. Da es jedoch sinnstiftender war nur Teil-Ontologien zu integrieren, konnte diese Funktion nicht genutzt werden

Manufacturing's Semantics Ontology (MASON)[332]

Die *Manufacturing's Semantics Ontology* (MASON) ist erstellt worden, um die Semantik und bestehende Konzepte im Bereich der Fertigung darzustellen[333]. Die Wahl dieser zu integrierenden Ontologie rührt von dem im Rahmen des ORSD erstellten PGOT der zu entwickelnden Zielontologie her. Innerhalb des auf den CQs basierenden PGOT konnte der Begriff (Fertigungs-) Anlage eine Nennungshäufigkeit von 22 erreichen, wodurch eine im Vergleich mit den weiteren Nennungshäufigkeiten hohe Relevanz gefolgert werden kann. Zudem ist anzumerken, dass MASON in OWL erstellt wurde[334], was dem Integrationsprozess in die OFP enorm zuträglich ist, da auch sie in OWL erstellt wird. Tabelle 5-12 zeigt einen Ausschnitt der in die OFP integrierten Elemente. So wurde die *Assembly* von MASON in der Konzeptionierung der OFP dem Montageprozess zugeordnet, *Steel* selbst ist eine Unterklasse von *Raw_material*, was in der OFP als Unterklasse der Klasse *Material* eingefügt wurde.

Tabelle 5-12: Auszug des Integrationsdokuments von MASON[335]

Bezeichnung	Einordnung in konzeptionelles Modell	IRI des Elements
mason:Assembly	Montageprozess; Unterklasse der Klasse mason: Manufacturing_operation; „Equivalent to" ofp:Montageprozess	http://www.owl-ontologies.com/mason.owl#Assembly
mason:Steel	Unterklasse der Klasse mason:Raw_material; „Equivalent to" ofp:Stahl	http://www.owl-ontologies.com/mason.owl#Steel
mason:Building	Gebaeude; Unterklasse der Klasse Ressoure; „Equivalent to" brick:Building, ifc:IfcBuilding und ofp:Gebaeude	http://www.owl-ontologies.com/mason.owl#Building

BRICK[336]

Aus der Analyse des PGOT heraus ergab sich ebenfalls die Identifikation der BRICK-Ontologie. Sie umfasst Begriffe und Konzepte rund um das Gebäude mit besonderem Fokus auf die TGA. Sie verfügt auch über zusätzliche Informationen der Begriffe (z. B. Definitionen) sowie über Verknüpfungen zwischen diesen.[337]

Tabelle 5-13 zeigt einen Auszug der aus BRICK integrierten Elemente. Die Klasse *brick:HVAC* wurde inklusive ihrer vielschichtigen Unterklassen in der OFP innerhalb der Klasse *TGA-Komponente* verortet. *brick:Water_Distribution* wurde als Unterklasse im Bereich der Medien-

---

[332] Vgl. Lemaignan, S. et al. (2006), MASON: A Proposal For An Ontology.

[333] Vgl. ebd., S. 195.

[334] Vgl. ebd.

[335] Bei DC sowie SKOS wurde auf eine Darstellung des Auszugs aus dem Integrationsdokument verzichtet, da bereits alle integrierten Elemente vorgestellt wurden.

[336] Vgl. Brick Consortium, Inc., [Stand: 28.04.2021] What is Brick?

[337] Vgl. ebd.

versorgung definiert. Es fällt auf, dass sowohl seitens MASON als auch BRICK eine Klasse *building* integriert wurde. Um an dieser Stelle semantische Probleme zu vermeiden, wurden beide Klassen mittels der Funktion *equivalent to* einander in der Ontologie gleichgesetzt. Jede Instanz, die in der Folge der Klasse *brick:building* zugeordnet wird, wird automatisch auch der Klasse *mason:building* hinzugefügt.[338]

Tabelle 5-13: Auszug des Integrationsdokuments von BRICK

Bezeichnung	Einordnung in konzeptionelles Modell	IRI des Elements	Anmerkung
brick:HVAC	Unterklasse der Klasse TGA-Komponente; „Equivalent to" ofp:HVAC-Komponente	https://brickschema.org/schema/1.1/Brick#HVAC	Integriert inkl. eines Teils der Unterklassen
brick:Water_Distribution	Unterklasse der Klasse Komponente_Medienversorgung; „Equivalent to" ofp:Wasserversorgung	https://brickschema.org/schema/1.1/Brick#Water_Distribution	
brick:Building	Gebaeude; Unterklasse der Klasse Gebrauchsgut; „Equivalent to" mason:Building, ifc:IfcBuilding und ofp:Gebaeude	https://brickschema.org/schema/1.1/Brick#Building	

Dublin Core (DC)[339]

Die *Dublin Core*-Ontologie bietet ein Vokabular für beschreibende Metadaten. Die Qualität von *Dublin Core* wird dadurch belegt, dass sie vom W3C als *Good Ontology* ausgezeichnet wurde[340]. Für die OFP wurde zunächst das *Annotation Property*[341] *dc:creator* integriert. Mit diesem kann der Ersteller bzw. der Verantwortliche für die jeweilige Entität der Ontologie bzw. für die Gesamtontologie dokumentiert werden.[342] Weiterhin wurde das *Annotation Property dc:description* integriert. Dieses kann genutzt werden, um einzelne Entitäten in natürlicher Sprache näher zu beschreiben[343] und somit das Verständnis für einen menschlichen Leser zu erhöhen. Wie in Abbildung 5-2 erkenntlich, werden die integrierten Elemente aus *Dublin Core* in der OFP durch das Präfix *dc* gekennzeichnet.

---

[338] Bei der Integration ist grundsätzlich zu beachten, dass unterschiedliche Strukturen der Ziel- und Quellontologie eine Herausforderung darstellen. Im Falle der vorliegenden Forschungsarbeit konnte die Integration solcher Elemente jedoch durch leichte Modifikationen sichergestellt werden. So wurde beispielsweise die Konzeptionierung bezüglich der Strukturierung der raumlufttechnischen Elemente umstrukturiert, um die Klasse *brick:HVAC* ohne umständliche Aufteilung der Unterklassen in das Gesamtmodell der Zielontologie zu integrieren.

[339] Vgl. Dublin Core Metadata Initiative, [Stand: 09.04.2021] DCMI Metadata Terms.

[340] Vgl. W3C, [Stand: 09.04.2021] Good Ontologies: Als *Good Ontology* wird eine Ontologie bezeichnet, wenn sie einwandfrei dokumentiert, öffentlich abrufbar und von zumindest zwei unabhängigen Datensätzen genutzt wird.

[341] Vgl. No Magic, Inc., [Stand: 06.05.2021] Annotation and annotation properties.: Mittels eines *Annotation Property* können alle Elemente einer OWL-Ontologie kommentiert werden.

[342] Vgl. Dublin Core Metadata Initiative, [Stand: 09.04.2021] DCMI Metadata Terms.

[343] Vgl. ebd.

```
@prefix dc: <http://purl.org/dc/elements/1.1#>
```

Abbildung 5-2: Genutztes Präfix der *Dublin Core* Ontologie in *Turtle*-Syntax

Simple Knowledge Organisation System (SKOS)[344]

Die Ontologie *Simple Knowledge Organization System* (SKOS) ist ein vom W3C empfohlenes Datenmodell zur Darstellung und zum Datenaustausch in Wissensorganisationssystemen[345]. So können Ressourcen durch SKOS mit einem Label versehen werden, um beispielsweise Synonyme zu definieren. Wie bei *Dublin Core* werden auch diese Elemente als *Annotation Properties* implementiert. Das in der OFP genutzte Präfix *skos* ist in Abbildung 5-3 dargestellt.

```
@prefix skos: <http://w3.org/2004/02/skos/core#>
```

Abbildung 5-3: Genutztes Präfix für SKOS in *Turtle*-Syntax

In der OFP wurden die lexikalischen, beschreibenden SKOS-Elemente *skos:prefLabel* sowie *skos:altLabel* integriert. Diese dokumentieren die präferierte, respektive alternative Bezeichnung einer Ressource in von Menschen lesbarer Art. Hier können beispielsweise Bezeichnungen in verschiedenen Sprachen definiert werden, wobei darauf geachtet werden sollte, dass pro Ressource und Sprache nur ein präferiertes Label definiert wird.[346] In der OFP ist insbesondere *skos:altLabel* von hohem Nutzen, um Synonyme zu implementieren, die sich durch die enge, interdisziplinäre Zusammenarbeit in der Fabrikplanung ergeben. Über die lexikalischen Elemente hinaus wurden noch *skos:definition* sowie *skos:example* integriert. Diese liefern dem Ontologie-Nutzer zusätzliche Informationen zu den Ressourcen. So gibt *skos:definition* eine dezidierte Definition in natürlicher Sprache vor; *skos:example* verdeutlicht die Bedeutung der Ressource an einem konkreten Beispiel.[347]

VPI-Ontologie

BÜSCHER hat die VPI-Ontologie für die Fabrikplanung entwickelt (vgl. Kapitel 3.2). Diese Ontologie ist jedoch nicht abrufbar. Es konnten dennoch einige Eckpunkte aus seiner Dissertation[348] sowie seinen Veröffentlichungen[349] übernommen werden. So wurden einerseits die Anforderungen an die vorliegende Lösungsthese an seine Darstellungen angelehnt (vgl. Kapitel 4.1). Zudem hat auch BÜSCHER eine Domänenontologie entwickelt, die den Anspruch hat, in verschiedenen

[344] Vgl. Miles, A./ Bechhofer, S., [Stand: 09.04.2021] SKOS Simple Knowledge Organization System.

[345] Vgl. ebd.

[346] Vgl. ebd.

[347] Vgl. ebd.

[348] Vgl. Büscher, C. (2015), Ontologiebasierte Kennzahlenentwicklung.

[349] Vgl. Büscher, C. et al. (2015), Ontologiebasiertes Informationsmanagement für die Fabrikplanung; Büscher, C. et al. (2016), Semantic Information Modelling for Factory Planning.

Anwendungsbereichen zum Einsatz kommen zu können[350]. In seinen Werken intendiert er, solche Anwendungsfälle als konkretes Datenmodell in das generische Informationsmodell (Domänenontologie) zu integrieren[351]. Ebenfalls wurde für die OFP auf den Hauptklassen von der VPI-Ontologie aufgebaut. In der OFP wurden aus den neun Hauptklassen von BÜSCHER[352] auf Elemente des Projekt-, Produkt-, Prozess-, Ressourcen-, Flächen-, Organisations- und Gebäudemodell aufgebaut. Eine detaillierte Aufstellung ist in Anhang 9.4.7 zu finden.

ifcOWL[353]

ifcOWL ist eine OWL-Ontologie, die das IFC-Schema abbilden soll (vgl. Kapitel 3.2 und 3.5 für mehr Details sowie kritische Würdigung). Hierdurch ist es möglich, dass das ursprünglich im EXPRESS definierte IFC-Datenschema als eine OWL-Ontologie in die OFP integriert wird.[354] Ein Auszug der in die OFP integrierten Elemente ist in Tabelle 5-14 zu sehen. In Kapitel 3.5 wurde ausgeführt, dass ifcOWL nicht erschöpfend für die Zielstellung dieser Forschungsarbeit genutzt werden kann. Eine Integration einiger Elemente und somit eine Eingliederung in das bestehende buildingSMART-Ökosystem ist dennoch nützlich[355].

Tabelle 5-14: Auszug des Integrationsdokuments von ifcOWL

Bezeichnung	Einordnung in konzeptionelles Modell	IRI des Elements
ifc:IfcBeam	Traeger; Unterklasse der Klasse Gebaeudebauteil; „Equivalent to“ ofp:Traeger	http://ifcowl.openbimstandards.org/IFC4_ADD2#IfcBeam
ifc:IfcPump	Pumpe; Unterklasse der Klasse HVAC-Komponente; „Equivalent to“ brick:Pump und ofp:Pumpe	http://ifcowl.openbimstandards.org/IFC4_ADD2#IfcPump
ifc:IfcHeatExchanger	Waermetauscher; Unterklasse der Klasse HVAC-Komponente; „Equivalent to“ brick:Heat_Exchanger und ofp:Waermetauscher	http://ifcowl.openbimstandards.org/IFC4_ADD2#IfcHeatExchanger

Die bestehenden Ontologien sind zumeist in englischer Sprache verfasst. Um eine Kompatibilität mit der in deutscher Sprache verfassten OFP herzustellen und gleichzeitig die wertvollen Informationen der Quellontologien zu nutzen, wurde eine Brücke mittels des Statements *equivalent to* hergestellt.

---

[350] Vgl. Büscher, C. (2015), Ontologiebasierte Kennzahlenentwicklung, S. 83.

[351] Vgl. ebd.

[352] Vgl. ebd., S. 85.

[353] Vgl. GitHub, [Stand: 08.05.2021] ifcOWL; Beetz, J. et al., [Stand: 08.05.2021] ifcOWL ontology (IFC4_ADD2).

[354] Vgl. buildingSMART International, [Stand: 28.02.2021] ifcOWL.

[355] Vgl. Anhang 9.4.8 für die vollständige Übersicht der Elemente

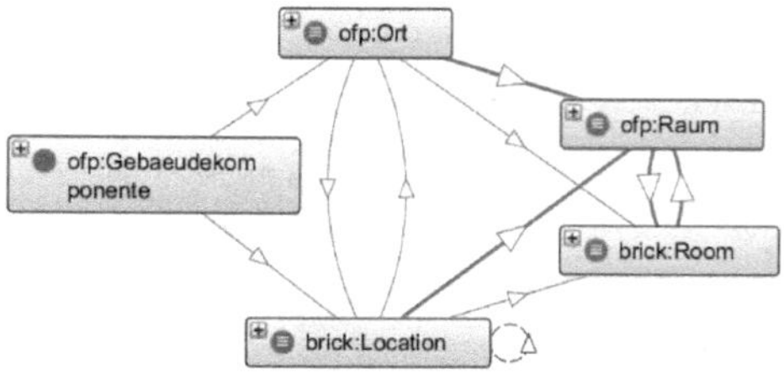


```
###  https://download.cms.rwth-aachen.de/wzl/OFP.owl#Raum
ofp:Raum rdf:type owl:Class ;
         owl:equivalentClass brick:Room ;
         rdfs:subClassOf ofp:Ort ;
         rdfs:label "Raum"@de .…

###  https://brickschema.org/schema/1.1/Brick#Room
brick:Room rdf:type owl:Class ;
         rdfs:subClassOf brick:Location ,
…
```

Abbildung 5-4: Darstellung der Äquivalente zur sprachlichen Ontologie-Integration (Screenshot aus *Protégé*)

Abbildung 5-4 zeigt dies am Beispiel der Klasse *Raum* der OFP. Sie wird als *equivalent to* der Klasse *Room* der BRICK-Ontologie definiert, welche wiederum Unterklasse der BRICK-Klasse *Location* ist. Diese *Location* wiederum ist das Äquivalent der Klasse *Ort* der OFP. Eine Instanz, die der einen Klasse hinzugefügt wird, wird automatisch auch Instanz der äquivalenten Klasse.

5.1.4 Detailbeschreibung der OFP

Im Folgenden wird die für die vorliegende Forschungsarbeit erstellte *Ontology for Factory Planning* (OFP) beschrieben. Durch die klar definierten Abhängigkeiten zwischen Klassen und Eigenschaften können in die OFP implementierte Projektdaten maschinenlesbar und somit automatisch prüfbar gemacht werden. Die OFP wurde in *Protégé*[356] auf Basis der Konzeptionierung (vgl. Kapitel 5.1.2) und der Integration bereits bestehender Ontologien (vgl. Kapitel 5.1.3) erstellt. Mit Blick auf die Forschungsfrage ist die OFP nicht alleiniges Ziel der Forschungsarbeit, sondern vielmehr ein Lösungsbaustein des gesamten Lösungskonzepts (vgl. Abbildung 4-2). Aus diesem Grunde wird die OFP nicht in ihrer Gänze beschrieben, sondern der generelle Aufbau und die übergreifende Funktionalität an expliziten Beispielen dargestellt. So ist zur Beantwortung der Forschungsfrage weniger der konkrete Inhalt als vielmehr die Funktionalität im Gesamtkontext der Lösung als relevant zu erachten. Vor der eingehenden Beschreibung der OFP

[356] Für ein tieferes Verständnis zur Nutzung von Protégé zur Erstellung von OWL-Ontologien: Vgl. Stanford University, [Stand: 23.01.2021] Protégé; Horridge, M. et al. (2004), A Practical Guide To Building OWL.

selbst werden nun zunächst einige einleitende Erläuterung dargeboten, die für das weitere Verständnis von Relevanz sind.

Deklaration von IRI und Präfix der Ontologie

Wie in Kapitel 3.3 erläutert, ist der IRI[357] der Ontologie elementar wichtig für die Verwendung im *Semantic Web*. Darüber hinaus ist es für die Übersichtlichkeit notwendig, Präfixe des IRI der eigenen Ontologie als auch weiterer Quellen zu definieren.

Der IRI der erstellten Ontologie lautet:[358]

https://download.cms.rwth-aachen.de/wzl/OFP.owl

Abbildung 5-5 zeigt die genutzten Präfixe. So ist zu erkennen, dass für die entwickelte Ontologie der vorliegenden Forschungsarbeit das Präfix *ofp* definiert wurde. Ebenfalls sind die integrierten Ontologien SKOS, BRICK, DC, IFC und Mason zu erkennen.

```
@prefix : <https://download.cms.rwth-aachen.de/wzl/OFP.owl> .
@prefix dc: <http://purl.org/dc/elements/1.1#> .
@prefix ifc: <http://ifcowl.openbimstandards.org/IFC4_ADD2#> .
@prefix ofp: <https://download.cms.rwth-aachen.de/wzl/OFP.owl#> .
@prefix owl: <http://www.w3.org/2002/07/owl#> .
@prefix rdf: <http://www.w3.org/1999/02/22-rdf-syntax-ns#> .
@prefix xml: <http://www.w3.org/XML/1998/namespace> .
@prefix xsd: <http://www.w3.org/2001/XMLSchema#> .
@prefix rdfs: <http://www.w3.org/2000/01/rdf-schema#> .
@prefix skos: <http://www.w3.org/2004/02/skos/core#> .
@prefix brick: <https://brickschema.org/schema/1.1/Brick#> .
@prefix mason: <http://www.owl-ontologies.com/mason.owl#> .
@prefix brickTag: <https://brickschema.org/schema/1.1/BrickTag#> .
@base <https://download.cms.rwth-aachen.de/wzl/OFP.owl> .
```

Abbildung 5-5: Darstellung der Präfixe der genutzten Ontologie und des Erstellers

Abbildung 5-6 zeigt in einem Auszug aus *Protégé* die mittels DC (vgl. Kapitel 5.1.3) beigefügten *Annotation Properties* zur Beschreibung der gesamten Ontologie[359]. So ist mittels Elementen der DC-Ontologie der Ersteller der OFP dokumentiert, der auch Autor dieser Forschungsarbeit ist. Zudem wurde eine generelle Beschreibung der OFP beigefügt.

[357] Vgl. Kapitel 3.3

[358] Ein QR-Code zur direkten Weiterleitung zur OFP ist in Anhang 9.4.10 zu finden.

[359] Vgl. Kapitel 3.3 für eine nähere Beschreibung der verschiedenen *Properties*

Abbildung 5-6: ***Annotation Properties*** **der gesamten OFP (Screenshot aus** ***Protégé*****)**

Notationskonvention

Für die Erstellung eines jeden Elements in der Ontologie muss zunächst ein Name als IRI angegeben werden. Der Name, also der gesamte IRI des einzelnen Elements der Ontologie, setzt sich aus dem IRI der Ontologie sowie dem *IRI short name* des jeweiligen Elements zusammen[360]. Hierfür werden die Worte durch Unterstriche getrennt (vgl. für mehr Details Anhang 9.4.10). Zudem werden Klassennamen mit Großbuchstaben und *Properties* mit Kleinbuchstaben begonnen (vgl. Tabelle 5-2)[361].

Genutzte *Annotation Properties*

In Kapitel 5.1.3 wurden verschiedene Arten von *Annotation Properties* dargelegt, die zur Präzisierung der einzelnen Elemente einer Ontologie genutzt werden können[362]. Übergreifende *Annotation Properties* wie *dc:creator* wurden bereits vorgestellt. Für ein klareres Verständnis der Verwendung weiterer *Annotation Properties* in der OFP kann das Beispiel der Klasse *ofp:Reinraum* in Abbildung 5-7 bemüht werden. So ist zu erkennen, dass die Instanzen der Klasse *Reinraum* beispielsweise mit *Reinraum001* beschrieben werden können. Mit *skos:hiddenLabel* wurden in der OFP häufige Rechtschreibfehler abgedeckt, um bei Auftreten solcher die Integration

[360] Vgl. Stanford University, [Stand: 13.07.2021] Naming and rendering of entities.

[361] Vgl. Horridge, M. et al. (2004), A Practical Guide To Building OWL, S. 28; Horridge, M. et al. (2004), A Practical Guide To Building OWL, S. 18.

[362] Zur Erläuterung der verschiedenen *Properties* vgl. Kapitel 3.3

von Daten dennoch zu ermöglichen. Das *skos:altLabel* wird in der OFP verwendet, um Synonyme zu dokumentieren, was sich über den dadurch höheren Toleranzraum bei der Erkennung ebenfalls positiv auf die Datenintegration auswirkt. Zuletzt sind noch definierende Quellen (*rdfs:isDefinedBy*), eine konkrete Definition eines jeden Elements (*skos:definition)* sowie das englische Pendant zum deutschen Label hinterlegt (*rdfs:label … @en*). Die Kennzeichnungen *@de* bzw. *@en* verweisen auf die korrespondierende Sprache.

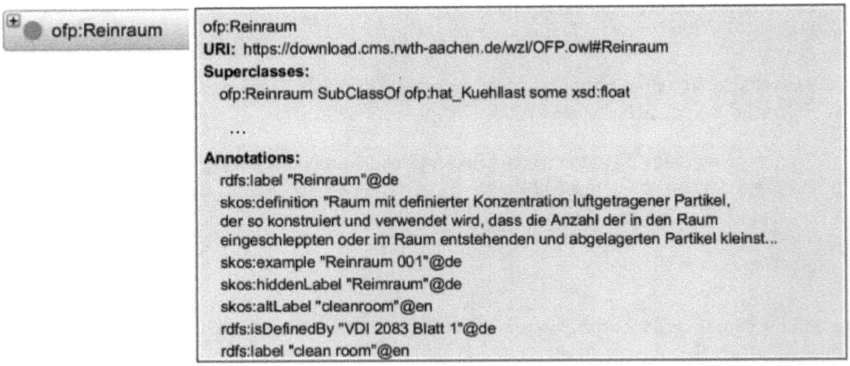

Abbildung 5-7: Beispielhafter Auszug der OFP zur Darstellung der *Annotation Properties* (Screenshot aus *Protégé*)

Genutzte Visualisierungstools

Die Ontologie als Wissensmodell bedarf nicht zwingend einer Visualisierung. Zur Generierung des Verständnisses für den Menschen und somit auch für den Leser dieser Forschungsarbeit wird auf die Visualisierungswerkzeuge OntoGraf[363] sowie VOWL[364] zurückgegriffen. Es wird im Folgenden kurz erklärt, wie die Visualisierungen der beiden Werkzeuge zu lesen sind.

OntoGraf steht als Plug-In in *Protégé* zur Verfügung. Abbildung 5-8 zeigt ein verallgemeinertes Beispiel der Visualisierung mit OntoGraf[365]. Klassen werden durch einen Kreis, *Individuals* bzw. Instanzen durch eine Raute gekennzeichnet. Dargestellt ist stets die übergreifende Klasse *owl:Thing.* Sie besitzt in diesem Beispiel die zwei Unterklassen *Klasse1* sowie *Klasse2*, wobei Instanzen der *Klasse1* häufig über *hat_Object_property* mit einer Instanz der *Klasse2* verbunden sind[366] (erkennbar an dem *Subclass all* in der Beschreibung des Pfeiltyps). Die *Klasse1b* besitzt als Instanz das *Individual2*, welches über ein *Object Property hat_Object_property* mit *Individual3*

[363] Für ein tieferes Verständnis von OntoGraf: Vgl. Falconer, S., [Stand: 28.05.2021] OntoGraf.

[364] Für ein tieferes Verständnis von VOWL: Vgl. Lohmann, S. et al. (2016), Visualizing ontologies with VOWL.

[365] Vgl. Falconer, S., [Stand: 28.05.2021] OntoGraf.

[366] Das *Subclass all* verdeutlicht, dass hier eine *some* oder *only* Verbindung vorliegt. Welche der beiden vorliegt, lässt sich mittels OntoGraf jedoch nicht visualisieren.

verbunden ist. Die *Klasse_2a* und *Klasse2a* sind äquivalent zueinander, was an den weißen Strichen im gelben Punkt erkennbar ist.

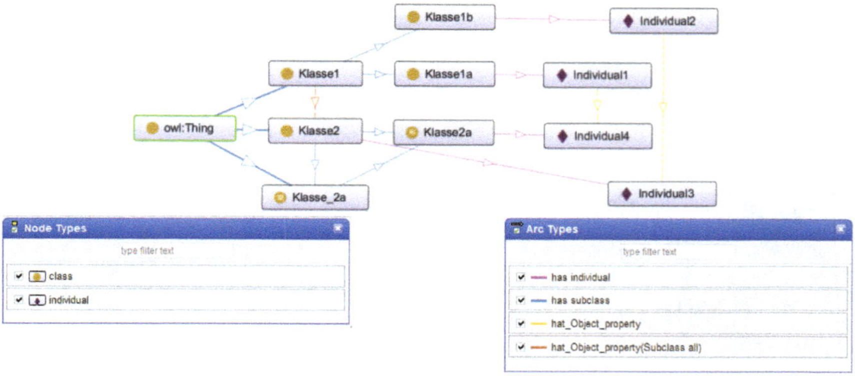

Abbildung 5-8: Visualisierung mit OntoGraf (Screenshot aus *Protégé*)

Als weiteres Visualisierungsvehikel wurde VOWL[367] gewählt. Obgleich auch hierfür in *Protégé* ein Plug-In zur Verfügung steht, wurde aus Gründen der besseren Bedienbarkeit die Web-Version 1.1.7 von VOWL[368] verwendet. Abbildung 5-9 zeigt eine beispielhafte Abbildung mit (Web)VOWL. So ist die *Klasse1* dargestellt, die die *Klasse1a, Klasse1b* und *Klasse1c* als Unterklassen enthält, wobei die *Klasse1c* eine Klasse ist, die aus einer fremden Ontologie importiert wurde. Somit können externe Klassen mit VOWL eindeutig durch die dunkelblaue Farbe identifiziert werden. Die Zahl *1* in der *Klasse1a, Klasse1b* und *Klasse2* verdeutlicht, dass jeder dieser Klassen bereits genau eine Instanz hinzugefügt wurde. Die *Klasse2a* sowie *Klasse 2a*[369] sind als zwei Elemente in der Ontologie erstellt, sodann aber als äquivalent zueinander definiert (*equivalent to*). Zur Verbesserung der Anschaulichkeit vereinigt VOWL diese beiden eigentlich solitären Kreise zu einem Kreis mit doppeltem Rand. Ein Informationsverlust ist ausgeschlossen, da beide Klassen aufgrund der Äquivalenz-Definition dieselben Informationen besitzen. Die Instanzen sowohl dieser beiden Klassen als auch die der *Klasse1a* sind über *hat Object property2* mit Instanzen der Oberklasse *Thing* verbunden. Die dargestellte Vereinigungsmenge (∞) aus den genannten Klassen stellt die *Domain* von *hat Object property2* dar. Das Subjekt einer mittels *hat Object property2* gebildeten Tripel-Struktur muss folglich stets aus der *Klasse2a* bzw. *Klasse 2a* oder *Klasse1a* stammen. Das Objekt dieser Tripel-Struktur stammt aus ihrer *Range*: *Thing*.

---

367 Vgl. Lohmann, S. et al. (2016), Visualizing ontologies with VOWL

368 Vgl. Link, V. et al., [Stand: 03.06.2021] WebVOWL.

369 Der Unterschied besteht in dem Leerzeichen.

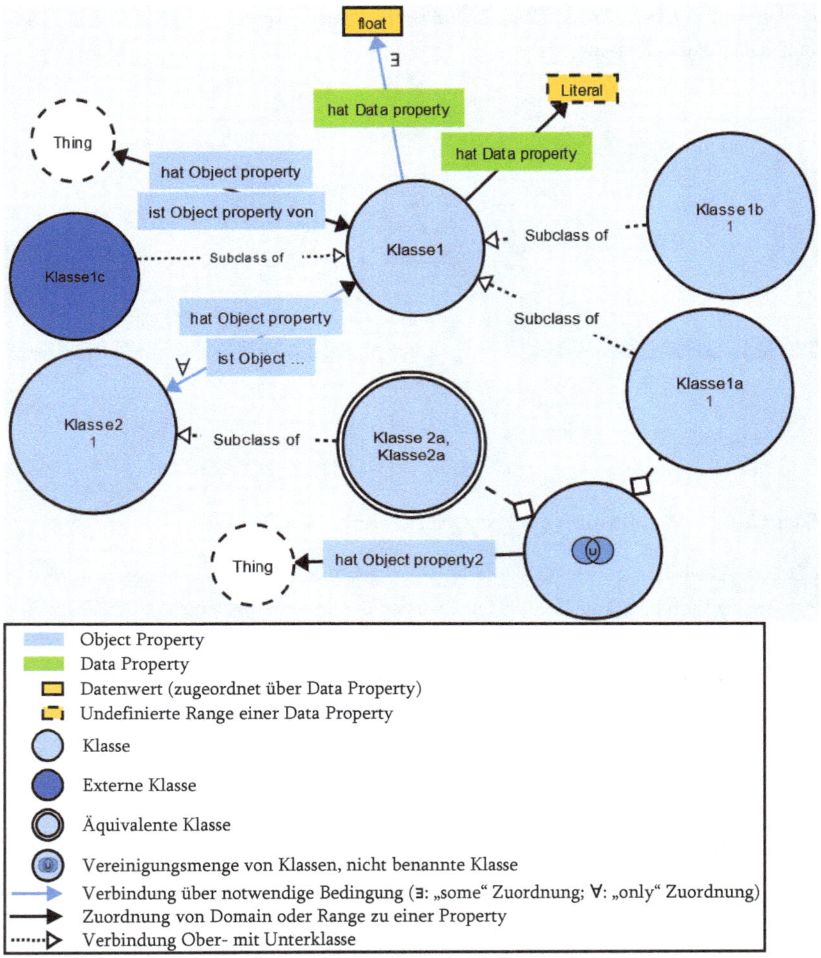

Abbildung 5-9: Visualisierung mit WebVOWL[370]

Der *Klasse1* ist das *Data Property hat Data property* zugeordnet, jedoch mit zwei verschiedenen Pfeilen. Dies hat folgenden Hintergrund: Der schwarze Pfeil steht für das Klassenzugehörigkeits-Axiom, das besagt, dass jede Instanz der Ontologie, der mittels *hat Data property* ein konkreter Datenwert zugeordnet wird, der *Klasse 1* zugehörig ist. Der blaue Pfeil beschreibt die notwendige Bedingung, dass jeder Instanz der *Klasse 1* mindestens ein Datenwert vom Typ *float* zugeordnet

[370] Die Anordnung der Elemente ist bei jedem Aufrufen von WebVOWL verändert, so dass sich der Anwender ein jedes Mal neu orientieren muss. Dies kann als Nachteil von WebVOWL gewertet werden.

werden muss. Der Existenzquantor (∃) am Pfeil weist auf die Minimalanforderung hin (so benannte *some*-Beziehung). An dieser Stelle ist anzufügen, dass die Verwendung einer *some*-Zuordnung im Zuge der Definition der notwendigen Bedingungen einer Klasse stets vorgibt, dass bereits von Anfang an mindestens eine Instanz bzw. mindestens ein Wert (äquivalent zu *min 1*) über das betrachtete *Property* der Instanz zugeordnet sein muss. Anderenfalls kann eine Instanz der jeweiligen Klasse nicht zugeordnet werden. Eine Zuordnung von Anfang an ist im Rahmen des iterativen und somit schrittweisen Vorgehens der Fabrikplanung speziell zu Beginn häufig nicht möglich. Daher wurde an dieser Stelle häufig mit einer *min 0*-Bedingung verfahren, die die Planung und die Überführung von Planungsständen in die Ontologie selbst nicht beeinflusst, jedoch dazu führt, dass eine Verbindung in der visuellen Darstellung erkennbar wird. Ein weiterer Quantor, der Allquantor (∀), kann auf eine eins-zu-eins-Beziehung hinweisen. So müssen in dem gegebenen Beispiel alle mittels *hat Object property* mit den Instanzen der *Klasse 1* verbundenen Instanzen zwingend aus *Klasse 2* stammen. Von einer Klasse können prinzipiell mehr als ein Allquantor ausgehen, da sich der Allquantor immer auf die konkrete Kombination aus Klasse und *Property* bezieht[371].[372,373] In Ergänzung zu den vorigen Ausführungen ist in Tabelle 5-15 dargestellt, welche Elemente einer Ontologie von (Web)VOWL und OntoGraf dargestellt werden können. So ist es mit (Web)VOWL nicht möglich, konkrete Instanzen bzw. *Individuals* zu visualisieren. Es ist lediglich möglich darzustellen, wie viele Instanzen einer Klasse bereits zugeordnet sind. Kardinalitäten wie *min.* oder *exactly* sind ebenfalls nur in OntoGraf darstellbar[374]. Jedoch sind die für das Verständnis und die Funktionalität der Ontologie so relevanten *Data Properties* lediglich in (Web)VOWL darstellbar.

---

[371] Für ein detaillierteres Studium der implementierbaren Kardinalitäten sei auf Tabelle 9-11 verwiesen

[372] Vgl. Horridge, M. et al. (2004), A Practical Guide To Building OWL, S. 64ff.

[373] Vgl. ebd., S. 39ff.

[374] Sie sind jedoch nicht differenzierbar (vgl. Tabelle 5-15)

Tabelle 5-15: Visualisierungsmöglichkeiten in OntoGraf und WebVOWL

Element		WebVOWL	OntoGraf
Klassen		Ja	Ja
	Gewöhnliche, benannte Klasse	Ja	Ja
	Externe Klasse	Ja	Ja
	Äquivalente Klassen	Ja	Ja
	Vereinigungsmengen (unbenannte Klassen)	Ja	Nein
Individual		Nein	Ja
	Instanzen	Nein (nur Anzahl der Instanzen einer Klasse)	Ja
Annotation Properties		Ja (abzulesen in schwarzem Feld auf rechter Seite)	(Ja) Einblendung in gelbem Feld
Data Properties		Ja (aber nur allgemeingültig, da keine Visualisierung der Individuals)	Nein
Object Properties		Ja	Ja
Verknüpfungstypen			
	Range/Domain	Ja	Ja
	Some; Only	Ja	Ja (aber nicht differenzierbar)
	Max X; Min X; Exactly X	Nein	Ja (Zahlenwert X nicht ablesbar und von some, only nicht differenzierbar)
	Über *and* oder *or* verknüpfte Aussagen	Nein	Nein

Im Folgenden wird nun die OFP einmal gesamthaft visualisiert, bevor ihre Grundstruktur eingehend erläutert wird.

Gesamtdarstellung der OFP

In Abbildung 5-10 ist die OFP in Gänze dargestellt. Die Abbildung verdeutlicht den starken Vernetzungsgrad der Ontologie. Eine genaue Erläuterung einzelner Klassen und Verknüpfungen ist auf dieser Granularitätsebene jedoch nicht möglich. Dennoch ist ein in sich abgeschlossenes Konglomerat in der oberen linken Ecke auffällig. Dies ist darauf zurückzuführen, dass einige Eigenschaften auf mehrere Klassen angewendet werden können und somit in ihnen noch keine feste *Domain* und *Range* definiert ist. Jede OWL-Ontologie startet zunächst mit der Klasse *owl:thing*, der alles untergeordnet ist. Jede Instanz – egal welcher Klasse – ist somit auch immer Instanz der Klasse *owl:thing*. Eigenschaften, die keine *Domain* und keine *Range* vordefiniert haben, sind zunächst auf jede Instanz der Ontologie anwendbar. Folglich beginnen und enden nicht durch klare Axiome beschriebene *Object Properties* in der Oberklasse *owl:thing*. Im Falle von *Data*

Properties entspringen sie aus *owl:thing* und enden – wie auch in Abbildung 5-9 dargestellt – in einem *Literal*.

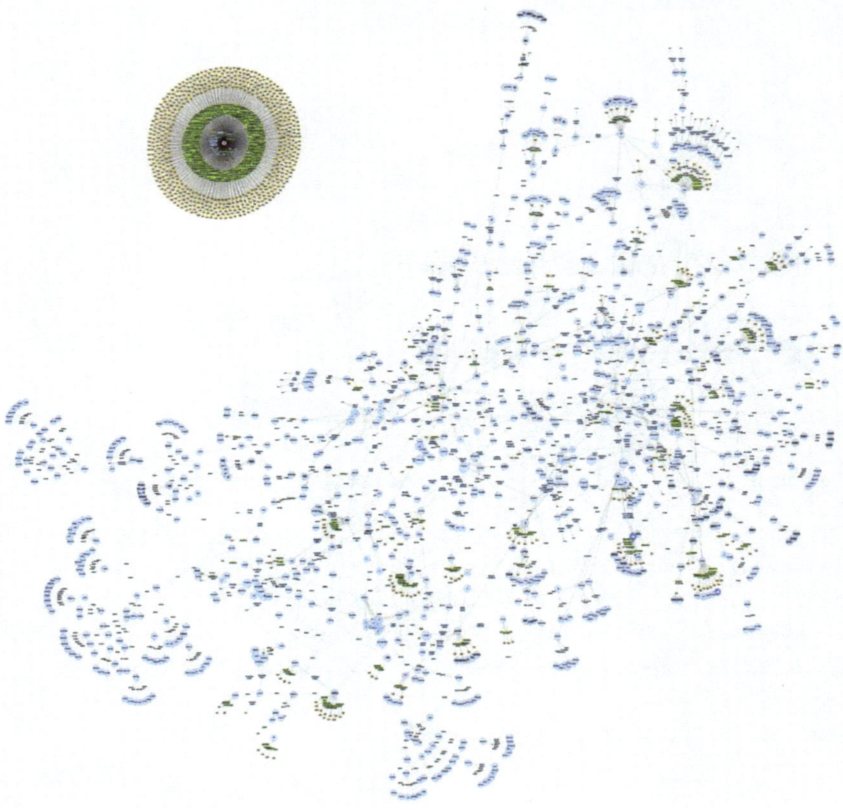

Abbildung 5-10: Gesamtdarstellung der OFP inkl. OWL-Thing

Im Folgenden wird Grundstruktur der OFP anhand der Hauptklassen dargestellt.

Grundstruktur der OFP

In Anlehnung an die Struktur nach BÜSCHER umfasst die OFP eine Basis-Ontologie bestehend aus *Hauptklasse* und *Attribut*[375]. Wie bereits vorher erläutert, sind beide Elemente Unterklassen

[375] I.A.a. Büscher, C. (2015), Ontologiebasierte Kennzahlenentwicklung, S. 100f.

der Oberklasse *owl:thing*. Alle zentralen Begriffe der OFP sind in die fünf Hauptklassen untergliedert (vgl. Abbildung 5-11): *Information*, *Produkt* (äquivalent zu *IfcProduct*), *Prozess*, *Ressource* und *Gebaeudekomponente*[376].

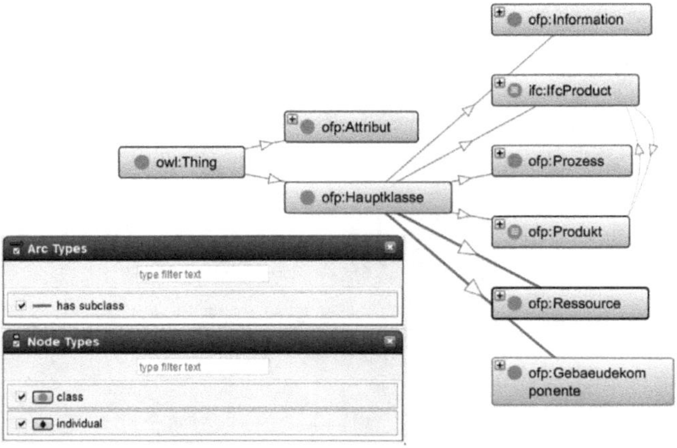

Abbildung 5-11: Hauptklassen der OFP (Screenshot aus *Protégé*)

Sämtliche Attribute, die der Beschreibung dieser Begriffe der Hauptklassen dienen, sind in sechs Attributkategorien unterteilt (vgl. Abbildung 5-12): *Uebergreifende Eigenschaften* (z. B. Abmessung), *Eigenschaften Information* (z. B. Kunde), *Eigenschaft Produkt* (z. B. Produktvariante), *Eigenschaft Prozess* (z. B. Fertigungsart), *Eigenschaft Ressource* (z. B. Eigenschaft Person) sowie *Eigenschaft Gebaeudekomponente* (z. B. Luftdurchlässigkeitsklasse).

[376] Die Hauptklasse *Gebäudekomponente* umfasst hauptsächlich Gebäudebauteile, Bauteilverbindungen sowie TGA-Komponenten.

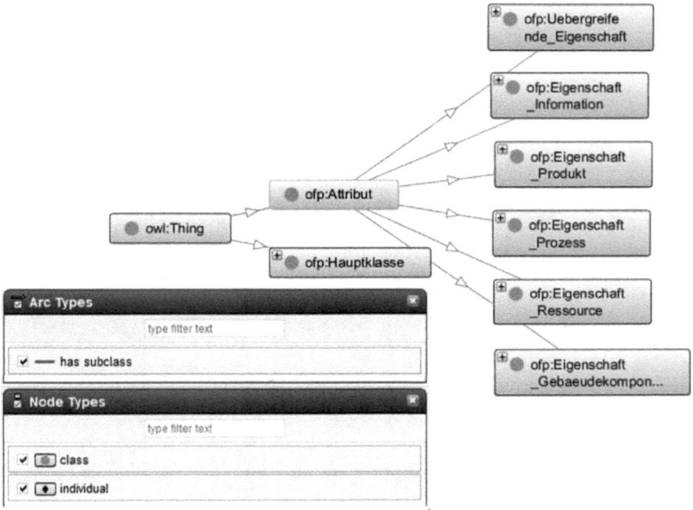

Abbildung 5-12: Attribute der OFP (Screenshot aus *Protégé*)

Aus Abbildung 5-10 ist ersichtlich, dass es an dieser Stelle nicht zielführend ist, jede einzelne Verbindung und jede einzelne Klasse zu erläutern. Vielmehr sollen im weiteren Verlauf der Forschungsarbeit zwei Stränge der OFP einmal bis auf die letzte Ebene verfolgt und erläutert werden. Diese Stränge sind die in Abbildung 5-11 markierten Unterklasse-Beziehungen von *ofp:Ressource* sowie *ofp:Gebaeudekomponente*. Diese beiden Hauptklassen stehen insbesondere für die in dieser Forschungsarbeit fokussierte Schnittstelle zwischen Produktions- und TGA-Planung, innerhalb derer die Reinraumproduktion einen Extremfall darstellt[377]. Zur einfacheren Zuordnung der Bestandteile der OFP zu ihrer Konzeptionierung aus Kapitel 5.1.2 wird an gegebenen Stellen visuell mittels grauen Kästen auf der linken Seite des Texts auf eben diese Konzeptionierung verwiesen.

Die Hauptklasse *ofp:Ressource* besitzt neben der Unterklasse *ofp:Humanressource* unter anderem eine Unterklasse *ofp:Sachmittel,* die wiederum eine Unterklasse *ofp:Gebrauchsgut* besitzt (vgl. Abbildung 5-13).[378]. Neben Einrichtungs- oder Logistikkomponenten besitzt diese Klasse unter anderem die Unterklasse *ofp:Fertigungskomponente*, worunter die Klasse *ofp:Maschine* anzuordnen ist Weiterhin ist in Abbildung 5-13 zu erkennen, dass jede Instanz einer *Maschine* einem konkreten *Ort* zugewiesen ist. Die hierdurch bestehende Verbindung eines potentiellen

---

[377] Vgl. Kapitel 2.2

[378] Das +-Zeichen verdeutlicht, dass hier mehrere Unterklassen vorliegen

Reinraums[379] und einer Maschine bzw. einer Fertigungskomponente wird über *ofp:befindet_sich_in* dargestellt.

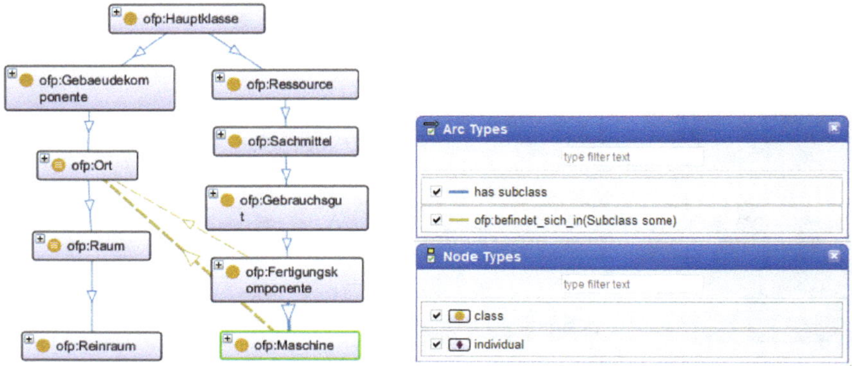

Abbildung 5-13: Darstellung beispielhafter Hauptklassen der OFP (Screenshot aus *Protégé*)

Da die Klasse der Maschine ein elementarer Bestandteil der Produktionsplanung im Rahmen der Fabrikplanung ist, wird diese Klasse nun mittels VOWL näher beschrieben. Hierzu dient Abbildung 5-14. Der rote Kreis verdeutlicht den Fokus der Betrachtung. Wie auch in OntoGraf ist hier die Ober-/Unterklasse-Beziehung zur Klasse *ofp:Fertigungskomponente* zu erkennen. Dadurch ist Abbildung 5-14 auch zu entnehmen, dass jede Instanz einer *Maschine* einem konkreten *Ort* zugewiesen ist. Es sind darüber hinaus in Abbildung 5-14 *Data Properties* hinterlegt, die beispielsweise besagen, dass jede Aufstellfläche, die der Klasse *Maschine* über *hat_Maschinenaufstellfläche* zugeordnet wird, vom Datentyp *float* sein muss. Die Vorgabe eines Datentyps dient vor allem dazu, Einheitlichkeit zu steigern. Weiterhin ist zu erkennen, dass eine Instanz der Klasse *ofp:Maschine* über das *Object Property ist_Teil_von* mit mindestens einer Instanz der Klasse *Prozessschritt* verbunden sein muss. Sollte also der Ontologie eine konkrete Instanz hinzugefügt werden, beispielsweise *Fräsmaschine001*, so sollte dieser Instanz auch eine Instanz eines Prozessschritts zugeordnet werden, zum Beispiel *Fräsen.* An dieser Stelle ist für ein gesamthaftes Verständnis folgende Kausalkette zu erläutern: Notwendige Bedingung eines jeden Prozessschritts ist *ofp:ist_Teil_von some ofp:Prozess* (in Abbildung 5-14 nur teilweise zu erkennen). Innerhalb eben dieser Klasse *ofp:Prozess* sind die Fertigungsprozesse auf Basis der DIN 8580 hinterlegt. Somit wird jede konkrete Instanz einer Maschine über den Prozessschritt auch mit einem konkreten Fertigungsprozess verknüpft. Eine Maschine ist darüber hinaus gemeinsam mit einem etwaigen *Werkzeug* über die Beziehung *fertigt* (bzw. dem inversen Prädikat *wird_gefertigt_von*) mit einem *Produkt* verknüpft[380].

---

[379] *ofp:Reinraum* ist eine Unterklasse von *ofp:Raum* und somit auch von *ofp:Ort.*

[380] Der doppelte Kreis verdeutlicht, dass *Produkt* und *IfcProduct* äquivalent zueinander sind.

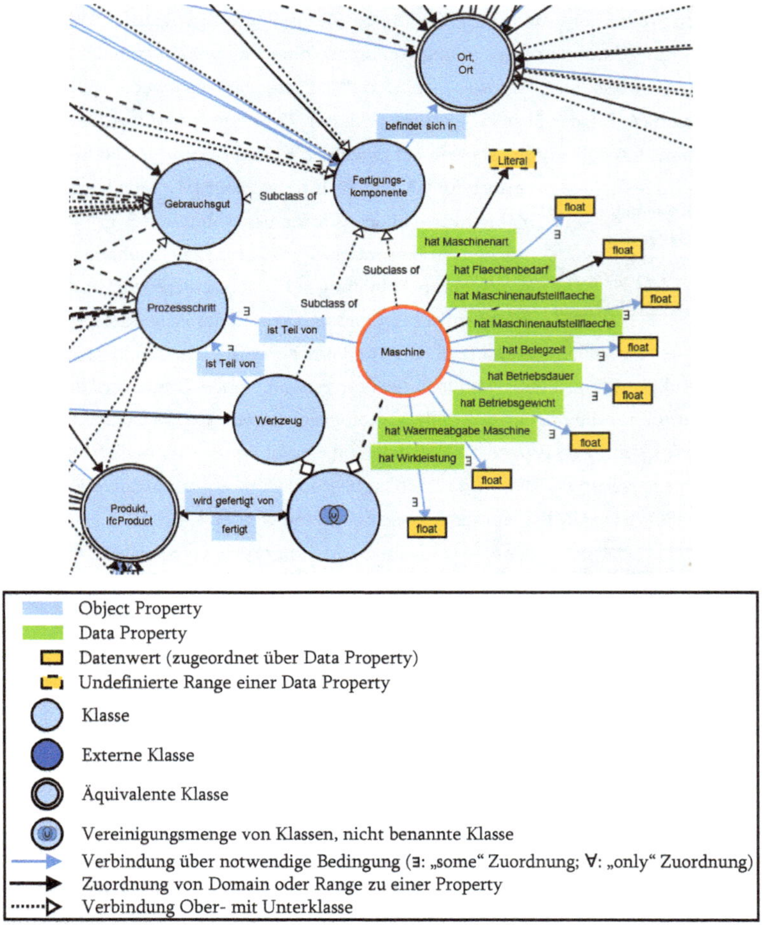

Abbildung 5-14: VOWL-Visualisierung der *ofp:Maschine*[381]

Nun wird der linke Strang aus Abbildung 5-13 betrachtet: *ofp:Gebaeudekomponente.* Diese Klasse besitzt eine Unterklasse *ofp:Ort,* deren Instanzen über das *Object Property ofp:befindet_sich_in* mit den Instanzen der Klasse *ofp:Maschine* verbunden sind. Unterhalb der Klasse *ofp:Ort* sind jegliche Räume und somit auch der *ofp:Reinraum* zu verorten. Wie in Kapitel 2.2

[381] Es ist zu beachten, dass VOWL Min- und Max-Beziehungen nicht darstellt (vgl. Tabelle 5-15). Daher sind viele *Properties* hier nicht visualisiert, die beispielsweise eine *min 0* Anforderung besitzen.

dargestellt, stellt der Reinraum bzw. die Reinraumproduktion einen Extremfall an der Schnittstelle zwischen Produktions- und TGA-Planung dar. Abbildung 5-15 zeigt in VOWL-Darstellung ebenfalls die Ober-/Unterklasse-Beziehung von *ofp:Reinraum* zu *ofp:Raum*. Jeder Reinraum besitzt notwendigerweise eine *ofp:Reinraumklasse*[382]. Diese kann entweder über die GMP-Reinraumklassen (A-F) oder über ISO-Reinraumklassen (1-9) angegeben werden. Die dementsprechend bereits feststehenden Instanzen der einzelnen Klassifizierungen sind in der OFP hinterlegt; für GMP sechs Instanzen, für ISO neun Instanzen (vgl. die Zahlenwerte in den Klassen der Abbildung 5-15). Jede dieser Instanzen hat bestimmte Grenzwerte, die eingehalten werden müssen (nicht in Abbildung 5-15 dargestellt).[383] So kann in einer projektspezifischen Ontologie seitens der Produktion eine bestimmte Reinraumklasse vorgegeben werden (z. B. aufgrund einer spezifischen benötigten Partikelreinheit der Produktionsumgebung), wodurch der korrespondierende Grenzwert der Reinraumklasse automatisch für die projektspezifische Ontologie als gesetzt gilt. Es ist ebenfalls zu erkennen, dass für die *Object Properties* der *GMP-* bzw. *ISO-Reinraumklasse* lediglich eine *Range* und keine *Domain* angegeben ist. Dies ist dadurch zu begründen, dass grundsätzlich jedem Element der OFP eine ISO- bzw. GMP-Reinraumklasse zugewiesen werden kann.

> **Konzeptionierung**
> Siehe *Table of Instance Attributes* von *ofp:hat_Grenzwert_Partikelkonzentration_1* (Tabelle 5-8)

Unter der Klasse *ofp:Reinraum* sind verschiedene *Data Properties* subsummiert.[384] Die Zuordnung eines Werts vom Datentyp *float* über das *Data Property hat_Soll_Raumdruck* ist beispielsweise eine notwendige Bedingung für eine Klassenzugehörigkeit. Weiterhin wird die gesamte Partikelemission einer bestimmten Partikelgröße innerhalb des Reinraums zwar aus dieser Klasse abgegriffen, hinterlegt sind sie jedoch in Objekten, die innerhalb des Reinraums verortet sind. So emittiert z. B. eine Maschine eine bestimmte Anzahl an Partikeln. Dass dieses *Data Property* jedoch in Abbildung 5-14 bei der Klasse *ofp:Maschine* nicht dargestellt ist, liegt darin begründet, dass es der Klasse *ofp:Fertigungskomponente* anhängt[385] und die Abbildung 5-14 lediglich die Klasse *ofp:Maschine* fokussiert. Durch die Ober-/Unterklasse-Beziehung zu *ofp:Fertigungskomponente* erbt die *ofp:Maschine*

> **Konzeptionierung**
> Siehe *Data Dictionary* von *ofp:Reinraum* (Tabelle 5-6)

> **Konzeptionierung**
> Siehe *Data Dictionary* von *ofp:Fertigungskomponente* (Tabelle 5-5)

382 In dem konkreten Fall ist die Beziehung von *ofp:Reinraum* zu *ofp:Reinraumklasse* eine *some*-Zuordnung und somit gleichbedeutend mit einer *min 1*-Zuordnung. Dies ist dadurch zu begründen, dass verschiedene sich im Reinraum befindliche Objekte verschiedenartige Anforderungen an die Reinraumklasse besitzen. Im Endeffekt, darf aber nur die dann kritischste Reinraumklasse ausgewählt werden. Daher sind zusätzlich zu der *some*-Zuordnung zwei weitere Bedingungen beigefügt, die jedoch aufgrund ihrer Bedingungsart von VOWL nicht dargestellt werden: *hat_ISO_Reinraumklasse max 1 ISO_Reinraumklasse* sowie *hat_GMP_Reinraumklasse max 1 GMP_Reinraumklasse*. Dadurch ist festgelegt, dass jede Instanz der Klasse *ofp:Reinraum* maximal eine ISO- bzw. GMP-Reinraumklasse besitzen kann.

383 Vgl. hierzu Tabelle 5-8 der Konzeptionierung der OFP

384 Vgl. hierzu Tabelle 5-6 der Konzeptionierung der OFP

385 Vgl. hierzu Tabelle 5-5 der Konzeptionierung der OFP

aber diese Eigenschaften. Auf diese Weise können die in Kapitel 2 beschriebenen attributbezogenen Abhängigkeiten in der OFP klar dargestellt werden. An dieser Stelle ist anzumerken, dass, wie bereits erwähnt, VOWL keine zusammengesetzten Bedingungen darstellen kann. So ist Vorgabe in der OFP, dass ein Reinraum mindestens für eine Partikelgröße einen Partikelkonzentrationsgrenzwert besitzt[386]. Da dieses Statement jedoch aus mehreren Tripeln aufgebaut ist, kann VOWL dies nicht darstellen.

Über rein attributbezogene Abhängigkeiten hinaus wurden in Kapitel 2 auch rechnerische und regelbezogene Abhängigkeiten angesprochen. Diese werden in einem ersten Schritt innerhalb der OFP mittels SWRL aufgestellt. Grundlage hierfür sind die *Table of Rules* sowie die *Table of Formulas* der Konzeptionierung (vgl. Kapitel 5.1.2). Es handelt sich hierbei um Informationen, die innerhalb der projektspezifischen OFP durch den *Reasoner*[387] automatisch zusätzlich zu den durch den Planer hinzugefügten Informationen erstellt werden. Die Expressivität der OFP wird somit in automatischer Weise erweitert. Die konkret zu prüfenden Zusammenhänge an der Schnittstelle zwischen TGA und Produktion jedoch, die für die automatische Validierung der Planung entsprechend der Forschungsfrage dieser Arbeit relevant sind, sind hiervon abzugrenzen und werden in Kapitel 5.3 behandelt. Der folgende Abschnitt betrachtet zunächst die beschriebene, automatische Generierung von Informationen mittels SWRL-basierter Inferenz.

[386] Nicht jede Reinraumklasse gibt für jede Partikelgröße einen Grenzwert vor (vgl. Norm DIN EN ISO 14644-1 (2016) Reinräume und zugehörige Reinraumbereiche)

[387] Vgl. World Wide Web Consortium (W3C), [Stand: 23.02.2021] Pellet; University of Oxford, [Stand: 23.02.2021] HermiT OWL Reasoner.

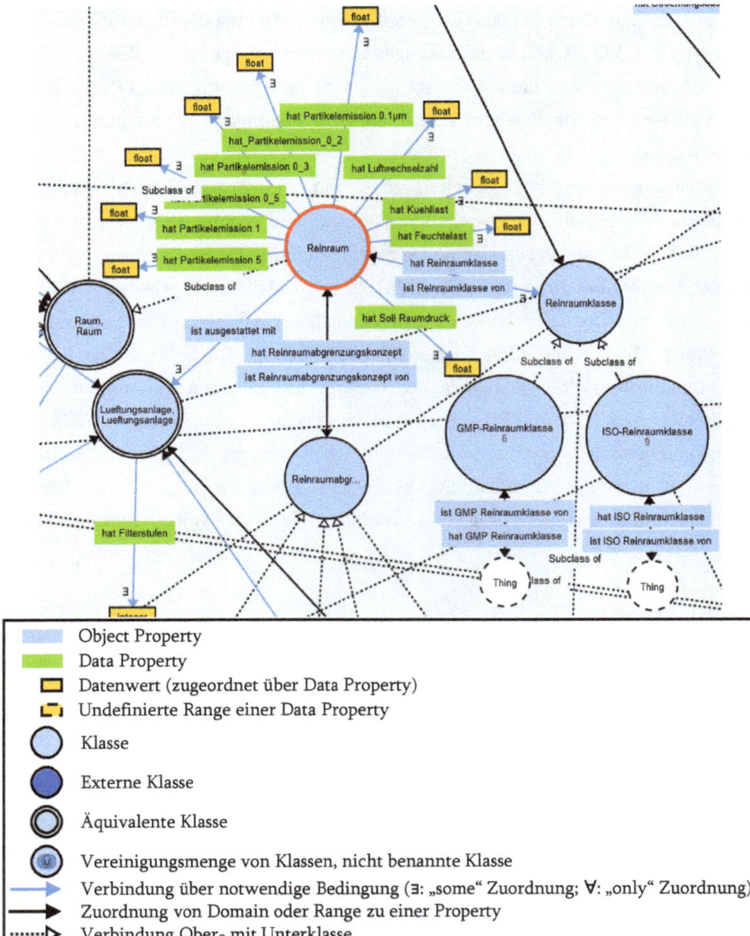

Abbildung 5-15: VOWL-Visualisierung der Klasse *ofp:Reinraum*

Implementierung von Regeln mittels SWRL

Der Umgang mit SWRL-Regeln wird am Beispiel des in Abbildung 5-15 dargestellten *Data Property hat_Feuchtelast* dargestellt. Dieses kann für den Aufbau einer projektspezifischen Ontologie explizit von extern durch projektspezifische Daten hinzugefügt werden, oder aber über andere in der Ontologie vorhandenen Elemente berechnet werden. Der Vorteil bei Letzterem liegt darin, dass der Anteil der von den Planern zu liefernden Informationen reduziert werden kann und das Modell sich auf intelligente Weise fehlerfrei selbst erweitert. Die Abbildung 5-16 zeigt die bereits in der Konzeptionierung innerhalb der *Table of Formulas*[388] definierte Regel zur Errechnung der Feuchtelast in einem bestimmten Raum, die durch Personen des Aktivitätsgrads 1[389] verursacht wird. Die Erstellung der Regel erfolgt in der *Semantic Web Rule Language* (SWRL), die innerhalb von *Protégé* nutzbar ist[390]. Die Inhalte beider Formeln stammen aus der VDI 2078[391]. Die erste Formel deckt den Fall ab, dass die Feuchtelast durch Personen mit Aktivitätsgrad 1 größer als 35 $\frac{g}{h*Person}$ ist. Die zweite Formel ist nur eine Rückfalllösung, um einen vorläufigen Wert für die weitere Planung zu erzeugen, falls der errechnete Wert 35 $\frac{g}{h*Person}$ nicht erreicht.[392] In Worten ausgedrückt bedeutet die erste Formel der Abbildung 5-16: Existiert eine Instanz *R* der Klasse *Location* der BRICK-Ontologie (welche äquivalent zur Klasse *ofp:Ort* und eine Oberklasse der Klasse *ofp:Raum* ist*)* und besitzt diese Instanz *R* (z. B. ein konkreter Raum) einen Temperatur-Designwert *D*, so wird dieser Wert mit 5,4 multipliziert und so dann wieder um 86 reduziert. Sollte dieser Wert dann größer oder gleich 35 sein, so wird er mit der Anzahl der Personen *A1* multipliziert, die der Instanz *R* zugeordnet sind und über den *Aktivitätsgrad 1* verfügen. Im Ergebnis steht dann die Feuchtelast der Instanz *R*, die durch Personen mit dem Aktivitätsgrad 1 erzeugt wird. Sollten die 35 $\frac{g}{h*Person}$ nicht erreicht werden, so wird die 35 stattdessen als vorläufiger Wert für die Multiplikation mit der Personenanzahl *A1* verwendet, um eine Planungsgrundlage zu besitzen. Dieser Wert der Feuchtelast wird sodann automatisch nach Start des *Reasoner* in *Protégé* als konkreter Wert über das *Data Property ofp:hat_Feuchtelast_Personen_A1* in die Ontologie eingefügt.

Konzeptionierung
Siehe *Table of Formulas*
(Tabelle 5-11)

[388] Vgl. hierzu Tabelle 5-11 der Konzeptionierung der OFP

[389] Aktivitätsgrade beschreiben im Bereich der thermischen Lasten den Grad der Aktivität von Personen, so zum Beispiel Aktivitätsgrad 1: „entspannt sitzend 100W/Person gesamt" (Norm VDI 2078 (2015) Berechnung der thermischen Lasten und Raumtemperaturen, S. 27)

[390] Für ein tieferes Verständnis von SWRL: Vgl. Horrocks, I. et al., [Stand: 07.06.2021] SWRL: A Semantic Web Rule Language.

[391] Vgl. Norm VDI 2078 (2015) Berechnung der thermischen Lasten und Raumtemperaturen, S. 26.

[392] Vgl. ebd.

```
1.  brick:Location(?R) ^ ofp:hat_Anzahl_Personen_mit_A1(?R, ?A1) ^
    ofp:hat_Temperatur_Designwert(?R, ?D) ^ swrlb:multiply(?V, ?D, 5.4) ^
    swrlb:add(?W, ?V, -86.0) ^ swrlb:greaterThanOrEqual(?W, 35.0) ^
    swrlb:multiply(?X, ?A1, ?W) -> ofp:hat_Feuchtelast_Personen_A1(?R, ?X)

2.  brick:Location(?R) ^ ofp:hat_Anzahl_Personen_mit_A1(?R, ?A1) ^
    ofp:hat_Temperatur_Designwert(?R, ?D) ^ swrlb:multiply(?V, ?D, 5.4) ^
    swrlb:add(?W, ?V, -86.0) ^ swrlb:lessThan(?W, 35.0) ^
    swrlb:multiply(?X, ?A1, 35.0) -> ofp:hat_Feuchtelast_Personen_A1(?R,
    ?X)
```

Abbildung 5-16: Darstellung der Errechnung der Feuchtelast mittels SWRL[393],[394]

Die SWRL-Darstellung aus Abbildung 5-16 ist in Formel 5-1 für ein klareres Verständnis des Lesers dieser Forschungsarbeit in gewöhnlicher Form dargestellt.

Formel 5-1: Überführung der Abbildung 5-16 in eine konkrete Formel

$$Wenn\ W = D * 5{,}4 - 86 \ \geq 35$$

$$Dann\ X = W * A1$$

$$Sonst\ X = 35 * A1$$

mit
- X Feuchtelast des Raums R
- D Temperaturdesignwert
- $A1$ Anzahl der Personen im Raum R mit Aktivitätsgrad 1
- W Feuchtelast einer Person mit Aktivitätsgrad A1

In Abbildung 5-17 ist auf Basis der *Table of Rules*[395] ein weiteres Beispiel dargestellt, das zeigt, dass nicht nur Rechnungen, sondern auch rein logische Schlussfolgerungen mittels SWRL umgesetzt werden können. Die Abbildung stellt folgendes dar: Existiert eine Instanz *R* der Klasse *brick:Room* (welche äquivalent ist zur Klasse *ofp:Raum*) und ist dieser Instanz eine Reinraumklasse *K* über das *Object Property ofp_hat_ISO_Reinraumklasse* zugeordnet, so ist *R* der entsprechende Partikelgrenzwert *G* über *ofp:hat_Grenzwert_Partikelkonzentration_5* zuzuordnen[396]. Es ist wichtig zu verstehen, dass die Grenzwerte der jeweiligen Reinraumklassen bereits vordefiniert

➔ **Konzeptionierung**
Siehe *Table of Rules*
(Tabelle 5-10)

[393] Inhaltlich i.A.a.Norm VDI 2078 (2015) Berechnung der thermischen Lasten und Raumtemperaturen, S. 26.

[394] *brick:Location* ist äquivalent zu *ofp:Ort*. *ofp:Ort* wird in Abbildung 5-14 nicht in dunkelblau dargestellt, da die Äquivalenzdarstellung höher gewichtet wird als die Darstellung des Imports. Daher ist diese Klasse lediglich umrandet.

[395] Vgl. hierzu Tabelle 5-10 der Konzeptionierung der OFP

[396] Es existieren verschiedene Grenzwerte für verschiedene Partikelgrößen. Dieses Beispiel bezieht sich auf die Partikelgröße 5μm (vgl. Norm DIN EN ISO 14644-1 (2016) Reinräume und zugehörige Reinraumbereiche, S. 14)

in der OFP hinterlegt sind. Wird nun im Rahmen der projektspezifischen Ontologie ein konkreter Raum als Instanz und eine Verbindung zu einer konkreten Reinraumklasse hinzugefügt, so erhält dieser Raum durch die in Abbildung 5-17 dargestellte Logik automatisch (durch Ausführen des *Reasoner)* seine Partikelgrenzwerte.[397]

```
brick:Room(?R) ^ ofp:ISO_Reinraumklasse(?K) ^
ofp:hat_Grenzwert_Partikelkonzentration_5(?K, ?G) ^
ofp:hat_ISO_Reinraumklasse(?R, ?K) ->
ofp:hat_Grenzwert_Partikelkonzentration_5(?R, ?G)
```

Abbildung 5-17: Darstellung der Zuordnung einer maximalen Partikelkonzentration mittels SWRL

Implementierung von Konstanten aus der Table of Constants

Die in Tabelle 5-9 dargestellten Konstanten werden über feste *Data Properties* implementiert und sind somit einige der wenigen *Individuals*, die bereits in der allgemeingültigen OFP vorhanden sind. Abbildung 5-18 zeigt dies am Beispiel der Fallbeschleunigung. In der Hauptklasse *Information* (1-4) befindet sich die Klasse der *Konstanten*[398] (5-8). Eine dieser Konstanten ist die Fallbeschleunigung (9-12). Der konkreten Instanz *Fallbeschleunigung_Erde* wird über das *Data Property hat_ Wert* die Zahl *9.81* zugeordnet (13-18). Diese Zahl hat die Einheit $\frac{m}{s^2}$ (19-23) . Die weiteren in Tabelle 5-9 dargestellten Konstanten sind über denselben Weg in der OFP implementiert.

Konzeptionierung
Siehe *Table of Constants*
(Tabelle 5-9)

[397] SWRL-Regeln wurden darüber hinaus zur Errechnung der Abluftströme, des Temperatur-Designwerts, der Enthalpien, der GMP-Daten, der Grenzwerte der Leckluftraten, der Fertigungs-, Material- und Herstellkosten, des Point of Connection, des Point of Entry, der Raumpartikelkonzentration, des Undichtheitsfaktors, der Wärmelasten sowie der Wassermassenströme aufgestellt. Es ist zu beachten, dass die Partikelgrenzwerte nur automatisch dargestellt werden, wenn die Instanz auch einer Reinraumklasse zugeordnet wird.

[398] Vgl. hierzu Tabelle 5-9 der Konzeptionierung der OFP

```
<SubClassOf>
        <Class IRI="#Information"/>
        <Class IRI="#Hauptklasse"/>
    </SubClassOf>
<SubClassOf>
        <Class IRI="#Konstante"/>
        <Class IRI="#Information"/>
    </SubClassOf>
<SubClassOf>
        <Class IRI="#Fallbeschleunigung"/>
        <Class IRI="#Konstante"/>
    </SubClassOf>
<DataPropertyAssertion>
        <DataProperty IRI="#hat_Wert"/>
        <NamedIndividual IRI="#Fallbeschleunigung_Erde"/>
        <Literal
datatypeIRI="http://www.w3.org/2001/XMLSchema#decimal">9.81</Literal>
    </DataPropertyAssertion>
<AnnotationAssertion>
        <AnnotationProperty abbreviatedIRI="rdfs:comment"/>
        <IRI>#Fallbeschleunigung_Erde</IRI>
        <Literal xml:lang="en">[m/s²]</Literal>
    </AnnotationAssertion>
```

Abbildung 5-18: Beispielhafte Implementierung der Konstante *Fallbeschleunigung*[399]

Die OFP bildet die *Knowledge View* ab, die der erste Baustein des Lösungskonzepts ist. Mit ihm sind die Abhängigkeiten zwischen Klassen und ihren Eigenschaften transparent und maschinenlesbar dargestellt. Zudem können innerhalb der OFP weiterführende Informationen über Regeln und Formel automatisch inferiert werden, was die Expressivität des Gesamtmodells noch einmal steigert. Im folgenden Kapitel 5.2 gilt es, dieses noch für den Planer abstrakte Modell in einen prozessualen Rahmen zu bringen, der vorgibt, welche der für die projektspezifische Ontologie relevanten Informationen wann von wem wie zu liefern sind. Zudem wird die Anwendung des Modells im Rahmen der Umsetzung einer automatischen Validierung dargestellt (vgl. Kapitel 6).

5.2 Factory Planning IDM zur Operationalisierung der OFP

In diesem Kapitel wird auf Basis der in Kapitel 5.1 erstellten *Knowledge View* der Lösungsthese nun die *Process View* in Form eines IDM erstellt[400]. Hierzu greift die *Process View* auf die bestehende Wissensbasis des Aachener Fabrikplanungsvorgehens zurück – insbesondere auf den dynamischen Teil. So hat MECKELNBORG bereits ein Kollaborationsmodell zur Projektdurchführung und -steuerung vorgeschlagen (vgl. Abbildung 5-19). Dieses besteht zum einen aus der Taktvorbereitung, in der der Planungsaufgabenkatalog aus dem Anforderungskatalog und den Modulen

[399] Die Code-Bestandteile stehen im Skript der OFP nicht genau so untereinander, sondern wurden aus Gründen der einfacheren Darstellbarkeit von verschiedenen Stellen des Skripts zusammenkopiert.

[400] Vgl. Kapitel 3.4 für nähere Informationen zum IDM

der Aachener Modullandkarte erstellt wird. Daraufhin folgen die Taktdurchführung und der Taktabschluss, an dessen Ende die benötigten Planungsinformationen stehen.[401]

Abbildung 5-19: Kollaborationsmodell nach MECKELNBORG[402]

Die IDM-Erstellung der vorliegenden Forschungsarbeit folgt einem ähnlichen Gedanken: Das IDM wird die Basis sein, auf der in der Taktvorbereitung nach etwaiger Anpassung auf die Projektgegebenheiten die Planungsinformationen nach den Vorgaben des IDM erarbeitet werden (was im Kollaborationsmodell nach MECKELNBORG der Taktdurchführung und dem Taktabschluss entspräche). Hieraus geht hervor, dass dieses Basis-IDM zunächst erstellt werden muss, um eine Handlungsgrundlage zu bieten. Übertragen auf BIM bedeutet dies, dass auch ein IDM nur ein Rahmen ist, das innerhalb eines Projekts für den BAP angepasst wird. Im Folgenden wird das IDM der vorliegenden Forschungsarbeit FP-IDM genannt (Factory Planning Information Delivery Manual).

In Kapitel 5.2.1 wird die Überführung des in Kapitel 3.4.2 theoretisch beschriebenen Entwicklungsprozesses eines IDM in die Praxis beschrieben. Nachfolgend stellen die Kapitel 5.2.2 und 5.2.3 die beiden Hauptkomponenten des konkreten FP-IDM dar: das Prozessmodell und respektive die IAA, die eine punktuelle Detaillierung des Prozessmodells sind.

5.2.1 Entwicklungsprozess des FP-IDM

In Kapitel 3.4.2 wurden entsprechend der DIN EN ISO 29481 vier Schritte der IDM-Erstellung genannt: Definition des Anwendungsbereichs, Festlegung des Entwicklungsansatzes, Identifizierung der Ressourcen und Aufbau eines Projektplans. Es ist an dieser Stelle anzumerken, dass sich diese Schritte insbesondere an Entitäten richten, deren bestehende Ressourcen – also z. B. ihr Personal – zum Zwecke der IDM-Erstellung von mutmaßlich anderen Tätigkeiten entbunden werden müssten. Es ist festzustellen, dass alle vier Schritte im Rahmen dieser Forschungsarbeit bereits zumindest implizit durchlaufen wurden. Der Anwendungsbereich wurde spätestens in der Forschungsfrage in Kapitel 3.5 definiert. Als Entwicklungsansatz wurde im weitesten Sinne

[401] Vgl. Meckelnborg, A. (2015), Integrative Fabrikplanung durch effiziente Koordinationsmodelle, S. 162ff.
[402] Vgl. ebd., S. 162.

der Process-Discovery-Ansatz genutzt, da in Expertengesprächen explorativ herausdestilliert wurde, welche oftmals impliziten Anforderungen in BIM-Planungsprozessen an der Schnittstelle Produktion und TGA vorliegen. Diese Anforderungen gilt es nun logisch zu explizieren. Die Identifizierung der Ressourcen bestand in der Auswahl der Experten, die entsprechende Branchenkenntnis besitzen; das IDM selbst wurde durch den Autor dieser Forschungsarbeit erstellt. Ein Projektplan als solcher war nicht nötig, da die IDM-Erstellung in den übergreifenden Forschungsplan der vorliegenden Forschungsarbeit integriert war (vgl. Abbildung 3-2). Aus den genannten Gründen wird der Fokus in den folgenden Unterkapiteln von Kapitel 5.2 nicht auf den Entwicklungsprozess selbst, sondern vielmehr auf die Ergebnisse der IDM-Erstellung gelegt. Hierzu stellt das folgende Kapitel 5.2.2 das Prozessmodell des FP-IDM vor.

5.2.2 Das Prozessmodell des FP-IDM

In der Abbildung 5-20 und Abbildung 5-21 sind der übergeordnete Prozessablauf der Fabrikplanung dargestellt. Dieser ist auf der HOAI, den Planungsinhalten des Aachener Fabrikplanungsvorgehens sowie der *Knowledge View* aus Kapitel 5.1 aufgebaut. Letzteres bedeutet, dass die in der OFP hinterlegten Informationen in konkreten IDM-Prozessbereichen bzw. IAA repräsentiert werden. Aus Gründen der Übersichtlichkeit sind die LPH 4 und 5 ausgeblendet. Zum gesamthaften Verständnis dieser übergreifenden Darstellung sei jedoch auf Anhang 9.5 verwiesen. Abbildung 5-20 und Abbildung 5-21 sollen noch kein Prozessmodell eines IDM darstellen, sondern einen Ordnungsrahmen schaffen, in den das FP-IDM aber auch weitere IDM eingeordnet werden können (vgl. Kapitel 7).

Die Abbildungen zeigen, in welche LPH die Module hauptsächlich einzuordnen sind. Es ist zu beobachten, dass sich der Großteil der Module des Aachener Fabrikplanungsvorgehens auf frühe Leistungsphasen verteilt. Dies ist darauf zurückzuführen, dass die eigentliche Werksplanung am Ende der LPH 3 beendet wird. Dies impliziert, dass zu diesem Zeitpunkt sowohl die Gebäude- als auch die Produktions- und Logistikplanung in baurechtlich genehmigungsfähigem Maße beplant wurden, um in LPH 4 in einen Bauantrag überführt werden zu können. Im Rahmen der Grundlagenermittlung (LPH 1) finden auf Seiten der Produktionssystemplanung unter anderem Analysen des Status Quo statt. So werden die zu berücksichtigenden Produkte, Prozesse aber auch die zeitabhängigen Stückzahlszenarien auf Basis des Produktionsprogramms analysiert. Ebenfalls sollte ein erstes Groblayout ein Ergebnis dieser LPH sein, um der Gebäudeplanung den Start der LPH 2 zu erleichtern. Dieses Groblayout baut auf ersten Überlegungen zur Produktionsstruktur und der zu verplanenden Kapazität auf.[403]

[403] Die für den Anwendungsfall nicht relevanten Module wurden der Vollständigkeit halber in hellgrau aufgeführt, wurden jedoch in dem detaillierten Prozessmodell nicht mehr betrachtet.

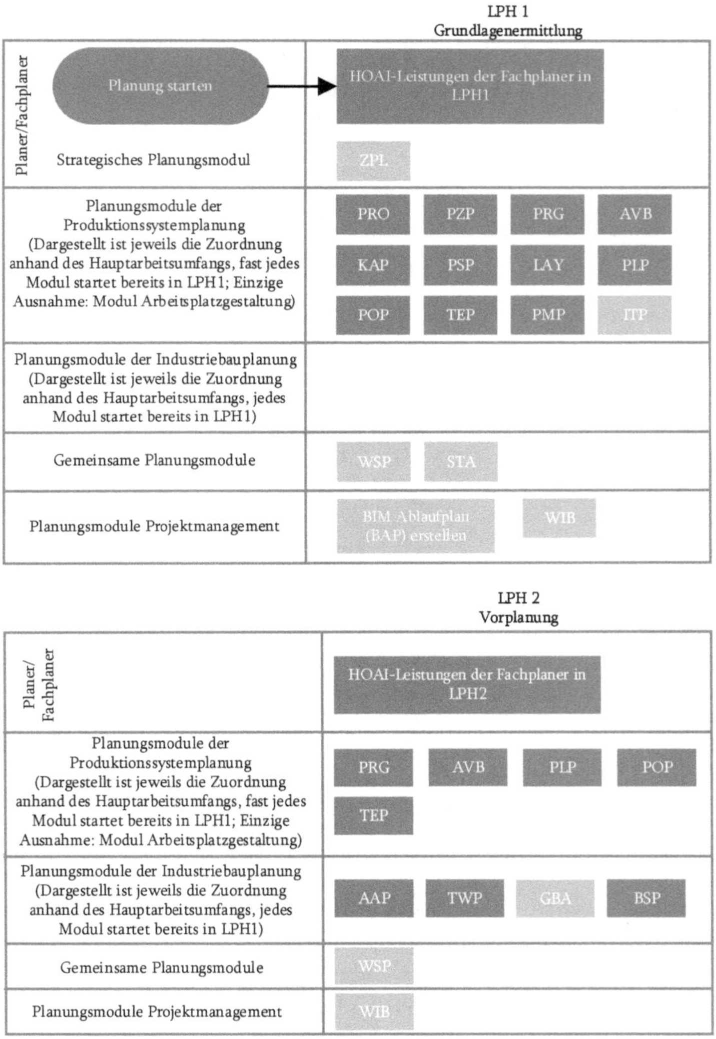

Abbildung 5-20: Ordnungsrahmen für die Detaillierung des FP-IDM (LPH 1 und 2)[404]

[404] Die Legende der Abkürzungen und Farben der Abbildung 5-20 und Abbildung 5-21 ist unter Abbildung 5-21 zusammengefasst.

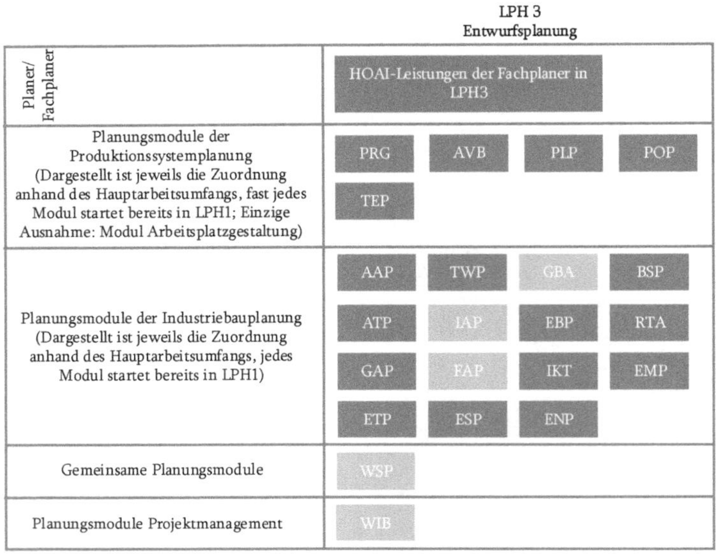

ZPL = Zielplanung; PRO = Produktanalyse; PZP = Prozessplanung; PRG = Produktionsprogrammanalyse; AVB = Arbeitsvorbereitung; KAP = Kapazitätsplanung; PSP = Produktionsstrukturplanung; LAY = Layoutplanung; PLP = Produktionslogistikplanung; POP = Personal- und Organisationsplanung; TEP = Technologieplanung; PMP = Produktionsmittelplanung; ITP = IT-Planung; WSP = Werksstrukturplanung; STA = Standortwahl; WIB = Wirtschaftlichkeitsberechnung; AAP = Außenanlagenplanung; TWP = Tragwerksplanung; GBA = Gründungs- und Bodenanalyse; BSP = Brandschutzplanung; ATP = Architektonische Planung; IAP = Innenausbauplanung; EBP = Energie- und Bauphysikplanung; RTA = Planung der raumlufttechnischen Anlagen; GAP = Gebäudeautomationsplanung; FAP = Fassadenplanung; IKT = Planung der Informations- und Kommunikationstechnik, EMP = Energie- und Mediendistributionsplanung; ETP = Energietechnologieplanung; ESP = Energiesteuerungsplanung; ENP = Energiebedarfsplanung

Planungsmodul, welches in der Detailansicht des Prozessmodells nicht betrachtet wird, da es für den betrachteten Anwendungsfall zunächst nicht relevant ist

Abbildung 5-21: Ordnungsrahmen für die Detaillierung des FP-IDM (LPH 3)

In der Industriebauplanung beginnt die Beplanung der Baustruktur maßgeblich in LPH 2. So werden in Abstimmung mit der Produktionssystemplanung Szenarien für Gebäudestrukturen erstellt, welche beispielsweise erste Stützenraster, Bodenbelastungen, Kranbahnen oder überschlägige Medienbedarfe inkludieren. In dieser LPH wird für das Innenleben der Fabrik in BIM häufig noch mit Volumenkörpern als Platzhalter gearbeitet. In LPH 3 werden die erstellten Szenarien in eine Werksplanung überführt, für die sodann detaillierte Planungen durchgeführt werden, zum Beispiel hinsichtlich Starkstrom, Brandschutz oder Abwasser. Hierdurch ergibt sich in den LPH 2 und 3 eine stark iterative Planung zwischen Industriebau- und

Produktionssystemplanung[405]. Auf Seiten der Produktionssystemplanung werden beispielsweise auf Basis der zukünftigen Technologieketten die bereits als Platzhalter verorteten Fertigungsmittel fein ausgeplant. Gemeinsam mit der Produktionsstrukturplanung ergibt die detaillierte Layoutplanung sodann eine erste konkrete räumliche Verortung jener Fertigungsmittel mit allen nötigen nicht-geometrischen Infos, die die Industriebauplanung verwerten kann. Begleitend wird stets die Wirtschaftlichkeitsberechnung durchgeführt, welche auch als HOAI-Leistung durch einen bauvorlageberechtigten Planer als Kostenrahmen, Kostenschätzung und Kostenberechnung geleistet wird[406]. Übergreifend ist noch hinzuzufügen, dass in diesem Ordnungsrahmen – und somit für alle folgenden Prozessmodelle – vorgegeben ist, dass die Daten der Planer jede Woche in einem *Data Drop* zentral bereitgestellt werden. Eine Synchronisation und zentrale Prüfung dieser Daten findet dann mindestens zum Ende jeder Leistungsphase, jedoch regelmäßig alle zwei bis vier Wochen statt. Für das vorliegende Forschungsvorgehen wird vor dem Hintergrund des in Kapitel 2.4 formulierten Entwicklungsbedarfs nun ein Fokus auf die Schnittstelle von Produktion und TGA gelegt.

Das FP-IDM ist gemäß BPMN in vier grundlegende Swimlanes untergliedert: zunächst die Planung der Produktion und Logistik, die der TGA sowie die der Industriebauplanung. Zusätzlich gibt es eine übergreifende Prüfungs-Swimlane für den BIM-Manager bzw. den BIM-Koordinator. Es sind darüber hinaus Module des Aachener Fabrikplanungsvorgehens verzeichnet, aus denen IAA hervorgehen. Das gesamte FP-IDM ist in dieser Forschungsarbeit nicht gesamthaft darstellbar. Hierfür wird auf Anhang 9.5 verwiesen[407]. Für das grundsätzliche Verständnis wird das entwickelte FP-IDM anhand von drei Beispielen erklärt[408].

---

[405] Die TGA-Planung fertigt in LPH 2 bereits ein grobes Trassenkonzept an. Die hierfür benötigten Mengenberechnungen (z. B. Strom-, oder Wasserversorgung) werden aber zunächst nur grob überschlagen. Dementsprechend ist nach LPH 2 ersichtlich, wieviel Platz für die TGA benötigt wird. Außerdem sind alle Technikräume, Hauptvertikalschächte, Ausfädelungen und große Durchbrüche im Modell verortet und können von der Tragwerksplanung freigeben werden. In LPH 3 wird das grobe TGA-Konzept ausgehend von dem großen Hauptverteilstrang bis in die einzelnen Räume ausmodelliert. In dieser LPH werden konkrete Heiz- und Kühllastberechnungen durchgeführt.

[406] Bundesingenieurkammer 17. Juli 2013 – Verordnung über die Honorare, [Stand: 04.12.2020].

[407] Das FP-IDM fokussiert lediglich die LPH1-3. Die dargestellten Module werden in den folgenden LPH ebenfalls fortgeführt. Dies wird jedoch im Rahmen der vorliegenden Forschungsarbeit nicht betrachtet. Zudem ist anzumerken, dass die in der Abbildung 5-20 und Abbildung 5-21 hellgrau dargestellten Module in der Detailansicht des FP-IDM aus den bereits genannten Gründen nicht vorkommen.

[408] Für ein grundsätzliches Verständnis von BPMN sei an dieser Stelle verwiesen auf: Norm ISO/IEC 19510 (2013) Information technology.

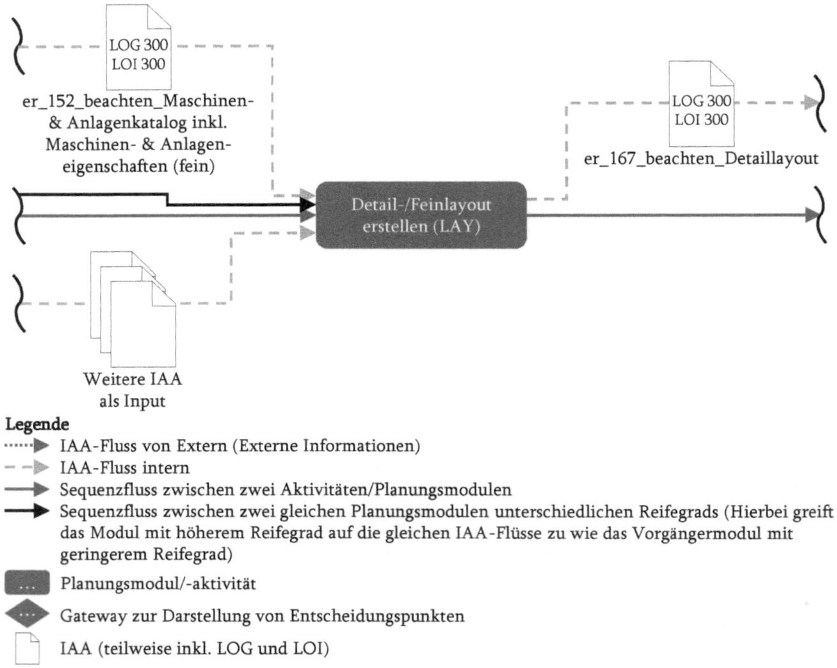

Abbildung 5-22: Auszug des FP-IDM am Beispiel der Aktivität Detail-/Feinlayout erstellen

Das erste Beispiel in Abbildung 5-22 zeigt die der Produktionsplanung zugeordnete Aktivität *Detail-/Feinlayout erstellen*[409]. Die schwarze Linie stellt hierfür eine Verbindung zum Planungsmodul in geringerem Reifegrad her (Modul *Layoutplanung*). Weiterhin ist mittels eines grauen Pfeils die grundsätzliche Abarbeitungssequenz der Produktions(system)planung dargestellt. In diesem Beispiel wird ein Teil des Moduls *Personal- und Organisationsplanung* vorher durchgeführt und etwaige Informationen fließen in die hier betrachtete Aufgabe ein. Als Nachfolgemodul ist in diesem Beispiel die *Arbeitsplatzgestaltung* zu nennen. Konkrete Anforderungen an den Informationsaustausch werden in IAA festgehalten (vgl. Kapitel 3.4), deren Fluss in gestrichelten grauen Pfeilen dargestellt wird[410]. Als Beispiel ist die IAA *er_152_beachten_Maschinen- & Anlagenkatalog inkl. Maschinen- & Anlageneigenschaften* dargestellt. Das Präfix *er_* rührt vom

[409] Ein Modul beinhaltet verschiedene Aktivitäten. Sofern nur eine einzelne Aktivität eines Moduls betrachtet wird, wird das sie umschließende Modul nicht noch einmal separat dargestellt.

[410] Zusätzlich ist in der Legende von Abbildung 5-22 der IAA-Fluss von Extern dargestellt. Dieser bezieht sich auf IAA, die nicht aus dem Prozess des FP-IDM heraus generiert werden, sondern von außerhalb dieser Bilanzgrenze als Input einfließen.

englischen *Exchange Requirement* her, das als englisches Pendant zur IAA zur Notation vorgeschrieben ist[411]. Nach der eineindeutigen ID der IAA folgt *beachten* als erster Teil des Namens der IDM-Komponente, welcher die erforderliche Maßnahme als Verb ausdrückt.[412] In Rückbezug auf die OFP der *Knowledge View* ist festzuhalten, dass sich diese IAA auf die Klasse *ofp:Maschine* bezieht (vgl. Kapitel 5.1.4). Zudem ist zu erkennen, dass ein LOG 300 sowie ein LOI 300 vorgegeben sind. Wie in Kapitel 2.4 dargestellt, fehlt es heute an der Definition solcher objektorientierter Reifegrade in der Fabrikplanung. Vor diesem Hintergrund wurden die LOG und LOI für das vorliegende Forschungsvorhaben auf Basis von bestehenden Erkenntnissen und eigens durchgeführten Experteninterviews definiert. Zur gesamten Übersicht der definierten LOG und LOI sei auf Anhang 9.5.1 verwiesen. Es ist jedoch anzumerken, dass Definitionen zu LOD bzw. LOG und LOI heutzutage noch nicht rechtlich bindend sind, so dass grundsätzlich zu Projektbeginn jeder Projektbeteiligte einen Vorschlag machen kann, der in den BAP aufgenommen werden kann. Eine Trennung der geometrischen und alphanumerischen Inhalte und eine spezifische Festlegung der LOD zu den Fachmodellen hat sich in der Praxis bewährt. Solch eine Festlegung stellt sicher, dass alle Projektbeteiligten genau absehen können, welche Informationen zu welchen Phasen im Projekt gehören. Folgende Besonderheit ist bei den Definitionen des *Level of Geometry* und *Level of Information* jedoch zu beachten: Das LOG/LOI steigt im Laufe des Planungsprozesses, weil der Informationsgehalt eines BI-Modells sich im Laufe eines Planungsprozesses immer weiter erhöht. Zum Beispiel besitzt dementsprechend ein Objekt mit dem LOD 300 auch alle Eigenschaften der vorherigen LOD (LOD 100 und LOD 200)[413]. Im vorliegenden Beispiel bedeutet LOG 300, dass die Maschinen und Anlagen zur Koordinierung und Vergabe der Hauptgewerke ausreichend geometrisch bestimmt sind, alle nötigen Baugruppen, wie Zugangstüren oder Wartungsflächen eindeutig dargestellt, verortet und orientiert sind und eine Kollisionsprüfung durchgeführt werden kann. LOI 300 bedeutet, dass herstellerunabhängige Produkt- bzw. Produktionsanforderungen in Attributen bereits hinterlegt sind, also z. B. hinsichtlich Lufttemperatur, Luftfeuchte oder auch benötigtem Schallschutz.

---

[411] Es existieren die Präfixe *er_* (IAA), *im_* (Interaktionsplan), *pm_* (Prozessdiagramm) sowie *tm_* (Transaktions-Diagramm), Vgl. Norm DIN EN ISO 29481-1 (2018) Bauwerksinformationsmodelle, S. 15.

[412] Der zweite Teil des Namens enthält laut DIN EN ISO 29481 das konkrete Objekt, auf das sich die IAA bezieht. Zur Integration des Aachener Fabrikplanungsvorgehens ist dieser Teil umgangen worden, da insbesondere zu Beginn einer Fabrikplanung nur selten ein konkretes, einzelnes Objekt für eine Information identifiziert werden kann, sondern sich Informationen auf die Fabrik als Ganzes beziehen: z. B. Technologiekette

[413] Dies bedeutet ebenfalls, dass alle IAA aus einem vorherigen gleichen Planungsmodul eines geringeren Reifegrads auch weiterhin erfüllt sein müssen, was sich aber durch die ständige Weiterentwicklung von selbst ergibt. Aus Gründen der Übersichtlichkeit wurde im FP-IDM darauf verzichtet für diese immer noch geltenden IAA Verbindungen einzufügen. Zudem wird diese visuelle Darstellung durch die obige Erläuterung obsolet.

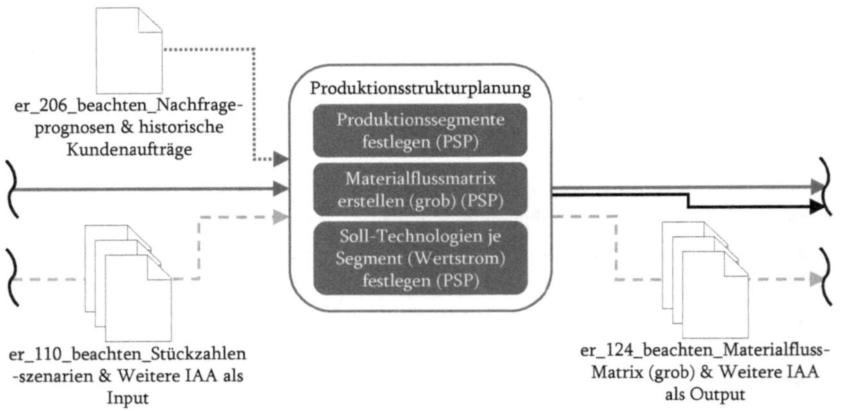

Abbildung 5-23: Auszug des FP-IDM am Beispiel des PSP-Moduls[414]

Das zweite Beispiel in Abbildung 5-23 zeigt ein frühes Stadium des Moduls *Produktionsstrukturplanung*. In diesem frühen Planungszeitraum werden seitens der Produktionsplanung Produktionssegmente festgelegt, eine erste grobe Materialflussmatrix kreiert sowie den einzelnen Wertströmen Soll-Technologien in einem groben Maße zugeordnet. Die Aktivitäten dieses Moduls in diesem Reifegrad besitzen eine externe IAA zur Integration von Nachfrageprognosen & historischen Kundenaufträgen.

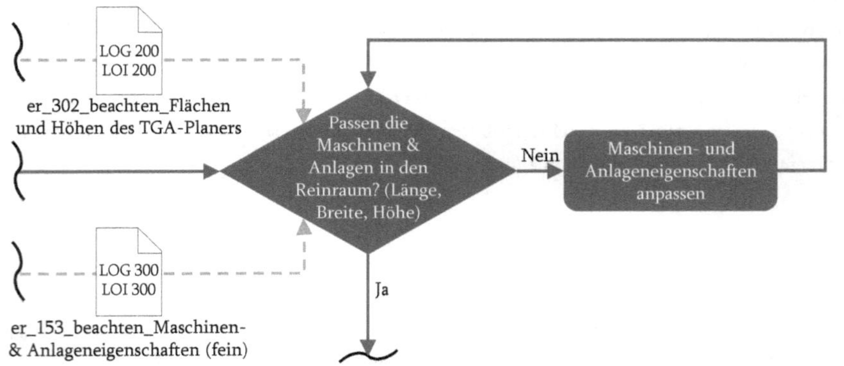

Abbildung 5-24: Auszug aus der Prüfungs-Swimlane des FP-IDM[415]

Das dritte Beispiel in Abbildung 5-24 zeigt einen Auszug aus der Swimlane *Prüfung*. An dieser Stelle wird geprüft, ob die Dimensionen der Objekte *Maschinen* und *Anlagen* in den geplanten

---

[414] Es ist hier dieselbe Legende zu nutzen wie in Abbildung 5-22.

[415] Es ist hier dieselbe Legende zu nutzen wie in Abbildung 5-22.

Reinraum passen. Die diesem Auszug vorangehende Prüfung prüft beispielsweise, ob die Bodentraglast für das Gewicht der Maschinen & Anlagen ausreicht (nicht in Abbildung 5-24 sichtbar). Hierfür werden mittels IAA klare Informationen seitens des BIM-Manager bzw. des BIM-Koordinators angefordert und zentral geprüft. Solche Prüfungsaufgaben sind im FP-IDM stets innerhalb der Swimlane *Prüfung* verortet. Bevor die Prüfung einer IAA durchgeführt wird, ist es ratsam, zunächst zu prüfen, ob das LOG bzw. LOI der IAA – soweit vorgegeben – eingehalten wurde. Solche Prüfungen finden mindestens zum Ende der Leistungsphasen statt, wie bereits beschrieben jedoch gewöhnlich alle 2-4 Wochen. Im FP-IDM sind aufgrund des Fokus auf Produktion und TGA darüber hinaus gehende Prüfungen nicht beachtet, wie eine automatische Kosten- oder Mengenermittlung aus dem BI-Modell heraus[416].

Im nächsten Schritt soll am Beispiel der Abbildung 5-24 dargestellt werden, wie die IAA für das FP-IDM definiert wurden, die auf der OFP aufbauen und Basis sind für die konkret zu prüfenden Regeln in Kapitel 5.3.

5.2.3 Informationsaustauschanforderungen des FP-IDM

Für jeden dargestellten Informationsaustausch innerhalb des Prozessmodells werden IAA definiert (vgl. Kapitel 3.4). Es ist an dieser Stelle nochmals zu betonen, dass die einzelnen hier dargestellten Lösungsartefakte nicht Selbstzweck der Forschungsarbeit sind, sondern jeweils Mittel zum Zwecke einer automatischen Validierung. Daher werden die erstellten IAA im Folgenden anhand des Beispiels *er_153* dargestellt[417]. Der gesamte folgende Teil des Unterkapitels 5.2.3 ist diese IAA, weshalb auch das tatsächliche Format der IAA gezeigt wird und keine vollständige Umwandlung in Fließtext geschieht.

<u>Informationsaustausch-Anforderung</u>

Name	Maschinen- & Anlageneigenschaften (fein)
Kennung	er_153_beachten_Maschinen- & Anlageneigenschaften (fein)

Änderungsprotokoll		
2021-09-07	Erstellung der IAA	m.ebade-esfahani@wzl.rwth-aachen.de

Tabelle 5-16: Einordnung der *er_153* in Projektphasen

	1	Grundlagenermittlung	

---

[416] Für weitere Informationen zu den verschiedenen BIM-Level, welche Kosten oder auch Zeitplanungen betrachten: Vgl. Schober, K.-S. et al. (2017), Turning point for the construction industry, S. 7ff.

[417] Vgl. Anhang 9.5.2 für die detaillierte Darstellung von *er_302*

Projektphase (nach LPH der HOAI)[418]	2	Vorplanung	✓
	3	Entwurfsplanung	✓
	4	Genehmigungsplanung	✓
	5	Ausführungsplanung	
	6	Vorbereitung der Vergabe	
	7	Mitwirkung bei der Vergabe	
	8	Objektüberwachung – Bauüberwachung und Dokumentation	
	9	Objektbetreuung	

Leitfaden zur Verwendung

Anwendungsbereich

Diese Informationsaustausch-Anforderung (IAA) gilt für die Planung von Produktionssystemen. Die IAA ermöglicht es, die erforderlichen Informationen für alle in der Planung festgelegten und damit die für die Produktion erforderlichen Maschinen- und Anlageneigenschaften des Anwendungsfalls in einem BI-Model und für die weitere Planung bereitzustellen.

Bedarfsbeschreibung

Die erforderlichen Informationen sind für viele weitere Planungsmodule des Planungsfalls aus der Produktionssystemplanung und Industriebauplanung relevant, um aufbauend auf diesen Informationen ein konsistentes Planungsergebnis zu erhalten. Des Weiteren wird diese IAA genutzt, um Überprüfungen durchzuführen. Dazu zählen beispielsweise die Überprüfungen, ob die Statik ausreichend für die Maschinen und Anlagen dimensioniert ist oder, ob die Maschinen und Anlagen in den vorgesehenen (Rein-) Raum passen.

Anforderungen an den Reifegrad bzw. LOG & LOI

Bei dieser IAA handelt es sich um einen höheren Reifegrad der IAA „er_128_beachten_Maschinen und Anlageneigenschaften (grob)“. *Höherer Reifegrad* bedeutet, dass die IAA im höheren Reifegrad *fein* detailliertere Informationen über die Maschinen und Anlagen enthält als im Reifegrad „grob“. Dementsprechend ist das LOG und LOI dieser IAA im Gegensatz zur er_128 auch erhöht.

418 Aus Konsistenzgründen sind hier die LPH nach HOAI dargestellt. Die Vorlage bezieht sich eigentlich auf die Lebenszyklusphasen u.a. nach ISO 22263 (vgl. Tabelle 2-1). Weiterhin ist hier zu erläutern, dass eine Zuordnung zu mehreren LPH bedeutet, dass die IAA zwar in einer LPH generiert wird (wie hier in LPH 2), aber in vielen weiteren Modulen als Input genutzt, unter anderem auch solchen, die in späteren LPH verordnet sind. Die Vorlage gibt diesbezüglich nichts vor.

Alle Objekte, welche mit dieser IAA übergeben werden, müssen mindestens das LOG 300 und das LOI 300 aufweisen. Bei Nutzung der IAA ist als erstes zu überprüfen, ob das LOG und LOI nach den Vorgaben eingehalten wird.

Formatanforderungen

Die benötigten Informationen müssen einerseits direkt im BIM Modell im XML- bzw. IFC-Format hinterlegt und zusätzlich allen Planungsbeteiligten zugänglich gemacht werden sowie andererseits als PDF-Dokument für alle weiteren Planungsbeteiligten und Gewerke zur Verfügung gestellt werden. Alle Informationen müssen in einer Datei enthalten sein.

Anforderungen an Informationen

Voraussetzungen für die vorliegende IAA

Folgende unmittelbar vorausgehende IAA müssen bereitgestellt werden, damit die Maschinen- und Anlageneigenschaften korrekt aufgestellt werden können:

- Der Arbeitsplan (fein) (*er_144*)
- Der Kapazitätsbedarf pro Produktionssegment (*er_129*)
- Die geforderte Reinraumklasse nach DIN EN ISO 14644 bzw. EU-GMP-Richtlinie (*er_301*)
- Die Ressourcenliste der Produktionsmittel (*er_144*)
- Die Produkteigenschaften & -gruppen und die Referenzprodukte (*er_105*)

Beschreibung der Informationen

Zu den erforderlichen Informationen über die Maschinen- und Anlageneigenschaften gehören:

- Angaben zu genauen Bezeichnungen/Namen des Objekts, Baugruppen, Herstellern, Maschinen- und/oder Anlagentypen, Modell- oder Produktnamen, Gehäusearten (offen/geschlossen) und weiteren relevanten Beschreibungen
- Angaben zur Verortung (Bezeichnung des jeweiligen Raumes und genaue Position in diesem) und Orientierung der Maschinen und Anlagen im BI-Model
- Genaue Abmessungen der Maschinen und Anlagen
- Angaben zu Einheiten und Gewichten
- Angaben zu allen benötigten TGA-Versorgungsanschlüssen (Elektro, Gas, Wasser, Luft etc.) mit genauen Anschlusswerten und der Anzahl an benötigten Anschlüssen
- Anforderungen an den Schallschutz und die Produktionsbedingungen wie Anforderungen an die Lufttemperatur und -feuchte
- Genaue Emissionsangaben der jeweiligen Maschinen und Anlage (insbesondere bei einer Nutzung im Reinraum), wie z. B. Angaben zu Wärmeabgaben und Partikelemissionen
- Angaben zu dem erreichten LOG und LOI der Maschinen und Anlagen

Informationseinheiten – Tabelle

Bei der Nutzung einer Ontologie zur Fehlerüberprüfung der Planungsdaten wird empfohlen, mit der passenden OFP-Ontologie[419] zu arbeiten.

Bei der Nutzung der OFP und insbesondere bei der Nutzung von anderen Ontologien ist darauf zu achten, dass die Benennungen von Planungsinformationen im BI-Model zu den Benennungen der gleichen Planungsinformation in der Ontologie passen müssen. So muss z. B. der Name der Planungsinformation, welche die Höhe eines Objekts im BI-Model angibt, mit dem Namen des passenden *Data Property*, welches die Höhe eines Objekts in der Ontologie zuordnet, übereinstimmen. Für die OFP sind in der Spalte „Beispiel & weitere Erläuterungen" der Tabelle 5-17 jeweils die bereits passenden Namen für einige Planungsinformationen im BI-Model angegeben, sodass diese mit der OFP nutzbar sind.

Tabelle 5-17: Informationseinheiten-Tabelle der *er_153*

Objekttyp Konzept eines Merkmals Merkmal	Definition	Beispiel & weitere Erläuterungen
Maschine oder Anlage	Maschine: Technisches Gebilde, welches mit einem Antrieb versehen ist und als Arbeitsmittel z. B. in der Produktion genutzt wird. Anlage: Systematischer und miteinander verbundener Zusammenschluss von Maschinen, Apparaten und Geräten, welche eine Funktion erfüllen.	CNC-Fräse, Drehmaschine, Anlage für die Produktion von Batteriezellen etc.
3D-Modell	Dreidimensionaler Körper	Nicht nur als einfacher Volumenkörper, sondern bereits mit definierter Geometrie darzustellen
Bezeichnung/Name	Ein Name oder eine Bezeichnung zur eindeutigen Identifizierung und für Verweisungszwecke	An die Vorgaben zur Bezeichnung von Objekten des BAP (BIM-Ablaufplan) halten, da dort eine Festlegung auf eindeutige Bezeichnungen/Namen stattfindet. Der Objektname muss bei jedem Objekt (auch falls mehrere gleiche Objekte existieren) einmalig sein, da dieser während des Datenimports in die Ontologie genutzt wird, um ein eindeutig identifizierbares Individual zu erstellen.
Baugruppenzuordnung	Zuordnung zu einer Baugruppe	Maschine, Fenster, Wand etc. Hierbei muss darauf geachtet werden, dass der gleiche Baugruppenname verwendet wird, der auch von der passenden Klasse als

[419] abrufbar unter folgendem Link: https://download.cms.rwth-aachen.de/wzl/OFP.owl

				Klassenname in der Ontologie genutzt wird, da hierüber später eine Zuordnung zur passenden Klasse erfolgt. Bei Nutzung der empfohlenen OFP werden Baugruppennamen auch unter dem Planungsparameter *Klasse* abgelegt.
		Hersteller	Angabe des Herstellers	Bei Nutzung der empfohlenen OFP wird die Angabe des Herstellers unter dem Planungsparameter *hat_Herstellernamen* abgelegt.
		Maschinen- oder Anlagentyp	Angabe des Maschinen- oder Anlagentyps	Drehmaschinen, Fräsmaschinen, Biegemaschinen, Sondermaschinen etc. Bei Nutzung der empfohlenen OFP wird der Maschinen- oder Anlagentyp unter dem Planungsparameter *hat_Maschinenart* abgelegt.
		Modell- und Produktnamen	Angabe des Modell- und Produktnamens	
		Einheit	Anzahl der Einheiten	Wie oft steht das gleiche Objekt im Modell?
		Gehäuseart	Angabe zur Gehäuseart	Offen oder geschlossenes Gehäuse
		Weitere Beschreibung	Falls weitere Informationen notwendig sind, die keiner der genannten Informationen zugeordnet werden können, liefert diese Information weitere relevante Beschreibungen.	
		Verortung/Lage	Raumnamen, in dem sich die Maschine oder Anlage befindet und genaue Position in diesem Raum zum Bezugspunkt (0/0/0) des Gesamtmodells und des Raumes.	Vektor ausgehend vom Koordinatenursprung des Raumes und des Gesamtmodells zum Einfügepunkt des Umfassungskörpers
		Orientierung	Ausrichtung zum Bezugspunkt (0/0/0) des Gesamtmodells und des Raumes	Rotation ausgehend vom Koordinatenursprung des Raumes und des Gesamtmodells zum Einfügepunkt des Umfassungskörpers
		Länge	Länge des Umfassungskörpers	Gemessene Länge in mm Bei Nutzung der empfohlenen OFP wird die Länge unter dem Planungsparameter *hat_Laenge* abgelegt.
		Breite	Breite des Umfassungskörpers	Gemessene Breite in mm Bei Nutzung der empfohlenen OFP wird die Breite unter dem Planungsparameter *hat_Breite* abgelegt.
		Höhe	Höhe des Umfassungskörpers	Gemessene Höhe in mm Bei Nutzung der empfohlenen OFP wird die Höhe unter dem Planungsparameter *hat_Hoehe* abgelegt.
		Gewicht	Gewicht des Objekts	Gewicht in kg Bei Nutzung der empfohlenen OFP wird das Gewicht unter dem Planungsparameter *hat_Eigengewicht* abgelegt.

		Benötigte TGA-Versorgungsanschlüsse , dazu zählen z.B. folgende Elektro-Anschlussinformationen:		Angaben zu benötigten TGA-Versorgungsanschlüssen inkl. Anzahl an benötigten Anschlüssen und dazugehöriger Anschlusswerte	Alle Angaben in gängigen Einheiten Versorgungsanschlüssen sind z. B. Elektro-, Gas-, Wasser-, Druckluft- und weitere Anschlüsse
			Stromstärke	Stromstärke des Elektro-Versorgungsanschlusses	Stromstärke in Ampere Bei Nutzung der empfohlenen OFP wird die Stromstärke unter dem Planungsparameter *hat_Stromstaerke* abgelegt.
			Anschlussleistung	Anschlussleistung des Elektro-Versorgungsanschlusses	Anschlussleistung in Watt Bei Nutzung der empfohlenen OFP wird die Anschlussleistung unter dem Planungsparameter *hat_Anschlussleistung* abgelegt.
			Nennspannung	Nennspannung des Elektro-Versorgungsanschlusses	Nennspannung in Volt Bei Nutzung der empfohlenen OFP wird die Nennspannung unter dem Planungsparameter *hat_Nennspannung* abgelegt.
			Frequenz	Frequenz des Elektro-Versorgungsanschlusses	Frequenz in Hertz Bei Nutzung der empfohlenen OFP wird die Frequenz unter dem Planungsparameter *hat_benoetigte_Frequenz* abgelegt.
		Schallschutzklasse		Erreichte Schallschutzklasse der Maschine oder Anlage	Bei Nutzung der empfohlenen OFP wird die erreichte Schallschutzklasse unter dem Planungsparameter *hat_Schallschutzklasse* abgelegt.
		Anforderungen an Produktionsbedingungen, wie folgende:		Falls vom Produkt oder Hersteller gefordert: Anforderungen an Raumlufttemperatur und Luftfeuchte der Maschine oder der Anlage	
			Wärmeabgabe	Wärmeabgabe der Maschine oder Anlage	Wärmeabgabe in Watt Bei Nutzung der empfohlenen OFP wird die Wärmeabgabe unter dem Planungsparameter *hat_ Waermeabgabe_Maschine* abgelegt.
			Partikelemission	Partikelemission der einzelnen Grenzpartikelgrößen der Maschine oder Anlage	Grenzpartikelgrößen sind 0,1; 0,2; 0,5; 1 und 5 µm Bei Nutzung der empfohlenen OFP wird je nach Grenzpartikelgröße z. B. die Partikelemission in 0,1 µm unter dem Planungsparameter *hat_Partikelemission_0_1* abgelegt.
			Feuchteemission	Feuchteemission der Maschine oder Anlage	Feuchteemissionen werden als kg Wassermassenstrom der pro Sekunde aus der Maschine oder Anlage austritt angegeben Wassermassenstrom in kg/s Bei Nutzung der empfohlenen OFP wird der emittierte Wassermassenstrom unter dem Planungsparameter *hat_ Wassermassenstrom* abgelegt.

			Schallemission	Schallemission der Maschine oder Anlage	Schallemissionen werden als max. Schalldruckpegel der Maschine oder Anlage angegeben Max. Schalldruckpegel in Dezibel Bei Nutzung der empfohlenen OFP wird der max. Schalldruckpegel unter dem Planungsparameter *hat_max_Schalldruckpegel* abgelegt.
		LOG		Angabe des Level of Geometry (Informationsgehalt der geometrischen Informationen)	LOG existieren in diesem Projekt in den Stufen LOG 100, LOG 200, LOG 300, LOG 350, LOG 400 Bei Nutzung der empfohlenen OFP wird der LOG unter dem Planungsparameter *hat_LOG* abgelegt.
		LOI		Angabe des Level of Information (Informationsgehalt der alphanumerischen Informationen)	LOI existieren in diesem Projekt in den Stufen LOI 100, LOI 200, LOI 300, LOI 350, LOI 400 Bei Nutzung der empfohlenen OFP wird der LOI unter dem Planungsparameter *hat_LOI* abgelegt.

Die *Process View* überführt die Informationen aus der OFP in prüfbare Planungsprozesse. Hierzu wurden Ausschnitte des FP-IDM gezeigt und hierin eine Detailbetrachtung der IAA *er_153* durchgeführt. Die IAA enthalten Vorgaben, die es gilt, im Rahmen der *Constraint View* in konkrete Prüfregeln zu überführen, um so die Inhalte der IAA im *Semantic Web* operativ umsetzbar zu machen.

5.3 Erstellung von ontologiebasierten Prüfregeln zur Validierung der Planungs-Deliveries

Das dritte Lösungsartefakt, die *Constraint View,* nutzt die Vorgaben der *Knowledge View* sowie der *Process View*, um Regeln für die automatische Validierung zu definieren. Innerhalb dieses *Lösungsartefakts* werden vor dem Hintergrund der Forschungsfrage nicht vollumfänglich alle benötigten Regeln der betrachteten Schnittstelle ausformuliert. Vielmehr werden alle notwendigen Regeltypen vorformuliert, so dass diese bei Anwendung des Gesamtkonzepts angepasst und zeiteffizient angewendet werden können.

Teile dieses Kapitels wurden zum Zeitpunkt der Erscheinung dieser Forschungsarbeit als Iteration des Relevanz-, Rigor- und Design-Zyklus im Rahmen der Design Science Research bereits vom Autor dieser Forschungsarbeit vorveröffentlicht.[420]

[420] Die Vorveröffentlichung ist: Burggräf, P. et al. (2021), Creation of an expert system for design validation.

5.3.1 Aufstellung relevanter Regelkategorien

Innerhalb der Validierung von BIM-Fabrikplanungsmodellen kommen viele verschiedene Regeln zur Anwendung. Daher wird aus Gründen der Übersichtlichkeit zunächst eine Strukturierung nach Regelkategorien vorgenommen. Im Rahmen der automatischen Validierung können die anzuwendenden Regeln in vier Kategorien unterteilt werden (vgl. Abbildung 5-25):[421,422]

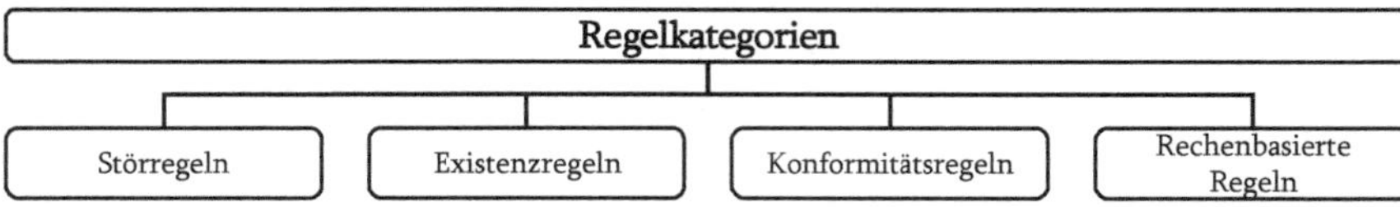

Abbildung 5-25: Kategorisierung der Regeln zur automatischen Validierung

- **Störregeln**: Als Störregeln (engl.: *interference rules*) werden alle Regeln beschrieben, die die geometrische Überschneidungsfreiheit der Modelle prüfen – sofern dies im Modellzusammenhang notwendig ist. Somit bezieht sich dieser Regeltyp auf die geometrische Kollisionskontrolle. Da dies bereits in der heutigen BIM-Praxis routinemäßig angewendet wird und die vorliegende Forschungsarbeit sich vornehmlich auf nicht-geometrische Informationen fokussiert (vgl. Kapitel 2.4), wird diese Regelkategorie im weiteren Verlauf der Forschungsarbeit nicht gesondert betrachtet.
- **Existenzregeln**: Diese Art von Regeln (engl.: *existence rules*) prüft das Gesamt- oder Teilmodell auf Vorhandensein von spezifischen, vordefinierten Objekten und/oder Attributen. So kann überprüft werden, ob in der Fabrik ein Transformator vorhanden ist und ob ein Leistungskennwert für ihn hinterlegt ist. Darüber hinaus ist es auch möglich zu definieren, dass mindestens zwei Transformatoren in der Fabrik vorzufinden sein müssen. Solche Kardinalitäten können durch OWL-Ontologien bzw. Regelsprachen, die mit OWL-Ontologien kompatibel sind, abgedeckt werden (vgl. Kapitel 3.3). In vielen Fällen sind solche Existenzregeln die Voraussetzung für die Formulierung und Umsetzung von Konformitäts- und rechenbasierten Regeln.
- **Konformitätsregeln**: Bei der Prüfung des Modells auf Einhaltung von bspw. Wertebereichen oder Dimensionen werden Konformitätsegeln angewandt (engl.: *compliance rules*). Einfache Beispiele sind die Prüfung von Maßangaben auf Werte >0 oder die

---

[421] Vgl.Burggräf, P. et al. (2021), Creation of an expert system for design validation, 5-6.

[422] Diese Darstellung der vier Regeltypen für die Fabrikplanung stammen aus der dargestellten Vorveröffentlichung und somit vom Autor dieser Forschungsarbeit. Dennoch sind einzelne Regeltypen bereits vorher von anderen Autoren ebenfalls angesprochen worden, wie z. B für Interferenzregeln: Wang, L. et al. (2018), Application of BIM Technology; Hjelseth, E. (2015), BIM-based Model Checking (BMC). Für Existenzregeln z. B.: Hjelseth, E. (2016), Classification of BIM-based model checking concepts; Zhang, C. et al. (2014), Model view checking: automated validation. Für Konformitätsregeln z. B.: Hjelseth, E. (2016), Classification of BIM-based model checking concepts; Nguyen, T.-H./ Kim, J.-L. (2011), Building code compliance checking.

Einschränkung des Wertebereichs der Anschlussleistung einer Maschine. Ebenso können Datentypen geprüft werden wie zum Beispiel der Datentyp *integer* bei der Angabe der Luftwechselzahl einer RLT-Anlage (Raumlufttechnische Anlage). Aber nicht nur einzelne Werte können geprüft werden, sondern auch verschiedene Werte im Zusammenhang zueinander. So kann beispielsweise sichergestellt werden, dass die für die Produktions- und Logistikprozesse benötigte Hakenhöhe eines Brückenkrans geringer ist als die angegebene Hallendeckenhöhe.

- **Rechenbasierte Regeln**: In Kapitel 2 wurde insbesondere auf die Herausforderung von rechenbasierten Planungsvalidierungen an der Schnittstelle zwischen TGA- und Produktionsplanung hingewiesen. Über die Konformitätsregeln hinaus prüfen die Regeln dieser Regelkategorie (engl.: *calculation rules*) folglich Zusammenhänge, die auf mathematischer Berechnung basieren (z. B. mithilfe des natürlichen Logarithmus). Diese Regelkategorie ist aus den genannten Gründen im Rahmen dieser Forschungsarbeit besonders hervorzuheben.

5.3.2 Auswahl einer geeigneten Regelsprache

In Kapitel 3.3 wurde betont, dass die Regelsprache zur Durchführung der automatischen Validierung kompatibel mit RDF sein muss. Um dieses Kriterium zu erfüllen, sind eine Vielzahl von Sprachen nutzbar, die alle unterschiedliche Charakteristika aufweisen. Somit ist die Auswahl der optimalen Sprache auch Teil dieses Lösungsartefakts. Die in diesem Kontext anwendbaren Sprachen lassen sich in drei Kategorien unterteilen, die im Folgenden kurz vorgestellt werden.

Abfragebasierte Sprachen

Im Zuge der steigenden Datennutzung und dem damit zusammenhängenden Aufbau von Datenbanken sind Sprachen entwickelt worden, die zur Abfrage dieser Daten dienen. In Bezug auf RDF-Daten sind zwei Sprachen zu nennen. Die *SPARQL Protocol and RDF Query Language* (SPARQL) wird seit dem Jahr 2008 vom W3C als Standard für die Datenabfrage in RDF-Strukturen empfohlen[423]. SPARQL ist jedoch nicht nur zur Datenabfrage, sondern aufgrund ihrer hohen Ausdrucksstärke auch zur Datenvalidierung nützlich. Zudem wird SPARQL bereits von zahlreichen RDF-basierten Anwendungen unterstützt. Jedoch bringt diese hohe Ausdrucksstärke auch eine gewisse Komplexität mit sich, so dass auch einfache Bedingungen in vergleichsweise komplexen Skripten verfasst.[424]

SPARQL wurde zu der *SPARQL Inferencing Notation* (SPIN) weiterentwickelt, um Tripel-basierte RDF-Statements zu ermöglichen[425]. Durch das Vokabular von SPIN ist eine Verknüpfung

[423] Vgl. Prud'hommeaux, E./ Seaborne, A., [Stand: 23.03.2021] SPARQL Query Language for RDF.

[424] Vgl. Labra Gayo, J. et al. (2018), Validating RDF data, S. 46.

[425] Vgl. Knublauch, H., [Stand: 24.03.2021] SPIN - SPARQL Syntax.

von OWL-Klassen mit SPARQL-Abfragen möglich[426]. Doch auch SPIN wurde für die Validierung von RDF-Daten stetig weiterentwickelt, so dass es im Weiteren nicht näher betrachtet wird.

Inferenz-basierte Sprachen

Im Kontext von Ontologien bedeutet Inferenz die automatische Ableitung von explizitem aus implizitem Wissen (vgl. Kapitel 3.3). OWL zählt zunächst auch zu den Inferenz-basierten Sprachen, obgleich sie vorrangig entwickelt wurde, um Daten in Ontologien zu modellieren (vgl. Kapitel 3.3). Darüber hinaus existieren jedoch auch Regelsprachen, die OWL erweitern, um komplexere Regeln aufzustellen als mit OWL möglich ist. Grundlage von Inferenz-basierten Sprachen ist generell die Ableitung des erwähnten impliziten Wissens über eine Wenn-Dann-Logik[427]. Eine potentielle Regel könnte somit lauten: Wenn in der Bezeichnung der Instanz das Wort *Lager* vorkommt, dann weise diese Instanz der Klasse *Lager* zu. Beispiele für solche Regelsprachen sind in diesem Kontext die *Semantic Web Rule Language* (SWRL), die *Notation3Logic* (N3Logic) oder das *Rule Interchange Format* (RIF). Alle Inferenz-basierten Ansätze fußen auf OWA (vgl. Kapitel 3.3) sowie auf der *none Unique name Assumption* (nUNA)[428]. nUNA bedeutet konkret, dass zwei unterschiedliche Bezeichnungen dieselbe Ressource referenzieren können. Gäbe es die Statements *Lager5 beliefert LKW2*, *Hochregallager5 beliefert LKW2* sowie *LKW2 wird von nur einem Lager beliefert*, so würde ein Modell unter nUNA nun implizit annehmen, dass *Lager5* und *Hochregallager5* ein und dieselbe Ressource sind. Aufgrund der domänenspezifischen Terminologien in der Fabrikplanung, die sich von Fachplanung zu Fachplanung unterscheiden kann, kann ein Modell für die Fabrikplanung grundsätzlich von nUNA profitieren. Doch es kann auch nachteilig sein, was an folgendem neuen Beispiel dargestellt wird: Sollte eine Regel existieren, dass *Maschine5* nur von einem Lager beliefert wird und in Folge sowohl ein *Lager1* als auch ein *Lager2* als Quellen definiert werden, so müsste ein korrekter Validierungsprozess eigentlich einen Fehler ausgeben. Aufgrund von nUNA kann aber nicht ausgeschlossen werden, dass *Lager1* und *Lager2* ein und dieselbe Ressource sind[429]. In Kombination mit OWA kann dies die automatische Validierung von Fabrikplanungsdaten stark erschweren. Es wurden aus diesem Grund Ansätze entwickelt, um Inferenz-basierte Ansätze auch unter CWA und UNA anzuwenden, wie z. B. *Stardog Integrity Constraint Validation* (Stardog ICV)[430]. Nachteilig ist hierbei wiederum, dass kein wirklicher Prüfbericht erzeugt wird, sondern das Ergebnis der Prüfung darin besteht, dass neue RDF-Statements erzeugt werden. Insbesondere bei umfangreichen Fabrikplanungsprojekten würde diese Vorgehensweise zu einem unüberschaubaren Modell führen, aus dem das eigentliche Ergebnis, nämlich der Prüfbericht, aufwändig herausdestilliert werden muss.

---

[426] Vgl. Knublauch, H. et al., [Stand: 24.03.2021] SPIN - Overview and Motivation.

[427] Vgl. Rattanasawad, T. et al. (2013), A review and comparison of rule langauges, S. 1.

[428] Vgl. Labra Gayo, J. et al. (2018), Validating RDF data, S. 47.

[429] Es müsste ein zusätzliches *Statement* inkludiert werden, das besagt, dass *Lager1* ungleich *Lager2* ist.

[430] Vgl. ebd.

Aus den genannten Gründen werden Inferenz-basierte Ansätze im Kontext der automatischen Validierung von BIM-Fabrikplanungsdaten nicht weiter betrachtet.

Beschränkungssprachen

Im Gegensatz zu Inferenz-basierten Ansätzen existieren Beschränkungssprachen, die grundsätzlich auf CWA und UNA basieren. Hier ist unter anderem die Sprache *Shape Expressions* (ShEx) zu nennen, die wiederum die Sprache *Resource Shapes* (ReSh) weiterentwickelt[431]. Der Kern von ShEx sind *Shapes,* welche wiederum eine bestimmte Menge an Bedingungen umfassen, die sich auf einen bestimmten Knoten bzw. eine bestimmte Ressource in einem RDF-Graphen bezieht[432]. Zur Validierung mit ShEx sind drei Komponenten notwendig: Das *ShEx-Schema*, das die einzelnen *Shapes* und somit die Bedingungen enthält; einen Datengraphen, der alle zu prüfenden Ressourcen enthält; eine *Shape-Map*, die angibt, welche Ressourcen im Datengraph von welchem *Shape* zu prüfen sind. Im Ergebnis der Validierung steht ein Validierungsbericht in Form eines separaten RDF-Graphen, der angibt, welche Ressourcen ihre jeweilig zugeordneten Bedingungen erfüllen.[433] ShEx zeichnet sich durch eine recht einfach verständliche und kompakte Syntax aus. In Kombination mit dem unkompliziert zu lesenden Validierungsbericht stellt ShEx eine gute Möglichkeit für die automatische Validierung in dieser Forschungsarbeit dar.

Eine weitere Sprache, die häufig zur Prüfung von RDF-Graphen genutzt wird, ist die *Shapes Constraint Language* (SHACL). Im Gegensatz zu ShEx benötigt SHACL nur zwei Inputs: einen Daten-Graphen, der die zu prüfenden Daten enthält inklusive der logischen Verbindungen zwischen den Daten, sowie einen *Shapes*-Graphen, in dem die Bedingungen und Regeln definiert sind, die auf den Daten-Graphen anzuwenden sind. Hierbei können zwei Arten von *Shapes* unterschieden werden: *Node Shapes* beziehen sich auf die Knoten eines RDF-Graphen und können somit beispielsweise eine Instanz einer bestimmten Klasse zuordnen. *Property Shapes* hingegen beziehen sich auf die Kanten eines RDF-Graphen und somit auf die Eigenschaften, oder in einfach Worten: auf die Prädikate. Häufig sind diese *Property Shapes* selbst Teil eines *Node Shape,* so dass dann alle in dem *Node Shape* betrachteten Ressourcen auch die im *Property Shape* definierten Eigenschaften aufweisen müssen.[434]
Ergebnis der Validierung bei SHACL ist auch hier ein Validierungsbericht, der die verletzten Shapes und die verursachenden Ressourcen auflistet.[435]

---

[431] Für weitere Details zur Sprache, vgl.: Ryman, A., [Stand: 25.03.2021] Resource Shape 2.0.
[432] Vgl. ebd.
[433] Vgl. Labra Gayo, J. et al. (2018), Validating RDF data, S. 59ff.
[434] Vgl. Knublauch, H./ Kontokostas, D., [Stand: 26.03.2021] Shapes Constraint Language (SHACL).
[435] Vgl. ebd.

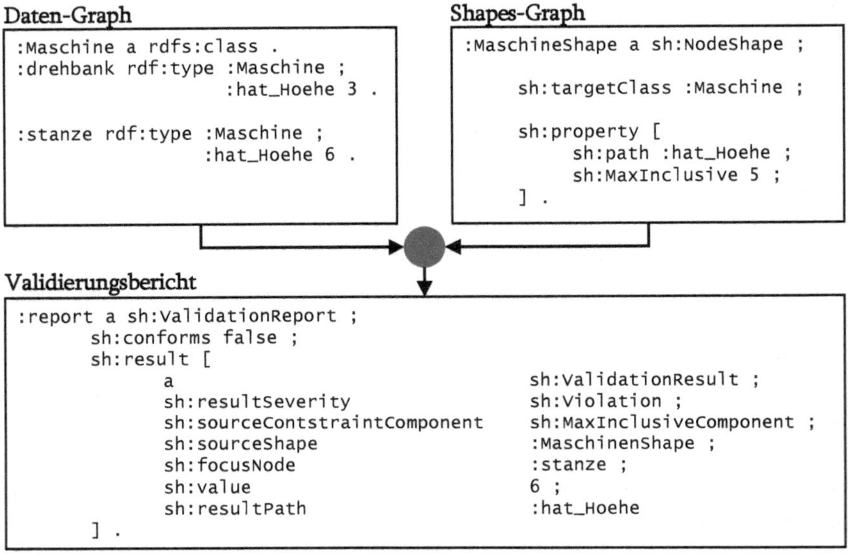

Abbildung 5-26: Beispiel einer Validierung der Maschinenhöhe mit SHACL

In Abbildung 5-26 ist hierzu ein Beispiel dargestellt. Der *Shapes*-Graph zeigt, dass alle Instanzen der Zielklasse *:Maschine* in Hinblick auf ihre Höhe geprüft werden sollen, die 5 (Meter) nicht überschreiten darf. Der Daten-Graph liefert zwei konkrete Instanzen aus dieser Klasse: eine Drehbank mit Höhe 3 (Meter) sowie eine Stanze mit Höhe 6 (Meter). Der Validierungsbericht stellt daraufhin fest, dass es eine Verletzung der Regel *sh:MaxInclusiveComponent* gab innerhalb des dazugehörigen *Shapes :MaschinenShape*, der sich auf das *Property :hat_Hoehe* bezieht. Die Instanz *:stanze* hat diese Regel mit dem Wert 6 verletzt.

Neben SHACL Core existiert die Erweiterung SHACL-SPARQL, die beispielsweise komplexe mathematische Berechnungen durchführen kann und sich somit in ihrer Expressivität gegenüber SHACL Core absetzt[436]. Diese Expressivität hat jedoch Einbußen in der Intuivität zur Folge.

[436] Vgl. Knublauch, H./ Kontokostas, D., [Stand: 26.03.2021] Shapes Constraint Language (SHACL), Part 2.

```
1  :MaschineShape a sh:NodeShape ;
2        sh:targetClass :Maschine ;
3        sh:property [
4           sh:path :hat_Hoehe ;
5           sh:sparql  [
6                  a sh:SPARQLConstraint ;
7                  sh:select “““
8                        SELECT $this (?hoehe AS ?value)
9                        WHERE {
10                             $this $PATH ?hoehe .
11                             FILTER (?hoehe > 5)
12                       }
13                 “““
14                    ]
15                  ] .
```

Abbildung 5-27: Darstellung des *Shapes*-Graph aus Abbildung 5-26 in SHACL-SPAQRL

Abbildung 5-27 verdeutlicht diesen Sachverhalt, indem der *Shapes*-Graph aus Abbildung 5-26 in SHACL-SPARQL dargestellt wird. Die ersten Zeilen bis *sh:path* (4) sind identisch mit SHACL Core. Der Ausdruck *sh:sparql* (5) gibt an, dass nun eine Bedingung folgt, die auf SPARQL basiert. Im Genauen wird eine *SELECT*-Abfrage (8) genutzt, die sich auf das Tripel *$this $PATH ?hoehe* bezieht. *$this* ist hierbei die betrachtete Ressource – also Instanzen der Klasse *:Maschine*. *$PATH* ist definiert durch *:hat_hoehe*. *?hoehe* ist definiert als der Wert, der sich als Objekt in diesen Statements verbirgt. Die Filter-Funktion filtert nun aus der Gesamtheit dieser Werte jene heraus, die den Wert 5 überschreiten. Trotz der höheren Komplexität bietet die hohe Expressivität von SHACL-SPARQL in Kombination mit dem zu SHACL Core identischen, ausführlichen Validierungsbericht eine weitere betrachtenswerte Möglichkeit zur Validierung der RDF-Daten in der BIM-basierten Fabrikplanung.

Bewertung von SPARQL, ShEx und SHACL

Aus den bisherigen Ausführungen kann gefolgert werden, dass insbesondere die Sprachen SPARQL, ShEx sowie SHACL für die Validierung weiterverfolgt werden sollten. Um die für den beschriebenen Anwendungsbereich optimale Sprache auszuwählen, wurde im Folgenden eine multikriterielle Bewertung durchgeführt. Die Kriterien wurden in K.O.- sowie Wunschkriterien unterteilt und basieren zum einen auf den bisherigen Ausführungen der Forschungsarbeit sowie auf den Erkenntnissen von LABRA GAYO ET AL. sowie STEYSKAL UND COYLE.

Tabelle 5-18: K.O.-Kriterien zur Bewertung der Regelsprachen[437]

Kriterium	SPARQL	ShEx	SHACL
Maschinenlesbarkeit gewährleistet	Ja	Ja	Ja
Validierungsbericht ausgebbar	Nein	Ja mit Einschränkung	Ja
Validierungsbericht abspeicherbar	Nein	Ja	Ja
High-Level Programmiersprache	Ja	Ja	Ja
Eigenschaften und konkrete Werte prüfbar	Ja	Ja	Ja
Verschiedene Datentypen prüfbar	Ja	Ja	Ja
Datentyp-Facetten prüfbar	Ja	Ja	Ja
Konjunktion/Disjunktion möglich	Ja	Ja	Ja
Kardinalitäten anwendbar	Ja	Ja	Ja
Werte im Vergleich prüfbar	Ja	Ja	Ja
Arithmetische Funktionen umsetzbar	Ja	Ja	Ja

Die genutzten K.O.-Kriterien sind in Tabelle 5-18 dargestellt. Zur detaillierten Beschreibung und Begründung der einzelnen Bewertungskriterien sei an dieser Stelle auf Anhang 9.6.3 verwiesen. Es zeigt sich, dass SPARQL Unzulänglichkeiten bei dem Validierungsbericht aufweist. Dies ist letztlich darauf zurückzuführen, dass SPARQL originär eine Abfragesprache und keine Validierungssprache ist. Für die Anwendung in dieser Forschungsarbeit sind diese Eigenschaften jedoch essentiell. ShEx generiert zwar einen Validierungsbericht, jedoch eher mit der Auflistung aller Ressourcen und aller damit zusammenhängenden *Shapes*. Weiterhin wird innerhalb eines *Shapes*, das wie beschrieben ein Set an Bedingungen ist, nicht angegeben, welche Bedingung genau verletzt wurde. Im Rahmen der Validierung von Fabrikplanungsinformationen erschwert dieses Charakteristikum jedoch die Übersichtlichkeit stark. Da sich aus der Bewertung mittels K.O.-Kriterien bereits SHACL als Favorit herauskristallisiert, wird an dieser Stelle nicht noch gesondert auf die Wunschkriterien eingegangen, sondern auf Anhang 9.6.4 für detaillierte Informationen diesbezüglich verwiesen[438]. Im Folgenden wird SHACL als Validierungssprache für die *Constraint View* genutzt.

[437] I.A.a. Labra Gayo, J. et al. (2018), Validating RDF data, S. 48ff.; Steyskal, S./ Coyle, K., [Stand: 27.03.2021] SHACL Use Cases and Requirements, Abschnitt 4.

[438] Auch die Wunschkriterien weisen jedoch in Richtung SHACL.

5.3.3 Umsetzung der Regelkategorien in SHACL

In diesem Kapitel werden die Regelkategorien, die in Kapitel 5.3.1 vorgestellt wurden, mittels SHACL umgesetzt. Inhaltliche Grundlage hierfür ist die *Process View*, welche in Kapitel 5.2 detailliert wurde. Konkret werden die Regeln auf Basis der Abbildung 5-24 exemplarisch dargestellt und befinden sich somit an der Prüfschnittstelle zwischen Maschinen- und Anlageneigenschaften und der Reinraumplanung. Grundsätzlich sind diese Regeln jedoch generell auf weitere Prüfungen anwendbar. In diesem Fall müssen die entsprechenden Referenzierungen wie *sh:targetNode, sh:targetClass* oder *sh:path* ausgetauscht werden.

Die nötigen Präfixe eines in diesem Zusammenhang zu erstellenden Regelskripts werden im Folgendem einmal gesamthaft dargestellt. Allen sodann dargestellten Regeln wäre dieser Teil bei Ausführung noch voranzustellen.

```
@prefix rdf:    <http://www.w3.org/1999/02/22-rdf-syntax-ns#> .
@prefix sh:     <http://www.w3.org/ns/shacl#> .
@prefix xsd:    <http://www.w3.org/2001/XMLSchema#> .
@prefix rdfs:   <http://www.w3.org/2000/01/rdf-schema#> .
@prefix :       <https://download.cms.rwth-aachen.de/wzl/OFP.owl#> .
@prefix owl:    <http://www.w3.org/2002/07/owl#> .
```

Abbildung 5-28: Präfixe des Regelskripts

Im Folgenden werden auf Basis der Betrachtungen aus Kapitel 5.1 und 5.2 die drei in Kapitel 5.3.1 dargestellten Regelkategorien mittels der in Kapitel 5.3.2 ausgewählten Sprache *SHACL* dargestellt.

Existenzregeln

Im ersten Schritt werden Existenzregeln (vgl. Kapitel 5.3.1) mit Bezug auf die *Process View* dargestellt, wobei der Fokus auf Kardinalitäten liegt. Die erste Regel in Abbildung 5-29 prüft, ob im gesamten BI-Model – und somit in der gesamten projektspezifischen OFP – überhaupt eine Maschine hinterlegt ist. Durch die Inversität wird das aktuell betrachtete Element als Objekt des RDF-Statements gesehen[439]. *rdf:type* (4) definiert, dass das Subjekt des Statements eine Instanz des Objekts ist. Es wird also geprüft, wie viele Instanzen die Klasse *Maschine* besitzt. Im Gegensatz zu noch folgenden Regeln wird hier nicht *sh:targetClass*, sondern *sh:targetNode* genutzt (2), da hier nicht die Instanzen selbst, sondern zunächst die Klasse von Interesse ist. Die Kardinalität wird in diesem Beispiel über *sh:minCount 1* expliziert (5).

[439] Vgl. Kapitel 3.3 für das Subjekt-Prädikat-Objekt Konstrukt eines RDF-Statements

```
:ÜberprüfungInverseProperty a sh:NodeShape ;
    sh:targetNode :Maschine ;
    sh:property [
        sh:path     [ sh:inversePath rdf:type ] ;
        sh:minCount 1 ;
    ] .
```

Abbildung 5-29: Überprüfung eines Inverse Property am Beispiel der Existenz von Maschinen (z. B. mittels *er_128*)

Die nächste Regel überprüft die Existenz von Eigenschaften oder Objekten. Konkret wird in Abbildung 5-30 auf Basis der IAA *er_153* sichergestellt, dass alle Maschinen, die in dem BI-Model eingefügt werden, genau einen Wert haben, der die Nennspannung der jeweiligen Maschine ausdrückt. Es wird also entsprechend der IAA *er_153* der *Process View* geprüft, ob alle Instanzen der OFP-Klasse *Maschine* genau einen Wert in dem *Data Property*[440] *hat_Nennspannung* hinterlegt haben. Zudem ist in diesem Beispiel dargestellt, wie mittels des Zeichens # Kommentare für den menschlichen Nutzer eingefügt werden können, die auf die Code-Ausführung keine Auswirkung haben.

```
:PrüfungExistenz a sh:NodeShape ;
    sh:targetClass :Maschine ; # Shape bezieht sich auf alle Instanzen
der Klasse Maschine
    sh:property [
        sh:path     :hat_Nennspannung ; # das property hat_Nennspannung
wird betrachtet
        sh:minCount 1 ; # es muss mindestens ein Wert für das property
existieren
        sh:maxCount 1 ; # es darf maximal ein Wert für das property
existieren
    ] .
```

Abbildung 5-30: Prüfung auf Existenz einer Eigenschaft am Beispiel der Nennspannung der Maschinen im BI-Model (z. B. mittels *er_153*)

Die Abbildung 5-31 stellt im Rahmen der in der *Process View* dargestellten Prüfung sicher, dass jede Maschine genau einem Raum zugeordnet ist. Es wird also geprüft, ob jede Instanz der Klasse *Maschine* (2) aus der projektspezifischen OFP mit der Kardinalität 1 (6-7) und dem *Object Property befindet_sich_in* (4) genau einer Instanz der Klasse *Raum* (5) zugeordnet ist. Wird ein solcher *Shape* beispielsweise für Werkzeuge genutzt, die sich verschiedene Räume teilen, so kann

[440] Zur Erinnerung: *Data Properties* beziehen sich auf *Literals*, also auf Ressourcen, die keine eindeutige Kennung besitzen (zum Beispiel Zahlenwerte). *Object Properties* stellen Beziehungen zwischen Ressourcen dar, die über IRI klar identifizierbar sind (vgl. Kapitel 3.3).

die Kardinalität ohne Probleme auf beispielsweise *sh:maxCount 6* angehoben werden.

```
:ÜberprüfungObjectProperty a sh:NodeShape ;
    sh:targetClass :Maschine ;
    sh:property [
        sh:path     :befindet_sich_in ;
        sh:class    :Raum ;
        sh:minCount 1 ;
        sh:maxCount 1 ;
    ] .
```

Abbildung 5-31: Prüfung von *Object Properties* am Beispiel der räumlichen Maschinenzuordnung

Zu diesem Zeitpunkt wurde geprüft, ob alle Maschinen einem Raum zugeordnet wurden. Soll jedoch geprüft werden, ob jedem Reinraum auch eine Maschine zugeordnet wurde, so kann dies über *repeated properties*[441] gelöst werden. Abbildung 5-32 zeigt, dass hierfür kontrolliert wird, dass jede Instanz der OFP-Klasse *Reinraum* (2) mittels dem *Object Property ist_ausgestattet_mit* (4) mit mindestens[442] einer Instanz der Klasse *Maschine* ausgestattet ist (6-8).

```
1 :RepeatedProperty a sh:NodeShape ;
2     sh:targetClass :Reinraum ;
3     sh:property [
4         sh:path :ist_ausgestattet_mit ;
5         sh:qualifiedValueShape [
6             sh:class :Maschine ;
7         ] ;
8         sh:qualifiedMinCount 1 ;
9     ] .
```

Abbildung 5-32: Überprüfung eines *Repeated Property* am Beispiel der Existenz einer Maschine im Reinraum

Durch diese Beispiele können alle wichtigen Existenzprüfungen in einem BI-Modell mittels der OFP durchgeführt werden. Diese Art der Prüfung bildet die Grundlage für alle folgenden Prüfungen, da ohne die Existenz von Daten weitere Validierungen ausgeschlossen sind. Im nächsten Abschnitt wird der Bereich der Konformitätsregeln betrachtet.

Konformitätsregeln

Mithilfe von Konformitätsregeln wird geprüft, ob die Projektdaten in der projektspezifischen OFP definierten Vorgaben entsprechen. Dies kann zum Beispiel ein konkreter Datentyp sein. Vor dem Hintergrund prüft Abbildung 5-33, ob die Länge einer jeden Maschine im Modell im

---

441 Vgl. Labra Gayo, J. et al. (2018), Validating RDF data, S. 174f. *Repeated Properties* sind Eigenschaften, die eine Beziehungen zwischen mehreren Klassen und deren Instanzen herstellen.

442 Erkennbar an dem *sh:qualifiedMinCount;* für das Maximum kann analog genutzt werden: *sh:qualifiedMaxCount*

Datentyp *float* angegeben ist[443]. Eine solche Prüfung kann beispielsweise für konkrete Berechnungen relevant sein. Sie kann auch mittels *sh:nodeKind* auf den konkreten Knotentyp ausgeweitet werden, um beispielsweise sicherzustellen, dass gewisse Elemente über einen IRI verfügen. Ohne eine eindeutige Kennung sind nämlich Prüfungen wie in Abbildung 5-31 nicht möglich.

```
:ÜberprüfungDatentyp a sh:NodeShape ;
    sh:targetClass :Maschine ;
    sh:property [
        sh:path     :hat_Laenge ;
        sh:datatype xsd:float ;
    ] .
```

Abbildung 5-33: Überprüfung des Datentyps am Beispiel der Maschinenlänge

Weiterhin kann es notwendig sein, die konkreten Ausprägungen bzw. Werte von *Data Properties* vorzugeben. So kann es die Vorgabe geben, dass alle Maschinen das Wort *Maschine* in ihrem Namen besitzen. Diese Vorgabe des Wertebereichs eines *string* prüft Abbildung 5-34. Der Zirkumflex (^) definiert hierbei, mit welchem Ausdruck das Wort beginnen muss[444].

```
:ÜberprüfungStringPattern a sh:NodeShape ;
    sh:targetClass :Maschine ;
    sh:property [
        sh:path    :hat_Name ;
        sh:pattern "^Maschine" ;
    ] .
```

Abbildung 5-34: Vorgabe der zulässigen Eigenschaftsausprägung am Beispiel von *hat_Name*

Die intuitivere und im Rahmen der Fabrikplanung relevantere Prüfung ist die Prüfung von konkreten Wertebereichen anhand von numerischen Werten; also die Prüfung, ob konkrete Zahlen innerhalb eines vordefinierten Wertebereichs liegen. Im Beispiel von Abbildung 5-35 ist definiert, dass die in Abbildung 5-30 bereits auf Existenz geprüfte Nennspannung einer jeden Maschine zwischen 0 und 400 liegen muss[445,446].

---

[443] Entsprechend des erkennbaren Präfixes *xsd* wird an dieser Stelle das standardisierte XML-Schema genutzt.

[444] Sollte das Ende überprüft werden, ist ein Dollarzeichen ($) zu nutzen. Für die Existenz einer vordefinierten Anzahl an Ziffern im Namen muss folgende Schreibweise angewandt werden: \\d{*Anzahl Ziffern*}

[445] In der *er_153* wurde vorgegeben, dass gängige Einheiten zu verwenden sind, also in diesem Beispiel Volt (vgl. Kapitel 5.2.3).

[446] sh:minInclusive und sh:maxInclusive beziehen die Grenzwerte selbst mit in den gültigen Betrachtungsraum ein. Um die Grenzwerte auszuschließen, wäre sh:minExclusive, respektive sh:maxExclusive zu nutzen.

```
:StatischeÜberprüfungWertebereich a sh:NodeShape ;
    sh:targetClass :Maschine ;
    sh:property [
        sh:path         :hat_Nennspannung ;
        sh:minInclusive 0 ;
        sh:maxInclusive 400 ;
    ] .
```

Abbildung 5-35: Statische Überprüfung eines numerischen Wertebereichs am Beispiel von *hat_Nennspannung*[447]

Die Überprüfung aus Abbildung 5-35 ist jedoch rein statisch und bezieht somit keine veränderlichen Variablen mit ein. Aufgrund der starken Verknüpfung von Parametern und Attributen in der Fabrikplanung ist jedoch darüber hinaus auch eine Lösung zu schaffen, die mit dynamischen Wertebereichen umgehen kann. In Abbildung 5-36 wird dargestellt, wie geprüft werden kann, ob die Breite einer Maschine kleiner ist als die Breite des Raums, in dem sie sich befindet. Hierbei muss dementsprechend sichergestellt sein, dass die Breite des richtigen Raums zum Vergleich herangezogen wird. Dies wird dadurch sichergestellt, dass der bereits in Abbildung 5-31 beschriebene *sh:path befindet_sich_in* miteinbezogen wird (21). Weiterhin wird innerhalb des *Shapes* auch die SPARQL-Abfrage *SELECT* genutzt (17). Es werden nacheinander alle Instanzen der Klasse *Maschine* geprüft, aus denen der Wert der Eigenschaft *hat_Breite* extrahiert wird (17-20). Ausgegeben im Validierungsbericht werden jedoch lediglich solche Instanzen, für die die SELECT-Abfrage korrekt ist; die Breite einer Maschine also fälschlicherweise größer als die des Raums ist. Hierfür wird für jede Instanz der Klasse *Maschine* der Raum betrachtet, in dem sie sich befindet. Aus diesen ebenfalls individuellen Räumen wird auch der Wert ihres *Data Property hat_Breite*[448] extrahiert (21-23) und sodann zum Vergleich herangezogen (24). Die Angabe der konkreten Berichtsnachricht mittels *sh:message* ist optional; sie ist aber insbesondere bei der Nutzung von SPARQL zu empfehlen, da sonst keine Fehlerbeschreibung ausgegeben werden würde.

[447] Die IAA geben vor, welche Informationen ausgetauscht werden müssen, nicht aber zwingend, welche Werte diese Informationen annehmen müssen. Dies ist projektspezifisch festzulegen.

[448] Der Vorteil einer einheitlichen Benennung durch die OFP wird hier dadurch deutlich, dass derselbe *sh:path* für beide Klassen genutzt werden kann.

```
:DynamischeÜberprüfungWertebereich a sh:NodeShape ;
    sh:targetClass :Maschine ;
    sh:property [
        sh:path :hat_Breite ;
        sh:sparql [
            a          sh:SPARQLConstraint ;
            sh:message "Breite der Maschine muss geringer als Breite des
Raums sein!" ;
            sh:prefixes [
                sh:declare [
                    sh:prefix "" ;
                    sh:namespace "https://download.cms.rwth-
aachen.de/wzl/OFP.owl#"^^xsd:anyURI ;
                ]
            ] ;
            sh:select """
                SELECT $this (?breite_maschine AS ?value)
                    WHERE {
                        $this $PATH
                 ?breite_maschine ;
                              :befindet_sich_in    ?raum .
                        ?raum $PATH
                 ?breite_raum .
                        FILTER (?breite_maschine > ?breite_raum)
                    }
            """
        ]
    ] .
```

Abbildung 5-36: Dynamische Überprüfung eines numerischen Wertebereichs am Beispiel der Maschinen- und Raumbreite

Bislang wurden lediglich *Shapes* vorgestellt, die eine einzige Bedingung besaßen. *SHACL* bietet jedoch Operatoren, um mehrere Bedingungen zusammenzufassen. Ein Beispiel hierfür ist eine Entweder-Oder-Bedingung, auch Disjunktion genannt. Abbildung 5-37 führt dies an einem einfachen Beispiel mit nur einem *Shape* vor. Mittels *sh:xone* (3) wird vorgegeben, dass alle Instanzen der Klasse *Maschine*, die in der projektspezifischen Ontologie und somit im BI-Model vorkommen, entweder einen Wert für die Anschlussleistung oder für die Scheinleistung[449] besitzen müssen. Der Fall, dass keine der beiden Optionen oder beide gleichzeitig erfüllt sind, ist bei *sh:xone* nicht erlaubt.

[449] Vgl. für nähere Infos: Paschotta, R., [Stand: 16.09.2021] Scheinleistung.

```
:EntwederOder a sh:NodeShape ;
    sh:targetClass :Maschine ;
    sh:xone (
        [ sh:property [
                        sh:path :hat_Anschlussleistung ;
                        sh:minCount 1 ;
                        sh:maxCount 1 ;
                    ]
        ]
        [ sh:property [
                        sh:path :hat_Scheinleistung ;
                        sh:minCount 1 ;
                        sh:maxCount 1 ;
                    ]
        ]
    ) .
```

Abbildung 5-37: Überprüfung einer Disjunktion am Beispiel der Maschinenleistung

Abbildung 5-38 zeigt eine Disjunktion mittels *sh:or* und *sh:and* anhand mehrerer *Shapes*. So wird geprüft, ob alle Maschinen entweder einen LOD, LOG oder LOI angegeben haben. Im ersten Fall soll aus Redundanzgründen kein zusätzlicher LOG oder LOI angegeben werden, in den Folgefällen entsprechend.[450]. Im Gegensatz zu *sh:xone* gibt *sh:or* vor, dass mindestens einer der angegebenen Bedingungen erfüllt sein muss.

[450] Vgl. Kapitel 5.2.2 für den definierten Zusammenhang von LOD, LOG und LOI. Die Regel dient an dieser Stelle hauptsächlich der Verdeutlichung der Umsetzung eines SHACL-Skripts zur Überprüfung einer Disjunktion mehrerer *Shapes*. Inhaltlich wäre es in diesem Beispiel sinnvoller lediglich zu prüfen, ob ein LOD oder ein LOG und LOI vorliegt. Dann wäre jedoch wieder lediglich eine Disjunktion zweier Shapes zu prüfen, was Abbildung 5-37 entspräche.

```
:EntwederOderMultiple a sh:NodeShape ;
    sh:targetClass :Maschine ;
    sh:or (
        [ sh:and (
                    [ sh:path :hat_LOG ;
                      sh:minCount 1 ;
                      sh:maxCount 1 ;
                    ]
                    [ sh:path :hat_LOI ;
                      sh:maxCount 0 ;
                    ]
                    [ sh:path :hat_LOD ;
                      sh:maxCount 0 ;
                    ]
          )
        ]
        [ sh:and (
                    [ sh:path :hat_LOI ;
                      sh:minCount 1 ;
                      sh:maxCount 1 ;
                    ]
                    [ sh:path :hat_LOG ;
                      sh:maxCount 0 ;
                    ]
                    [ sh:path :hat_LOD ;
                      sh:maxCount 0 ;
                    ]
          )
        ]
        [ sh:and (
                    [ sh:path :hat_LOD ;
                      sh:minCount 1 ;
                      sh:maxCount 1 ;
                    ]
                    [ sh:path :hat_LOI ;
                      sh:maxCount 0 ;
                    ]
                    [ sh:path :hat_LOG ;
                      sh:maxCount 0 ;
                    ]
          )
        ]
    ) .
```

Abbildung 5-38: Überprüfung einer Disjunktion für mehrere Shapes am Beispiel des LOD

In Abbildung 5-35 wurden die einzuhaltenden Grenzen eines gültigen Wertebereichs definiert. Es kann in diesem Zusammenhang aber auch hilfreich sein, die gültigen Werteausprägungen konkret vorzudefinieren. Dies kann mittels *sh:in* durchgeführt werden. So ist in der IAA in Kapitel 5.2.3 eine vordefinierte Liste an möglichen Ausprägungen der LOI festgelegt. In diesem Zusammenhang prüft die Regel in Abbildung 5-39, dass das angegebene LOI jeder Instanz der Klasse *Maschine* aus der vorgegebenen Liste stammt.

```
:ÜberprüfungListe a sh:NodeShape ;
    sh:targetClass :Maschine ;
    sh:property [
                  sh:path        :hat_LoI ;
                  sh:in          ( :LoI100 :LoI200 :LoI300 :LoI350
:LoI400 )
    ] .
```

Abbildung 5-39: Überprüfung der Verortung in einer definierten Liste am Beispiel des LOI

Weiterhin ist es bei er Prüfung von Fabrikmodellen notwendig negative Konformitätsbedingungen, also Negationen zu prüfen. So wurde in Abbildung 5-31 überprüft, dass jede Maschine einem Raum zugeordnet ist, jedoch wurde der konkrete Raum noch nicht spezifiziert. Abbildung 5-40 verdeutlicht nun darauf aufbauend, wie durch Voranstellen des Ausdrucks *sh:not* (3) die Nichterfüllung der dargestellten Bedingungen als richtig gewertet wird. In diesem konkreten Beispiel soll verhindert werden, dass eine Maschine versehentlich einem Büroraum zugeordnet wird[451].

```
1  :Negation a sh:NodeShape ;
2      sh:targetClass :Maschine ;
3      sh:not [
4          sh:property [
5              sh:path :befindet_sich_in ;
6              sh:qualifiedValueShape [
7                  sh:class :Bueroraum
8              ] ;
9              sh:qualifiedMinCount 1 ;
10         ]
11     ] .
```

Abbildung 5-40: Überprüfung einer Negationsbedingung am Beispiel der Maschinenverortung

Es ist ersichtlich, dass im realen Projekt viele der genannten Regeln auf eine Großzahl an Instanzen angewandt werden müssen. Um den damit zusammenhängenden Wiederholungsaufwand und die Code-Redundanz zu minimieren, werden im Folgenden zwei Möglichkeiten der Modularisierung von Regeln dargestellt. Die triviale Grundaussage von sowohl Abbildung 5-41 als auch Abbildung 5-42 ist, dass alle Maschinen und Räume eine Länge, eine Breite und eine Höhe haben müssen. Abbildung 5-41 definiert vorab drei übergreifende *Shapes* (1-18), die unabhängig von ihrem Anwendungsfall jeweils sicherstellen, dass beispielsweise das *Data Property hat_Hoehe* immer genau einen Wert als Ausprägung hat (2-6). Diese drei *Shapes* existieren sodann innerhalb des Codes als konkrete Regeln, die mittels *:Hoehe, :Breite* oder *:Laenge* flexibel abgerufen und somit ausgeführt werden können. Dies geschieht darauffolgend für die Instanzen der Maschinen und Räume, ist aber prinzipiell auf alle Instanzen anwendbar.

[451] Ein Büroraum ist in der OFP eine Unterklasse des allgemeinen Begriffs *Raum*.

```
:Hoehe a sh:NodeShape ;
    sh:property [
        sh:path     :hat_Hoehe ;
        sh:minCount 1 ;
        sh:maxCount 1 ;
    ] .
:Breite a sh:NodeShape ;
    sh:property [
        sh:path     :hat_Breite ;
        sh:minCount 1 ;
        sh:maxCount 1 ;
    ] .
:Laenge a sh:NodeShape ;
    sh:property [
        sh:path     :hat_Laenge ;
        sh:minCount 1 ;
        sh:maxCount 1 ;
    ] .
:MaschineShape a sh:NodeShape ;
    sh:targetClass :Maschine ;
    sh:node        :Hoehe ;
    sh:node        :Breite ;
    sh:node        :Laenge .
:RaumShape a sh:NodeShape ;
    sh:targetClass :Raum ;
    sh:node        :Hoehe ;
    sh:node        :Breite ;
    sh:node        :Laenge .
```

Abbildung 5-41: Darstellung der Modularisierung von Regeln am Beispiel von Abmaßen (1/2)

Alternativ können die zu betrachtenden Klassen auch gemeinsam in einen *Shape* geschrieben werden, sofern die zu prüfende Eigenschaft identisch ist. So zeigt Abbildung 5-42, dass die *sh:targetClass* sowohl die *:Maschine* als auch der *:Raum* ist. Auf diese Weise kann ebenfalls verhindert werden, dass derselbe Code für Maschinen und Räume doppelt verfasst werden muss. Es ist auffällig, dass in Abbildung 5-41 keine individuelle *sh:message* inkludiert wurde. Dies liegt daran, dass dies in SHACL in dieser Form nicht möglich ist und direkt zu einem Fehler in der Ausführung führt. Ohne diese individuelle Nachricht wird SHACL bei einem Fehler lediglich die generische Nachricht ausgeben „Value does not have shape :Hoehe“. In Abbildung 5-42 ist dies jedoch möglich. Der Nachteil hierbei ist, dass nicht mehr auf einen Blick überblickt werden kann, welche Bedingungen eine konkrete Klasse in Summe erfüllen muss.

```
:Hoehe a sh:NodeShape ;
    sh:targetClass :Maschine, :Raum ;
    sh:property [
        sh:path     :hat_Hoehe ;
        sh:minCount 1 ;
        sh:maxCount 1 ;
        sh:message  "Ressource muss über eine Höhe verfügen." ;
    ] .
:Breite a sh:NodeShape ;
    sh:targetClass :Maschine, :Raum ;
    sh:property [
        sh:path     :hat_Breite ;
        sh:minCount 1 ;
        sh:maxCount 1 ;
        sh:message  "Ressource muss über eine Breite verfügen." ;
    ] .
:Laenge a sh:NodeShape ;
    sh:targetClass :Maschine, :Raum ;
    sh:property [
        sh:path     :hat_Laenge ;
        sh:minCount 1 ;
        sh:maxCount 1 ;
        sh:message  "Ressource muss über eine Länge verfügen." ;
    ] .
```

Abbildung 5-42: Darstellung der Modularisierung von Regeln am Beispiel von Abmaßen (2/2)

Ein damit zusammenhängender Fall ist gegeben, wenn Prüfungen im Fabrikmodell von vorigen Prüfungen abhängig sind. Abbildung 5-43 verdeutlicht wie dies mittels SHACL-Code gelöst werden kann. Vorab werden wie in Abbildung 5-41 allgemeingültige (wenn auch verkürzte) *Shapes* definiert, die besagen, dass bei LOI 100 der Name und bei LOI 200 die Nennspannung vorliegen muss. Der darauffolgende *Shape* prüft nun alle Instanzen der OFP-Klasse *Maschine* (14). Sofern die durch das *Object Property hat_LOI* referenzierte Instanz das LOI 100 ist, so ist der vordefinierte *Shape :LOI100Shape* anzuwenden. Im Falle von LOI 200 ist sowohl *:LOI100Shape* als auch *:LOI200Shape* anzuwenden[452].

[452] Die Miterfüllung von LOI 100 bei Vorliegen des LOI 200 ist auf die bereits in Kapitel 5.2.2 erläuterte Tatsache zurückzuführen, dass LOI und auch LOG stets ansteigen und somit alle früheren Anforderungen weiterhin erfüllt sein müssen.

```
:LOI100Shape a sh:NodeShape ;
    sh:property [
        sh:path     :hat_Name ;
        sh:minCount 1 ;
        sh:maxCount 1 ;
    ] .
:LOI200Shape a sh:NodeShape ;
    sh:property [
        sh:path     :hat_Nennspannung ;
        sh:minCount 1 ;
        sh:maxCount 1 ;
    ] .
:LOIShape a sh:NodeShape ;
    sh:targetClass :Maschine ;
    sh:or (
        [ sh:property [
                sh:path     :hat_LOI ;
                sh:hasValue :LOI100 ;
          ] ;
          sh:node :LOI100Shape ;
        ]
        [ sh:property [
                sh:path     :hat_LOI ;
                sh:hasValue :LOI200 ;
          ] ;
          sh:node :LOI100Shape ;
          sh:node :LOI200Shape ;
        ]
    ) .
```

Abbildung 5-43: Überprüfung einer Wenn-Dann-Bedingung am Beispiel der LOI[453]

An dieser Stelle wurde nun auf Existenz- und Konformitätsregeln eingegangen. Über diese Regelkategorien hinaus gibt es den Schilderungen von Kapitel 2.4 folgend vor allem aber rechenbasierte Regeln, die innerhalb der automatischen Prüfung von Fabrikplanungen relevant sind. Auf diese wird im folgenden Abschnitt eingegangen.

Rechenbasierte Regeln

Im Folgenden wird dargestellt, wie rechnerische Prüfungen durchgeführt werden können. Bereits für die Grundrechenarten Subtraktion, Multiplikation, Addition und Division ist die Anwendung von SHACL-SPARQL nötig. Abbildung 5-44 verdeutlicht dies, indem die Anschlussleistungen der Maschinen aus den im Modell hinterlegten Variablen Nennspannung und Stromstärke errechnet werden. Diese selbst errechneten Werte werden anschließend mit den ebenfalls bereits im Modell hinterlegten Anschlussleistungen verglichen. Die Instanzen, bei denen eine Inkongruenz vorliegt, werden mittels *FILTER* ausgegeben (22-23). Die anderen Grundrechenarten erfolgen analog mit den Zeichen +, -, und /.

[453] In Anhang 9.6.5 ist eine Alternative zu diesem Code mittels SPARQL dargestellt

```
:Multiplikation a sh:NodeShape ;
    sh:targetClass :Maschine ;
    sh:property [
        sh:path :hat_Anschlussleistung ;
        sh:sparql [
            a           sh:SPARQLConstraint ;
            sh:message "Anschlussleistung muss dem Produkt aus
Nennspannung und Stromstärke entsprechen." ;
            sh:prefixes [
                sh:declare [
                    sh:prefix "" ;
                    sh:namespace "https://download.cms.rwth-
aachen.de/wzl/OFP.owl#"^^xsd:anyURI ;
                ]
            ] ;
            sh:select """
                SELECT $this (?anschlussleistung AS ?value)
                    WHERE {
                        $this $PATH                ?anschlussleistung ;
                              :hat_Nennspannung  ?nennspannung ;
                              :hat_Stromstaerke  ?stromstaerke .
                        FILTER (?anschlussleistung != ?nennspannung *
?stromstaerke)
                    }
            """
        ]
    ] .
```

Abbildung 5-44: Multiplikation mittels SHACL-SPARQL am Beispiel der Maschinenleistung

Über die einfachen Grundrechenarten hinaus sind in der Fabrikplanung insbesondere in der betrachteten Schnittstelle zwischen Produktion und TGA auch komplexere mathematischere Rechnungen von Nöten. SHACL und SHACL-SPARQL selbst bieten jedoch hierfür keinerlei Funktionalität. Es kann jedoch die Math-Datenbank vom W3C genutzt werden[454]. Tabelle 5-19 gibt einen Überblick über die in SHACL bzw. SHACL-SPARQL zu nutzenden Funktionen.

Tabelle 5-19: Darstellung relevanter mathematischer Ausdrücke in der Math-Datenbank[455]

Benötigte Ausdrücke	Funktion in der Datenbank
Potenzen (x^y)	pow(?x, ?y)
Wurzel ($\sqrt{x}$)	sqrt(?x)
Pi (π)	pi()
Natürlicher Logarithmus ($\ln x$)	log(?x)
Logarithmusfunktion ($\log_{10} x$)	log10(?x)
Exponentialfunktion (e^x)	exp(?x)

In Abbildung 5-45 wird an einem komplizierten Beispiel dargestellt, wie diese Funktionen und Ausdrücke zu implementieren sind. Das Beispiel fokussiert die in der Schnittstelle TGA und Pro-

454 Vgl. W3C, [Stand: 16.09.2021] XQuery and XPath Functions and Operators.

455 Vgl. ebd.

duktion relevante Betrachtung des Taupunkts in einem Reinraum. Der Taupunkt korreliert direkt mit dem Feuchtegehalt der Raumluft. Zugegriffen wird auf den Reinraum (2) sowie auf die sich an oder in ihm befindliche RLT-Anlage (24). Die innerhalb dieses Codes statisch errechnete Variable ist *?taupunkt_raum*, die sich in diesem Fall zwischen -50°C und -40°C bewegen soll – eine gewissen Toleranzschwelle ist also eingebaut (65). Für ein näheres Verständnis der angewendeten Formeln seien folgende Zusammenhänge verdeutlicht:

Es gilt zunächst die Massenbilanz als Bilanzgleichung der Thermodynamik, wobei der Reinraum die Systemgrenze ist. Formel 5-2 zeigt die in der Gleichung angenommenen Massenströme.

Formel 5-2: Totale Massenbilanz um den Reinraum

$$0 = \dot{m}_{Raum.ein} - \dot{m}_{Raum,aus} - \dot{m}_{Leckage} + \dot{m}_{Maschine,H_2O} + \dot{m}_{Personen,H_2O}$$

Mit
$\dot{m}_{Raum.ein}$ = *Zuluftstrom (im Code: ?masse_Zuluftstrom)*
$\dot{m}_{Raum,aus}$ = *Abluftstrom (im Code: ?masse_Abluftstrom)*
$\dot{m}_{Leckage}$ = *Leckagestrom (im Code: ?masse_Leckagestrom)*
$\dot{m}_{Maschine,H_2O}$ = *Wasserstrom der Maschinen*
$\dot{m}_{Personen,H_2O}$ = *Wasserstrom der Personen (im Code mit Obigem: ?summe_wassermassenstrom)*

Diese Massenbilanz wird verfeinert zu einer reinen Wassermassenbilanz, die in Formel 5-3 zu sehen ist. Die Wassermassenbilanz kann nach $X_{Raum,aus}$ aufgelöst werden.

Formel 5-3: Wassermassenbilanz um den Reinraum

$$0 = \dot{m}_{Raum.ein} * X_{Raum,ein} - (\dot{m}_{Raum,aus} + \dot{m}_{Leckage}) * X_{Raum,aus} + \dot{m}_{Maschine,H_2O} + \dot{m}_{Personen,H_2O}$$

$$\Leftrightarrow X_{Raum,aus} = \frac{(\dot{m}_{Raum.ein} * X_{Raum,ein} + \dot{m}_{Maschine,H_2O} + \dot{m}_{Personen,H_2O})}{\dot{m}_{Raum,aus} + \dot{m}_{Leckage}}$$

Mit
$X_{Raum,ein}$ = *Beladung der Zuluft (im Code: ?beladung_Zuluftstrom)*
$X_{Raum,aus}$ = *Beladung der Abluft/Leckage (im Code: ?beladung_Abluftstrom)*
Siehe Legende der Formel 5-2 für die weiteren Variablen

Mit dem Wissen über den sich im Raum und somit im Abluftstrom des Raums einstellende Beladung kann entsprechend Formel 5-4 der Wasserdampfdruck errechnet werden.

Formel 5-4: Herleitung des Wasserdampfdrucks

$$X = \frac{m_W}{m_L} = \frac{M_W}{M_L} * \frac{p_W}{p - p_W} \quad \Leftrightarrow \quad p_w = \frac{p * X * \left(\frac{M_L}{M_W}\right)}{1 + X * \left(\frac{M_L}{M_W}\right)}$$

Mit
m_W = *Wassermassenstrom*
m_L = *Luftmassenstrom*
M_W = *Molare Masse von Wasser = 18,015 g/mol*
M_L = *Molare Masse von Luft = 28,964 g/mol*
p = *Raumdruck (im Code: ?luftdruck_raum)*
p_w = *Wasserdampfdruck (im Code: ?dampfdruck_raum)*
Siehe Legenden von Formel 5-2 und Formel 5-3 für weitere Variablen

Zuletzt kann dann über die Magnus-Näherung der sich einstellende Taupunkt der Raumluft entsprechend Formel 5-5 errechnet werden.

Formel 5-5: Errechnung der Taupunkttemperatur mithilfe der Magnus-Formel[456,457,458]

$$t_t = 243{,}12 * \left(\frac{ln\left(\frac{p_w}{611{,}2}\right)}{-\,ln\left(\frac{p_w}{611{,}2}\right) + 17{,}62}\right)$$

Mit

t_t = *Taupunkttemperatur (Im Code: ?taupunkt_raum)*

Im Code ist zu erkennen, dass sämtliche Werte des *Data Property hat_ Wassermassenstrom* von Objekten innerhalb der betrachteten Rauminstanz zu einem *?wassermassenstrom* gruppiert werden (erkennbar am SPARQL-Befehl *GROUP* in (33))[459]. Die konkreten Werte von *?luftdruck_raum* sowie *?leckagestrom* sind in den der Reinrauminstanz zugehörigen *Data Properties hat_Druck* sowie *hat_Leckageluftstrom* zugeordnet. Die Zu-und Abluftströme sind der sich im Raum befindlichen RLT-Anlage mittels *hat_Abluftstrom und hat_Zuluftstrom* zugeordnet und dort abgreifbar[460]. Die darauffolgenden Rechnungen nutzen den SPARQL-Befehl *BIND,* um das Ergebnis der jeweiligen Rechnung mittels *AS* als Variable zu definieren (also BIND AS). Sollte die sich ergebende Taupunkttemperatur außerhalb des Wertebereichs -50°C und -40 °C befinden, werden diese Reinrauminstanzen herausgefiltert und als Fehler ausgegeben.

---

[456] Vgl. Sonntag, D. (1990), Important New Values of the Physical Constants, S. 343.

[457] Die 611,2 sind in der Einheit *Pascal* dargestellt. Zur Verrechnung im Code war eine Umrechnung in *bar* notwendig, weshalb dort als Zahl 0,006112 notiert ist.

[458] Aus Übersichtsgründen wurde der Umluftfaktor außen vorgelassen. Rein inhaltlich wird in einem Rein- und vor allem einem Trockenraum ein Großteil der Abluft wieder zugeführt. Dies führt rechnerisch dazu, dass die angegebenen Luftströme und Beladungen noch einmal geteilt werden müssen. Zum Zwecke der Darstellung einer komplexen rechenbasierten Regel liefert dieser Zusatz jedoch keinen Mehrwert.

[459] Mittels SWRL wurde in der OFP bereits hinterlegt, dass alle Feuchtelasten von Personen verschiedener Aktivitätslevel in dem durch SWRL neu erstellten *Data Property hat_Feuchtelast_Personen* aufsummiert werden.

[460] Mittels SWRL wurde in der OFP bereits hinterlegt, dass der Zuluftstrom des Raumes dem Abluftstrom der RLT-Anlage gleichgesetzt wird.

```
:Toleranzfunktion a sh:NodeShape ;
    sh:targetClass :Reinraum ;
    sh:property [
        sh:path :ist_ausgestattet_mit ;
        sh:sparql [
            a          sh:SPARQLConstraint ;
            sh:message "Gleichung wird nicht erfüllt!" ;
            sh:prefixes [
                       sh:declare [
                    sh:prefix "math" ;
                    sh:namespace "http://www.w3.org/2005/xpath-functions/math#"^^xsd:anyURI
;
                ] ;

                sh:declare [
                    sh:prefix "" ;
                    sh:namespace "https://download.cms.rwth-
aachen.de/wzl/OFP.owl#"^^xsd:anyURI ;
                ]
            ] ;
            sh:select """
                SELECT $this (?taupunkt_raum AS ?value)
                    WHERE {
                        $this    $PATH                          ?rltanlage ;
                                      { SELECT $this (SUM(?wassermassenstrom) AS

                ?summe_wassermassenstrom)
                                          WHERE {
                                                     ?objekt    :befindet_sich_in
                ?raum ;

                :hat_Wassermassenstrom          ?wassermassenstrom .
                                            } GROUP BY $this
                                      }
                                      $this     :hat_Leckageluftstrom
                ?leckagestrom ;
                                                :hat_Druck
                ?luftdruck_raum .
                                      ?leckagestrom              :hat_Luftmassenstrom

                ?masse_leckagestrom .
                                      ?rltanlage                 :hat_Zuluftstrom
                                                                                ?zuluftstrom
;
                :hat_Abluftstrom
                                ?abluftstrom .
                                      ?zuluftstrom               :hat_Luftmassenstrom

                ?masse_zuluftstrom ;
                                                                 :hat_Beladung

                ?beladung_zuluftstrom .
                                      ?abluftstrom               :hat_Luftmassenstrom

                ?masse_abluftstrom ;
                                                                 :hat_Beladung

                ?beladung_abluftstrom .
                                      BIND (((?masse_abluftstrom * ?beladung_abluftstrom +
?summe_wassermassenstrom) / (?masse_zuluftstrom + ?masse_leckagestrom)) AS ?beladung_raum)
                                      BIND (((?luftdruck_raum * ?beladung_raum * 28.964 /
18.015) / (1 + ?beladung_raum * 28.964 / 18.015)) AS ?dampfdruck_raum)
                                      BIND (((243.12 * math:log(?dampfdruck_raum /
0.006112)) / ( - math:log(?dampfdruck_raum / 0.006112) + 17.62)) AS ?taupunkt_raum)
                                      FILTER (-50 > ?taupunkt_raum || -40 < ?taupunkt_raum)
                    }
            """
        ]
    ] .
```

Abbildung 5-45: Überprüfung einer komplizierten rechnerischen Regel

5.3.4 Umsetzung der SHACL-Regeln in Protégé

Für die Umsetzung der in SHACL formulierten Regeln kann ebenfalls der Ontologie-Editor *Protégé* genutzt werden. Für diesen gibt es ein Plug-In namens *SHACL4P.* Dieses Plug-In integriert die erstellte Ontologie bzw. die dort vorhandenen Daten mit den in SHACL formulierten Regeln mittels einer *SHACL engine* (vgl. Abbildung 5-46)[461,462]. Nach Durchführung der Validierung mittels der *SHACL engine* wird ein für den Nutzer lesbarer Validierungsbericht generiert[463].

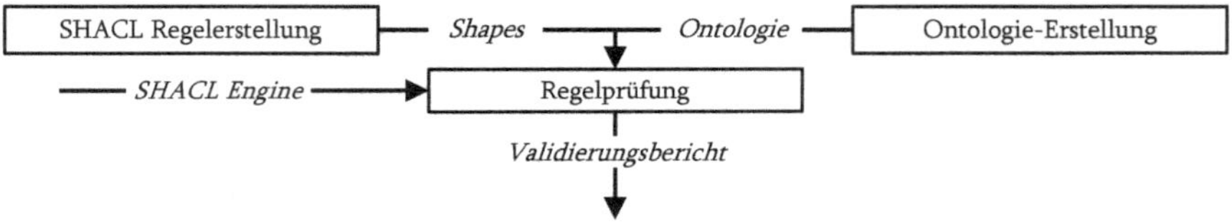

Abbildung 5-46: Architektur von *SHACL4P*[464]

In Abbildung 5-47 ist die Nutzeroberfläche von Protégé dargestellt. Auf der linken Seite ist oben die Klassenhierarchie der in dieser Forschungsarbeit erstellten und verwendeten OFP zu sehen. Darunter ist auf der linken Seite eine Übersicht der Instanzen der im Fenster darüber ausgewählten Klasse *Maschine* dargeboten. Diese Instanz *Produktionsmaschine* ist bereits als Information aus einem konkreten Projekt zu werten, so dass auch die hier betrachtete OFP bereits projektspezifisch und nicht mehr allgemeingültig ist. Auf der rechten Seite ist im oberen Teil der *SHACL editor* dargestellt, in welchem die *Shapes* verfasst werden. Sie können dort geöffnet, abgespeichert oder zur Validierung der Ontologie per Mausklick ausgeführt werden. Bei syntaktischen Fehlern wird eine dementsprechende Fehlermeldung ausgegeben[465]. Sollte die Syntax fehlerfrei sein, so wird rechts unten in Abbildung 5-47 im Bereich *SHACL constraint violations* ein Validierungsbericht ausgegeben[466].

---

[461] Vgl. Ekaputra, F./ Lin, X. (2016), SHACL4P: SHACL constraints validation within Protégé.

[462] Die *SHACL engine* basiert auf der OpenSource *TOPBraid SHACL API,* welche wiederum auf dem OpenSource Framework *Apache Jena* aufgebaut ist. Vgl. Knublauch, H., [Stand: 18.04.2021] TopBraid SHACL API,

[463] Vgl. Ekaputra, F./ Lin, X. (2016), SHACL4P: SHACL constraints validation within Protégé.

[464] Vgl. ebd., S. 3.

[465] Vgl. Anhang 9.6.6 zur weitergehenden Beschreibung von Herausforderungen bei SHACL-SPARQL

[466] Es ist wichtig zu beachten, dass bei eingeschaltetem *Reasoner* bei Ausführung von SHACL4P die IRI aller Ressourcen im Validierungsbericht eingeblendet werden. Der *Reasoner* ist aber insbesondere notwendig, wenn Inferenzen inkludiert werden sollen (z. B. wie bei der OFP mit SWRL).

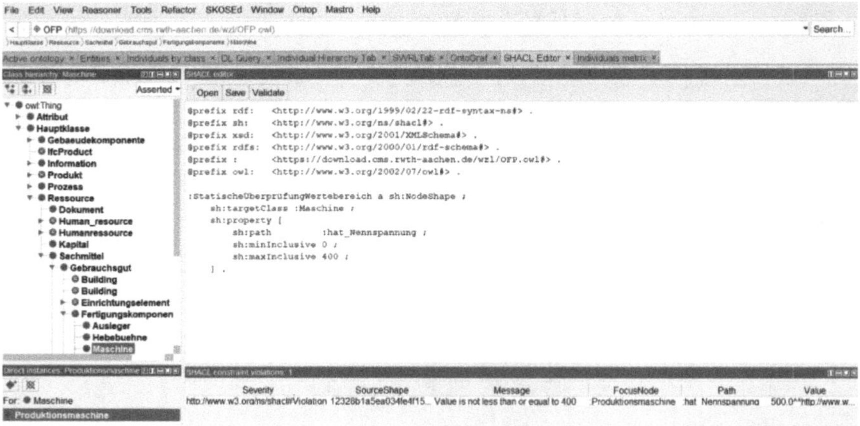

Abbildung 5-47: Darstellung der Nutzeroberfläche von Protégé und SHACL4P (Screenshot aus *Protégé*)

Dieser Validierungsbericht ist in Abbildung 5-48 noch einmal vergrößert dargestellt. Er ist in sechs Spalten unterteilt: *Severity, SourceShape, Message, FocusNode, Path* und *Value.*

Severity kann genutzt werden, um die Schwere des Fehlers zu beschreiben. Hier sind alle Fehler zunächst standardmäßig auf *Violation* eingestellt. Über die Befehle *sh:Warning* oder *sh:info* können jedoch innerhalb des *Shapes* auch andere Definitionen vorgenommen werden[467].

SourceShape gibt den IRI des *Shape* aus, der die Regelverletzung verantwortet. Im Falle von *Property Shapes* – wie in diesem Fall – wird jedoch nur eine sich bei jeder Validierung ändernder Zahlenfolge ausgegeben[468]. Dies ist darauf zurückzuführen, dass *Property Shapes* nur in Ausnahmefällen ohne Zusammenhang mit einem *Node Shape* auftreten und somit über keine eigenen IRI verfügen[469]. Durch den im Folgenden beschriebenen *FocusNode* sowie *Path* ist jedoch eine eindeutige Identifizierung der Fehlerquelle weiterhin möglich.[470]

Message ist die Fehlermeldung des Validierungsberichts. Dieser kann mittels *sh:message* auch individuell konfiguriert werden (vgl. Abbildung 5-42).[471]

Der *FocusNode* zeigt den konkreten Knoten des RDF-Graphen an, in dem der Fehler entdeckt wurde, also die konkrete Instanz, welche hier die *Produktionsmaschine* ist.

---

[467] Vgl. Knublauch, H./ Kontokostas, D., [Stand: 26.03.2021] Shapes Constraint Language (SHACL).

[468] *Property Shapes* stellen Bedingungen hinsichtlich der Eigenschaften und somit der Kanten eines RDF-Graphen auf, *Node Shapes* definieren vielmehr, welcher Klasse (und somit welchem Knoten) eine gewisse Ressource angehört.

[469] Im Falle der Verletzung des *Node Shape* würde an der Stelle stehen: :StatischeÜberprüfungWertebereich

[470] Vgl. ebd.

[471] Vgl. ebd.

Im Gegensatz zu *Node Shapes* ist für *Property Shapes* der *Path* sehr relevant, da hiermit die konkrete Eigenschaft angegeben werden kann, bei der der Fehler auftrat. Bei *Node Shapes* enthält dieses Feld keinen Eintrag.[472]

Value als letzte Spalte gibt das konkrete Element aus, das die Regel verletzt hat. Sollte das Element einen konkrete IRI besitzen, so wird dieser hier aufgeführt. Im Falle von *Literals*, wie zum Beispiel reine Zahlenwerte wie in Abbildung 5-47, wird der Zahlenwert inklusive des IRI des Datentyps ausgegeben.

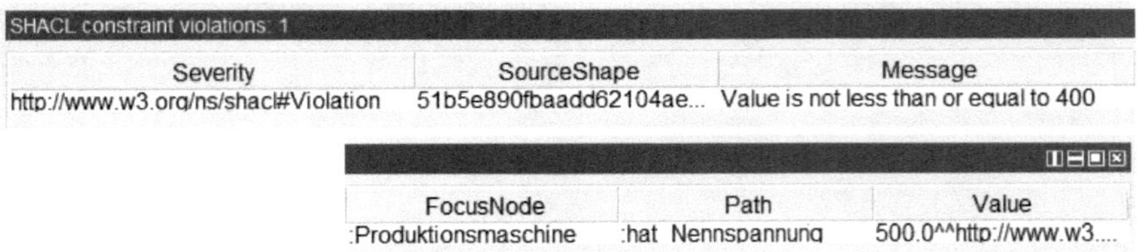

Abbildung 5-48: Beispielhafte Darstellung des Validierungsberichts (Screenshot aus *Protégé*)

[472] Vgl. Knublauch, H./ Kontokostas, D., [Stand: 26.03.2021] Shapes Constraint Language (SHACL).

6 Testing und Evaluation der Methodik

In Kapitel 5 wurden die einzelnen Artefakte der Lösungsthese vorgestellt, bestehend aus der OFP, dem FP-IDM sowie korrespondierenden Prüfregeln. In diesem Kapitel 6 soll diese Lösungsthese in einem Experiment getestet und evaluiert werden. Mithin soll die in Kapitel 3.5 formulierte Forschungsfrage beantwortet werden:

Kann der Informationsaustausch zwischen Produktions- und TGA-Planung im BIM-basierten Fabrikplanungsumfeld mittels Ontologie-Modellen automatisch verifiziert werden?

Hierfür wird die Lösungsthese für eine automatische Validierung eines Use-Case genutzt und mit dem Ergebnis einer manuellen Validierung desselben Use-Case verglichen. Aufgrund des spezifischen Untersuchungsdesigns ist dieses Experiment als explanative und somit hypothesenprüfende Studie zu klassifizieren. Für nähere Ausführungen bezüglich des Untersuchungsdesigns sei an dieser Stelle auf Anhang 9.8 verwiesen.

Innerhalb der Forschungsmethodik der *Design Science Research* ist dieses Kapitel in die Rückkopplungsschleifen einzuordnen und somit in die Schnittstelle von Design-, Relevanz- und Rigor-Zyklus (vgl. Abbildung 6-1 und auch die Ausführungen in den Kapiteln 4.2 und 4.3).

Teile dieses Kapitels wurden zum Zeitpunkt der Erscheinung dieser Forschungsarbeit als erste Iteration des Relevanz-Zyklus im Rahmen der DSR bereits vorveröffentlicht[473]. Die Inhalte dieser Veröffentlichung wurden maßgeblich vom Autor dieser Forschungsarbeit erarbeitet und verschriftlicht. Die Primärquellen der Vorveröffentlichung werden in dieser Forschungsarbeit referenziert. Bei Ergebnissen aus der Vorveröffentlichung selbst wird die Vorveröffentlichung zitiert.

[473] Vgl. Ebade Esfahani, M. et al. (2021), Enabling automated checking of information (in print).

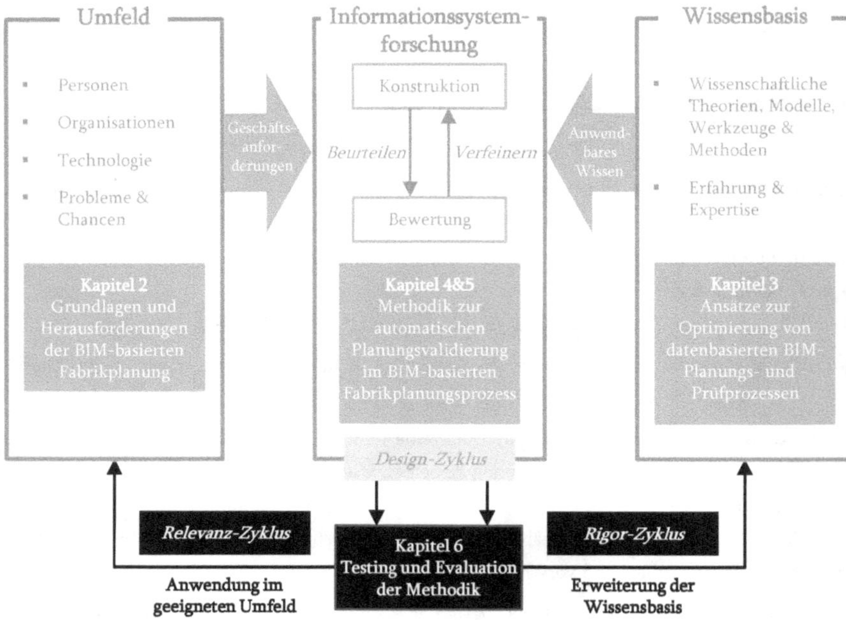

Abbildung 6-1: Einordnung des Kapitels 6 in den Rahmen der DSR[474]

Im Folgenden wird zunächst in den Use-Case eingeführt, der zur Evaluation der Lösungsthese genutzt wurde (Kapitel 6.1). Der konkrete Aufbau des Experiments wird in Kapitel 6.2 dargelegt, worauf die Beschreibung der Ergebnisse und Erkenntnisse in Kapitel 6.3 folgen. Kapitel 6.4 reflektiert auf dieser Basis die Lösungsthese in Hinblick auf die in Kapitel 4.1 postulierten Anforderungen.

6.1 Einführung in den Use-Case

Der Use-Case für die Evaluation der Lösungsthese basiert auf dem zur Zeit der Erstellung dieser Forschungsarbeit durchgeführten Projekt der Planung der Forschungsfertigung Batteriezelle (FFB) in Münster. Das Projekt wird hauptverantwortlich durchgeführt vom Fraunhofer-Institut für Produktionstechnologie IPT und wird mit 500 Millionen Euro seitens des Bundesministerium für Bildung und Forschung (BMBF) sowie 200 Millionen Euro seitens des Landes Nordrhein-Westfalen gefördert. Ziel der Fabrik ist es, innovative und kommerzialisierbare Produktionstech-

[474] I.A.a. Hevner, A. (2007), A Three Cycle View of Design, S. 88.

nologien für verschiedene Lithium-Ionen-Batteriezellformate zu entwickeln. Start der Produktion mit bis zu 1 GWh/a ist zum Januar 2023 geplant.[475] Für ein klares Verständnis des Anwendungsfalls dieser Forschungsarbeit wird im Folgenden der Prozess der Produktion einer Lithium-Ionen-Zelle in Kürze dargelegt.

Eine Lithium-Ionen-Zelle besteht grundsätzlich aus zwei Elektroden (Plus-Pol und Minus-Pol), die durch einen Separator voneinander getrennt werden. Ein zwischen den Elektroden befindliches leitfähiges Elektrolyt stellt den Ionenübergang zwischen den Elektroden sicher. An den Elektroden sind zudem Stromableiter aus meist Aluminium oder Kupfer angebracht. Die Produktion einer solchen Lithium-Ionen-Batteriezelle kann in die drei Bereiche (a) Elektrodenfertigung, (b) Zell-Assemblierung sowie (c) Zell-Finishing unterteilt werden.[476]

Während der (a) Elektrodenfertigung wird ein *Slurry* gemischt oder dispergiert, welches daraufhin auf eine Trägerfolie aus Aluminium oder Kupfer aufgetragen wird. Nach einer Trocknungsphase erfolgt eine Verdichtung (Kalandern) der beschichteten Folie und die Aufwicklung auf Muttercoils. Diese Muttercoils werden anschließend in kleinere Tochtercoils geschnitten und schließlich vakuumgetrocknet.[477]

Es werden drei Zelldesigns unterschieden: Rundzelle, Pouchzelle und prismatische Zelle. Die Durchführung der Bereiche Elektrodenfertigung (a) und des späteren Zell-Finishings (c) unterscheidet sich nicht maßgeblich für verschiedene Zelldesigns. Die Zell-Assemblierung (b) wird jedoch individuell auf das jeweilige Zelldesign angepasst.[478]

Zu Beginn dieses nächsten Bereichs, der (b) Zell-Assemblierung, werden für die Pouchzelle einzelne Separator-, Anoden- sowie Kathodensheets aus den Muttercoils herausgestanzt und anschließend in folgender Reihenfolge gestapelt: Anode, Separator, Kathode, Separator, Anode etc. Diese Stapel werden in einer tiefgezogenen Pouchfolie verpackt und anschließend mit einem Elektrolyten befüllt. Die Zell-Assemblierung für die Rundzellen und prismatischen Zellen beginnt mit dem Aufwickeln von Elektroden- und Separatorbahnen von den Tochtercoils um einen Wickeldorn, woraus die *Jelly-Roll* entsteht. Diese *Roll* wird anschließend in ein metallisches, formstabiles Gehäuse eingebracht und ebenfalls mit einem Elektrolyten befüllt.[479]

Im (c) Zell-Finishing findet im Rahmen der Formierung ein erster Lade- und Entladeprozess der Batterie statt; Pouchzellen benötigen ggf. den Schritt der anschließenden Entgasung aufgrund von starker Gasentwicklung beim ersten Ladevorgang. In der abschließenden Reifung der Batterie wird die Leistung der Zellen mithilfe verschiedener Temperaturprofile geprüft. Vor finaler

[475] Fraunhofer-Institut für Produktionstechnologie IPT, [Stand: 20.11.2020] Forschungsfertigung Batteriezelle.
[476] Heimes, H. et al. (2019), Produktionsprozess einer Lithium-Ionen-Batteriezelle, S. 2.
[477] Ebd., S. 3ff.
[478] Ebd., S. 2.
[479] Ebd., S. 9ff.

Verpackung findet eine „End-of-Line"-Prüfung statt, während der beispielsweise Dichtheit geprüft wird.[480]

Die Evaluation der Lösungsthese der vorliegenden Forschungsarbeit betrachtet vornehmlich den Produktionsschritt der Zell-Assemblierung mit Fokus auf Rundzellen. Der inhaltliche Grund für die Wahl dieses Use-Cases für die Evaluation der Lösungsthese liegt darin, dass die Zell-Assemblierung hohe Anforderungen an Luftfeuchte, Lufttemperatur und Partikelreinheit stellt und somit einen besonders relevanten Fall an der Schnittstelle zwischen TGA- und Produktionsplanung darstellt. In Kapitel 2.2 wurde in diesem Zusammenhang bereits auf die Reinraumplanung eingegangen (vgl. auch Abbildung 2-5). Im folgenden Kapitel 6.2 wird der konkrete Experimentaufbau der Validierung näher erläutert.

6.2 Experimentaufbau

In Einklang mit der in Kapitel 3.5 dargestellten Forschungsfrage, die im vorliegenden Kapitel 6 beantwortet werden soll, liegt der Fokus der Evaluation auf der gemeinsamen, zusammenhängenden Funktionalität der einzelnen Lösungsartefakte und nicht auf dem gesamten Inhalt jedes einzelnen Lösungsartefakts. Zu diesem Zweck wurde der in Kapitel 6.1 beschriebene Use-Case genutzt. Das genutzte und somit zu prüfende BI-Model ist in Abbildung 6-2 dargestellt. Zu sehen ist bereits das zusammengefügte Gesamtmodell eines Reinraums bestehend aus den Teilmodellen der Produktion (Zell-Assemblierungsanlage, vgl. Kapitel 6.1) sowie der TGA (RLT-Anlage & Reinraum). Die einzelnen Komponenten sind mit nicht-geometrischen Informationen versehen, die im Rahmen des Experiments geprüft werden sollten. Diese Informationen sind in dem Datenfenster der Abbildung 6-2 zusammengeführt.

[480] Heimes, H. et al. (2019), Produktionsprozess einer Lithium-Ionen-Batteriezelle, S. 16ff.

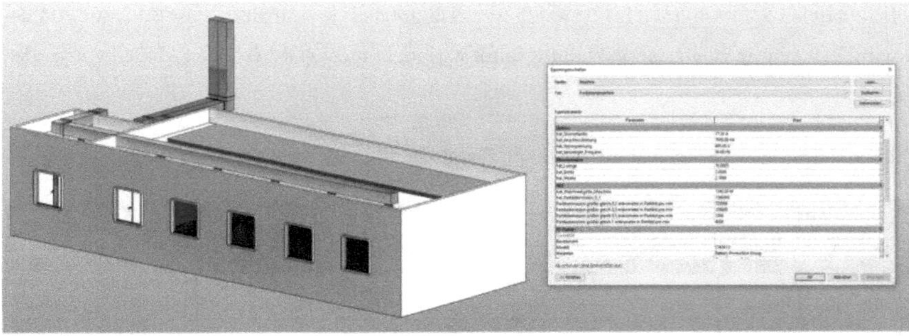

Abbildung 6-2: BI-Modell des Experiments zur Validierung der Lösungsthese

Das Ziel der Evaluation war es, die Ergebnisse der manuellen mit der automatischen Validierung ex-post zu vergleichen. Hierfür war es nötig, Transparenz über die im Modell zu prüfenden Elemente zu besitzen. In anderen Worten bedeutet dies, dass bewusst Fehler in ein ursprünglich korrektes Modell eingebaut worden waren. Tabelle 6-1 zeigt die eingebauten Fehler inklusive der Klassifizierung hinsichtlich Schweregrad sowie Fehlertyp.

Tabelle 6-1: In das zu prüfende Modell eingebaute Fehler[481]

Fehler	Erläuterung	Fehlertyp	Schweregrad
Wärmelast	Die kumulierte Wärmelast der Maschine und der Werker kann nicht hinreichend durch die Luftanlage reduziert werden.	Nicht-geometrischer Fehler	Komplex
Partikellast	Die kumulierte Partikellast der Maschine und der Werker ist zu hoch, um durch das Luftsystem auf das Level der nötigen ISO-Klasse reduziert zu werden.	Nicht-geometrischer Fehler	Komplex
LOD	Das LOD der Maschine ist zu niedrig für den aktuellen Planungsstand	Nicht-geometrischer Fehler	Simpel
Elektrische Leistung	Die benötigte Anschlussleistung reicht für die Maschine nicht aus.	Nicht-geometrischer Fehler	Simpel
Höhe	Die Höhe der Maschine geht über die Höhe des Reinraums hinaus.	Geometrischer Fehler	Simpel

Über die eingebauten Fehler hinaus war es ebenso relevant zu wissen, welche korrekten Planungsinformationen im Modell vorhanden waren. So wurde bereits in Kapitel 4.3 beschrieben, dass der Schwellenwert des zur Evaluation genutzten F_1*-Score* sich aus der Anzahl der falschen, aber auch als richtig zu wertenden Planungsinformationen zusammensetzt. Diese als richtig zu klassifizierenden Informationen sind in Tabelle 6-2 dargestellt. Für die Herleitung des konkreten

[481] Wie bereits in Kapitel 5.2 beschrieben, ergibt sich das LOD durch den niedrigeren Wert von jeweils LOG und LOI.

Schwellenwertes in Kapitel 6.3.1 ist an dieser Stelle folglich festzuhalten, dass 5 Planungsfehler sowie 21 als richtig zu wertende Planungsinformationen im zu validierenden Modell vorhanden sind.

Tabelle 6-2: Als korrekt zu wertende Planungsinformationen des Modells[482]

Korrekte Planungs-information im Modell	Forderung laut AIA?	Konkrete Planungsinformation	Anzahl der korrekten Planungs-informationen
Abmaße Maschine (außer Höhe)	Ja	• Länge • Breite	2
Abmaße Reinraum nach Vorgaben	Ja	• Länge • Breite • Höhe	3
Objekte sind ausreichend leicht für die Tragfähigkeit des Bodens	Nein, aber muss konsistent sein	• Gewicht der Maschine nicht zu hoch • Gewicht der RLT-Anlage nicht zu hoch	2
Korrekte Anzahl an geforderten Objekten vorhanden	Ja	• 1x Maschine • 1x RLT-Anlage • 6x Zuluftdüse • 6x Abluftdüse • 6x Fenster • 1x Starkstromsteckdose	6
Geforderte Luftfeuchtigkeit wird im RR eingehalten	Ja	• RLT-Anlage ausreichend dimensioniert	1
Einhaltung der LOD je Objektart	Ja	• 1x RLT-Anlage • 6x Zuluftdüse • 6x Abluftdüse • 6x Fenster • 1x Starkstromsteckdose • 2x Türen • 4x Möbel (Bänke)	7

Im folgenden Kapitel 6.2.1 werden die konkreten inhaltlichen Ausschnitte der einzelnen Lösungsartefakte der Lösungsthese (vgl. Kapitel 5.1 bis 5.3) herausgestellt, die für die Evaluation der Lösungsthese herangezogen wurden. Kern der Evaluation ist der Vergleich der Ergebnisse

[482] Bei der Auswahl der als richtig zu klassifizierenden Planungsinformationen wurde sich an dem den Planern zur Verfügung gestellten AIA orientiert, welche dem Anhang 9.9.1 beigefügt sind. Es ist an dieser Stelle anzumerken, dass absolute Ergebnisse (also die absolute Anzahl an Planungsinformationen) nicht so relevant waren wie der relative Vergleich der Ergebnisse des automatischen und des manuellen Vorgehens. Weiterhin ist relevant zu verstehen, dass sich bei einer höheren Anzahl richtiger Planungsinformationen der *F_1-Score* für den einzelnen Planer nicht ändert, wenn er im Experiment wie gehabt validiert. Denn in diesem Falle wird lediglich die Anzahl der als richtig erkannten *True Negatives* erhöht, die aber weder auf die *Precision* noch auf den *Recall* Auswirkung haben. Folglich bleibt auch der *F_1-Score* gleich. Lediglich der Schwellenwert würde sich absenken, was es dem Planer mit gleichbleibendem *F_1-Score* vereinfacht, den Schwellenwert zu erreichen.

der automatischen mit der manuellen Validierung des Use-Case. Folglich erläutert das darauffolgende Kapitel 6.2.2 das Vorgehen der manuellen Validierung mit Fabrikplanern als Vergleichs-Case.

6.2.1 Vorstellung des konkreten Ausschnitts der Lösungsthese zur automatischen Validierung von Planungsinformationen

Zur Evaluation der Lösungsthese ist nicht der gesamte Inhalt der Lösungsartefakte zu evaluieren, sondern vielmehr die Funktionalität der Lösungsthese an sich. Folglich wurde aus den erstellten Artefakten der Ontologie (vgl. Kapitel 5.1), des IDM (vgl. Kapitel 5.2) sowie der Prüfregeln (vgl. Kapitel 5.3) ein durchgehender Teilbereich ausgewählt, der im Folgenden kurz dargestellt wird.

Ausschnitt der Ontologie (*Knowledge View*)

Für die Validierung wurde aus der gesamten (zunächst projektunabhängigen) OFP ein Auszug entnommen. Dieser weiter genutzte Auszug enthält 60 Klassen, 4 *Object Properties*, 144 *Data Properties* und 21 *Individuals*. Die gesamte OFP besitzt im Vergleich dazu 981 Klassen, 309 *Object Properties*, 753 *Data Properties* und 351 *Individuals*. So wurde zum Beispiel die Oberklasse *Attribute* gänzlich reduziert auf die Unterklasse *Uebergreifende Eigenschaft*. Innerhalb der *Hauptklassen* wurde ein Fokus auf die Hauptkomponenten des Experiments gelegt: Lüftungsanlage (hier: *HVAC*) und ihre Komponenten sowie die *Maschine* als *Fertigungskomponente* aus der Oberklasse *Ressource*. Um den Status des Ontologie-Auszugs vor und nach Instanziierung mit Projektdaten vergleichen zu können, ist mittels OntoGraf in Abbildung 6-3 die Klasse *Maschine* dargestellt mit den in Abbildung 5-14 bereits erläuterten Verbindungen zu anderen Klassen.[483].

[483] Für eine Erläuterung dieser Klasse sei an dieser Stelle auf Kapitel 5.1.4 verwiesen, welches die Detailbeschreibung der OFP zum Inhalt hat.

Abbildung 6-3: Auszug der OFP mit Fokus auf *ofp:Maschine* (Screenshot aus *Protégé*)

Ausschnitt des IDM (*Process View*)

Entsprechend des Fokus des Experiments wird auch in dem in Kapitel 5.2 dargestellten IDM nur ein Ausschnitt fokussiert, der die für das Experiment relevanten IAA für die Beplanung eines Reinraums an der Schnittstelle zwischen Produktions- und Raumluftplanung vorgibt. Abbildung 6-4 zeigt einen IDM-Ausschnitt der Swimlane *Prüfung*, der sich auf die Kontrolle der Reinraumklasse fokussiert und hierfür die IAA *er_161, er_306, er_153* sowie *er_301* heranzieht. Die *er_153* wurde bereits im Detail in Kapitel 5.2 vorgestellt und findet hier noch einmal Anwendung. Bei positiver Prüfung folgen Aktivitäten des Moduls *Energiebedarfsplanung*[484]. Abbildung 6-5 zeigt einen weiteren Ausschnitt, der die Dimensionierung der Stromanschlüsse sowie sequentiell danach die vorhandenen LOI bzw. LOG prüft.

[484] Aus Übersichtlichkeitsgründen wurde auf die Darstellung der mit den Ausschnitten in Bezug stehenden Module in diesem Kapitel verzichtet.

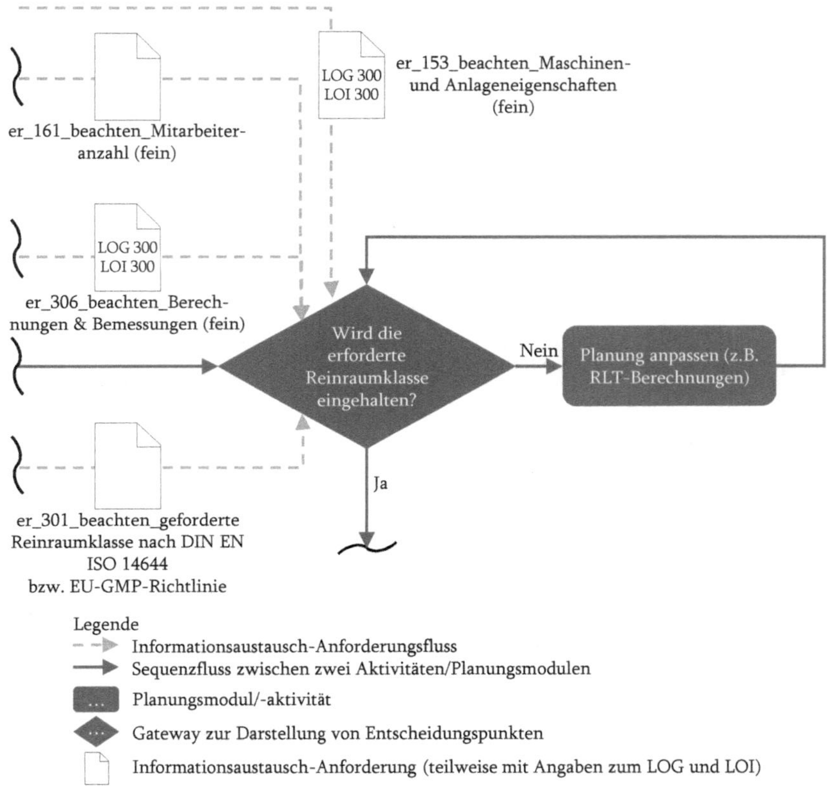

Abbildung 6-4: Auszug der *Process View* (1/2)

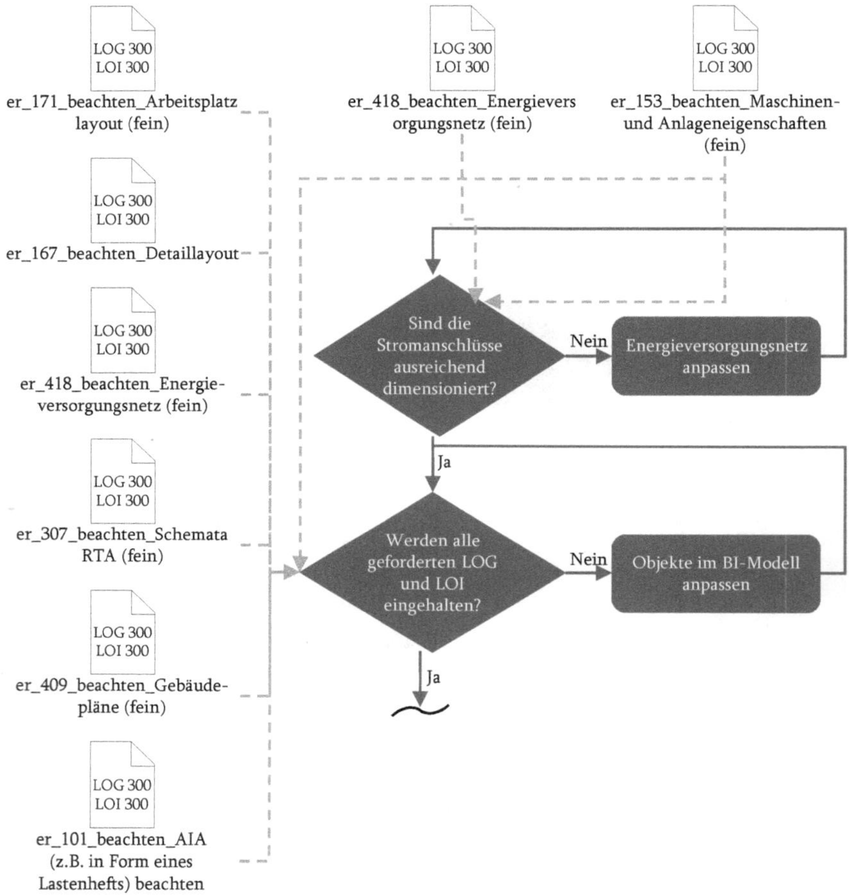

Abbildung 6-5: Auszug der *Process View* (2/2)[485]

Darüber hinaus wird an dieser Stelle eine weitere IAA vorgestellt: die *er_301* (vgl. Abbildung 6-4).

<u>**Informationsaustausch-Anforderung**</u>

Name	Geforderte Reinraumklasse nach DIN EN ISO 14644 bzw. EU-GMP-Richtlinie

[485] Für eine Legende zu dieser Abbildung sei auf die Legende der Abbildung 6-4 verwiesen.

Kennung er_301_beachten_geforderte Reinraumklasse nach DIN EN ISO 14644 bzw. EU-GMP-Richtlinie

Änderungsprotokoll		
2021-09-25	Erstellung der IAA	m.ebade-esfahani@wzl.rwth-aachen.de

Tabelle 6-3: Einordnung der *er_301* in Projektphasen

Projektphase (nach LPH der HOAI)	1	Grundlagenermittlung	✓
	2	Vorplanung	
	3	Entwurfsplanung	✓
	4	Genehmigungsplanung	
	5	Ausführungsplanung	
	6	Vorbereitung der Vergabe	
	7	Mitwirkung bei der Vergabe	
	8	Objektüberwachung – Bauüberwachung und Dokumentation	
	9	Objektbetreuung	

Leitfaden zur Verwendung

Anwendungsbereich

Diese IAA gilt für die Planung von Produktionssystemen, welche sich in einem Reinraum befinden. Die IAA ermöglicht es, die erforderliche Reinraumklasse nach DIN EN ISO 14644 bzw. die erforderliche Reinraumklasse nach EU-GMP-Richtlinie für die weitere Planung bereitzustellen.

Bedarfsbeschreibung

Die erforderlichen Informationen sind für viele weitere Planungsmodule des Planungsfalls aus der Produktionssystemplanung und insbesondere für die TGA-Planung relevant, um aufbauend auf diesen Informationen ein konsistentes Planungsergebnis zu erhalten. Des Weiteren wird diese IAA genutzt, um Überprüfungen durchzuführen. Dazu zählen die Überprüfungen, ob die Reinraumklasse im geplanten Reinraum in allen Belangen (z. B. bzgl. Luftfeuchtigkeit, Lufttemperatur & Partikellast) eingehalten wird.

Anforderungen an den Reifegrad bzw. LOG & LOI

Bei dieser IAA sind keine Reifegrade bzw. Angaben zum LOG und LOI gefordert, da lediglich nicht-geometrische Planungsinformationen übergeben werden.

Formatanforderungen

Die benötigten Informationen müssen einerseits direkt im BI-Model im XML- bzw. IFC-Format hinterlegt und zusätzlich allen Planungsbeteiligten zugänglich gemacht sowie andererseits als PDF-Dokument für alle weiteren Planungsbeteiligten und Gewerke zur Verfügung gestellt werden. Alle Informationen müssen in einer Datei enthalten sein.

Anforderungen an Informationen

Voraussetzungen für die vorliegende IAA

Folgende unmittelbar vorausgehende IAA müssen bereitgestellt werden, damit die notwendige Reinraumklasse korrekt aufgestellt werden kann:

- Produktinformationen (*er_109)*
- AIA (z. B. in Form eines Lastenhefts) *(er_101)*

Beschreibung der Informationen

Zu den erforderlichen Informationen über die geforderten Reinraumklassen gehören:

- Angaben zu den geforderten Reinraumklassen nach DIN EN ISO 14644 bzw. EU-GMP-Richtlinie
- Bezeichnungen/Namen des Reinraums
- Ungefähre Abmessungen des Reinraums

Informationseinheiten – Tabelle

Bei der Nutzung einer Ontologie zur Fehlerüberprüfung der Planungsdaten wird empfohlen mit der passenden OFP-Ontologie[486] zu arbeiten.

Bei der Nutzung der OFP und insbesondere bei der Nutzung von anderen Ontologien ist darauf zu achten, dass die Benennungen von Planungsinformationen im BI-Model zu den Benennungen der gleichen Planungsinformation in der Ontologie passen müssen. So muss z. B. der Name der Planungsinformation, welche die Höhe eines Objekts im BI-Model angibt, mit dem Namen des passenden *Data Properties*, welches die Höhe eines Objekts in der Ontologie zuordnet, übereinstimmen. Für die OFP sind in der Spalte „Beispiel & weitere Erläuterungen" jeweils die bereits passenden Namen für einige Planungsinformationen im BI-Model angegeben, sodass diese mit der OFP nutzbar sind.

Tabelle 6-4: Informationseinheiten-Tabelle der *er_301*

Objekttyp Konzept eines Merkmals Merkmal	Definition	Beispiel & weitere Erläuterungen
Reinraum	Raum: Abgeschlossener Volumenkörper, der eine begrenzte Länge,	

[486] abrufbar unter folgendem Link: https://download.cms.rwth-aachen.de/wzl/OFP.owl

	Breite und Höhe besitzt. Reinraum: Raum, welcher besonders für die Produktion von speziellen Produkten sehr rein (bezogen auf Partikelreinheit, Keimreinheit usw.) gehalten wird.	
3D-Modell	Dreidimensionaler Körper	Nur als einfacher Volumenkörper
Bezeichnung/Name	Ein Name oder eine Bezeichnung zur eindeutigen Identifizierung und für Verweisungszwecke	An die Vorgaben zur Bezeichnung von Objekten des BAP (BIM-Ablaufplan) halten, da dort eine Festlegung auf eindeutige Bezeichnungen/Namen stattfindet. Der Objektname muss bei jedem Objekt (auch falls mehrere gleiche Objekte existieren) einmalig sein, da dieser während des Datenimports in die Ontologie genutzt wird, um ein eindeutig identifizierbares *Individual* zu erstellen.
Länge	Länge des Umfassungskörpers	Gemessene Länge in mm Bei Nutzung der empfohlenen OFP wird die Länge unter dem Planungsparameter *hat_Laenge* abgelegt.
Breite	Breite des Umfassungskörpers	Gemessene Breite in mm Bei Nutzung der empfohlenen OFP wird die Breite unter dem Planungsparameter *hat_Breite* abgelegt.
Höhe	Höhe des Umfassungskörpers	Gemessene Höhe in mm Bei Nutzung der empfohlenen OFP wird die Höhe unter dem Planungsparameter *hat_Hoehe* abgelegt.
ISO-Reinraumklasse	Reinraumklasse nach DIN EN ISO 14644 Hauptsächliche Betrachtung der Größe und Anzahl von Partikeln	Angabe der Klasse (Es existieren die Klassen 1 bis 9) Bei Nutzung der empfohlenen OFP wird die ISO-Reinraumklasse unter dem Planungsparameter *hat_ISO_Reinraumklasse* abgelegt. Die Reinraumklasse muss nach folgendem Schema benannt werden: *ISO_Reinraumklasse_<Klassennummer>*, also z. B. *ISO_Reinraumklasse_6*
GMP-Reinraumklasse	Reinraumklasse nach GMP (Good Manufacturing Practice)-Richtlinie Betrachtung der bakteriellen Belastung	Angabe der Klasse (Es existieren die Klassen A bis F) Die GMP-Reinraumklasse muss nur bei Bedarf angegeben werden. Bei Nutzung der empfohlenen OFP wird die GMP-Reinraumklasse unter dem Planungsparameter *hat_GMP_Reinraumklasse* abgelegt. Die Reinraumklasse muss nach folgendem Schema benannt werden:

				GMP_Reinraumklasse_<Klassenbuchstabe>, also z. B. *GMP_Reinraumklasse_B*

Ausschnitt der Prüfregeln (*Constraint View*)

In Tabelle 6-5 sind auf Basis der in Kapitel 5.3 dargestellten Regeln und Regelkategorien die nötigen Prüfungen dargestellt, die in dem Experiment durchgeführt werden sollen. So wird zunächst die Existenz einiger Objekte im Reinraum geprüft, daraufhin konkrete Werte bzw. Ausprägungen von Eigenschaften kontrolliert und zuletzt eine rechnungsbasierte Überprüfung von Temperatur und Partikelreinheit durchgeführt.

Tabelle 6-5: Darstellung der genutzten Regeln der *Constraint View*[487]

Prüfung	Regeltyp	Nutzbare Regel aus Kap. 5.3
Besitzt der Reinraum exakt 6 Fenster?	Existenzregel	Abbildung 5-32
Besitzt der Reinraum exakt 6 Abluftdurchlässe?	Existenzregel	Abbildung 5-32
Besitzt der Reinraum exakt 6 Zuluftdurchlässe?	Existenzregel	Abbildung 5-32
Ist der Reinraum mit exakt einer Maschine ausgestattet?	Existenzregel	Abbildung 5-32
Ist der Reinraum mit exakt einer Lüftungsanlage ausgestattet?	Existenzregel	Abbildung 5-32
Ist der Reinraum mit exakt einem POC ausgestattet?	Existenzregel	Abbildung 5-32
Ist der Reinraum exakt 2,6 Meter hoch?	Konformitätsregel	Abbildung 5-36
Ist der Reinraum exakt 11 Meter lang?	Konformitätsregel	Abbildung 5-36
Ist der Reinraum exakt 5 Meter breit?	Konformitätsregel	Abbildung 5-36
Besitzen Fenster, Abluftdurchlässe, Zuluftdurchlässe, Maschine und Lüftungsanlage das LOD 300?	Konformitätsregel	Abbildung 5-35
Liefert der POC wirklich Starkstrom?	Konformitätsregel	Abbildung 5-36
Reicht die Spannung der Steckdose für die Maschine?	Konformitätsregel	Abbildung 5-37
Kollidiert die Höhe der Maschine mit der Höhe des Raumes?	Konformitätsregel	Abbildung 5-37
Wird der Temperaturbereich im Reinraum eingehalten?	Rechenbasierte Regel	Abbildung 5-45
Kann die ISO-Reinraumklasse eingehalten werden?	Rechenbasierte Regel	Abbildung 5-45

Im Folgenden wird das manuelle Vorgehen des Experiments vorgestellt, das zum direkten Vergleich zum automatischen Vorgehen mittels der Lösungsthese herangezogen wird.

6.2.2 Vorstellung des manuellen Vergleichsvorgehens

Für die manuelle Vergleichsstudie haben sieben Planerinnen und Planer das Modell einer manuellen Prüfung unterzogen. Hierfür wurden die Planerinnen und Planer mit Informationen ausgestattet, die ihnen auch sonst in vom WZL der RWTH Aachen durchgeführten, BIM-basierten Fabrikplanungsprojekten zur Verfügung gestellt werden. Dazu gehören:

- Eine Übersicht der AIA
- Detaillierte 2D-Konstruktionszeichnungen des Reinraums

[487] Bzgl. ISO-Reinraumklasse ist hier die Partikelgröße 0,1 µm gemeint.

- Aachener Modullandkarte
- Partikelimmission
- Eine Liste aller sich im Reinraum befindlichen BIM-Objekte, inklusive des jeweiligen LOD
- Spezifikationsblätter aller technischen Einrichtungen (u.A. Reinraum, RLT-Anlage, Maschine)
- Annahmen zum kalkulatorischen Umgang mit Werkern im Reinraum
- Eine Übersicht relevanter Formeln (z. B. zur Errechnung von Wärmelasten)
- Ein Ausschnitt relevanter Normen (z. B. ISO 14644-1)

Darüber hinaus wurden den Planerinnen und Planern keine weiteren Vorgaben gemacht, wie sie welche Informationen zu prüfen haben. Detaillierten Einblick in die beschriebenen Informationen bietet Anhang 9.9.

6.3 Durchführung und Ergebnisse

In Anschluss an die Vorbereitung des Experiments wurde sowohl die manuelle als auch die automatische Validierung des Use-Case durchgeführt. Kapitel 6.3.1 leitet auf Basis der Planungsinformationen konkrete Schwellenwerte her. Kapitel 6.3.2 beschreibt daraufhin kurz die Durchführung des Experiments, bevor konkrete Ergebnisse des manuellen und automatischen Vorgehens gegenübergestellt werden.

6.3.1 Erläuterung des Evaluationsverfahrens mittels des F_1-Scores

In Kapitel 4.3 wurde bereits in die Theorie des *F_1-Scores* eingeführt. Die hierbei insbesondere relevante Formel 4-4 errechnet ein harmonisches Medium zwischen *Precision* und *Recall*. Diese beiden Parameter messen im vorliegenden Kontext, ob alle Planungsfehler und auch nur diese als Fehler erkannt wurden. Die Wahl des harmonischen Mediums sorgt dafür, dass *Precision* und *Recall* gleich gewichtet werden. Zur positiven Beantwortung der Forschungsfrage aus Kapitel 3.5 und somit zur Validierung der Lösungsthese sind zwei Schwellenwerte relevant:

- Der *F_1-Score* der automatischen Validierung muss höher sein, als der der manuellen Validierung
- Der *F_1-Score* der automatischen Validierung muss größer als der Schwellenwert von 0,333 sein

Für den zweiten Schwellenwert ist es wichtig zu verstehen, dass die Lösungsthese - aus rein statistischer Sicht – besser funktionieren muss, als beim statistischen Zufallsexperiment des Münzwurfs. Bei diesem würde *Zahl* beispielsweise bedeuten, die Planungsinformation ist falsch, *Kopf* hingegen würde bedeuten die etwaige Planungsinformation ist richtig. Somit erreicht ein

F_1-Score genau dann einen akzeptablen Wert, wenn mindestens die Hälfte aller Planungsinformationen korrekt gekennzeichnet werden, sei es als Planungsfehler oder als korrekte Information.

Würde das zu prüfende Modell exakt so viele richtige wie falsche Planungsinformationen besitzen, so läge dieser Schwellenwert bei 0,5. Im vorliegenden Experiment sind jedoch 5 Planungsfehler und 21 korrekte Planungsinformationen enthalten. Somit ergibt sich ein Schwellenwert von 0,333 (vgl. Tabelle 6-6)[488].

Tabelle 6-6: *Confusion Matrix* für die Berechnung des F_1-Schwellenwerts

	Planungsfehler	Korrekte Planungsinformationen
Als Fehler klassifiziert	3 (true positive)	10 (false positive)
Als korrekte Planungsinformation klassifiziert	2 (false negative)	11 (true negative)
Berechneter F_1-Schwellenwert	**0,333**	

Wie ebenfalls bereits in Kapitel 4.3 erwähnt, werden die *F_1-Scores* beim Vergleich des manuellen und des automatischen Verfahrens hinsichtlich des Aufwands normiert, der zur Prüfung notwendig ist. Da es eine positive Korrelation gibt zwischen investiertem Zeitaufwand und erreichtem *F_1-Score*, ist eine Normierung essentiell, um der zeitlichen Kritizität in Fabrikplanungsprojekten zu begegnen. Diese wird dadurch erreicht, dass der erreichte *F_1-Score* durch den benötigten Zeitaufwand dividiert wird.

6.3.2 Durchführung, Auswertung und Ergebnisse

Automatische Durchführung

Für die automatische Validierung wurde aus dem in Kapitel 6.2 dargestellten BI-Model eine Bauteilliste in Excel ausgeleitet. Dies wurde mittels des *Revit* Plug-In *Export-Import Excel* von *BIM One* durchgeführt[489]. Ein Auszug der exportierten Bauteilliste ist in Abbildung 6-6 dargestellt (die vollständige Liste ist Anhang 9.9.6 zu entnehmen).

---

488 Aufgrund der ungeraden Anzahl an falschen (5) und richtigen (21) Planungsinformationen wurde zur sicheren Seite hin abgerundet. Die sichere Seite wird dadurch erreicht, dass im Zweifel der höhere *F_1-Score* als Schwellenwert gewählt wird.

489 Vgl. BIM One, [Stand: 01.03.2021] Export-Import Excel.

Raum: Name	Familie	Klasse	Name	hat_Laenge	hat_Breite	hat_Hoehe	hat_Eigengewicht	hat_Nennspannung
Reinraum1	Tellerventil Zuluft horizontal	Zuluftdurchlass	Zuluftdüse1	0.400	0.400	0.200	0.50	
Reinraum1	Tellerventil Zuluft horizontal	Zuluftdurchlass	Zuluftdüse2	0.400	0.400	0.200	0.50	
Reinraum1	Tellerventil Zuluft horizontal	Zuluftdurchlass	Zuluftdüse3	0.400	0.400	0.200	0.50	
Reinraum1	Tellerventil Zuluft horizontal	Zuluftdurchlass	Zuluftdüse4	0.400	0.400	0.200	0.50	
Reinraum1	Tellerventil Zuluft horizontal	Zuluftdurchlass	Zuluftdüse5	0.400	0.400	0.200	0.50	
Reinraum1	Tellerventil Zuluft horizontal	Zuluftdurchlass	Zuluftdüse6	0.320	0.320	0.200	0.45	
Reinraum1	Fenster 1-flg - Anschlag	Fenster	Fenster1	1.010	0.080	1.010	11.30	
Reinraum1	Fenster 1-flg - Anschlag	Fenster	Fenster2	1.010	0.080	1.010	11.30	
Reinraum1	Fenster 1-flg - Anschlag	Fenster	Fenster3	1.010	0.080	1.010	11.30	
Reinraum1	Fenster 1-flg - Anschlag	Fenster	Fenster4	1.010	0.080	1.010	11.30	
Reinraum1	Fenster 1-flg - Anschlag	Fenster	Fenster5	1.010	0.080	1.010	11.30	
Reinraum1	Fenster 1-flg - Anschlag	Fenster	Fenster6	1.010	0.080	1.010	11.30	
Reinraum1	Maschine	Maschine	Produktionsmaschine	10.000	2.000	[illegible]		
Reinraum1	Steckdosen	POC	Starkstrom[illegible]					
	RLT-Anlage Fujitsu General_VR-IV AJY378-396GALBH_EN	Air [illegible]						

Abbildung 6-6: Auszug aus der exportierten Bauteilliste[490]

Entsprechend der Lösungsthese wurden diese Projekt-Informationen sodann in das RDF-Schema geparsed und in den in Kapitel 6.2.1 dargestellten Ausschnitt der OFP eingefügt. Hierfür wurde mittels *Cellfie*[491] ein Skript mit Transformationsregeln geschrieben. Ein Ausschnitt dieses Skripts ist in Abbildung 6-7 dargestellt. Hierin ist beispielsweise zu erkennen, dass die Instanzen in der Bauteilliste in der Spalte D verordnet waren und ihre einzuordnenden und später zu prüfenden Werte in den Spalten F bis W. Das gesamte Skript ist in Anhang 9.9.7 zu finden.

Add | Edit | Delete

✔	Sheet...	Start Column	End Column	Start Row	End Row	Rule
✔	Alles	D	W	3	+	Individual: @D* Types: @C* Facts: @F1 @F*(xsd:float), @G1 @G*(xsd:float), @H1 @H*(xsd:float), @I1 @I*(xsd:float), @J1 @J*(xsd:float), @K1 @K*(xsd:float), @L1 @L*(xsd:float), @M1 @M*(xsd:float), @N1 @N*(xsd:float), @O1 @O*(xsd:float), @P1 @P*(xsd:float), @Q1 @Q*(xsd:float), @R1 @R*(xsd:float), @S1 @S*(xsd:float), @T1 @T*(xsd:float), @U1 @U*(xsd:float), @V1 @V*(xsd:float), @W1(ObjectProperty) @W*(xsd:float)

Abbildung 6-7: Auszug des Transformationsskripts aus *Cellfie* in *Protégé*[492]

In Abbildung 6-3 wurde der Ausschnitt der projektunabhängigen Ontologie für das Experiment mit Fokus auf die Klasse *ofp:Maschine* dargelegt. Zum Vergleich zeigt nun Abbildung 6-8 den gleichen Ausschnitt mit den eingefügten Instanzen – und somit die projektspezifischen Ontologie. So ist zu erkennen, dass die in Abbildung 6-3 dargestellte *Produktionsmaschine* wie auch der *Reinraum1* über den Code in Abbildung 6-7 als Instanzen der Ontologie beigefügt wurden.

---

490 Aufgrund von Vertraulichkeitsvereinbarungen sind die gezeigten Werte als zum Stand der Planungsphase realistische und nicht als reale Werte des Projekts einzustufen.

491 Vgl. Hardi, J. et al., [Stand: 01.03.2021] Cellfie.

492 Das Skript nimmt die Instanzen aus Spalte D und fügt sie den Klassen der OFP zu, deren Name jeweils in Spalte C vermerkt ist. Die einzelnen *Properties* sind in den *Facts* vermerkt, dies können konkrete Ausprägungen von *Object Properties* sein oder von *Data Properties*, also konkrete Zahlenwerte.

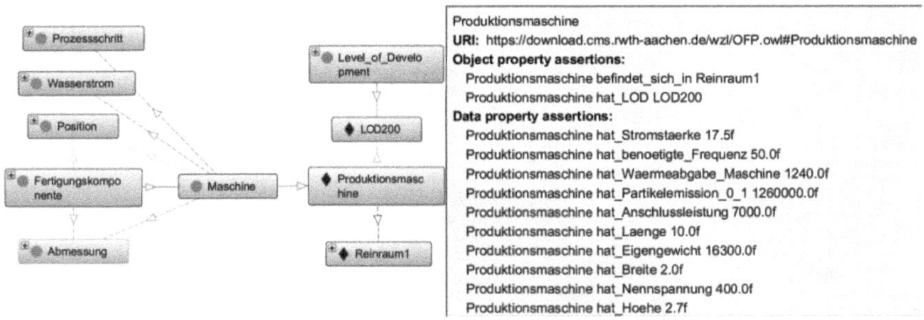

Abbildung 6-8: Auszug des mit Instanzen befüllten Auszugs der OFP für das Experiment

Der letzte Schritt ist entsprechend der Lösungsthese die Anwendung von Prüfregeln auf die nun mit Projektinformationen angereicherte Ontologie. Hierfür wird auf das in Kapitel 6.2.1 dargestellte IDM zurückgegriffen, um hieraus Regeln zu erzeugen. Die Regeln wurden entsprechend der Ergebnisse von Kapitel 5.3 in SHACL geschrieben. Konkret wurden folgende Sachverhalte im Experiment geprüft:

- Existenz der benötigten Objekte im BI-Modell
- Maße des Reinraums
- Eignung des LOD der einzelnen Objekte
- Starkstromfähigkeit der Steckdose
- Abgleich Höhe Reinraum mit Höhe Maschine
- Einhaltung des vorgegebenen Temperaturbereichs des Reinraums
- Einhaltung der ISO-Reinraumklasse

Abbildung 6-9 zeigt einen Ausschnitt des SHACL-Skripts für die Prüfung der Stromstärke, die seitens der Maschine benötigt und seitens des Stromanschlusses zur Verfügung gestellt wird.

```
:POCShape a sh:NodeShape ;
    sh:targetClass :POC ;
    sh:property [
       sh:path :hat_Stromstaerke ;
       sh:sparql [
              a sh:SPARQLConstraint ;
              sh:message "Stromstärke der Maschine zu groß für Steckdose" ;

              sh:select
              """SELECT $this (?StromstaerkeSteckdose as ?value)
              WHERE {
                     $this $PATH  ?StromstaerkeSteckdose .
                     $this :befindet_sich_in ?raum .
                     ?raum :ist_ausgestattet_mit ?Maschine .
                     ?Maschine :hat_Stromstaerke ?StromstaerkeMaschine .

                     FILTER (?StromstaerkeMaschine >
?StromstaerkeSteckdose)
              }""" ;
       ]
       ] .
```

Abbildung 6-9: Auszug des SHACL-Skripts zur Prüfung Stromstärke[493]

In dem Skript wird die Klasse *POC* (Point of Connection) der Ontologie referenziert sowie die Eigenschaft *hat_Stromstaerke*. Daraufhin wird mittels SPARQL in SHACL eine Bedingung definiert, die prüft, ob die für die Maschinen in einem bestimmten Raum definierten Stromstärken durch die Anschlüsse desselben Raumes zur Verfügung gestellt werden. Alle Fälle, in denen dies nicht der Fall ist und der Bedarf somit das Angebot übersteigt, werden herausgefiltert und mittels der anfänglich definierten Nachricht ausgegeben. Das gesamte erstellte Skript ist in Anhang 9.9.8 einsehbar.

Nach Erstellung des Skripts wurde dieses innerhalb des Plug-Ins *SHACL4P* in *Protégé* eingefügt und auf die mit Projektinformationen befüllte OFP angewandt. Im Ergebnis steht ein *Validation Report*, der die automatisch erkannten Fehler sowie die zugehörigen Klassen bzw. Instanzen der OFP referenziert[494]. Tabelle 6-7 zeigt einen Ausschnitt des *Validation Reports.* Die Spalte *Severity* bestimmt den Schweregrad der Regelverletzung. Hier existieren die Formen *Violation, Warning* und *Info*[495], wobei *Violation* die Standardeinstellung ist. Mittels *sh:severity* kann dies jedoch für jeden *Shape* individuell angepasst werden. Im vorliegenden Fall wurde jedoch keine Unterscheidung zwischen den Schweregraden durchgeführt. Die Spalte *Message* gibt die innerhalb des Shapes manuell definierte Nachricht aus und bietet somit ein klareres und schnelleres

[493] Der dunkle Balken in der Abbildung symbolisiert einige in diesem Auszug ausgeblendete Zeilen, die rein deklarativen Zwecken dienen.

[494] Bei eingeschaltetem *Reasoner* wird die vollständige IRI im Validierungsbericht referenziert, was die Übersichtlichkeit erschwert. Der *Reasoner* ist aber notwendig, wenn innerhalb der OFP noch Informationen inferiert werden.

[495] Vgl. Knublauch, H./ Kontokostas, D., [Stand: 26.03.2021] Shapes Constraint Language (SHACL).

Verständnis des Fehlers. Die Spalte *FocusNode* referenziert die spezifische Ressource, die die Regelverletzung herbeigeführt hat (wie in Tabelle 6-7 zum Beispiel die Instanz *RLTAnlage*). Die nächste Spalte wäre im Regelfall *SourceShape,* die aussagt, in welchem *Shape* die Regelverletzung vorkam. Dies ist allerdings nur hilfreich, wenn es sich nicht um einen Fehler innerhalb eines *Property Shapes* handelt, da in diesem Falle nur ein dem Menschen nicht näher verständlicher Zahlencode ausgegeben wird, der sich auch bei jeder neuen Validierung ändert. Dies liegt daran, dass *Property Shapes* immer im Kontext eines *Node Shapes* auftreten sollten und somit keinen eigenen IRI besitzen. Aus diesem Grunde wurde diese Spalte aus Übersichtlichkeitsgründen in Tabelle 6-7 ausgeblendet. Die eindeutige Zuordnung dieser Fehler kann jedoch durch die Spalte *Path* erfolgen (wie in Tabelle 6-7 zum Beispiel *hat_Stromstaerke*). Diese würde wiederum leer bleiben, wenn es sich um einen *Node Shape* handelt, der in der Spalte *SourceShape* näher spezifiziert werden würde. Abschließend wird in der Spalte *Value* der Wert dokumentiert, der zu der Regelverletzung geführt hat, inklusive des IRI des Datentyps.[496] Es ist in Tabelle 6-7 zu erkennen, dass der Fehler *„Kühllast des Reinraumes zu hoch für RLT-Anlage“* in Summe mehrmals dokumentiert wurde. Dies ist darauf zurückzuführen, dass im Modell sechs Instanzen der Klasse *Fenster* existierten, was zu einem sechsmaligen Durchlaufen der Berechnung führte. Im Endeffekt gelten diese sechs Fehler dadurch als ein einziger Fehler. Der letzte Fehler der Liste beschreibt, dass dem Reinraum ein Ausstattungsmerkmal fehlt, in diesem Falle die *RLTAnlage.* Die Tatsache, dass kein Value notiert ist, ist darauf zurückzuführen, dass kein konkreter Wert, sondern die Existenz einer bestimmten Instanz geprüft wird. Dieser angegebene Fehler ist jedoch nicht als Fehler des Modells, sondern als Fehler des Vorgehens selbst zu werten, worauf im Folgenden bei der Beschreibung der Ergebnisse des automatischen und des manuellen Vorgehens eingegangen wird. Der gesamte *Validation Report* ist Anhang 9.9.10 zu entnehmen.

Tabelle 6-7: Auszug des Validation Reports

Severity	Message	FocusNode	Path	Value
Violation	Kühllast des Reinraumes zu hoch für RLT-Anlage	RLTAnlage	hat_max_Kuehlleistung	1600.0^^http://www.w3.org/2001/XMLSchema#float
Violation	Kühllast des Reinraumes zu hoch für RLT-Anlage	RLTAnlage	hat_max_Kuehlleistung	1600.0^^http://www.w3.org/2001/XMLSchema#float
...	...	...	...	...
Violation	Stromstärke der Maschine zu groß für Steckdose	Starkstromsteckdose	hat_Stromstaerke	16.0^^http://www.w3.org/2001/XMLSchema#float
Violation	RLT-Anlage fehlt im Reinraum	Reinraum1	ist_ausgestattet_mit	

[496] Vgl. Knublauch, H./ Kontokostas, D., [Stand: 26.03.2021] Shapes Constraint Language (SHACL).

Manuelle Durchführung

Die Vorbereitung der manuellen Durchführung und somit die den Planerinnen und Planern zur Verfügung gestellten Informationen sind bereits in Kapitel 6.2.2 beschrieben worden. Zeitlich gab es keine Begrenzungen. Das Experiment wurde digital durchgeführt und zu Auswertungszwecken aufgezeichnet[497]. Rückfragen an die das Experiment begleitende Person waren nur zu technischen Zwecken zulässig.

Ergebnisse

In Tabelle 6-8 sind die Ergebnisse der manuellen Durchführung des Experiments dargestellt. Es ist anzumerken, dass die simplen Fehler, geometrisch oder nicht-geometrisch, weit häufiger erkannt wurden als die Komplexen. Bei Letzteren unterliefen insbesondere dann Fehler in der Prüfung, wenn eigenständige Rechnungen erforderlich waren. So hat zum Beispiel nur ein Planer die tatsächliche Partikelkonzentration im Reinraum korrekt errechnet. Ein anderer Fehler, der kontraintuitiverweise in drei von sieben Fällen auftrat, ist die als fehlerhaft dokumentierte Anzahl an Zuluftventilen, obwohl die Anzahl korrekt war. Zurückzuführen war dies schlicht darauf, dass eine der Düsen in der Bauteilliste nicht zusammen mit den anderen fünf Düsen untereinander aufgeführt war, sondern einige Zeilen weiter drunter. Dies führte zu beschriebenem Flüchtigkeitsfehler (eine Gesamtübersicht ist Anhang 9.9.9 zu entnehmen).

Tabelle 6-8: Ergebnisse der manuellen Validierung

Experiment-ID	Dauer [min.]	Precision	Recall	F_1-Score
1	35:00	0,333	0,2	0,25
2	46:56	0,833	1	0,909
3	39:41	0,75	0,6	0,667
4	33:20	0,8	0,8	0,8
5	39:21	0,667	0,4	0,5
6	53:25	1	0,8	0,889
7	48:01	0,8	0,8	0,8
Durchschnitt	**42:15**	**0,74**	**0,657**	**0,688**

In Tabelle 6-9 sind die Ergebnisse der automatischen Durchführung der Validierung dargestellt. Der *Validation Report* wurde bereits beschrieben. Es ist zu erkennen, dass alle als Fehler zu erkennenden Fehler abgerufen wurden (*Recall* = 1). Jedoch war darunter auch eine Information, die als falsch gekennzeichnet wurde, obwohl sie richtig war: die oben bereits beschriebene Instanz der *RLTAnlage*. Hierdurch ist die *Precision* auf einen Wert von 0,833 gefallen[498].

---

[497] Die Aufzeichnungen wurden nach Auswertung aus Datenschutzgründen gelöscht.

[498] Der Grund für diese Ungenauigkeit lag darin, dass SHACL die Klasse *Air_Handler_Unit* bzw. *Lueftungsanlage* in der Validierung nicht erkannt hatte, innerhalb derer geprüft wurde, ob jede Instanz *AirHandlerUnit* bzw. *RLTAnlage* dieser Klasse dem Reinraum zugeordnet war. Es konnte im Nachgang zum Experiment eine Umgehung dieses Fehlers konstruiert werden, indem auf eine andere Klasse (Abscheider) zugegriffen wird, da jede Instanz *AirHandlerUnit* auch eine Instanz dieser Klasse ist. Durch diese Umgehung erkannte

Die Erstellung der Bauteilliste, die Verfassung des Instanziierungsskripts für *Cellfie* sowie das Skript für die SHACL-Validierung wurden in der Dauer nicht berücksichtigt. Hinzu kommt, dass die Zeit für den Validierungsprozess selbst bei automatischer Durchführung ebenfalls kaum zu dokumentieren ist. Vielmehr umfasst die in Tabelle 6-9 dargestellte Dauer das Laden und die Ausführung der verschiedenen Software und zugehörigen Plug-Ins. Es mag an dieser Stelle kritisch angemerkt werden, dass in realiter für den automatischen Prozess der Validierung eine zusätzliche lange Vorbereitungszeit nötig war, unter anderem zur Erstellung der OFP oder des FP-IDM. Diese Vorbereitungen sind jedoch eher übergreifende Rüstzeiten für Elemente, die nicht nur in einem, sondern in vielen nachfolgenden Projekten genutzt werden können. Zudem benötigt auch die manuelle Validierung Vorbereitungszeit (u.a. zum Auszug der Listen), welche ebenfalls nicht in der Dauer in Tabelle 6-8 berücksichtigt wurde.

Tabelle 6-9: Ergebnis der automatischen Durchführung

Dauer [min.]	Precision	Recall	F_1-Score
02:29	0,833	1	0,909

Die Ergebnisse aus Tabelle 6-8 und Tabelle 6-9 zeigen einen *F_1-Score* für die manuelle Validierung von 0,688 sowie einen *F_1-Score* von 0,909 für den automatischen Prozess. Beide Ansätze erreichen bzw. überschreiten den definierten Grenzwert von 0,333. Dies sagt nun aus, dass beide Vorgehen besser sind als der statistische Münzwurf, was beiden zunächst einmal eine grundsätzliche Existenzberechtigung verleiht. In Hinblick auf den Vergleich von automatischem und manuellem Vorgehen sind die normalisierten Werte heranzuziehen. Hierbei ist zu beobachten, dass der automatische Ansatz mit einem normalisierten *F_1-Score* von 0,366[499] den manuellen Ansatz mit einem mit einem normalisierten *F_1-Score* 0,016 übertrifft.[500]

Ziel des Experiments war es, die folgende Forschungsfrage mittels der in Kapitel 5 entwickelten Lösungsartefakte zu beantworten:

Kann der Informationsaustausch zwischen Produktions- und TGA-Planung im BIM-basierten Fabrikplanungsumfeld mittels Ontologie-Modellen automatisch verifiziert werden?

SHACL sodann die Instanz *AirHandlerUnit* und ebenfalls, dass diese Instanz dem Reinraum zugeordnet war. Zu einem späteren Zeitpunkt (und nach Veröffentlichung der Ergebnisse in zu Anfang des Kapitels referenzierter Vorveröffentlichung) konnte der Grund analysiert werden: Die OFP war zunächst grundlagend auf englisch entwickelt und dann im Nachhinein ins Deutsche abgeändert worden. Das Experiment fiel genau in die Finalisierungsphase der OFP, so dass an dieser Stelle eine Datenungenauigkeit hinsichtlich der Sprachen existent war. Nichtsdestotrotz wurde der Fehler unverändert mit in die Auswertung des Experiments aufgenommen.

499 Es wurden nicht mit den gerundeten Werten aus Tabelle 6-9 gerechnet, sondern mit den exakten Zwischenwerten (0,909090909… / 2,48333333….. = 0,366…)

500 Die hier durchgeführte Normierung adressiert die in Kapitel 4.1.3 formale Anforderung eines gesunden Aufwand-Nutzen-Verhältnisses.

Auf Basis der durchgeführten Evaluation kann diese Frage positiv beantwortet werden, da das automatische Vorgehen im Experiment zunächst die kritische Schwelle des *F_1-Score* überschritten hat und zudem qualitativ bessere Ergebnisse als das manuelle Vorgehen hinsichtlich Genauigkeit und Effizienz produziert hat. Das folgende Kapitel wird die Ergebnisse in den Gesamtzusammenhang setzen und Aufwand und Nutzen einer automatischen Validierung mittels Ontologien kritisch reflektieren.

6.4 Diskussion und kritische Reflexion

Mittels des Experiments konnte gezeigt werden, dass die Forschungsfrage der vorliegenden Forschungsarbeit positiv beantwortet werden kann. In vorigen Kapiteln wurde bereits betont, dass das Ergebnis dieser Forschungsarbeit ein erster Prototyp ist, der weiter iterativ verfeinert werden muss. Folglich ist die Validierung der Kapitel 6.1 bis 6.3 vorerst als indikative Validierung des Lösungskonzepts zur Beantwortung der Forschungsfrage zu sehen. Im Folgenden wird zunächst die Nutzung der DSR als Forschungsmethodik kritisch reflektiert (Kapitel 6.4.1). Daraufhin werden die in Kapitel 4.1 postulierten Anforderungen an das Lösungskonzept auf (Nicht-)Erfüllung geprüft (Kapitel 6.4.2). Im letzten Schritt wird das entwickelte Lösungskonzept noch einmal von verschiedenen Blickwinkeln heraus kritisch hinterfragt (Kapitel 6.4.3), um auf den darauffolgenden Ausblick überzuleiten (Kapitel 7).

6.4.1 Kritische Reflexion der Forschungsmethodik

Es ist mittels des Experiments gezeigt worden, dass die Forschungsfrage grundsätzlich positiv beantwortet werden kann. Im Sinne einer DSR ist dieses Ergebnis jedoch erst als erste Iteration des Design-Zyklus und somit als Zwischenergebnis des Forschungsvorhabens zu verstehen. Folglich ist auch die Beantwortung der Forschungsfrage ebenfalls als vorerst indikativ unter den gegebenen Experimentbedingungen zu verstehen und muss in weiteren Iterationen kontinuierlich geprüft werden.

Die DSR besteht jedoch über den Design-Zyklus hinaus noch aus zwei weiteren Zyklen. Der Relevanz-Zyklus setzte das Forschungsvorhaben mit praktischen Anforderungen in einen Anwendungskontext und lieferte somit aus der Praxis heraus Akzeptanzkriterien für das Konzept selbst. In Kapitel 2 wurden diese dargelegt: So bestand die Eingrenzung des Betrachtungsraums in der Schnittstelle zwischen Produktions- und TGA-Planung, mit besonderem Fokus auf funktionale Luftanforderungen. Diesem wurde durch die derartige Ausgestaltung der OFP nachgekommen, was auch durch das gewählte Anwendungsbeispiel des Experiments deutlich wird (siehe Kapitel 6.1). Weiterhin wurde die Intransparenz der Abhängigkeiten der Parameter in dieser Schnittstelle bemängelt, was explizit durch den Aufbau der OFP innerhalb der *Knowledge View* adressiert wurde, in welcher Attribut- und auch rechenbezogene Abhängigkeiten explizit dargestellt sind. Jedoch ist an dieser Stelle hinzuzufügen, dass die Transparenz nicht zwingend

für den menschlichen Betrachter, sondern vielmehr im Sinne einer Maschinenlesbarkeit für eine automatische Validierung von Planungsständen konzipiert wurde. Als dritter Punkt ist der asynchrone Planungsprozess zu nennen, der in Kapitel 2.3.3 adressiert wurde. Das Lösungsartefakt des IDM im Rahmen der *Process View* setzt an diesem Punkt an und versieht den aus der OFP ausgeleiteten Prozess mit LOD. Das Experiment hat weiterhin gezeigt, dass die praktische Anwendbarkeit des Konzepts im Sinne einer Rückkopplung in die Praxis möglich ist. Die erste Schleife des Relevanz-Zyklus kann somit als abgeschlossen betrachtet werden.
Der dritte zu betrachtende Zyklus ist der Rigor-Zyklus, der den Design-Zyklus mit bereits vorhandenem Wissen, Theorien und Modellen versorgte. Diese Wissensbasis wird im Sinne einer Rückkopplung durch den generierten Erkenntnisgewinn des Design Zyklus angereichert. Der Rigor-Zyklus lieferte als Input in Kapitel 3 insbesondere die bestehenden Ansätze des *Semantic Web* sowie die Rahmenwerke der Organisation buildingSMART. Der Erkenntnisgewinn besteht, wie in Kapitel 4.2 und 4.3 beschrieben, einerseits aus dem Lösungskonzept selbst, andererseits jedoch vor allem aus der Aussage, dass mit den Elementen des Konzepts eine automatische Validierung von BIM-Planungsständen in der beschriebenen Weise möglich ist. Folglich kann auch diese erste Rückkopplung des Rigor-Zyklus als abgeschlossen betrachtet werden.

Nach der Reflexion der übergreifenden Forschungsmethodik werden nun die in Kapitel 4.1 postulierten Anforderungen an das Lösungskonzept auf Erfüllung überprüft.

6.4.2 Evaluation der Anforderungen an das Lösungskonzept

Die Lösungsanforderungen wurden in methodische, inhaltliche sowie formale Anforderungen unterteilt. Aus Gründen der Nachvollziehbarkeit wird diese in Kapitel 4.1 aufgestellte Struktur in der folgenden Evaluation beibehalten.

Evaluation der methodischen Anforderungen

In Kapitel 4.1.1 wurden methodische Anforderungen formuliert, die in Tabelle 6-10 noch einmal aufgeführt sind, inklusive der Einordnung, ob die jeweilige Anforderung erfüllt wurde oder nicht. Basierend auf der DSR sollte das Gesamtkonzept evaluiert werden und einen vollfunktionalen Prototypen darstellen. Die soeben dargestellte Reflexion der Forschungsmethodik hat gezeigt, dass eine Rückkopplung in Relevanz- und Rigor-Zyklus stattgefunden hat. Die Adressierung des Relevanz-Zyklus wurde mit teilweiser Erfüllung bewertet, da die erhöhte Transparenz der Abhängigkeiten im finalen Konzept weniger für den menschlichen als für den maschinellen Betrachter gilt. Weiterhin ist zu nennen, dass innerhalb der ersten Iteration des Design-Zyklus durch das beschriebene Experiment gezeigt wurde, dass das Konzept trotz des Prototypencharakters in der Tat funktional ist.

Tabelle 6-10: Evaluation der methodischen Anforderungen

Methodische Anforderungen	Erfüllt?
Das Konzept sollte einen ersten, vollständig funktionalen Prototypen darstellen.	Ja
Das Konzept sollte in einer ersten Iteration evaluiert und rückgekoppelt werden.	Ja
Das Konzept sollte die praktischen Anforderungen aus dem Relevanz-Zyklus adressieren.	Teilweise
Das Konzept sollte auf der Wissensbasis innerhalb des Rigor-Zyklus aufbauen.	Ja
Die genutzten Methoden sollten breite Anwendbarkeit des Konzepts ermöglichen (Standardisierungsmöglichkeit).	Ja

Die letzte Anforderung wurde ebenfalls erfüllt. Der Hauptbestandteil des Lösungskonzepts ist eine Ontologie, die auf dem *Semantic Web* basiert. Inhärentes Charakteristikum dieses Bestandteils ist, dass auf diesem Wissen aufgebaut werden kann. Über die URI *https://download.cms.rwth-aachen.de/wzl/OFP.owl* kann auf die OFP zugegriffen werden und mit Ontologie-Editoren wie *Protégé* verarbeitet werden. Die Konzeptionierungen sowie das gesamte IDM sind ebenso zugänglich.

Prüfung der inhaltlichen Anforderungen

Das Experiment hat durch die Demonstrierung des Lösungskonzepts in einem realen Anwendungsbeispiel gezeigt, dass konkrete Informationen aus sowohl dem BIM-Modell als auch der Ontologie als dem Erklärungsmodell des Lösungskonzepts ableit- und evaluierbar sind (siehe Tabelle 6-11). Durch die starke Anbindung an BIM und die daraus exportierten Informationen ist das Konzept in sich bereits objektorientiert. Weiterhin sieht das Konzept vor, dass die allgemeingültige, öffentlich zugängliche Ontologie strikt getrennt wird von der projektspezifischen Datenhaltung. Die Unterscheidung zwischen diesen beiden Perspektiven wurde in Kapitel 6.2 dargestellt. Hieraus folgt ebenfalls die Erfüllung der Anforderung an Geschäftsprozesse nach WERTH, wonach zwischen ablauflogischen Strukturen und konkreten Inhalten zu trennen ist. So gilt die OFP und auch das entwickelte IDM unabhängig von konkreten Projektdaten, auf die diese Artefakte angewendet werden. Weiterhin wurden die genutzten Transformationsdienste explizit dokumentiert: Das *Revit* Plug-In *Export-Import Excel* von *BIM One* zur Extrahierung der Modelldaten in eine Excel-Datei sowie das *Protégé* Plug-In *Cellfie* zur Transformation der Daten in Tabellenstruktur in das RDF-*Framework*. Eine weitere Anforderung zielt auf die Erweiterbarkeit des Modells. Eine Erweiterung der Lösungsartefakte ist nicht nur gegeben, sondern explizit erwünscht. So soll die OFP als Wissensbasis für weitere Ausarbeitungen genutzt werden. Für das IDM wurde ein übergreifender Rahmen für die Fabrikplanung aufgebaut, ausdetailliert wurde es jedoch lediglich für die in dieser Forschungsarbeit fokussierten Schnittstelle. Zuletzt ist noch Stellung zu beziehen zu der Anforderung hinsichtlich Visualisierbarkeit. So ist das IDM in der Weise visualisierbar, wie es auch in Kapitel 5.2 dargestellt wurde. OWL-Ontologien hingegen stellen die Visualisierung für den menschlichen Betrachter nicht in den Fokus. Dennoch wurden Werkzeuge wie OntoGraf oder VOWL genutzt, um die Zusammenhänge der *Knowledge View* darzustellen. Für beide Werkzeuge wurden jedoch auch Unzulänglichkeiten dokumentiert (siehe Tabelle 5-15). Aufgrund dessen und der lediglich als Code darstellbaren *Constraint View* wurde diese Anforderung als nur teilweise erfüllt eingestuft.

Tabelle 6-11: Evaluation der inhaltlichen Anforderungen

Inhaltliche Anforderungen	
Anforderungen an die Modellierung	*Erfüllt?*
Konkrete Informationen und Daten sollten aus dem Building Information Model heraus ableitbar sein.	Ja
Die Modellierung sollte objektorientiert geschehen.	Ja
Die projektspezifische Datenhaltung sollte vom allgemeinen Informationsmodell getrennt werden.	Ja
Das Modell sollte möglichst allgemeingültig sein.	Ja
Es ist im Konzept zwischen ablauflogischen Strukturen und Inhalten des Prozesses zu unterscheiden.	Ja
Informationen müssen ihrer Natur her nach evaluierbar sein.	Ja
Es müssen klare Transformationsdienste definiert werden.	Ja
Das Modell und seine Komponenten müssen visualisierbar sein.	Teilweise
Zu Zwecken der Verständlichkeit sowie Wartbar- und Wiederverwendbarkeit sollte ein modularer, erweiterbarer Aufbau angestrebt werden.	Ja
Anforderungen an die Datenhaltung	*Erfüllt?*
Daten müssen korrekt, vollständig, konsistent und aktuell sein.	Teilweise
Daten sollten vor unberechtigtem Zugriff geschützt sein.	Nein
Analyse- und Bewertungsergebnisse sollten dauerhaft gespeichert und archiviert werden.	Ja
Domänenspezifische Anforderungen	*Erfüllt?*
Der Zweck des Konzepts ist eine Fabrikplanungsprojekt-spezifische Verwaltung und Überwachung von Informationen aus Design Deliveries.	Ja
Das Konzept muss sich in ein bestehendes Planungsumfeld aus Anwendern, Prozessen und Systemen integrieren.	Ja
Die Erfassung von relevanten Planungsdaten aus existierenden Anwendungen muss möglich sein aufgrund der starken Heterogenität der Werkzeuge und Rollen in der Fabrikplanung.	Ja
Ein Versionsmanagement sollte vorhanden sein.	Teilweise

Auf Seiten der Anforderungen an die Datenhaltung ist anzuführen, dass der Autor den Begriff *Daten* an dieser Stelle auf die projektspezifischen Daten bezieht, die in die allgemeine OFP integriert werden. Die Korrektheit dieser Daten obliegt zunächst dem Lieferanten der Daten, sprich dem jeweiligen Planer. Die Vollständigkeit ist eine Frage der Perspektive, da je nach Stadium in der Planung andere Daten nötig sind, was über die *Process View* definiert wird. Die Konsistenz der Daten wird durch die Prüfregeln der *Constraint View* abgeprüft. Die Aktualität der Daten kann nur teilweise gewährleistet werden, da es keine Echtzeit-Anbindung der BIM-Software und der OFP gibt. Dies führt dazu, dass die Datenaktualisierung lediglich diskret stattfinden kann. Der Schutz der Daten, als weitere Anforderung, lag nicht im Fokus dieser Arbeit und muss projektspezifisch geregelt werden. Es ist jedoch anzuführen, dass die OFP im *Semantic Web* vorliegen darf; sobald sie aber mit projektspezifischen Daten befüllt wird, darf diese individuelle Ontologie nicht mehr öffentlich zugänglich sein. Weiterhin sollten Analyse- und Bewertungsergebnisse speicherbar sein. Ein *Validation Report,* wie er beispielsweise in Tabelle 6-7 dargestellt ist,

kann als Excel-Datei gespeichert werden und somit langfristig nachvollzogen werden.
Im letzten Schritt sollen innerhalb der inhaltlichen Anforderungen die domänenspezifischen Anforderungen betrachtet werden. Zweck des gesamten Lösungskonzepts ist die Überprüfung von *Design Deliveries*. Die Zweckeignung des Konzepts wurde in Kapitel 6.3 dargestellt. Weiterhin richtet sich das Konzept an die verschiedenen Planerinnen und Planer, die mittels der Methode BIM integriert werden. Es werden bestehende Prozessrahmen genutzt (IDM) und auf bestehenden Wissensmodellen aufgebaut (BRICK, DC, MASON). Darüber hinaus wurde gezeigt, dass aus *Revit* heraus Attributlisten in eine Excel-Datei exportiert werden können, so dass keine Abhängigkeit mehr vom proprietären Datenformat besteht. Selbiges ist auch möglich in der Software *Allplan* von Nemetschek. Das zuletzt noch geforderte Versionsmanagement ist jedoch nur teilweise erfüllt. So ist ein wirkliches Management der Versionen nicht möglich, wohl aber – wie oben beschrieben – eine separate Speicherung der jeweiligen *Validation Reports*. Über konkrete und akkurate Benennung dieser *Reports* kann auf indirektem Wege ein Versionsmanagement erreicht werden.

Prüfung der formalen Anforderungen

Zuletzt werden die formalen Anforderungen geprüft, die an das Lösungskonzept gestellt wurden (siehe Tabelle 6-12). Nach einer Befragung mit 10 Experten der Fabrikplanung ist festzuhalten, dass die Zusammenhänge, wie sie dargestellt sind, für sich genommen richtig sind, jedoch nicht erschöpfend. Dies kann darauf zurückgeführt werden, dass es weder das alleinige Ziel war, eine Ontologie aufzubauen, noch ein IDM. Sondern alle Artefakte bilden ein Konzept, mit dem eine automatische Validierung ermöglicht werden soll. Insofern kommt das in Kapitel 4.1 angesprochene Verkürzungsmerkmal hier besonders zum Tragen, da der Anspruch der einzelnen Artefakte nicht in deren Vollständigkeit lag, sondern in ihrer Fähigkeit, die Forschungsfrage zu beantworten. Die formale Richtigkeit wurde jedoch geprüft, so die OFP mittels eines *Reasoner* in *Protégé* und die Prüfregeln der *Constraint View* direkt durch ihre Anwendung, da die Regeln bei formalen Fehlern nicht das gewünschte Ergebnis liefern würden. Das Experiment hat zudem gezeigt, dass das entwickelte Lösungskonzept produktiv ist, also zum Ziel der Forschungsarbeit beiträgt. Jedoch ist anzuführen, dass die Handhabbarkeit nur eingeschränkt erfüllt ist. So ist die Bedienung von *Protégé* und die Durchführung und auch Anpassung der Prüfregeln mit ein wenig Einarbeitungsaufwand zu bewältigen, stellt jedoch dementsprechend und aufgrund mangelnder Intuitivität eine Hürde für einen Fabrikplaner, einen BIM-Manager oder einen BIM-Koordinator dar. Ebenfalls ist die Anforderung des geringen Aufwands nur teilweise erfüllt. So ist die Validierung selbst mit vergleichsweise geringem Aufwand verbunden (siehe Kapitel 6.3). Der Initialaufwand zum Aufbau des Lösungskonzepts dieser Forschungsarbeit kann jedoch nicht als gering eingestuft werden.

Tabelle 6-12: Evaluation der formalen Anforderungen

Formale Anforderungen	Erfüllt
Das Konzept sollte empirische Richtigkeit aufweisen.	Teilweise
Das Konzept sollte formale Richtigkeit aufweisen.	Ja
Das Konzept sollte produktiv sein.	Ja
Das Konzept sollte handhabbar sein.	Teilweise
Das Konzept sollte mit geringem Aufwand erstellbar sein.	Teilweise

In Summe ist festzuhalten, dass 18 der 26 Anforderungen erfüllt sind, sieben teilweise und eine Anforderung nicht erfüllt sind. Obgleich somit die Mehrheit der Anforderungen an das Lösungskonzept erfüllt sind, zeigt sich ein Weiterentwicklungsbedarf, der jedoch im Rahmen der genutzten Forschungsmethodik *Design Science Research* auch vorgesehen ist.

6.4.3 Kritische Reflexion des Lösungskonzepts

Die Forschungsfrage dieser Forschungsarbeit konnte positiv beantwortet werden. Es sollen jedoch einige Details des Lösungskonzepts hervorgehoben werden, die eine Hürde im Lösungskonzept darstellen.

Eingeschränkter Betrachtungsraum

In Kapitel 2 wurde betont, dass sich die Forschungsarbeit auf den Fall der Greenfield-Projekte fokussiert. Hierdurch konnte insbesondere die OFP allgemeingültig und ohne Integration von zu berücksichtigenden Rahmenbedingungen erstellt werden, die immer fallspezifisch sind. Für die Anwendung im Brownfield sind dementsprechend Änderungen an der OFP vorzunehmen. Weiterhin wurden die OFP und das nachfolgende FP-IDM insbesondere für der Schnittstelle Produktion und TGA ausgebildet. Eine Erweiterung auf weitere Planungsdisziplinen wie die Statik ist wie in Kapitel 6.4.2 durchaus möglich und sinnvoll.

Aufbau von *Knowledge, Constraint und Process View*

Wie bereits in Kapitel 6.4.2 dargestellt, ist die Nutzung von *Protégé* nicht intuitiv, was eine Hürde für die Anwendung in der Praxis darstellen kann. Darüber hinaus ist der Transfer der Daten aus einer BIM-Software in *Protégé* über den Umweg einer Excel-Datei gelöst. Es bedarf einer Weiterentwicklung, um IFC, bsDD und das *Semantic Web* näher zusammen zu bringen. In die OFP konnten nur punktuell Inhalte des bsDD mittels *Annotation Properties* manuell eingefügt werden. Hierdurch kann das eigentliche Potential des bsDD nicht genutzt werden. Sobald das bsDD-LD beispielsweise weiterentwickelt ist (siehe Kapitel 3.5), besteht ein direkter Zusammenhang zwischen den buildingSMART-Standards und dem *Linked Data*-Ansatz des *Semantic Web*. So sind die im bsDD definierten *Properties* derzeit nur visuell auf der Website mit der zugehörigen Klasse vernetzt. Sobald hier mittels des bsDD-LD eine tatsächliche, maschinenlesbare Verbindung besteht, können alle vom bsDD-LD definierten *Properties* bei Nutzung einer bestimmten Klasse in der Ontologie abgeleitet werden. Eine weitere Herausforderung ist die Verwendung verschiedener natürlicher Sprachen. So bezieht sich die OFP auf Fabrikplanungsprojekte in Deutschland, in denen deutsche Terminologien im Alltag gebraucht werden. Das Rahmenwerk von buildingSMART sowie die meisten bestehenden Ontologien sind jedoch in englischer Sprache verfasst. Diesem Umstand kann durch *Annotation Properties* Abhilfe geleistet werden, indem für verschiedene Sprachen alternative Bezeichnungen hinterlegt werden (z. B. mittels *skos:altLabel*). Bei den *IRI short names* hingegen besteht diese Möglichkeit nicht, da IRI und somit auch *IRI short names* einzigartig sind. *Protégé* bietet jedoch die Möglichkeit, die Entitäten der Ontologie über *Labels* und somit die *Annotation Properties* anzuzeigen. Die Zuordnung von projektspezifischen Informationen über *Cellfie* bleibt davon unberührt: Bei der Anwendung überträgt sich die beschriebene Inkonsistenz zwangsläufig auf die Excel-Eingabedatei, da *Cellfie* die *IRI short names* als Bezeichnungen in dieser verwendet, um die Speicherpositionen im Ontologie-Modell zu identifizieren. Trotz integrierter Elemente in der Ontologie wäre eine einheitliche Sprache in der Eingabedatei erstrebenswert. Die unterschiedlichen Sprachen machen sich in einem weiteren Punkt bemerkbar. Bei der Integration von Elementen aus bereits existierenden Ontologien werden deren IRI übernommen. Es ist somit folglich auch nicht möglich ein übergreifendes Präfix für die gesamte Ontologie zu definieren. Dies schränkt zwar nicht die Funktionalität ein, führt jedoch zu Mehraufwand bei der Implementierung von Validierungsregeln in der *Constraint View.*

Auf inhaltlicher Seite ist insbesondere ein Punkt deutlich geworden: Es besteht Forschungsbedarf im Bereich der Partikelemissionen von Personen mit und ohne Reinraumbekleidung und in Abhängigkeit ihrer Aktivitätsgrade. So konnten keine Ansätze gefunden werden, die die Partikelemissionen von Personen in Hinblick auf die in DIN EN ISO 14644-1 dargestellten Grenzpartikelgrößen[501] ganzheitlich vorgeben (so kann für die Grenzpartikelgröße von 5 µm derzeit keine automatische Berechnung durchgeführt werden). Selbiges gilt für die genaue Definition und Abgrenzung von Aktivitätsgraden der Personen[502]. Sobald hierzu jedoch Erkenntnisse vorliegen, können diese aufwandsarm in die OFP integriert werden. Weiterhin ist es wichtig zu erwähnen, dass die im Zuge der Ontologie-Entwicklung eingebrachten Modellverkürzungen stets bedacht werden sollten. So werden Wärmeübertragungen nur auf einer übergeordneten Ebene betrachtet, Aspekte der Strömungsmechanik sind ebenso außen vorgelassen. Wie jedoch bereits betont, ist eine Erweiterung der OFP möglich und erwünscht.

Auch auf Seiten der *Constraint View* ist anzuführen, dass die Regelerstellung mittels SHACL nicht intuitiv ist (siehe Kapitel 5.3). An dieser Stelle kommt erschwerend hinzu, dass mit SHACL Core auch teils einfache Ausdrücke nicht abbildbar sind, bzw. nur mit einem komplexen Workaround funktionieren. Hier wird SHACL-SPARQL eingesetzt; eine Sprache mit sehr expressiver,

---

[501] Vgl. Norm DIN EN ISO 14644-1 (2016) Reinräume und zugehörige Reinraumbereiche, S. 14.

[502] Vgl. Norm VDI 2078 (2015) Berechnung der thermischen Lasten und Raumtemperaturen, S. 27.

jedoch auch anspruchsvoller Syntax. Dies führt dazu, dass der genutzte Code dazu neigt, unübersichtlich und für den menschlichen Betrachter schwer nachvollziehbar zu werden. Dies wird verstärkt durch die Tatsache, dass alle Präfixe, die innerhalb des SPARQL-*Statement* verwendet werden, erneut deklariert werden müssen, da nicht auf die im SHACL-Skript deklarierten Präfixe zurückgegriffen werden kann. Weiterhin verfügt der *SHACL4P*-Editor von *Protégé* über keine Zeilenangaben, wodurch eine etwaige Fehlersuche innerhalb des Skripts erschwert wird. Eine solche Fehlersuche in SHACL-SPARQL wird weiterhin dadurch aufwändig, dass außer der Meldung „*something went wrong*" keine weiteren Informationen zur Natur des Fehlers geliefert werden. Dies kann derzeit nur dadurch umgangen werden, dass der SPARQL-Code, in dem mutmaßlich ein Fehler produziert wurde, in das Plug-In *SPARQL Query* von *Protégé* kopiert wird und dort ausgewertet wird[503]. Ein weiterer Punkt, der nur die Handhabung, nicht die Funktionalität erschwert, ist das Design des Validierungsberichts (beispielsweise Abbildung 4-6). Die geringe Zeilenhöhe erschwert die Übersichtlichkeit enorm. Auch ist eine automatische Abspeicherung des Berichts nicht möglich, obgleich – wie in Kapitel 6.4.2 beschrieben – eine Übertragung in eine Excel-Datei möglich ist, wodurch sich auch das Problem der geringen Zeilenhöhe erübrigt.

Im Bereich der *Process View* ist anzuführen, dass das Fehlen von industrieweiten LOD-Vorgaben einerseits die Freiheit in den individuellen Projekten erhöht, andererseits jedoch großen Interpretationsspielraum lassen. So tendieren viele Anwender dazu, die LOD nach LPH zu definieren, obgleich sie eigentlich pro Objekt definierbar wären. Letzter Punkt ist insbesondere in der Fabrikplanung schwierig, da eine Vielzahl der initial generierten Informationen keinen konkreten in der Fabrik zu verortenden Objekten zuordenbar ist, sondern sich auf die Fabrik als Gesamtes und somit auf sehr viele Objekte bezieht.

Aufbau des Experiments

Das Experiment diente der Einholung der Expertise von erfahrenen Fabrikplanern zur Prüfung der Funktionalität des Lösungskonzepts. Es kann hierbei nicht ausgeschlossen werden, dass personengebundene Störvariablen Einfluss auf das Ergebnis genommen haben. So besaßen die Probanden alle ein ähnliches Wissensniveau im Bereich der Fabrikplanung; durch die individuellen Arbeitsweisen ist jedoch eine gewisse Unschärfe nicht zu leugnen. Auch deshalb sind weitere Iterationen im Sinne der *Design Science Research* empfehlenswert. Aufgrund des klaren Ergebnisses von automatischer und manueller Validierung hält der Autor dieser Forschungsarbeit die Grundaussage des Experiments dennoch für valide: Die Forschungsfrage kann positiv beantwortet werden. Es ist allerdings an dieser Stelle kritisch zu hinterfragen, ob die beiden Wege *vollautomatisch* und *vollmanuell* die Möglichkeiten erschöpfen oder, nicht ein Mittelweg sinnvoll sein kann. So könnte ein valides Vorgehen durchaus sein, einfache, triviale Zusammenhänge manuell zu prüfen (z. B. besitzt der Raum ein Fenster?), um etwaige Code-Generierungen zu umgehen.

---

[503] Vgl. Anhang 9.6.6

In Anlehnung an SAIEG ist es auch Überzeugung des Autors dieser Forschungsarbeit, dass das Eingreifen des menschlichen Planers auch in Zukunft unumgänglich sein wird[504].

---

[504] Vgl. Saieg, P. et al. (2018), Interactions of Building Information Modeling.

7 Zusammenfassung und Ausblick

Im Zuge der Digitalisierung vieler Industriezweige erfährt auch die Bauindustrie eine Abkehr von analogen und manuell dezentralen Planungs- und Ausführungsprozessen. BIM ist eine Methodik, die sich in diesem Zusammenhang in der gesamten Bauindustrie verbreitet. Mit ihr können Bauprojekte digital, zentral und intelligent beplant, ausgeführt und überwacht werden; auch bestehende Gebäude können mittels BIM betrieben werden. Während BIM im Bereich des Büro- und des privaten Wohnungsbaus zunehmend Einzug findet, ist im Industriebau zu beobachten, dass zentrale Gewerke nicht in eine BIM-Planung einbezogen werden. Eine besonders relevante Form der Industriebauplanung ist die Fabrikplanung, bei der in vergangenen Projekten des WZL der RWTH Aachen beobachtet werden konnte, dass die Produktion gewöhnlich nicht integriert mit dem Gebäude geplant wird. In diesen Bereich der Fabrikplanung ist die vorliegende Arbeit einzuordnen.

Zu Beginn der vorliegenden Arbeit wurde nach kurzer Einführung in den Themenbereich eine Einordnung in den forschungsmethodischen Rahmen der DSR dargeboten. Dementsprechend ist das Ergebnis der vorliegenden Arbeit als ein Zwischenergebnis zu sehen, das sowohl der Praxis als auch der Theorie wertvolle Erkenntnisse zurückliefert, die Forschung an sich jedoch nicht als abgeschlossen betrachtet werden kann.

Daraufhin wurde nebst einer Beschreibung der Grundlagen aus dem Bereich Fabrikplanung das mit dieser Arbeit adressierte Kernproblem extrahiert, das für die unzureichende Integration der Produktions- und Gebäudeplanung mittels BIM verantwortlich gemacht werden kann. Hierzu wurde der Betrachtungsraum insbesondere auf die Schnittstelle zwischen Produktionsplanung sowie raumlufttechnischen Anforderungen fokussiert. Entsprechend der DSR wurde daraufhin ergründet, welche bestehenden Ansätze lösungsorientierte Anknüpfungspunkte gewähren. Hierzu wurden mittels systematischer Literaturrecherche Ansätze ermittelt und sodann mittels Clusteranalyse auf ihre Eignung zur Lösung des Praxisproblems hin untersucht. Hierbei kristallisierten sich insbesondere die Nutzung von Ontologien aus dem *Semantic Web* sowie die bestehenden Rahmenwerke der Organisation *buildingSMART* als wertvolle Anknüpfungspunkte heraus. Die Grundlagen beider Bereiche wurden daher in der Folge intensiv herausgearbeitet. Die Forschungsfrage, die sich mithin ergab, war:

Kann der Informationsaustausch zwischen Produktions- und TGA-Planung im BIM-basierten Fabrikplanungsumfeld mittels Ontologie-Modellen automatisch verifiziert werden?

Der Lösungsbereich der vorliegenden Arbeit betonte zunächst, dass der Erkenntnisgewinn einerseits in den Lösungsartefakten liegt, mit denen eine positive Beantwortung der Forschungsfrage abgestrebt wird. Andererseits liegt der Erkenntnisgewinn jedoch zentral in der Beantwortung der Frage selbst. Hierzu wurden vier *Views* gebildet, die jede ein Lösungsartefakt darstellen. In der *Knowledge View* wurde eine OWL-Ontologie (OFP) als Erklärungsmodell der Zusammenhänge in der fokussierten Schnittstelle aufgebaut. In der *Process View* wurde basierend auf der OFP ein den Vorgaben von *buildingSMART* entsprechendes IDM aufgebaut, das klare Austauschanforderungen in einem Planungsprozess definiert. Um eine automatische Verifizierung entsprechend der Forschungsfrage zu operationalisieren, wurden in der *Constraint View* Regeln auf Basis der Austauschanforderungen der *Process View* formuliert.
In einer abschließenden *Validation View* wurde vor allem der zweite Teil des Erkenntnisgewinns fokussiert. In ihm wurde gezeigt, dass die davor dargestellten Lösungsartefakte in der Lage sind, einen Informationsaustausch automatisch zu verifizieren und somit die Forschungsfrage positiv zu beantworten.

Sowohl die OFP als auch das IDM wurde für die fokussierte Schnittstelle ausdetailliert. Dennoch wurde vorweg ein übergreifender Rahmen skizziert, damit weitere Schnittstellen hierauf aufbauen und sich in die bestehenden Ergebnisse integrieren können. Hier sind zum Beispiel TGA-Bereiche wie Elektro denkbar, oder auch andere Fachplanungsbereiche wie die Tragwerksplanung. Ebenso ist es denkbar, die OFP weiter vorzubefüllen, indem sie für konkrete Industriebereiche spezifiziert wird, also zum Beispiel eine OFP für die Planung einer Werkzeugbaufertigung oder einer Automobilfabrik. Darüber hinaus wurde das IDM auf den Modulen des Aachener Fabrikplanungsvorgehens aufgebaut. Aufgrund des Fokus der vorliegenden Forschungsarbeit wurden nur einzelne Module entsprechend ausdetailliert. Eine Erweiterung des IDM würde auch seine Anwendbarkeit fördern.
Mit Blick auf die Forschungsfrage ist nun, da gezeigt wurde, dass eine automatische Verifizierung möglich ist, zu erforschen, ob eine solche stets zwingend nötig ist, oder ob ein optimaler Trade-Off zwischen manueller und automatischer Verifizierung gefunden werden kann.

8 Literaturverzeichnis

Im Literaturverzeichnis sind Veröffentlichungen enthalten, die als Teil-Vorveröffentlichung dieser Dissertation anzusehen sind.:

Ebade Esfahani, M.; Burggräf, P.; Adlon, T.; Matoni, S.; Enabling automated checking of information in factory planning with ontologies – a case study; 2021; In: Procedia CIRP (Hrsg.): Proceedings of the 15th CIRP Int. Conference on Intelligent Computation in Manufacturing Engineering (CIRP ICME '21), 14-16 July 2021 (in print).

Burggräf, P.; Dannapfel, M.; Ebade Esfahani, M.; Scheidler, F., Creation of an expert system for design validation in BIM-based factory design through automatic checking of semantic information, In: Procedia CIRP (Hrsg.): Proceedings of the 14th CIRP Int. Conference on Intelligent Computation in Manufacturing Engineering (CIRP ICME '20), 14-17 July 2020, Vol. 99; Elsevier, Amsterdam, 2021, 3-8.

Burggräf, P.; Dannapfel, M.; Ebade Esfahani, M.; Schwamborn, N., How to Improve Collaboration Efficiency in the Built Environment of Factories by Using an Integrated Factory Modelling Concept – An Expert Study, In: International Journal of Design & Nature and Ecodynamics, Nr. 4, 15. Jg., 2020, S. 473-481.

Burggräf, P.; Dannapfel, M.; Schneidermann, D.; Ebade Esfahani, M., Paradigmenwechsel im Fabrikplanungsdatenmanagement - Wie BIM Daten verknüpft, Fabrikplaner verbindet und Potenziale schafft, In: wt Werkstattstechnik online, Nr. 4, 109. Jg., 2019, S. 260-267.

Burggräf, P.; Dannapfel, M.; Schneidermann, D.; Ebade Esfahani, M.; Schwamborn, N., Integrated Factory Modelling: Using BIM to disrupt the interface between manufacturing and construction in factory planning, In: Wilde, P. de; Mahdjoubi, L.; Galiano Garrigos, A. (Hrsg.): Building Information Modelling (BIM) - in Design, Construction and Operations III, 1. Aufl.; WIT Press, Southampton, 2019, S. 143-155.

Burggräf, P.; Ebade Esfahani, M.; Bertling, M.; Dannapfel. Matthias, Factory-BIM zur integrierten Produktions- und Gebäudeplanung, In: Riedel, R. (Hrsg.): Smarte Produktion und digitale Vernetzung - VPP 2018 - Vernetzt planen und produzieren, 1. Aufl., 2018, S. 155-166.

Bei der Auswahl und Auswertung folgenden Materials haben mir die nachstehend aufgeführten Personen in der jeweils beschriebenen Weise unentgeltlich geholfen:

- Die Expertenstudie, welche in Kapitel 2 dargestellt wird, wurde von Frau Nora Schwamborn im Rahmen ihrer Bachelorarbeit an der RWTH Aachen unterstützt.
- Zur Erstellung des Ontologie-Modells in Kapitel 5.1 hat Frau Nora Schwamborn ihre Masterarbeit an der RWTH Aachen beigetragen.
- Herr Daniel Cäsar sowie Herr Florian Scheidler hatten einen Anteil bei der Validierung von RDF-Daten (Kapitel 5.3) im Rahmen der Bachelorarbeit, respektive Masterarbeit an der RWTH Aachen.

- Die Evaluation des Konzeptes (Kapitel 6) wurde von Herrn Stephan Matoni im Rahmen seiner Bachelorarbeit an der RWTH Aachen unterstützt.
- Herr Julius Steinlein unterstützte bei der Beschreibung der HOAI-Phasen (Anhang 9.2 und Kapitel 2.2).

Sofern innerhalb dieser Abschnitte auf Anhänge verwiesen wird, so bezieht sich die obige Stellungnahme ebenfalls auf die korrespondierenden Anhänge.

Alreshidi, E.; Mourshed, M.; Rezgui, Y., Factors for effective BIM governance, In: Journal of Building Engineering. ICS 10, 2017, 89–101 (Author's versions 1-31).

Ameri, F.; Urbanovsky, C.; McArthur, C., A systematic approach to developing ontologies for manufacturing service modeling, In: Proceedings of the workshop on ontology and semantic web for manufacturing, Nr. 14, 2012.

Arayici, Y.; Fernando, T.; Munoz, V.; Bassanino, M., Interoperability specification development for integrated BIM use in performance based design, In: Automation in Construction. ICS 85, 2018, S. 167-181.

Ausiello, G.; Cabibbo, L., Expressiveness and Complexity of Formal Systems, In: Carsetti, A. (Hrsg.): Functional Models of Cognition - Self-Organizing Dynamics and Semantic Structures in Cognitive Systems, Springer Netherlands, Dordrecht, s.l., 2000, S. 103-120.

Baldwin, M., Der BIM-Manager - Praktische Anleitung für das BIM-Projektmanagement, 2. überarbeitete Auflage, 2019.

*Baunetz_ Wissen_*, Beschreibung von Modellansichtsdefinitionen mit MVD, Beschreibung von Modellansichtsdefinitionen mit MVD. URL: https://www.baunetzwissen.de/bim/fachwissen/standardisierung/beschreibung-von-modellansichtsdefinitionen-mit-mvd-5288354. Zuletzt geprüft am 02.02.2021.

*Baunetz_ Wissen_*, bsDD – für eine definierte BIM-Terminologie, bsDD – für eine definierte BIM-Terminologie. URL: https://www.baunetzwissen.de/bim/fachwissen/standardisierung/bsdd--fuer-eine-definierte-bim-terminologie-5288167. Zuletzt geprüft am 02.01.2021.

*Baunetz_ Wissen_*, IFC der offene Standard für BIM-Modelle, IFC der offene Standard für BIM-Modelle. URL: https://www.baunetzwissen.de/bim/fachwissen/standardisierung/ifc-der-offene-standard-fuer-bim-modelle-5288161. Zuletzt geprüft am 02.02.2021.

*Baunetz_ Wissen_*, Modellbasierter Nachrichtenaustausch mit BCF, Modellbasierter Nachrichtenaustausch mit BCF. URL: https://www.baunetzwissen.de/bim/fachwissen/standardisierung/modellbasierter-nachrichtenaustausch-mit-bcf-5288163. Zuletzt geprüft am 02.02.2021.

*Baunetz_ Wissen_*, Standardisierte Informationsanforderungen mit IDM, Standardisierte Informationsanforderungen mit IDM. URL: https://www.baunetzwissen.de/bim/fachwissen/standardisierung/standardisierte-informationsanforderungen-mit-idm-5288165. Zuletzt geprüft am 02.02.2021.

*Baunetz_ Wissen_*, Was bedeutet LOD/LOI? | BIM | Modellinhalte, Was bedeutet LOD/LOI? | BIM | Modellinhalte | Baunetz_Wissen. URL: https://www.baunetzwissen.de/bim/fachwissen/modellinhalte/was-bedeutet-lod-loi-5285890. Zuletzt geprüft am 30.06.2020.

Beckett, D.; Berners-Lee, T.; Prud'hommeaux, E.; Carothers, G. (2014), RDF 1.1 Turtle, RDF 1.1 Turtle - Terse RDF Triple Language. URL: https://www.w3.org/TR/turtle/. Zuletzt geprüft am 19.01.2021.

Beetz, J.; Poveda Villalón, M.; Sojic, A. (2019), ifcOWL ontology (IFC4_ADD2), ifcOWL ontology (IFC4_ADD2). URL: https://standards.buildingsmart.org/IFC/DEV/IFC4/ADD2/OWL/index.html. Zuletzt geprüft am 08.05.2021.

Beetz, J.; van Leeuwen, J.; Vries, B. de, IfcOWL: A case of transforming EXPRESS schemas into ontologies, In: Artificial Intelligence for Engineering Design, Analysis and Manufacturing, Nr. 1. ICS 23, 2009, S. 89-101.

Bejjani, C.; Utsch, J.; Thiele, T.; Meisen, T.; Jeschke, S.; Burggräf, P., Flow Chart Based Information Modeling for Factory Planning, In: Wang, L. (Hrsg.): Procedia CIRP, 1. Aufl.; CIRP, Stockholm, 2018, S. 410-415.

Berners-Lee, T.; Hendler, J.; Lassila, O., The Semantic Web - A new form of Web content that is meaningful to computers will unleash a revolution of new possibilities, In: Scientific American, Nr. 284, 2001, S. 34-43.

Biljecki, F.; Ledoux, H.; Stoter, J., An improved LOD specification for 3D building models, In: Computers, Environment and Urban Systems. ICS 59, 2016, S. 25-37.

BIM One (2020), Export-Import Excel, Export-Import Excel. URL: https://bimone.com/en/Apps/Info?id=excelimportexport. Zuletzt geprüft am 01.03.2021.

BIMForum, LEVEL OF DEVELOPMENT (LOD) SPECIFICATION - For Building Information Models and Data, 2nd reprinting, April 2019.

Booth, A., "Brimful of STARLITE": toward standards for reporting literature searches, In: Journal of the Medical Library Association, Nr. 4. ICS 94, 2006, 421-429.

Bortz, J.; Döring, N., Forschungsmethoden und Evaluation - Für Human- und Sozialwissenschaftler, 5. Aufl.; Springer, Berlin, 2015.

Bouquet, P.; Ehrig, M.; Euzenat, J.; Franconi, E.; Hitzler, P., Specifification of a Common Framework for Characterizing Alignment,, 2005.

Brecher, C., Integrative Produktionstechnik für Hochlohnländer, Springer-Verlag Berlin Heidelberg, Berlin, Heidelberg, 2011.

Brick Consortium, Inc. (2021), What is Brick?, What is Brick. URL: https://docs.brickschema.org/intro.html. Zuletzt geprüft am 28.04.2021.

buildingSMART International, buildingSMART Data Dictionary, buildingSMART Data Dictionary. URL: http://bsdd.buildingsmart.org/#. Zuletzt geprüft am 27.02.2021.

buildingSMART International, ifcOWL, ifcOWL - What is ifcOWL. URL: https://technical.buildingsmart.org/standards/ifc/ifc-formats/ifcowl/. Zuletzt geprüft am 28.02.2021.

buildingSMART International, Information Delivery Manual (IDM), Information Delivery Manual (IDM). URL: https://technical.buildingsmart.org/standards/information-delivery-manual/. Zuletzt geprüft am 02.02.2021.

buildingSMART International, openBIM, openBIM. URL: https://www.buildingsmart.org/about/openbim/. Zuletzt geprüft am 02.02.2021.

buildingSMART International, window common . security rating, window common . security rating. URL: http://bsdd.buildingsmart.org/#concept/details/36ZFI0qXWHuO00025QrE$V. Zuletzt geprüft am 28.02.2021.

buildingSMART International (2016), space | space type, space | space type. URL: http://bsdd.buildingsmart.org/#concept/details/2YmRA0qWWHuO00025QrE$V. Zuletzt geprüft am 26.06.2021.

Bundesingenieurkammer, Verordnung über die Honorare für Architekten- und Ingenieurleistungen - HOAI, (17. Juli 2013). Fundstelle 402-24-8-2-3. URL: https://www.hoai.de/online/HOAI_2013/HOAI_2013.php. Zuletzt geprüft am 04.12.2020.

Bundesministerium für Wirtschaft und Energie (2021), Erste Verordnung zur Änderung der Honorarordnung, Erste Verordnung zur Änderung der Honorarordnung für Architekten und Ingenieure. URL: https://www.bmwi.de/Redaktion/DE/Artikel/Service/verordnung-zur-aenderung-der-honorarordnung-fuer-architekten-und-ingenieure.html. Zuletzt geprüft am 04.06.2021.

Burggräf, P.; Dannapfel, M.; Ebade Esfahani, M.; Scheidler, F., Creation of an expert system for design validation in BIM-based factory design through automatic checking of semantic information, In: Procedia CIRP (Hrsg.): Proceedings of the 14th CIRP Int. Conference on Intelligent Computation in Manufacturing Engineering (CIRP ICME '20), 14-17 July 2020, Vol. 99; Elsevier, Amsterdam, 2021, 3-8.

Burggräf, P.; Dannapfel, M.; Ebade Esfahani, M.; Schwamborn, N., How to Improve Collaboration Efficiency in the Built Environment of Factories by Using an Integrated Factory Modelling Concept – An Expert Study, In: International Journal of Design & Nature and Ecodynamics, Nr. 4. ICS 15, 2020, S. 473-481.

Burggräf, P.; Dannapfel, M.; Schneidermann, D.; Ebade Esfahani, M., Paradigmenwechsel im Fabrikplanungsdatenmanagement - Wie BIM Daten verknüpft, Fabrikplaner verbindet und Potenziale schafft, In: wt Werkstattstechnik online, Nr. 4. ICS 109, 2019, S. 260-267.

Burggräf, P.; Dannapfel, M.; Schneidermann, D.; Ebade Esfahani, M.; Schwamborn, N., Integrated Factory Modelling: Using BIM to disrupt the interface between manufacturing and construction in factory planning, In: Wilde, P. de; Mahdjoubi, L.; Galiano Garrigos, A. (Hrsg.): Building Information Modelling (BIM) - in Design, Construction and Operations III, 1. Aufl.; WIT Press, Southampton, 2019, S. 143-155.

Burggräf, P.; Ebade Esfahani, M.; Bertling, M.; Dannapfel. Matthias, Factory-BIM zur integrierten Produktions- und Gebäudeplanung, In: Riedel, R. (Hrsg.): Smarte Produktion und digitale Vernetzung - VPP 2018 - Vernetzt planen und produzieren, 1. Aufl., 2018, S. 155-166.

Burggräf, P.; Schuh, G.; Ebade Esfahani, M.; Dannapfel, M.; Nöcker, J.; Wesch-Potente, C., Einführung in die Fabrikplanung, In: Burggräf, P.; Schuh, G. (Hrsg.): Fabrikplanung, Springer Berlin Heidelberg, Berlin, Heidelberg, 2021, S. 1-62.

Bürkle, E.; Karlinger, P.; Wobbe, H., Reinraumtechnik in der Spritzgießverarbeitung, Hanser, München, 2013.

Büscher, C., Ontologiebasierte Kennzahlenentwicklung für Virtual Production Intelligence, Dissertation, *RWTH Aachen*, 2015.

Büscher, C.; Meisen, T.; Jeschke, S., Ontologiebasiertes Informationsmanagement für die Fabrikplanung, In: Schenk, M. (Hrsg.): Digitales Engineering zum Planen, Testen und Betreiben technischer Systeme - 18. IFF-Wissenschaftstage 24.-25. Juni 2015, Fraunhofer IFF, Madeburg, 2015, S. 27-35.

Büscher, C.; Voet, H.; Krunke, M.; Burggräf, P.; Meisen, T.; Jeschke, S., Semantic Information Modelling for Factory Planning Projects, In: Procedia CIRP. ICS 41, 2016, S. 478-483.

Busse, J.; Humm, B.; Lübbert, C.; Moelter, F.; Reibold, A.; Rewald, M.; Schlüter, V.; Seiler, B.; Tegtmeier, E.; Zeh, T., Was bedeutet eigentlich Ontologie?, In: Informatik-Spektrum, Nr. 4. ICS 37, 2014, S. 286-297.

Chen, S.; Butterworth, A.; Jiang, L., Air quality indices and cleanroom ventilation equations, and their application in a cleanroom HVAC system, Part one: theoretical considerations, In: Clean Air and Containment Review, Nr. 37. ICS 2019, 2019, S. 4-10.

Church, A., Carnap's Introduction to Semantics, In: The Philosophical Review, Nr. 3. ICS 52, 1943, S. 298.

*College International pour la Recherche en Productique (*CIRP), Dictionary of Production Engineering III – Manufacturing Systems Wörterbuch der Fertigungstechnik III – Produktionssysteme Dizionario di Ingegneria della Produzione III – Sistemi di produzione - Trilingual Edition Dreisprachige Ausgabe Edizione completa trilingue, 1st ed. 2020; Springer Berlin Heidelberg; Imprint: Springer Vieweg, Berlin, Heidelberg, 2020.

Cooper, H., Organizing knowledge syntheses: A taxonomy of literature reviews, In: Knowledge in Society, Nr. 1. ICS 1, 1988, S. 104-126.

Curschellas, P.; Dohmen, P.; Ferraro, E.; Gubler, D.; Maurer, C.; Rukat, R.; Schmidt, T.; Wondrusch, R., Swiss BIM LOIN-Definition (LOD) - Informationsanforderung (Level of Information Need, LOIN) und deren Umsetzung in den unterschiedlichen Detaillierungsstufen (LOG/LOI), Zürich, 2018.

Cyganiak, R.; Wood, D.; Lanthaler, M. (2014), RDF 1.1 Concepts and Abstract, RDF 1.1 Concepts and Abstract Syntax. URL: https://www.w3.org/TR/rdf11-concepts/. Zuletzt geprüft am 19.01.2021.

Dangelmaier, W., Theorie der Produktionsplanung und -steuerung - Im Sommer keine Kirschpralinen?, Springer-Verlag Berlin Heidelberg, Berlin, Heidelberg, 2009.

Deutsches Institut für Normung (DIN), Reinräume und zugehörige Reinraumbereiche, Norm DIN EN ISO 14644-1:2016-06. ICS 13.040.35. Beuth Verlag GmbH, Berlin,

Deutsches Institut für Normung (DIN), Industry Foundation Classes (IFC) für den Datenaustausch, Norm DIN EN ISO 16739:2017-04. ICS 35.240.67. Beuth Verlag GmbH, Berlin,

Deutsches Institut für Normung (DIN), Bauwerksinformationsmodelle, Norm DIN EN ISO 29481-1:2018-01. ICS 35.240.67; 91.010.01. Beuth Verlag GmbH, Berlin,

Deutsches Institut für Normung (DIN), Kosten im Bauwesen, Norm DIN 276:2018-12. ICS 91.010.20. Beuth, Berlin,

Dietz, J., The CRISP Model, In: Dietz, J. L. G. (Hrsg.): Enterprise Ontology - Theory and Methodology, Springer-Verlag Berlin Heidelberg, Berlin, Heidelberg, 2006, S. 127-135.

Doan, A.; Halevy, A.; Ives, Z. G., Principles of data integration, Elsevier Morgan Kaufmann, Amsterdam, 2012.

Dohmen, P.; Liebsch, P.; Sautter, H., LOD / LOI Definitionen - Informationen zur Detaillierungs- und Informationstiefe BIM, V1.0, 2016.

Döring, N.; Bortz, J., Forschungsmethoden und Evaluation in den Sozial- und Humanwissenschaften, 5. vollständig überarbeitete, aktualisierte und erweiterte Auflage; Springer, Berlin, Heidelberg, 2016.

Dröge, E., Leitfaden für das Verbinden von Ontologien, In: Information Wissenschaft und Praxis, Nr. 2. ICS 61, 2010, S. 143-147.

Dröge, E.; Iwanowa, J.; Trkulja, V.; Hennicke, S.; Gradmann, S., Wege zur Integration von Ontologien am Beispiel einer Spezifizierung des Europeana Data Model, In: Hobohm, H.-C.; Pfeffing, J.; Hügi, J.; Schneider, R. (Hrsg.): Informationswissenschaft zwischen virtueller Infrastruktur und materiellen Lebenswelten - Proceedings des 13. Internationalen Symposiums für Informationswissenschaft (ISI 2013), Potsdam, 19. bis 22. März 2013 = Information science between virtual infrastructure and material lifeworlds, Als Ms. gedruckt; vwh Hülsbusch, Glückstadt, 2013, S. 273-284.

Dublin Core Metadata Initiative (2020), DCMI Metadata Terms, DCMI Metadata Terms. URL: https://www.dublincore.org/specifications/dublin-core/dcmi-terms/. Zuletzt geprüft am 09.04.2021.

Ebade Esfahani, M.; Burggräf, P.; Adlon, T.; Matoni, S., Enabling automated checking of information in factory planning with ontologies – a case study, In: Procedia CIRP (Hrsg.): Proceedings of the 15th CIRP Int. Conference on Intelli-gent Computation in Manufacturing Engineering (CIRP ICME '21) - 14-16 July 2021,, 2021, (in print).

ECLASS e.V., ECLASS - STANDARD FÜR STAMMDATEN UND SEMANTIK, ECLASS - STANDARD FÜR STAMMDATEN UND SEMANTIK FÜR DIE DIGITALISIERUNG. URL: https://www.eclass.eu/. Zuletzt geprüft am 06.02.2021.

Ekaputra, F.; Lin, X., SHACL4P: SHACL constraints validation within Protégé ontology editorProceedings of 2016 International Conference on Data and Software Engineering (ICoDSE) - Udayana University, Denpasar, Bali, Indonesia, October 26th-27th , 2016, IEEE, Piscataway, NJ, 2016, S. 1-6.

El-Diraby, T.; Osman, H., A domain ontology for construction concepts in urban infrastructure products, In: Automation in Construction, Nr. 8. ICS 20, 2011, S. 1120-1132.

Essig, B., BIM und TGA - Engineering und Dokumentation der Technischen Gebäudeausrüstung, 2., überarbeitete und erweiterte Auflage; Beuth Verlag GmbH, Berlin, Wien, Zürich, 2017.

Euzenat, J.; Shvaiko, P., Ontology Matching, Second edition; Springer, Heidelberg, New York, Dordrecht, London, 2013.

Falconer, S. (2010), OntoGraf, OntoGraf. URL: https://protegewiki.stanford.edu/wiki/OntoGraf. Zuletzt geprüft am 28.05.2021.

Felix, H., Unternehmens- und Fabrikplanung - Planungsprozesse, Leistungen und Beziehungen, 1. Aufl.; Hanser, München, 1998.

Fernández-López, M.; Gómez-Pérez, A.; Juristo, N., Methontology - From Ontological Art Towards Ontological Engineering, In: Proceedings of the Ontological Engineering AAAI-97 Spring Symposium Series, 1997, S. 33-40.

Föllinger, O.; Konigorski, U.; Lohmann, B.; Roppenecker, G.; Trächtler, A., Regelungstechnik - Einführung in die Methoden und ihre Anwendung, 12., überarbeitete Auflage; VDE Verlag GmbH, Berlin, Offenbach, 2016.

Fraunhofer-Institut für Produktionstechnologie IPT (2020), Forschungsfertigung Batteriezelle, Forschungsfertigung Batteriezelle. URL: https://www.forschungsfertigung-batteriezelle.fraunhofer.de/. Zuletzt geprüft am 20.11.2020.

Gaikwad, V.; Rake, R. (2020), Building Information Modeling Market, Building Information Modeling Market Expected to Reach $15.89 Billion by 2027. URL: https://www.alliedmarketresearch.com/building-information-modeling-market. Zuletzt geprüft am 20.12.2020.

Geißinger, J., Grundlagen zur Entwicklung reinraumtauglicher Handhabungssysteme, Springer, Berlin, Heidelberg, 1989.

Girmscheid, G., Strategisches Bauunternehmensmanagement - Prozessorientiertes integriertes Management für Unternehmen in der Bauwirtschaft, 2. Aufl.; Springer-Verlag, s.l., 2010.

GitHub, ifcOWL, ifcOWL. URL: https://github.com/buildingSMART/ifcOWL. Zuletzt geprüft am 08.05.2021.

Gomez-Perez, A., Evaluation of ontologies, In: International Journal of Intelligent Systems, Nr. 3. ICS 16, 2001, S. 391-409.

Gómez-Pérez, A.; Fernández-López, M.; Corcho, O., Ontological Engineering - With Examples from the Areas of Knowledge Management, e-Commerce and the Semantic Web, Springer-Verlag London Limited, London, 2004.

Gómez-Pérez, A.; Fernández-López, M.; Vicente, A. de, Towards a Method to Conceptualize Domain Ontologies, In: Wahlster, W. (Hrsg.): Proceedings / ECAI 96, 12th European Conference on Artificial Intelligence, August 11 - 16, 1996, Budapest, Hungary, Wiley, Chichester, 1996, S. 41-51.

Grundig, C.-G., Fabrikplanung - Planungssystematik - Methoden - Anwendungen, 3., neu bearb. Aufl.; Hanser, München, 2009.

Haerder, T., Klassische Datenmodelle und Wissensrepräsentation, In: Informationstechnik - Computer, Systeme, Anwendungen (Themenheft Wissensrepräsentation), Nr. 2. ICS 31, 1989, S. 141-154.

Hardi, J.; O'Connor, M.; Tudorache, T. (2020), Cellfie, Cellfie. URL: https://github.com/protege-project/cellfie-plugin. Zuletzt geprüft am 01.03.2021.

Heimes, H.; Kampker, A.; Lienemann, C.; Locke, M.; Offermanns, C., Produktionsprozess einer Lithium-Ionen-Batteriezelle, 3. Auflage; Frankfurt, Februar 2019.

Helmis, S.; Hollmann, R., Webbasierte Datenintegration - Ansätze zur Messung und Sicherung der Informationsqualität in heterogenen Datenbeständen unter Verwendung eines vollständig webbasierten Werkzeuges, 1. Aufl.; Vieweg+Teubner Verlag / GWV Fachverlage GmbH Wiesbaden, Wiesbaden, 2009.

Hevner, A., A Three Cycle View of Design Science Research, In: Scandinavian Journal of Information Systems, Nr. 2. ICS 19, 2007, S. 87-92.

Hevner, A.; R, A.; March, S.; T, S.; Park; *Park, J.;* Ram; Sudha, Design Science in Information Systems Research, In: Management Information Systems Quarterly. ICS 28, 2004, S. 75-105.

Hjelseth, E., BIM-based Model Checking (BMC), In: Issa, R. R. A.; Olbina, S. (Hrsg.): Building Information Modeling, American Society of Civil Engineers, Reston, VA, 2015, S. 33-61.

Hjelseth, E., Classification of BIM-based model checking concepts, In: Journal of Information Technology in Construction (ITcon), Nr. Special Issue: CIB W78 2015 SPecial track on Compliance Checking. ICS 21, 2016, S. 354-369.

Hjelseth, E.; Nisbet, N. (2011), Capturing normative constraints, Capturing normative constraints by use of the semantic mark-up RASE methodology, In: Proceedings of CIB W78-W102 Conference, (2011, S. 1-10.

hoai.de (2021), HOAI Leistungsphasen, HOAI Leistungsphasen. URL: https://www.hoai.de/hoai/leistungsphasen/. Zuletzt geprüft am 15.03.2021.

Horridge, M.; Knublauch, H.; Rector, A.; Stevens, R.; Wroe, C., A Practical Guide To Building OWL Ontologies Using The Protégé-OWL Plugin and CO-ODE Tools, The University of Manchester, Manchester, UK, 2004.

Horrocks, I., Ontologies and the semantic web, In: Communications of the ACM, Nr. 12. ICS 51, 2008, S. 58-67.

Horrocks, I.; Patel-Schneider, P.; Boley, H.; Tabet, S.; Grosof, B.; Dean, M. (2004), SWRL: A Semantic Web Rule Language, SWRL: A Semantic Web Rule Language Combining OWL and RuleML. URL: https://www.w3.org/Submission/SWRL/. Zuletzt geprüft am 07.06.2021.

Hsieh, H.-F.; Shannon, S., Three approaches to qualitative content analysis, In: Qualitative health research, Nr. 9. ICS 15, 2005, S. 1277-1288.

Hu, Z.-Z.; Tian, P.-L.; Li, S.-W.; Zhang, J.-P., BIM-based integrated delivery technologies for intelligent MEP management in the operation and maintenance phase, In: Advances in Engineering Software. ICS 115, 2018, S. 1-16.

Huh, Y.; Keller, F.; Redman, T.; Watkins, A., Data quality, In: Information and Software Technology, Nr. 8. ICS 32, 1990, S. 559-565.

International Organization for Standardization (ISO), Industrial automation systems and integration, Norm ISO 10303-11:2004-11. Beuth Verlag GmbH, Berlin,

International Organization for Standardization (ISO), Organization of information about construction works, Norm ISO 22263:2008-01. Beuth Verlag GmbH, Berlin,

International Organization for Standardization (ISO), Information technology, Norm ISO/IEC 19510:2013-07. Beuth Verlag GmbH, Berlin,

Kampker, A.; Burggräf, P.; Krunke, M.; Voet, H.; Backs, M., Das Aachener Fabrikplanungsvorgehen - Agile Fabrikplanung im turbulenten Umfeld, In: wt Werkstattstechnik online, Nr. 4. ICS 104, 2014, S. 192-196.

Kim, H.; Fox, M.; Gruninger, M., An ontology of quality for enterprise modelling, In: IEEE Computer Society Press (Hrsg.): Enabling Technologies - Infrastructure for Collaborative Enterprises, 4th Workshop on (WET-ICE '95), IEEE Computer Society Press, Los Alamitos, Oct. 1995, S. 105-116.

Knublauch, H. (2011), SPIN - SPARQL Syntax, SPIN - SPARQL Syntax. URL: https://www.w3.org/Submission/2011/SUBM-spin-sparql-20110222/. Zuletzt geprüft am 24.03.2021.

Knublauch, H. (2020), TopBraid SHACL API, TopBraid SHACL API. URL: https://github.com/TopQuadrant/shacl. Zuletzt geprüft am 18.04.2021.

Knublauch, H.; Hendler, J.; Idehen, K., SPIN - Overview and Motivation, SPIN - Overview and Motivation. URL: https://www.w3.org/Submission/2011/SUBM-spin-overview-20110222/. Zuletzt geprüft am 24.03.2021.

Knublauch, H.; Kontokostas, D. (2017), Shapes Constraint Language (SHACL), Shapes Constraint Language (SHACL) - W3C Recommendation 20 July 2017. URL: https://www.w3.org/TR/2017/REC-shacl-20170720/. Zuletzt geprüft am 26.03.2021.

Krunke, M., Reifegradmanagement in der Fabrikplanung, Dissertation, *RWTH Aachen,* 2017.

Labra Gayo, J. E.; Kontokostas, D.; Prud'hommeaux, E.; Boneva, I., Validating RDF data, Morgan & Claypool Publishers, San Rafael, California, 2018.

Larsen, B., Accessing large 3D BIMs from mobile devices, In: Gudnason, G. (Hrsg.): eWork and eBusiness in Architecture, Engineering and Construction - ECPPM 2012, CRC Press, Hoboken, 2012, S. 505-508.

Lee, G.; Park, Y.; Ham, S., Extended Process to Product Modeling (xPPM) for integrated and seamless IDM and MVD development, In: Advanced Engineering Informatics, Nr. 4. ICS 27, 2013, S. 636-651.

Lee, Y.-C.; Eastman, C.; Solihin, W., An ontology-based approach for developing data exchange requirements and model views of building information modeling, In: Advanced Engineering Informatics, Nr. 3. ICS 30, 2016, S. 354-367.

Lee, Y.-C.; Eastman, C.; Solihin, W., Logic for ensuring the data exchange integrity of building information models, In: Automation in Construction. ICS 85, 2018, S. 249-262.

Leite, F.; Akcamete, A.; Akinci, B.; Atasoy, G.; Kiziltas, S., Analysis of modeling effort and impact of different levels of detail in building information models, In: Automation in Construction, Nr. 5. ICS 20, 2011, S. 601-609.

Lemaignan, S.; Siadat, A.; Dantan, J.-Y.; Semenenko, A., MASON: A Proposal For An Ontology Of Manufacturing Domain, In: Mařik, V. (Hrsg.): IEEE Workshop on Distributed Intelligent Systems: Collective Intelligence and its Applications - DIS 2006 ; 15 - 16 June 2006, Prague, Czech Republic, IEEE, Piscataway, NJ, 2006, S. 195-200.

Levy, Y.; J. Ellis, T., A Systems Approach to Conduct an Effective Literature Review in Support of Information Systems Research, In: Informing Science: The International Journal of an Emerging Transdiscipline. ICS 9, 2006, S. 181-212.

Link, V.; Lohmann, S.; Marbach, E.; Negru, S.; Wiens, V., WebVOWL, WebVOWL - Web-based Visualization of Ontologies. URL: http://www.visualdataweb.de/webvowl/. Zuletzt geprüft am 03.06.2021.

Liu, Y.; van Nederveen, S.; Hertogh, M., Understanding effects of BIM on collaborative design and construction: An empirical study in China, In: International Journal of Project Management, Nr. 4. ICS 35, 2017, S. 686-698.

Lohmann, S.; Negru, S.; Haag, F.; Ertl, T., Visualizing ontologies with VOWL, In: Semantic Web, Nr. 4. ICS 7, 2016, S. 399-419.

Ma, Z.; Zhang, D.; Li, J., A dedicated collaboration platform for Integrated Project Delivery, In: Automation in Construction. ICS 86, 2018, S. 199-209.

Malik, S.; Prakash, N.; Rizvi, S.A.M., Ontology Merging Using Prompt Plug-In of Protégé in Semantic Web, In: Tomar, G. S. (Hrsg.): International Conference on Computational Intelligence and Communication Networks (CICN), 2010 - 26 - 28 Nov. 2010, Bhopal, India ; proceedings, IEEE, Piscataway, NJ, 2010, S. 476-481.

Mayring, P., Qualitative Content Analysis, In: Forum Qualitative Sozialforschung / Forum: Qualitative Social Research, Nr. 2. ICS 1, 2010, Art. 20.

McGuinness, D.; van Harmelen, F. (2004), OWL Web Ontology Language, OWL Web Ontology Language - Overview. URL: https://www.w3.org/TR/owl-features/. Zuletzt geprüft am 19.01.2021.

Meckelnborg, A., Integrative Fabrikplanung durch effiziente Koordinationsmodelle, Dissertation, *RWTH Aachen*, 2015.

Meuser, M.; Nagel, U., The Expert Interview and Changes in Knowledge Production, In: BOGNER, A. (Hrsg.): INTERVIEWING EXPERTS, 1ST ed. 2009; PALGRAVE MACMILLAN, [Place of publication not identified], 2016, S. 17-42.

Miles, A.; Bechhofer, S. (2009), SKOS Simple Knowledge Organization System, SKOS Simple Knowledge Organization System. URL: https://www.w3.org/TR/skos-reference/. Zuletzt geprüft am 09.04.2021.

Miles, M. B.; Huberman, A. M., Qualitative data analysis - An expanded sourcebook, 2nd edition; Sage, Sage Publications, 1994.

Mirtschin, J.; Chipman, T.; Muhic, S.; Pauwels, P.; Terkaj, W.; Aengenvoort, K.; Weise, M. (2019), IFC Documentation and Toolkit, IFC Documentation and Toolkit. URL: https://github.com/buildingSMART/IfcDoc. Zuletzt geprüft am 28.12.2020.

Moher, D.; Liberati, A.; Tetzlaff, J.; Altman, D., Preferred reporting items for systematic reviews and meta-analyses: the PRISMA statement, In: PLoS medicine, Nr. 7. ICS 6, 2009, e1000097.

Motik, B.; Cuenca Grau, B.; Horrocks, I.; Wu, Z.; Fokoue, A.; Lutz, C. (2012), OWL 2 Web Ontology Language Profiles, OWL 2 Web Ontology Language Profiles (Second Edition). URL: https://www.w3.org/TR/2012/REC-owl2-profiles-20121211/. Zuletzt geprüft am 19.01.2021.

MTHojgaard, Building Component Catalogue, Söborg, Dänemark, 2020.

Mylopoulos, J., An overview of Knowledge Representation, In: ACM SIGPLAN Notices, Nr. 1. ICS 16, 1981, S. 5-12.

Nakatani, M.; Nobuo, M. (Las Vegas, USA), Advanced Lighting Design and Simulation, Advanced Lighting Design and Simulation for Revit. URL: https://www.autodesk.com/autodesk-university/class/Advanced-Lighting-Design-and-Simulation-Revit-2015. Zuletzt geprüft am 20.12.2020.

Nguyen, T.-H.; Kim, J.-L., Building code compliance checking using BIM technology, In: IEEE (Hrsg.): Proceedings of the 2011 Winter Simulation Conference (WSC), IEEE, 2011, S. 3395-3400.

No Magic, Inc., Annotation and annotation properties, Annotation and annotation properties. URL: https://docs.nomagic.com/display/CCM190SP4/Annotation+and+annotation+properties. Zuletzt geprüft am 06.05.2021.

Offermann, P.; Levina, O.; Schönherr, M.; Bub, U., Outline of a design science research process, In: Vaishanvi, V.; Purao, S. (Hrsg.): Proceedings of the 4th International Conference on Design Science Research in Information Systems and Technology - DESRIST '09, ACM Press, New York, New York, USA, 2009, S. 1-11.

Olawumi, T.; Chan, D.; Wong, J.; Chan, A., Barriers to the integration of BIM and sustainability practices in construction projects: A Delphi survey of international experts, In: Journal of Building Engineering. ICS 20, 2018, 60–71 (Accepted Manuscript: 1-35).

Osterwalder, A., The Business Model Ontology - A proposition in a design science approach, Dissertation, *L'Université de Lausanne,* 2004.

Panyr, J., Thesauri, Semantische Netze, Frames, Topic Maps, Taxonomien, Ontologien – begriffliche Verwirrung oder konzeptionelle Vielfalt?, In: Harms, I.; Luckhardt, H.-D.; Giessen, H. W. (Hrsg.): Information und Sprache - Beiträge zu Informationswissenschaft, Computerlinguistik, Bibliothekswesen und verwandten Fächern, De Gruyter, Berlin, 2006.

Paschotta, R., Scheinleistung, Scheinleistung. URL: https://www.energie-lexikon.info/scheinleistung.html. Zuletzt geprüft am 16.09.2021.

Patzak, G., Systemtechnik - Planung komplexer innovativer Systeme - Grundlagen, Methoden, Techniken, Springer Berlin Heidelberg, Berlin, Heidelberg, 1982.

Pauwels, P.; Terkaj, W., EXPRESS to OWL for construction industry: Towards a recommendable and usable ifcOWL ontology, In: Automation in Construction. ICS 63, 2016, S. 100-133.

Pawellek, G., Ganzheitliche Fabrikplanung - Grundlagen, Vorgehensweise, EDV-Unterstützung, Springer Berlin Heidelberg, Berlin, Heidelberg, 2008.

Peffers, K.; Tuunanen, T.; Gengler, C.; Rossi, M.; Hui, W.; Virtanen, Ville, Bragge, Johanna, The Design Science Research Process - A model for production and presenting information systems research, In: Chatterjee, S.; Hevner, A. (Hrsg.): Proceedings of the First International Conference on Design Science Research in Information Systems and Technology (DESRIST 2006), DESRIST, Claremont, 2006, S. 83-106.

planen-bauen 4.0 - Gesellschaft zur Digitalisierung des Planens, Bauens und Betreibens mbH, Stufenplan Digitales Planen und Bauen,, 2015.

Powers, D., Evaluation: From precision, recall and F-measure to ROC, informedness, markedness & correlation, In: Journal of Machine LEarning Technologies, Nr. 1. ICS 2, 2011, S. 37-63.

Predoiu, L.; Feier, C.; Scharffe, F.; Bruijn, J. de; *Martín-Recuerda Francisco; Manoc, D.; Ehrig, M.*, D4.2.2 State-of-the-art survey on Ontology Merging and Aligning V2, Innsbruk, 2005.

*Project Management Institute (*PMI), What is Project Management?, What is Project Management. URL: https://www.pmi.org/about/learn-about-pmi/what-is-project-management. Zuletzt geprüft am 27.02.2021.

Prud'hommeaux, E.; Seaborne, A. (2008), SPARQL Query Language for RDF, SPARQL Query Language for RDF. URL: https://www.w3.org/TR/2008/REC-rdf-sparql-query-20080115/. Zuletzt geprüft am 23.03.2021.

Rattanasawad, T.; Saikaew, K.; Buranarach, M.; Supnithi, T., A review and comparison of rule languages and rule-based inference engines for the Semantic WebInternational Computer Science and Engineering Conference (ICSEC), 2013 - Bangkok, Thailand, 4 - 6 Sept. 2013, IEEE, Piscataway, NJ, 2013, S. 1-6.

RDF Working Group (2014), Resource Description Framework (RDF), Resource Description Framework (RDF). URL: https://www.w3.org/RDF/. Zuletzt geprüft am 19.01.2021.

Rector, A.; Schreiber, G. (2005), Qualified cardinality restrictions (QCRs), Qualified cardinality restrictions (QCRs) - Constraining the number of values of a particular type for a property. URL: https://www.w3.org/2001/sw/BestPractices/OEP/QCR/. Zuletzt geprüft am 19.01.2021.

Reiter, R., On Closed World Data Bases, In: Gallaire, H.; Minker, J. (Hrsg.): Logic and Data Bases, Springer US, Boston, MA, 1978, S. 55-76.

Rowe, D., Die Beziehung zwischen Theorie und Experiment, In: Rowe, D. E. (Hrsg.): David Hilbert Natur und mathematisches Erkennen, Birkhäuser Basel, Basel, s.l., 1992, S. 56-60.

RWTH Aachen University, Internet of Production, Internet of Production. URL: https://www.iop.rwth-aachen.de/cms/~gpfz/Produktionstechnik/. Zuletzt geprüft am 16.02.2021.

Ryman, A. (2014), Resource Shape 2.0, Resource Shape 2.0. URL: https://www.w3.org/Submission/2014/SUBM-shapes-20140211/. Zuletzt geprüft am 25.03.2021.

Saieg, P.; Sotelino, E.; Nascimento, D.; Caiado, R., Interactions of Building Information Modeling, Lean and Sustainability on the Architectural, Engineering and Construction industry: A systematic review, In: Journal of Cleaner Production. ICS 174, 2018, S. 788-806.

Schober, K.-S.; Hoff, P.; Lecat, A.; Thieulloy, G. de; *Siepen, S.*, Turning point for the construction industry - The disruptive impact of Building Information Modeling (BIM), München, September 2017.

Schuh, G.; Franzkoch, B.; Burggräf, P.; Nöcker, J.; Wesch-Potente, C., Frei konfigurierbare Planungsprozesse in der Fabrikplanung, In: wt Werkstattstechnik online, Nr. 4. ICS 99, 2009, S. 193-198.

Schuh, G.; Kampker, A.; Wesch-Potente, C., Condition based factory planning, In: Production Engineering, Nr. 1. ICS 5, 2011, S. 89-94.

Sharif, B.; Maletic, J., An Eye Tracking Study on camelCase and under_score Identifier Styles, In: Antoniol, G. (Hrsg.): IEEE 18th International Conference on Program Comprehension (ICPC), 2010 - June 30, 2010 - July 2, 2010, Braga, Minho, Portugal, IEEE, Piscataway, NJ, 2010, S. 196-205.

Simmendinger, H., HOAI 2013 - Praxisleitfaden für Ingenieure und Architekten ; inkl. Verordnungstext, Ernst & Sohn, Berlin, 2013.

Sommerville, I., Software engineering, Tenth edition, global edition; Pearson, Boston, Columbus, Indianapolis, New York, San Francisco, Hoboken, Amsterdam, Cape Town, Dubai, London, Madrid, Milan, Munich, Paris, Montreal, Toronto, Delhi, Mexico City, São Paulo, Sydney, Hong Kong, Seoul, Singapore, Taipei, Tokyo, 2016.

Sonntag, D., Important New Values of the Physical Constants of 1986 - Vapor Pressure Formulations based on the ITS-90 and Psychrometer Formulae, In: Zeitschrift für Meteorologie, Nr. 5. ICS 70, 1990, S. 340-344.

Stachowiak, H., Allgemeine Modelltheorie, Springer, Wien, 1973.

Stanford University (2016), Naming and rendering of entities, Naming and rendering of entities in Protege. URL: https://protegewiki.stanford.edu/wiki/Protege4NamingAndRendering. Zuletzt geprüft am 13.07.2021.

Stanford University (2021), Protégé, Protégé. URL: https://protege.stanford.edu/. Zuletzt geprüft am 23.01.2021.

Steyskal, S.; Coyle, K. (2017), SHACL Use Cases and Requirements, SHACL Use Cases and Requirements. URL: https://www.w3.org/TR/2017/NOTE-shacl-ucr-20170720/#requirements. Zuletzt geprüft am 27.03.2021.

Suárez-Figueroa, M.; Gómez-Pérez, A.; Villazón-Terrazas, B., How to Write and Use the Ontology Requirements Specification Document, In: Meersman, R.; Dillon, T.; Herrero, P. (Hrsg.): On the move to meaningful Internet systems: OTM 2009 - Confederated international conferences, CoopIS, DOA, IS, and ODBASE 2009, Vilamoura, Portugal, November 1 - 6, 2009 ; proceedings, part II, Springer, Berlin, 2009, S. 966-982.

Sugumaran, V., Methodological advancements in intelligent information technologies - Evolutionary trends, IGI Global (701 E. Chocolate Avenue Hershey Pennsylvania 17033 USA), Hershey, Pa, 2010.

Ta, D.; Gould, J. (2014), Energy Analysis for Revit, Energy Analysis for Revit: A How-to Guide. URL: https://www.autodesk.com/autodesk-university/class/Energy-Analysis-Revit-How-Guide-2014. Zuletzt geprüft am 20.12.2020.

TechTerms (2017), High-Level Language, High-Level Language. URL: https://techterms.com/definition/high-level_language. Zuletzt geprüft am 27.03.2021.

Trautz, M.; Herkrath, R.; Brunk, M.; Dannapfel, M.; Koch, S., Gebäudeplanung und Technische Gebäudeausrüstung, In: Burggräf, P.; Schuh, G. (Hrsg.): Fabrikplanung, Springer Berlin Heidelberg, Berlin, Heidelberg, 2021, S. 455-495.

Turabian, K. L., A manual for writers of research papers, theses, and dissertations - Chicago style for students and researchers, 7. ed., [Nachdr.]; The University of Chicago Press, Chicago, 2011.

University of Oxford, HermiT OWL Reasoner, HermiT OWL Reasoner. URL: http://www.hermit-reasoner.com/. Zuletzt geprüft am 23.02.2021.

Uschold, M., Building Ontologies - Towards a Unified Methodology, In: Proceedings of Expert Systems '96, 1996, S. 1-18.

Uschold, M.; Gruninger, M., Ontologies: principles, methods and applications, In: The Knowledge Engineering Review, Nr. 2. ICS 11, 1996, S. 93-136.

Uschold, M.; KING, M.; MORALEE, S.; ZORGIOS, Y., The Enterprise Ontology, In: The Knowledge Engineering Review, Nr. 1. ICS 13, 1998, S. 31-89.

van Treeck, C.; Elixmann, R.; Rudat, K.; Hiller, S.; Herkel, S.; Berger, M., Gebäude.Technik.Digital - Building Information Modeling, Springer Vieweg, Berlin, Heidelberg, 2016.

Verein Deutscher Ingenieure (VDI), Reinraumtechnik, Norm VDI 2083 - Blatt 4.1:2006-10. ICS 13.040.35, 91.140.30. Beuth Verlag GmbH, Berlin,

Verein Deutscher Ingenieure (VDI), Dokumentation in der Technischen Gebäudeausrüstung, Norm VDI 6026 - Blatt 1:2008-05. ICS 91.140.01. Beuth Verlag GmbH, Berlin,

Verein Deutscher Ingenieure (VDI), Fabrikplanung, Norm VDI 5200 - Blatt 1:2011-02. ICS ICS 03.100.99. Verein Deutscher Ingenieure, Düsseldorf,

Verein Deutscher Ingenieure (VDI), Berechnung der thermischen Lasten und Raumtemperaturen, Norm VDI 2078:2015-06. ICS ICS 91.140.30. Beuth Verlag GmbH, Berlin,

Verein Deutscher Ingenieure (VDI), Begriffe der Bau- und Gebäudetechnik, Norm VDI 4700:2015-10. ICS 01.040.91, 91.140.01. Beuth Verlag GmbH, Berlin,

Verein Deutscher Ingenieure (VDI), Reinraumtechnik, Norm VDI 2083 - Blatt 1:2020-01. ICS ICS 13.040.30, 13.040.35. Beuth Verlag GmbH, Berlin,

Verein Deutscher Ingenieure (VDI), Building Information Modeling, Norm VDI 2552 - Blatt 4:2020-08. ICS 01.040.35, 35.240.67. Beuth Verlag GmbH, Berlin,

Verein Deutscher Ingenieure (VDI), Building Information Modeling, Norm VDI 2552 - Blatt 11.1:2020-09. ICS 35.240.67. Beuth Verlag GmbH, Berlin,

Volk, R.; Stengel, J.; Schultmann, F., Building Information Modeling (BIM) for existing buildings — Literature review and future needs, In: Automation in Construction. ICS 38, 2014, S. 109-127.

vom Brocke, J.; Simons, A.; Niehaves, B.; Riemer, K.; Plattfaut, R.; Cleven, A., Reconstructing the Giant - On the Importance of Rigour in Documenting the Literature Search Process, In: Newell, S.; Whitley, E.; Pouloudi, N.; Wareham, J.; Mathiassen, L. (Hrsg.): Information systems in a globalising world - Challenges, ethics and practices ; ECIS 2009, 17th European Conference on Information Systems, 8 - 10 June 2009, Verona, Italy, Università di Verona, Facoltà di Economia, Departimento de Economia Aziendale, Verona, Italien, 2009, S. 2206-2217.

Vrandecic, D., Ontology Evaluation, In: Staab, S.; Studer, R. (Hrsg.): Handbook on Ontologies, Springer, Dordrecht, 2009, S. 293-314.

W3C (2015), Good Ontologies, Good Ontologies. URL: https://www.w3.org/wiki/Good_Ontologies. Zuletzt geprüft am 09.04.2021.

W3C (2017), XQuery and XPath Functions and Operators, XQuery and XPath Functions and Operators Math Namespace Document. URL: https://www.w3.org/2005/xpath-functions/math/. Zuletzt geprüft am 16.09.2021.

W3C OWL Working Group (2012), OWL 2 Web Ontology Language Document, OWL 2 Web Ontology Language Document OverviewW3C. URL: https://www.w3.org/TR/owl2-overview/. Zuletzt geprüft am 19.01.2021.

Wang, J.; Wang, X.; Shou, W.; Chong, H.-Y.; Guo, J., Building information modeling-based integration of MEP layout designs and constructability, In: Automation in Construction. ICS 61, 2016, S. 134-146.

Wang, L.; Qian, B.; Cui, X.; Chao, L., Application of BIM Technology in Interference Check in Construction Work, In: Kim, Y.-H. (Hrsg.): Proceedings of the 2018 7th International Conference on Energy and Environmental Protection (ICEEP 2018), Atlantis Press, Paris, France, 2018.

Weller, K., Ontologien, In: Kuhlen, R.; Semar, W.; Strauch, D. (Hrsg.): Grundlagen der praktischen Information und Dokumentation - Handbuch zur Einführung in die Informationswissenschaft und -praxis, 6., völlig neu gefasste Ausgabe; DE GRUYTER SAUR, Berlin, Boston, 2014, S. 207-218.

Werth, D., Modellierung unternehmensübergreifender Geschäftsprozesse - (Modelle, Notationen und Vorgehen für prozessorientierte Unternehmensverbünde), 1. Aufl.; Salzwasser-Verl., Bremen, Hamburg, 2007.

Wiendahl, H.-P.; Reichardt, J.; Nyhuis, P., Handbuch Fabrikplanung - Konzept, Gestaltung und Umsetzung wandlungsfähiger Produktionsstätten, 2., überarb. und erw. Aufl., [elektronische Ressource]; Hanser, München, 2014.

Wikipedia (2021), Precision and recall, Precision and recall. URL: https://en.wikipedia.org/wiki/Precision_and_recall. Zuletzt geprüft am 16.03.2021.

Wood, T. (2020), What is the F-score?, What is the F-score. URL: https://deepai.org/machine-learning-glossary-and-terms/f-score. Zuletzt geprüft am 13.03.2021.

World Wide Web Consortium (W3C), Pellet, Pellet. URL: https://www.w3.org/2001/sw/wiki/Pellet. Zuletzt geprüft am 23.02.2021.

Yamauchi, K.; Yang, J.; Hotta, K.; Higo, Y.; Kusumoto, S., Clustering Commits for Understanding the Intents of ImplementationIEEE International Conference on Software Maintenance and Evolution (ICSME), 2014 - Sept. 29 [i.e. 28], 2014 - Oct. 3, 2014, Victoria, British Columbia, Canada, IEEE, Piscataway, NJ, 2014, S. 406-410.

YourDictionary (2021), Difference Between Data and Information Explained, Difference Between Data and Information Explained. URL: https://examples.yourdictionary.com/difference-between-data-and-information-explained.html. Zuletzt geprüft am 18.03.2021.

Yuan, Z.; Sun, C.; Wang, Y., Design for Manufacture and Assembly-oriented parametric design of prefabricated buildings, In: Automation in Construction. ICS 88, 2018, S. 13-22.

Zhang, C.; Beetz, J.; Weise, M., Model view checking: automated validation for IFC building models, In: Mahdavi, A.; Martens, B.; Scherer, R. (Hrsg.): eWork and eBusiness in Architecture, Engineering and Construction, CRC Press, 2014, S. 123-128.

Zhang, J.; El-Gohary, N., Extraction of Construction Regulatory Requirements from Textual Documents Using Natural Language Processing Techniques, In: Issa, R.; Flood, I. (Hrsg.): Computing in civil engineering - Proceedings of the 2012 ASCE International Conference on Computing in Civil Engineering, June 17 - 20, 2012, Clearwater Beach, Florida, American Society of Civil Engineers, Reston, Va., 2012, S. 453-460.

Zhang, J.; El-Gohary, N., Integrating semantic NLP and logic reasoning into a unified system for fully-automated code checking, In: Automation in Construction. ICS 73, 2017, S. 45-57.

Zhong, B.; Ding, L.; Luo, H.; Zhou, Y.; Hu, Y.; Hu, H., Ontology-based semantic modeling of regulation constraint for automated construction quality compliance checking, In: Automation in Construction. ICS 28, 2012, S. 58-70.

9 Anhang

9.1 Darstellung der Expertenstudie[505]

Die Expertenstudie wurde mit Thesen gestartet. Mittels Thesen können Annahmen, welche auf Erfahrungen beruhen, nachvollziehbar bestätigt und begründet verallgemeinert werden. Die zeiteffiziente, zeitgleiche Datenerhebung sowie der geringe Einfluss des Forschers auf die Experten waren entscheidende Kriterien für die Überprüfung der Thesen mittels einer Online-Befragung. Die Inhalte der neun Thesen wurden aus Literaturrecherchen und Praxiserfahrungen des Autors generiert. Die Bewertung dieser Thesen wurde anschließend mithilfe der deutschen Online-Plattform "SoSci-Survey" durchgeführt, die auch im Diagramm von Abbildung 9-1 als Werkzeug dargestellt ist.

[505] Die Ausführungen dieses Anhangs 9.1 wurden bereits in ähnlicher Form in der folgenden eigenen Vorveröffentlichung dargelegt: Vgl. Burggräf, P. et al. (2019), Integrated Factory Modelling, S. 146ff.

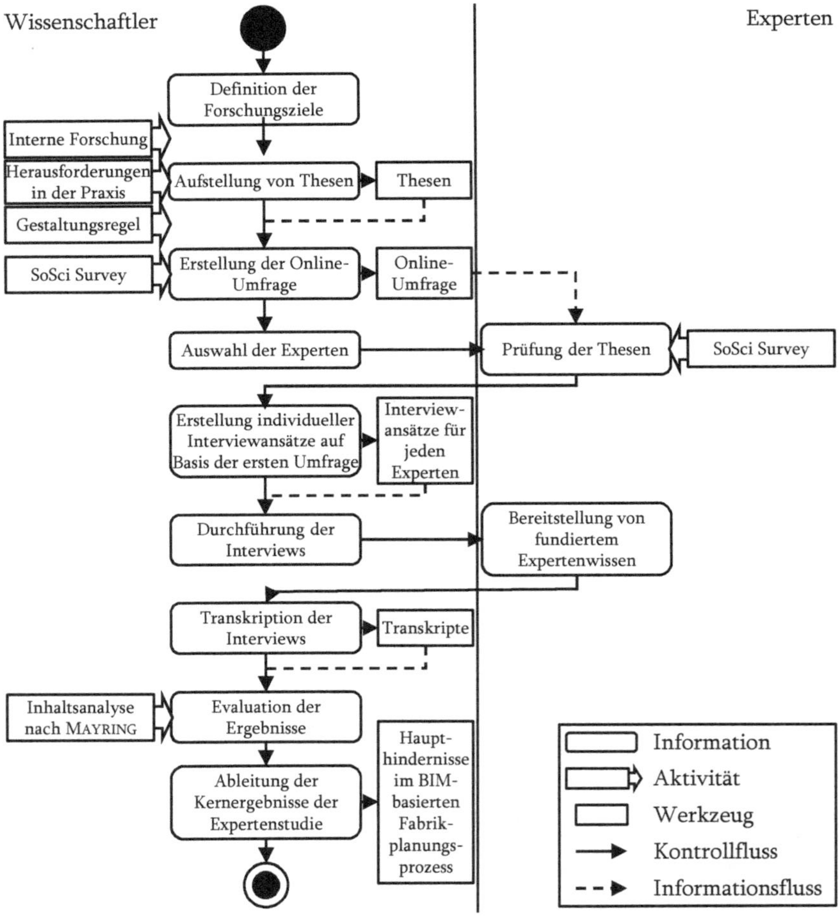

Abbildung 9-1: Methodischer Ablauf der Expertenstudie[506]

Durch den Fragebogen und die folgenden Interviews konnten die anfänglichen Thesen verfeinert und erweitert werden. Die folgende Tabelle 9-1 zeigt die Haupthindernisse der BIM-basierten Fabrikplanung, die sich aus dem Expertenwissen ergeben haben. Hierbei fanden Analysemethoden nach HSIEH UND SHANNON sowie MAYRING angewendet worden (vgl. Anhang 9.3.5).

[506] Vgl. Burggräf, P. et al. (2019), Integrated Factory Modelling, S. 147.

Tabelle 9-1: Zuweisung des Expertenwissens in Form von Thesen zu Haupthindernissen[507]

Vertieftes Expertenwissen zur Fabrikplanung mit BIM	Code
Das Level an zu implementierender Gebäudetechnik heutiger Fabriken steigt ständig an.	O1
Ein großer Teil der Planungs- und Ausführungskosten einer neuen Fabrik wird durch die TGA verursacht.	O1
Geringfügige Änderungen der Planungsannahmen können zu erheblichen Kostensteigerungen führen.	O1
Teillastverhältnisse werden oft nicht in einem frühen Stadium der Fabrikplanung berücksichtigt.	O1
Der tatsächliche Bedarf an industriellen Medien (z. B. elektrische Energie, Druckluft, Kühlflüssigkeit) ist häufig weit geringer als die installierte Medienleistung.	O1
Der Detaillierungsgrad der übermittelten bzw. geteilten Informationen ist häufig unzureichend oder übermäßig detailliert für den Stand der Planung.	O1, O2
Es fehlt häufig der Zugang zu benötigten Informationen.	O2
Daten werden von vorgelagerten Planungsprozessen häufig nicht pünktlich zur Verfügung gestellt.	O2
Es gibt kein Reifegradmodell für die Fabrikplanung in BIM.	O2, O3
Es gibt oft Hindernisse bei der Übermittlung der Informationen bzgl. Anforderungsänderungen	O3
Eigentümer bzw. Bauherren ändern ihre Anforderungen häufig im Planungsprozess.	O3
Es gibt nur wenige qualifizierte BIM-Koordinatoren bzw. BIM-Manager, die in der Lage sind, Modellierungsergebnisse in der Fabrikplanung zu bewerten	O3

Die verschiedenen Hindernisse wurden daraufhin in drei Cluster kategorisiert, die in Tabelle 9-2 dargestellt sind.

Tabelle 9-2: Codierung der wichtigsten Hindernisse im BIM-basierten Fabrikplanungsprozess.[508]

Code	Haupthindernisse im BIM-basierten Fabrikplanungsprozess
O1	Ineffiziente Zusammenarbeit an der kostenintensiven Planungsschnittstelle von TGA und Produktion/Prozess

[507] Vgl. Burggräf, P. et al. (2019), Integrated Factory Modelling, S. 148.
[508] Vgl. Burggräf, P. et al. (2019), Integrated Factory Modelling, S. 148.

O2	Nicht abgestimmter Detaillierungsgrad der Fabrikplanung
O3	Mangelnde Transparenz über den Informationszusammenhang zwischen den Planungsaufgaben verschiedener Fachrichtungen und die damit verbundenen Änderungseffekte

9.2 Darstellung der HOAI-Phasen

Im Folgenden wird die Honorarordnung für Architekten und Ingenieure (HOAI) mit Fokus auf die TGA vorgestellt. Produktionsplaner rechnen nicht nach der HOAI ab, so dass der Fokus auf die TGA zur Verdeutlichung die sinnvolle Wahl ist. Zu Grundlage der Abrechnung werden die im Folgenden beschriebenen Leistungsphasen genutzt. Je nach Fachplanung gelten unterschiedliche Honorare (vgl. Tabelle 9-3).[509]

Die Leistungsphase 1 im Planungsprozess der TGA ist die Grundlagenermittlung. In ihr werden unter anderem die Nutzungsvorgaben des Auftraggebers bzw. des Bauherrn abgestimmt und dokumentiert. Dies beinhaltet auch wesentliche Informationen zu u.a. Produktionsprogramm, Fertigstellungstermin, Eigenfertigungs- und Zukaufanteil und Zielbudget[510]. Weiterhin werden in der LPH 1 Berechnungen zur groben Betrachtung durchgeführt. Eine Dimensionierung erfolgt noch nicht. Darüber hinaus werden weitere Angaben, wie z. B. zum Brandschutzkonzept, aus Gesprächen mit den jeweiligen Fachplanungen gewonnen.[511]

[509] Seit dem 01.01.2021 ist die HOAI nicht mehr strikte Vorgabe zur Honorarberechnung. Durch ein Urteil des Europäischen Gerichtshof vom 04.07.2019 wurden die bis dahin geltenden Mindest- und Höchstsätze der Honorarordnung für unvereinbar mit entsprechenden Vorgaben des Europäischen Parlaments und des Europäischen Rates erklärt. Die HOAI bleibt weiterhin Grundlage und Maßstab der Honorarermittlung, ist jedoch als unverbindlich für die nunmehr freie Vereinbarung des Honorars zu sehen. Vgl. Bundesministerium für Wirtschaft und Energie, [Stand: 04.06.2021] Erste Verordnung zur Änderung der Honorarordnung.

[510] Vgl. Wiendahl, H.-P. et al. (2014), Handbuch Fabrikplanung, S. 455.

[511] Vgl. Norm VDI 6026 - Blatt 1 (2008) Dokumentation in der Technischen Gebäudeausrüstung, S. 7.

Tabelle 9-3: Leistungsbild gemäß den HOAI-Phasen[512]

		Leistungsbild gemäß HOAI 2013 und HOAI 2021						
LPH	Bezeichnung	Gebäude (§ 34)	Innenräume (§ 34)	Freianlagen (§ 39)	Ingenieurbauwerke (§ 43)	Verkehrsanlagen (§ 47)	Tragwerksplanung (§ 51)	Technische Ausrüstung (§ 55)
1	Grundlagenermittlung	2 %	2 %	3 %	2 %	2 %	3 %	2 %
2	Vorplanung	7 %	7 %	10 %	20 %	20 %	10 %	9 %
3	Entwurfsplanung	15 %	15 %	16 %	25 %	25 %	15 %	17 %
4	Genehmigungsplanung	3 %	2 %	4 %	8 %	8 %	30 %	2 %
5	Ausführungsplanung	25 %	30 %	25 %	15 %	15 %	40 %	22 %
6	Vorbereitung der Vergabe	10 %	7 %	7 %	10 %	10 %	2 %	7 %
7	Mitwirkung bei der Vergabe	4 %	3 %	3 %	4 %	4 %	–	5 %
8	Objektüberwachung – Bauüberwachung und Dokumentation	32 %	32 %	30 %	15 %	15 %	–	35 %
9	Objektbetreuung	2 %	2 %	2 %	1 %	1 %	–	1 %
Summe		**100 %**	**100 %**	**100 %**	**100 %**	**100 %**	**100 %**	**100 %**

Die Vorplanung bildet die LPH 2. Auf Basis der in LPH 1 ermittelten Nutzervorgaben wird ein vorläufiges Konzept der zu konstruierenden Systeme erstellt. Dieses Konzept enthält grobe Dimensionierungen der Anlagen sowie ungefähre Bauteilgrößen. Aus diesen Berechnungen wird ein erster Flächenbedarf abgeleitet, der wiederum insbesondere für die Platzbedarfe von Versorgungsleitungen und Trassen, Decken und Hohlraumböden relevant ist. Ein erster Grobplan fasst die Anordnung dieser Trassen und auch größere Bauteilgruppen zusammen. Weiterhin werden Wärme-, Luft-, Kälte- sowie elektrische Energiebedarfe definiert[513]. Abgeschlossen wird diese LPH mit einer Angabe der Kostenschätzung.[514]

Die Entwurfsplanung ist die LPH 3. Sie fokussiert die schrittweise, iterative Grundriss-Erstellung sowie die Verfeinerung der in vorigen Leistungsphasen erstellten Grobabmessungen. In der LPH enden bereits einige Tätigkeiten, die daher einer vergleichsweise genaueren Planung bedürfen. In einigen Bereich wird dabei angenommen, dass die Umsetzung der Planung nicht wie gewöhnlich bei einer Fachplanung, sondern einem Ausführer liegt. In diesem Fall ist eine genaue Bemessung und Dokumentation nötig, um eine spätere Anpassung des Grundrisses zu vermeiden. Bei Tätigkeiten, die nicht in der LPH 3 beendet werden, findet die finale Dimensionierung in der Ausführungsplanung statt (vgl. LPH 5). Nichtdestotrotz sollten die Ergebnisse der LPH 3 bereits

[512] hoai.de, [Stand: 15.03.2021] HOAI Leistungsphasen.
[513] Vgl. Essig, B. (2017), BIM und TGA, S. 18.
[514] Vgl. Norm VDI 6026 - Blatt 1 (2008) Dokumentation in der Technischen Gebäudeausrüstung, S. 7f.

so genau wie möglich kalkuliert sein und einen Zwischenstand der Werksplanung repräsentieren, an dem keine grundsätzlichen Veränderungen mehr getroffen werden müssen. Die Verortung bedeutender Anlagen im Grundrissplan sollte ebenfalls geschehen.[515] Bezüglich der vorgesehenen Abstimmung mit der Produktionsplanung kann hier angeführt werden, dass ein etwaiges Feinlayout der Produktion in der LPH 3 Grundlage für das TGA- und Statik-Konzept sein sollte[516].

In Anschluss an die Entwurfsplanung folgt mit der LPH 4 die Genehmigungsplanung. Entsprechend ihrer Benennung hat die LPH 4 das Ziel sämtliche Informationen zu erstellen und dokumentieren, die im Zuge von öffentlich-rechtlichen Genehmigungsverfahren benötigt werden (z. B. der Bauantrag). In Industriebauten wie Fabriken ist zum Beispiel die Einhaltung gewisser Vorgaben zum Arbeits- und Umweltschutz nachzuweisen. Diese Leistungsphase ist durch eine enge Kooperation mit den behördlichen Institutionen geprägt.[517]

In Anschluss und gelegentlich auch während der Genehmigungsplanung wird die Ausführungsplanung durchgeführt. Grundlage für eine zielführende Ausführungsplanung ist ein genehmigter bzw. ein mit hoher Wahrscheinlichkeit noch zu genehmigender Entwurf. Auf Basis dieses Entwurfs erfolgt die finale Dimensionierung und Kalkulation der entsprechenden Leistungswerte und Kenndaten, um eine fundierte Grundlage für die Bauausführung zu generieren (z. B. finale Positionierung, Anschlusswerte, Flächenbedarfe). Detailansichten und Schnitte dienen den später ausführenden Gewerken, um den Verlauf von Leitung und Trassen nachzuvollziehen.[518]

Nach der Planung der Ausführung beginnt die operative Planung der Ausführung, indem die Vergabe vorbereitet wird (LPH 6). Diese Vorbereitung besteht in der Regel aus der Erstellung von Leistungsverzeichnissen für alle Fachbereiche. Gleichzeitig können die Baukosten anhand der Leistungsverzeichnisse verfeinert werden.[519]

In der siebten Leistungsphase, der Mitwirkung bei der Vergabe, werden auf Basis der in LPH 6 erstellten Vergabeunterlagen konkrete Angebote eingeholt und geprüft. Nach Gesprächen mit den jeweiligen Bietern wird eine Vergabeempfehlung ausgesprochen. Die Phase wird durch konkrete Beauftragung beendet.[520]

In der LPH 8 überwacht die Fachplanung der TGA die ausführenden Gewerke, begutachtet und bewertet die Ergebnisse hinsichtlich der Erfüllung der auf Basis der Leistungsverzeichnisse vertraglich vereinbarten Ausgestaltung. Es wird kontinuierlich der Fortschritt überprüft und mit den korrespondierenden Leistungsabrechnungen verglichen.[521]

---

[515] Vgl. Norm VDI 6026 - Blatt 1 (2008) Dokumentation in der Technischen Gebäudeausrüstung, S. 8f.
[516] Vgl. Wiendahl, H.-P. et al. (2014), Handbuch Fabrikplanung, S. 509.
[517] Vgl. Norm VDI 6026 - Blatt 1 (2008) Dokumentation in der Technischen Gebäudeausrüstung, S. 9.
[518] Vgl. ebd.
[519] Vgl. Bundesingenieurkammer 17. Juli 2013 – Verordnung über die Honorare, [Stand: 04.12.2020].
[520] Vgl. Bundesingenieurkammer 17. Juli 2013 – Verordnung über die Honorare, [Stand: 04.12.2020].
[521] Vgl. Bundesingenieurkammer 17. Juli 2013 – Verordnung über die Honorare, [Stand: 04.12.2020].

Die abschließende Leistungsphase 9 heißt Objektbetreuung. Insbesondere wird der Bauherr bzw. Nutzer bei der fachlichen Bewertung von Mängeln und bei der Durchsetzung der Beseitigungsansprüche innerhalb der Verjährungsfrist unterstützt. Darüber hinaus kann bei der Freigabe von Sicherheitsleistungen unterstützt werden.[522]

9.3 Darstellung der Methodik der Literaturrecherche

Bei dieser Art der Analyse werden zunächst die vorliegenden Interviewmaterialien (Interview-Transkripte), die Situation der Materialgewinnung (Umstände der Interviews) und formale Merkmale der Interviewinformationen ermittelt. Auf der Grundlage dieser Vorbereitungen ist eine zielgerichtete und effiziente inhaltliche Analyse möglich, indem das relevante Interviewmaterial in Einheiten des Erkenntnisgewinns geparsed wird. Diese Einheiten werden anschließend im Hinblick auf die Forschungslücke analysiert, die in diesem Kontext in der Dokumentation und Identifikation von Defiziten und Optimierungspotenzialen im BIM-basierten Fabrikplanungsprozess besteht.

9.3.1 Taxonomie nach Cooper[523]

Für die Strukturierung der Literaturrecherche mittels Schlagworten wurde die Taxonomie nach COOPER genutzt (vgl. Tabelle 9-4).

Der Fokus lag sowohl auf Forschungsmethoden als auch auf den in der analysierten Literatur beschriebenen Forschungsergebnissen (1). Der aktuelle Stand der Erkenntnisse wurde kritisiert (2), da die Gestaltung von Produktionssystemen und von Gebäuden innerhalb eines kohärenten Forschungsprozesses untersucht werden muss und hierfür zwischen verschiedenen Anknüpfungspunkten für einen zu verfolgenden Weg abgewägt werden muss (4). Der Zweck der Literaturrecherche war es, verschiedene Forschungsansätze zu synthetisieren, sowohl in konzeptioneller als auch in methodischer Hinsicht (2+3). Die Ergebnisse der vorliegenden Literaturrecherche sind für spezielle Forscher der Produktionsplanung und/oder des Gebäudedesigns relevant. Um eine Praxisrelevanz im Sinne der DSR sicherzustellen (siehe Kapitel 1.2), sollten jedoch ebenfalls Eindrücke aus der Praxis mit in die Forschung einfließen (5). Der übergeordneten Forschungsmethodik folgend wurde die Analyse der Literatur auf eine Stichprobe von Literaturreviews beschränkt, weshalb die Abdeckung als repräsentativ für das Forschungsfeld und nicht als vollständig eingestuft wurde (6).

---

[522] Vgl. Bundesingenieurkammer 17. Juli 2013 – Verordnung über die Honorare, [Stand: 04.12.2020].
[523] Vgl. Cooper, H. (1988), Organizing knowledge syntheses, S. 109.

Tabelle 9-4: Review-Strategie i.A.a. COOPER[524]

	Kriterium	Kategorien			
(1)	Fokus	**Forschungs-resultate**	**Forschungs-methoden**	Theorien	Anwendungen
(2)	Ziel	**Integration**	**Kritik**	Identifikation von zentralen Problemen	
(3)	Organisation	historisch	**konzeptionell**	**methodisch**	
(4)	Perspektive	Neutrale Repräsentation	**Befürwortung einer Position**		
(5)	Zielgruppe	**Fach-wissenschaftler**	**Allgemein-wissenschaftler**	**Praktiker/ Politiker**	Generelle Öffentlichkeit
(6)	Abdeckungs-strategie	vollständig	vollständig und selektiv	**repräsentativ**	ausschlaggebende Themen

ausgewählt

9.3.2 Schlagworte der Literaturrecherche

Die für die Literaturrecherche gewählten Schlagworte sind der Tabelle 9-5 zu entnehmen. Die darauffolgende Tabelle 9-6, Tabelle 9-7 und Tabelle 9-8 zeigen einen Auszug der betrachteten Synonyme der Schlagworte.

[524] Vgl. Cooper, H. (1988), Organizing knowledge syntheses, S. 109.

Tabelle 9-5: Schlagworte der Literaturrecherche

	Thematischer Fokus	Domänenfokus	Methodischer Fokus
1	Reifegrad	Fabrikplanung	Building Information Modeling
2	Entwicklungsgrad	Produktionsplanung	Gebäudeinformationen
3	Erkenntnisgrad	Bau	Informationsmodellierung
4	Informationsgrad		Planungsdaten
5	Zuverlässigkeit		Gebäudedaten
6	Detailgrad		

Tabelle 9-6: Synonyme des Themenfokus

Subbegriffe (deutsch)	Subbegriffe (englisch)	Synonyme (deutsch)	Synonyme (englisch)
Reifegrad	Maturity degree	Grad der Reife, Status der Reife, Reifestatus, Reifestufe, Stufe der Reife...	degree of maturity, status of maturity, maturity status, maturity level, level of maturity...
Entwicklungs-grad	Development degree	Grad der Entwicklung, Status der Entwicklung, Entwicklungstatus, Entwicklungstufe, Stufe der Entwicklung...	degree of development, status of development, development status, development level, level of development...
Informations-grad	Information degree	Grad der information, Status der Information, Informationstatus, Informationstufe, Stufe der Information...	degree of information, status of information, information status, information level, level of information...
Zuverlässigkeit	Reliability	-	-
Genauigkeit	Accuracy	Detailgrad, Grad des Detail, Stufe der Genauigkeit, Genauigkeits-stufe, Detailgenauigkeit, Detailstufe...	degree of detail, level of detail, stage of detail, detail level, detail degree...

Tabelle 9-7: Synonyme des Domänenfokus

Subbegriffe (deutsch)	Subbegriffe (englisch)	Synonyme (deutsch)	Synonyme (englisch)
Fabrik-planung	Factory Planning	Fabrikdesign	factory design
Produktions-planung	Production Planning	Fertigungsplanung, Fertigungsgestaltung, Produktionsgestaltung...	manufacturing planning, manufacturing design, production design...
Bau	Construction	-	-

Tabelle 9-8: Synonyme des Methodikfokus

Subbegriffe (deutsch)	Subbegriffe (englisch)	Synonyme (deutsch)	Synonyme (englisch)
Building Information Modeling	Building Information Modeling	Gebäudedatenmodellierung, Gebäudeinformations-modellierung	-
Informations-modellierung	Information modeling	Informationsdarstellung, Informationsvisualisierung...	Information representation, information visualisation...
Planungs-daten	Planning Data	Planungsinformationen, Designinformationen...	design data, design information...
Gebäude-daten	Building Data	-	-

9.3.3 Recherchekonzeption nach der STARLITE-Mnemonik

Die STARLITE-Mnemonik ist ein Verfahren, um Literaturrecherche nachvollziehbar durchführen zu können. Es ist ein Akronym für ***St**andards for **R**eporting **Lite**rature*[525], wobei die Anfangsbuchstaben gleichzeitig auf die einzelnen Schritte der Mnemonik hinweisen, die im Folgenden vorgestellt werden.

Sampling strategy (Stichprobenstrategie)

In einem ersten Schritt ist die Strategie zur Entnahme der Stichprobe zu wählen. Während eine *umfassende* Recherche intendiert, alle relevanten Veröffentlichungen in dem Themenbereich zu erfassen, fokussieren der *selektive* und *zweckorientierte* Ansatz eine eingeschränkte Suche (z. B. nach Wissenschaftsdisziplin oder Veröffentlichungsjahr).

Type of studies (Art der Studien)

Durch eine Vorgabe der Art der Studien können nach der Wahl der Stichprobenstrategie weitere Einschränkungen vorgenommen werden (z. B. hinsichtlich Monographien).

Approaches (Ansätze)

Im nächsten Schritt wird die operative Suche vorbereitet. Sollte die Suche nicht mit elektronischer Themensuche durchgeführt werden (siehe separater Punkte dafür), so ist dies gesondert zu dokumentieren (z. B. händische Suche).

Range of years (Jahreszeitraum)

Eine weitere Einschränkung kann vorgenommen werden, in dem der betrachtete Zeitraum der Veröffentlichungsjahre beschränkt wird. Hierbei ist die begründete Definition von klaren Start-

525 Vgl. Booth, A. (2006), "Brimful of STARLITE", S. 425.

und Enddaten relevant. Es wird in der STARLITE-Mnemonik unterschieden zwischen *vollständig berichtet* (eigen begründete Wahl von Zeit- und Enddatum) und *teilweise berichtet* (durch die Abdeckung von Datenbanken begründete Wahl des Zeitfensters).

Limits (Beschränkungen)

Über inhaltliche Betrachtungen hinaus können weitere Einschränkungen vorgegeben werden, die für die Durchführung der Recherche relevant sind. Dies kann z. B. die Vorgabe von deutschen oder englischen Veröffentlichungen sein.

Inclusion and exclusions (Einbeziehung und Ausschluss)

Es ist möglich einige Bereiche auszuschließen, sofern sie nicht zielführende Ergebnisse produzieren.

Terms used (Genutzte Begriffe)

Genutzte Suchbegriffe sind eindeutig zu dokumentieren. Hierbei ist zwischen der vollständigen Dokumentation und einer teilweisen Dokumentation zu unterscheiden, bei der die Terminologie, jedoch keine Suchsyntax oder Operatoren dokumentiert werden.

Electronic sources (Elektronische Quellen)

Zuletzt sind die genutzten Datenbanken zu nennen.[526]

9.3.4 Literaturanalyse nach der PRISMA-Methodik

Die PRISMA-Methodik kommt aus der Medizin und steht für das Akronym ***P**referred **R**eporting **I**tems for **S**ystematic Reviews and **M**eta-**A**nalysis.* Abbildung 9-2 zeigt das phasenbasierte Vorgehen der PRISMA-Methodik zur Verfeinerung von Literaturrechercheergebnissen. In einem ersten Schritt werden alle Funde in Hinblick auf vorhandene Duplikate gefiltert. Anschließend werden die Artikel überprüft und solche ausgeschlossen, die sich thematisch nicht eignen oder aus anderen, anzugebenden Gründen nicht näher betrachtet werden soll. In Anschluss daran wird eine quantitative und qualitative Analyse durchgeführt, wobei hier zunächst keine Untersuchungsmethode vorgegeben wird.[527]

---

[526] Vgl. Booth, A. (2006), "Brimful of STARLITE", S. 424.
[527] Vgl. Moher, D. et al. (2009), Preferred reporting items for systematic reviews.

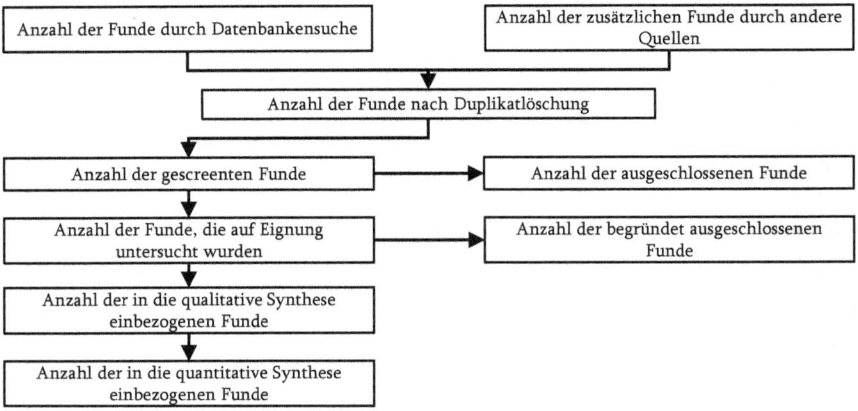

Abbildung 9-2: Ablauf der PRISMA-Methodik[528]

9.3.5 Literaturanalyse nach MAYRING sowie HSIEH UND SHANNON

Qualitative, inhaltliche Textanalysen wurden in der vorliegenden Arbeit auf Basis des Vorgehens von HSIEH UND SHANNON durchgeführt, die sich wiederum unter anderem auf MAYRING beziehen. In Kapitel 2 wurde der Entwicklungsbedarf aus der Praxis anhand von Experteninterviews heraus destilliert. Nach der Transkription dieser Interviews wurde eine inhaltliche Tiefenanalyse durchgeführt. Es können drei verschiedene Arten der inhaltlichen Analyse unterschieden werden. Die direktionale Inhaltsanalyse fokussiert sich auf bestehendes Wissen und Theorien. Es ist das Ziel dieser Art der Analyse, diese bestehenden Phänomene zu validieren oder zu erweitern.[529] MAYRING benennt diese Art der Analyse deduktive Kategorieanwendung, indem die einzelnen im Text definierten Kategorien existierenden Theorien oder Rahmenwerken zugeordnet werden[530]. Die zweite Kategorie der inhaltlichen Analyse ist die summative Inhaltsanalyse. Diese Form hat zum Ziel, den Sinn eines Textes durch die Quantifizierung einzelner Wörter und ihrer Bedeutungen zu begreifen[531]. Im vorliegenden Forschungsvorhaben wurde jedoch vielmehr die dritte Form der inhaltlichen Analyse angewandt: die konventionelle Inhaltsanalyse. Sie ist vor dem Hintergrund des stark explorativen Charakters des vorliegenden Forschungsvorhabens (und insbesondere bei der Beschreibung des Entwicklungsbedarfs aus der Praxis) die relevanteste Form der Dreien.

[528] Vgl. ebd., S. 3.
[529] Vgl. Hsieh, H.-F./ Shannon, S. (2005), Three approaches to qualitative content analysis, S. 1281.
[530] Vgl. Mayring, P. (2010), Qualitative Content Analysis, S. 4.
[531] Vgl. Hsieh, H.-F./ Shannon, S. (2005), Three approaches to qualitative content analysis, S. 1283.

In der konventionellen Analyse wird auf jedes Wort der Transkripte besonderes Gewicht gelegt. Einzelne Wörter, die helfen, Kerngedanken oder -konzepte zu erfassen, werden markiert. Diese Wörter werden als Codes bezeichnet.[532] Hierbei ergibt sich gemeinsam mit den Notizen des Forschers ein erstes Verständnis des Textes. Danach werden Kategorien der *Codes* gebildet, indem sie zu *Labels* zusammengefasst werden. Daraufhin werden top-down thematische Kategorien erstellt. Darauf folgend wird eine klare hierarchische Struktur durch Analyse der Beziehungen aller *Codes, Labels* und Kategorien hergestellt.[533] Für jede Kategorie werden sodann Beispieldaten aus dem Text sowie eine klare Definition beigefügt. Im Ergebnis stehen im Zusammenhang mit Kapitel 2 die Kernherausforderungen in der BIM-basierten Fabrikplanung.[534]

9.4 Beschreibung von Einzelschritten zur Ontologie-Erstellung (Methontology)

In diesem Kapitel wird für die in Abbildung 5-1 dargestellten Einzelschritte *Wissenserwerb, Evaluation* und *Dokumentation* erläutert, wie sie für die konkrete Ontologie umgesetzt wurden. Zudem werden weitere Informationen bzgl. der Schritte *Konzeption, Integration* sowie *Implementierung* gegeben.

9.4.1 Wissenserwerb

Für den Wissenserwerb der Ontologie der vorliegenden Forschungsarbeit wurde auf bestehende Literatur (insbesondere Normen) und praxisnahes Expertenwissen zurückgegriffen. Die Experten sind in die Bereiche Produktionsplanung, TGA-Planung sowie Projektsteuerung einzuordnen und haben somit in ihrem Arbeitsalltag routinemäßigen Kontakt mit Fabrikplanungsaufgaben.

Zu Beginn der Literaturrecherche wurde insbesondere das Aachener Fabrikplanungsvorgehen beleuchtet; hier im Besonderen die Modullandkarte, die auf grober Ebene eine erste Darstellung der Abhängigkeiten zwischen verschiedenen Planungsmodulen bietet, und die Attribut-bezogene Matrix-Struktur von KRUNKE[535]. Diese Informationsquellen wurden insbesondere bei der Definition und Strukturierung von Begriffen genutzt (vgl. Kapitel 5.1.1). Darüber hinaus wurde eine Vielzahl an Normen beim Wissenserwerb berücksichtigt. Hier kann zum Beispiel die VDI 2083 hervorgehoben werden, die sich mit der Auslegung von Reinräumen in der Produktion beschäftigt[536].

---

[532] Vgl. hierzu auch das *Pattern Coding* in Miles, M./ Huberman, A. (1994), Qualitative data analysis, S. 69ff.

[533] Vgl. Hsieh, H.-F./ Shannon, S. (2005), Three approaches to qualitative content analysis, S. 1279.

[534] Die Ausführungen dieses Anhangs 9.3.5 wurden bereits in ähnlicher Form in den folgenden eigenen Veröffentlichung dargelegt: Vgl. Burggräf, P. et al. (2020), How to Improve Collaboration Efficiency, S. 475. vgl. Burggräf, P. et al. (2019), Integrated Factory Modelling, S. 146

[535] Vgl. Krunke, M. (2017), Reifegradmanagement in der Fabrikplanung, S. 171ff.

[536] Vgl. Norm VDI 2083 - Blatt 4.1 (2006) Reinraumtechnik.

Eine weitere Informationsquelle war das bsDD (vgl. Kapitel 3.4). Die dort hinterlegte Ontologie-ähnliche Darstellung bietet eine erste Übersicht über BIM-relevante Begriffen inklusive der ihnen zugeordneten Eigenschaften. Ebenfalls bot die Ontologie ifcOWL Informationen hinsichtlich Begriffen des Building Information Modeling, die ebenfalls seitens buildingSMART definiert wurden.

Weiterhin sind die ECLASS-Standards zu nennen. Auch hieraus sind standardisierte Bezeichnungen von Produkten und Dienstleistungen abrufbar, welche für die Ontologie-Entwicklung verwendbar sind[537].

9.4.2 Theoretischer Aufbau eines ORSD

Mi Beginn dieses Kapitels und somit mit der Beschreibung des ORSD beginnt der Schritt *Spezifikation.* Der Hauptzweck eines ORSD liegt darin begründet, dass der Ontologie-Ersteller zusammen mit Domänenexperten definiert, welche Anforderungen durch die zu erstellende Ontologie erfüllt werden sollen. Ein weiterer Nutzen der Erstellung eines ORSD liegt darin, dass die Grundlage für einen zielgerichteten Wissenserwerb geschaffen erworben werden kann. Durch die konkrete Beschreibung der zu explizierenden Informationen wird die Identifikation von Wissensressourcen erleichtert. Aus diesem Grund läuft der *Wissenserwerb* in der *Methontology*[538] parallel zur *Spezifikation.* Ebenfalls ist zu sagen, dass ein höherer Grad der Spezifität der Anforderungen mit einer hohen Güte der Evaluierbarkeit korrelieren.[539]

Es ist anzumerken, dass eine Ontologie nie das Ziel der Vollständigkeit besitzt[540], da dies aufgrund des *Community*-Gedankens im *Semantic Web* und im *Knowledge Engineering* mittels Ontologien gar nicht gefordert werden kann (vgl. Kapitel 3.3). Folglich ist das nachträgliche Hinzufügen von Begriffen legitim (vgl. hierzu auch die *Open-World Assumption* in Kapitel 3.3).

---

537 Vgl. ECLASS e.V., [Stand: 06.02.2021] ECLASS - STANDARD FÜR STAMMDATEN UND SEMANTIK.

538 Vgl.Fernández-López, M. et al. (1997), Methontology.

539 Vgl. Suárez-Figueroa, M. et al. (2009), How to Write and Use the ORSD, S. 968.

540 Vgl. Fernández-López, M. et al. (1997), Methontology, S. 36.

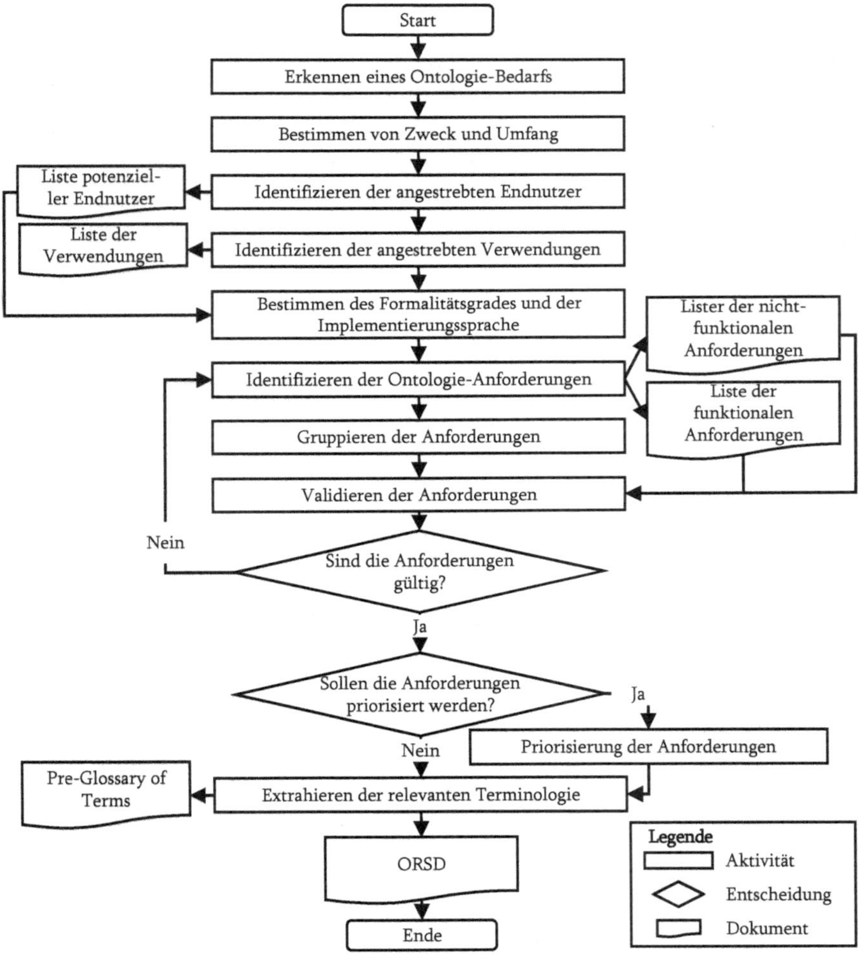

Abbildung 9-3: Darstellung des ORSD-Erstellungsprozesses[541]

Wie in Abbildung 9-3 zu sehen ist, beginnt die Ontologie- und somit auch die ORSD-Erstellung mit einem konkreten Bedarf. Die daraus angestoßenen Schritte folgenden sequenziell aufeinander. Durch Abarbeitung dieser Schritte kann das in Tabelle 9-9 dargestellte ORSD-Template schrittweise gefüllt werden

[541] Vgl. Suárez-Figueroa, M. et al. (2009), How to Write and Use the ORSD, S. 971.

Tabelle 9-9: Template des ORSD[542]

Ontology Requirements Specification Document Template
1. Zweck
Angabe des Hauptziels der zu entwickelnden Ontologie
2. Umfang
Angabe der allgemeinen Reichweite und der Granularität der zu entwickelnden Ontologie
3. Adressierte Endnutzer
• Nutzer 1:...   ...   • Nutzer X:...
4. Intendierter Nutzen
• Nutzen 1:...   ...   • Nutzen X:...
5. Formalitätsgrad
Einordnung der zu entwickelnden Ontologie auf der Skala: *hochgradig informell, strukturiert/semi-informell, semi-formal und rigoros formal*
6. Implementierungssprache
Angabe der formalen Sprache, in der die Ontologie geschrieben werden soll
7. Ontologie-Anforderungen
7.1 Nicht-funktionale Anforderungen
Liste allgemeiner Anforderungen an die Ontologie
7.2 Funktionale Anforderungen
Liste inhaltsspezifischer Anforderungen an die Ontologie
8. Pre-Glossary of Terms
8.1 Terminologie aus den *Competency Questions*
Liste der in den *Competency Questions* enthaltenen Begriffe und ihre Häufigkeit
8.2 Terminologie aus den Antworten
Liste der in den Antworten enthaltenen Begriffe und ihre Häufigkeit

Schritt 1 & 2: Definition von Zweck und Umfang der Ontologie

Nach Identifikation des konkreten Ontologie-Bedarfs wird der Zweck der Ontologie definiert und daraus der nötige Umfang abgeleitet. Bei der Definition des Zwecks werden häufig spätere Endnutzer der Ontologie eingebunden[543]. Beim Umfang der Ontologie wird Granularität und

[542] Vgl. Suárez-Figueroa, M. et al. (2009), How to Write and Use the ORSD, S. 970.

[543] Vgl. Suárez-Figueroa, M. et al. (2009), How to Write and Use the ORSD, S. 971f.

Reichweite fokussiert[544]. Es ist hierbei anzumerken, dass die Granularität sich häufig erst durch die Definition der Anforderungen an die Ontologie ergibt. Die Reichweite kann durch die Nennung der abzudeckenden Wissensdomäne bestimmt werden.[545]

Schritt 3 & 4: Identifikation der adressierten Nutzer und des intendierten Nutzens

Die vorgesehenen Nutzer der zu entwickelnden Ontologie kristallisieren sich häufig aus der Identifikation des Ontologie-Bedarfs heraus. Dieser wird z. B. über Interviews mit Experten identifiziert, die über die Nennung von konkreten Bedarfen sich selbst zur Zielgruppe der Ontologie hinzufügen[546]. Auch zur Identifikation der Verwendungen der zu entwickelnden Ontologie können Experteninterviews durchgeführt werden. Es bilden sich Anwendungsszenarien heraus, die im späteren Verlauf des ORSD-Erstellungsprozesses Input für die Formulierung der konkreten Anforderungen an die Ontologie sind. Darüber hinaus ist die Definition solcher Verwendungen ebenfalls Basis für die nachgelagerte Evaluation der Ontologie.[547]

Schritt 5 & 6: Bestimmung des Formalitätsgrads und der Implementierungssprache

Die Formalität wird von FERNÁNDEZ-LÓPEZ ET AL. definiert als die Art und Weise, wie Begriffe und ihre Bedeutung in der Ontologie kodiert werden[548]. USCHOLD UND GRUNINGER unterscheiden hierbei zwischen den Stufen hochgradig informell, semi-informell, semi-formal sowie rigoros formal. Ein hochgradig informeller Formalitätsgrad findet sich beispielsweise bei lockerer, natürlicher Sprache wieder. Ein semi-informeller Grad liegt vor, wenn die genutzt natürliche Sprache strukturiert und eingeschränkt ist wodurch insbesondere Doppeldeutigkeiten reduziert werden können.[549] Ein Beispiel einer solchen Ontologie ist die Textversion der *Enterprise Ontology*[550]. Ein höherer, semi-formaler Grad wird erreicht, wenn die Ontologie in künstlich, formell erstellter Form geschrieben wird. Der höchste, rigoros formale Grad liegt vor, wenn fest definierte Begriffe mit exakter Semantik verwendet werden, wie beispielsweise bei der *TOVE Quality Ontology*[551].[552] Eine weitere wichtige, zu treffende Entscheidung ist die geeignete Wahl der Implementierungssprache der Ontologie. Hierbei ist aus einer Vielzahl verfügbarer Sprachen zu wählen, wie z. B. OWL, RDFS *Web Service Modeling Language* (WSML) oder die *DARPA Agent Markup Language* (DAML-ONT)[553]. Entgegen dem Vorgehen von SUÁREZ-FIGUEROA ET AL. wurde die Festlegung der Implementierungssprache in der vorliegenden Forschungsarbeit nicht

[544] Vgl. ebd., S. 970.
[545] Vgl. ebd., S. 972.
[546] Vgl. ebd.
[547] Vgl. ebd., S. 973.
[548] Vgl. Fernández-López, M. et al. (1997), Methontology, S. 36.
[549] Vgl. Uschold, M./ Gruninger, M. (1996), Ontologies: principles, methods and applications, S. 97.
[550] Vgl. Uschold, M. et al. (1998), The Enterprise Ontology.
[551] Vgl. Kim, H. et al. (1995), An ontology of quality.
[552] Vgl. Uschold, M./ Gruninger, M. (1996), Ontologies: principles, methods and applications, S. 97.
[553] Vgl. Gómez-Pérez, A. et al. (2004), Ontological Engineering, S. 202.

als Schritt 1, sondern als Schritt 4 betrachtet. Dies liegt darin begründet, dass die Wahl der Implementierungssprache vom Formalitätsgrad abhängig ist.

Schritt 7: Bestimmung der Ontologie-Anforderungen

Die Anforderungen an Ontologien werden in Anlehnung an das Software-Engineering[554] in funktionale und nicht-funktionale Anforderungen unterteilt. Nicht-funktionale Anforderungen repräsentieren Aspekte, die sich nicht direkt auf die konkreten Inhalte der Ontologie beziehen. Der Großteil der Anforderungen definieren jedoch Vorgaben an die Inhalte der Ontologie selbst, die als funktionale Anforderungen ausgedrückt werden.[555] Die Bildung dieser funktionalen Anforderungen wird durch die Formulierung von *Competency Questions* (CQ) in natürlicher Sprache faszilitiert[556]. Bei der Formulierung dieser CQs wird ein *Middle-Out*-Ansatz gewählt, der einen *Top-Down*- sowie einen *Bottom-up*-Ansatz verbindet. Dadurch werden einerseits übergeordnete Fragestellung spezifiziert und andererseits sehr spezifische Detailfragen verallgemeinert.[557] Die im Zuge der Anforderungssammlung entstandenen CQs werden daraufhin gruppiert[558] und technisch sowie inhaltlich validiert, um Widersprüche und Konflikte innerhalb der Anforderungen aufzulösen.[559] In einem nächsten, optionalen Schritt können die Anforderungen noch priorisiert werden, um den Ontologie-Erstellungsprozess genau terminieren und planen zu können[560].

Schritt 8: Ableitung eines *Pre-Glossary of Terms* (PGOT)

Im letzten Schritt des ORSD-Erstellungsprozesses wird ein *Pre-Glossary of Terms* (PGOT) abgeleitet. Hierfür werden aus den CQs selbst sowie den Antworten Begriffe abgeleitet: Substantive, Adjektive und Prädikate, die später in der Ontologie durch *Individuals*, Klassen, Eigenschaften und Beziehungen abgebildet werden sollen. Die Häufigkeit der Nennungen innerhalb der CQs und der Antworten kann ebenfalls extrahiert und zur Einschätzung der Relevanz genutzt werden. Im Falle, dass noch Begriffe fehlen, können diese noch im PGOT ergänzt werden. Für die Sicherstellung der Eindeutigkeit der zu entwickelnden Ontologie können weiterhin Synonyme aufgenommen bzw. innerhalb des PGOT gekennzeichnet werden.[561]

Nach entwickeltem PGOT liegt ein fertiges ORSD vor.

---

554 Vgl. Sommerville, I. (2016), Software engineering, S. 105.
555 Vgl. Suárez-Figueroa, M. et al. (2009), How to Write and Use the ORSD, S. 973.
556 Vgl. ebd., S. 967.
557 Vgl. ebd., S. 973f.
558 Vgl. ebd., S. 974.
559 Vgl. ebd., S. 974f.
560 Vgl. ebd., S. 975.
561 Vgl. ebd., S. 975ff.

9.4.3 Details zum ORSD der vorliegenden Ontologie

Die formulierten *Competency Questions* sind unter folgendem Link einsehbar:

https://hdl.handle.net/21.11102/58528d93-bc05-4c16-b04a-18b6e6b7f3ef

Das erstellte *Pre-Glossary of Terms* ist unter folgendem Link einsehbar:

https://hdl.handle.net/21.11102/c6b766dc-bc5e-4d05-89e2-9a2fc1021ddd

Es ist noch anzufügen, dass unter anderem folgende Themenbereiche nicht in der OFP betrachtet wurden:

- Auswirkung der Strömungsart (z.B. turbulenzarme Verdrängungsströmung vs. turbulente Mischströmung) auf Partikelemission der Personen
- Partikuläre Oberflächenreinheit der Arbeitsoberflächen nicht betrachtet (vgl. DIN 2083-17)
- Korrosion nicht betrachtet für Partikelemission
- Elektrostatik ist ausgenommen
- Keine thermischen Isolationswerte für typische Bekleidungskombinationen aufgenommen (vgl. Anhang C1 von DIN EN ISO 7730)
- Keine Undichtheitsfaktoren des zentralen raumlufttechnischen Geräts nach EN 13142 oder der Luftleitungen nach EN1507 (eckiger Querschnitt) bzw. EN12237 (runder Querschnitt)

9.4.4 Theorie der Konzeptionierung

Nach Vervollständigung des ORSD wird die Ontologie, bzw. das in ihr abzubildende Wissen konzeptioniert. Ziel dieser Konzeptionierung ist es, das analysierte Problem sowie die zu generierende Lösung mit dem identifizierten Domänenvokabular darzustellen[562]. Tabelle 9-10 zeigt die Optionen auf, mithilfe derer eine Konzeptionierung entsprechend der *Methontology* durchgeführt werden kann. Der erste und wichtigste Schritt ist die Erstellung eines *Glossary of Terms* (GOT). Hierbei wird das PGOT in eine ontologieadäquate Struktur gebracht und weiter verfeinert, indem Formulierungen angepasst und allgemeine Begriffe für den Anwendungsfall weiter spezifiziert werden. Das bedeutet, dass *Individuals*, Klassen, Eigenschaften und Beziehungen weiter vertieft werden.[563] Auch hier kann auf einen Middle-Out-Ansatz zurückgegriffen werden

[562] Vgl. Fernández-López, M. et al. (1997), Methontology, S. 34.
[563] Vgl. Fernández-López, M. et al. (1997), Methontology, S. 37.

(vgl. Beschreibung dieser Ansätze in Schritt 7 des Anhangs 9.4.2). Sobald dieses GOT erstellt wurde, können weitere Strukturierungsmaßnahmen durchgeführt werden. So kann zunächst zwischen Konzepten und Verben unterschieden werden. Für die Verben, also die Aktionen der Domäne, werden Beschreibungen angelegt und daraufhin potentiell vorliegende Bedingungen dokumentiert, die an die Verben selbst oder an folgende Schritte gestellt werden[564].

Tabelle 9-10: Konzeptionierungsoptionen im Rahmen der Methontology[565,566]

Konzeptionierungsoptionen	
Option	**Erläuterung**
Glossary of Terms	Alle Begriffe der fokussierten Wissensdomäne inkl. ihrer Bedeutungen
Verbs Dictionary	Alle Verben inkl. deren Beschreibung
Table of Conditions	Beschreibung aller an eine Aktion geknüpften Bedingungen und Konsequenzen
Concept Classification Tree	Visuelle Darstellung der Klasse-Unterklasse-Beziehungen zwischen den Konzepten
Data Dictionary	Alle Konzepte* der fokussierten Wissensdomäne inkl. ihrer Bedeutung, Merkmale und Ausprägungen
Table of Class Attributes	Merkmale eines Konzeptes inkl. Beschreibung
Table of Instances	Informationen bezüglich einer konkreten Ausprägung (z. B. Name, Beschreibung, Merkmale und Werte der Ausprägung)
Table of Instance Attribute	Merkmale einer Ausprägung inkl. Beschreibung
Table of Constances	Relevante Konstanten inkl. Informationen (z.B. Wert, Einheit)
Attribute Classification Tree	Visuelle Darstellung der Beziehungen zwischen Merkmalen
Table of Formulas	Informationen über Abhängigkeiten zwischen numerischen Werten der betrachteten Wissensdomäne
Table of Rules	Informationen über in der betrachteten Wissensdomäne relevanten Regeln

Bezüglich der Konzepte existieren weitere Strukturierungsoptionen. So können die Begriffe im GOT gruppiert werden und in *Concepts Classification Trees* mittels Klasse-Unterklasse-Beziehungen visuell strukturiert werden. Hierdurch wird das Domänenwissen modularisiert.[567] In *Data Dictionaries* werden alle relevanten Konzepte gemeinsam mit ihrer Beschreibung, der Merkmale und konkreter Instanzen festgehalten[568]. Diese Merkmale können bei Bedarf auch in einer *Table of Class Attributes* dokumentiert werden. Entsprechend des Namens dieser Strukturierungsoption werden nur Klassenattribute bzw. -eigenschaften und keine konkreten Instanz-Attribute und -Eigenschaften dokumentiert.[569] Diese werden vielmehr in einer *Table of Instance*

564 Vgl. ebd., S. 38.
565 Vgl. ebd., S. 37f.
566 Vgl. Gómez-Pérez, A. et al. (1996), Towards a Method to Conceptualize Domain Ontologies.
567 Vgl. ebd., S. 43.
568 Vgl. Gómez-Pérez, A. et al. (1996), Towards a Method to Conceptualize Domain Ontologies, S. 42f.
569 Vgl. ebd., S. 45.

Attributes festgehalten. In ihr werden die jeweils für spezifische Instanzen notwendigen Attribute festgehalten, unter anderem inklusive Wertetyp und Beschreibung.[570] Die Instanzen selbst, auf die sich die Eigenschaften beziehen, werden in einer übergreifenden *Table of Instances* manifestiert[571]. Zur visuellen Darstellung der Beziehungen, die zwischen den Attributen bzw. Merkmalen bestehen, können *Attribute Classification Trees* erstellt werden[572]. Eine weitere Strukturierungsoption ist eine *Table of Constants*, die die generell gültigen Konstanten dokumentiert, die in der Ontologie selbst oder in Formeln genutzt werden[573]. Falls Regeln und Formeln für die Ontologie-Erstellung relevant sind, können sie in einer *Table of Formulas* bzw. *Table of Rules* dokumentiert werden[574,575].

Welche der Optionen zu nutzen sind, hängt maßgeblich vom abzubildenden Wissen und somit von der abzubildenden Domäne ab. Es existieren keine strikten Regelvorgaben[576], sondern es obliegt der Entscheidungshoheit des Ontologie-Entwicklers, wie die zu entwickelnde Ontologie konzeptioniert wird.

Es sei an dieser Stelle noch eine Übersicht gegeben bezüglich der Zuordnungen der Eigenschaften zu Instanzen (vgl. Tabelle 9-11)

---

570 Vgl. ebd., S. 43f.

571 Vgl. ebd., S. 47f.

572 Vgl. ebd., S. 47.

573 Vgl. ebd., S. 45f.

574 Vgl. Fernández-López, M. et al. (1997), Methontology, S. 38.

575 Vgl. Gómez-Pérez, A. et al. (1996), Towards a Method to Conceptualize Domain Ontologies, S. 46f.

576 Vgl. Uschold, M./ Gruninger, M. (1996), Ontologies: principles, methods and applications, S. 102.

Tabelle 9-11: **Darstellung der Kardinalitätsoptionen**

Zuordnung	Beispiel Formulierung	Erläuterung
some	Klasse 1 hat_ObjectProperty/DataProperty some Klasse 2/XY	Jeder Instanz von Klasse 1 wird mindestens eine Instanz/ein Datenwert von Klasse 2/vom Typ XY zugeordnet
min 1	Klasse 1 hat_ObjectProperty/DataProperty min 1 Klasse 2/XY	wie bei some
min 0	Klasse 1 hat_ObjectProperty/DataProperty min 0 Klasse 2/XY	Jeder Instanz von Klasse 1 werden mindestens Null Instanz/Datenwert von Klasse 2/vom Typ XY zugeordnet → Dies ist immer erfüllt → Die Zuordnung von Instanzen zu Klasse 1 ist nicht beeinflusst → Die Verknüpfung über min 0 kann aber in OntoGraf sichtbar gemacht werden
max 1	Klasse 1 hat_ObjectProperty/DataProperty max 1 Klasse 2/XY	Jeder Instanz von Klasse 1 wird maximal eine Instanz/ein Datenwert von Klasse 2/vom Typ XY zugeordnet (also eine(r) oder keine(r))
exactly 1	Klasse 1 hat_ObjectProperty/DataProperty exactly 1 Klasse 2/XY	Jeder Instanz von Klasse 1 wird genau eine Instanz/ein Datenwert von Klasse 2/vom Typ XY zugeordnet
value	Klasse 1 hat_DataProperty value XY	Jeder Instanz von Klasse 1 wird über hat_DataProperty der Wert XY zugeordnet (XY ist hier kein Datentyp sondern ein konkreter Wert)
only	Klasse 1 hat_ObjectProperty/DataProperty only Klasse 2/XY	Alle Instanzen die den Instanzen aus Klasse 1 über hat_ObjectProperty/DataProperty zugeordnet werden, müssen aus Klasse 2 stammen/müssen den Datentyp XY haben → Die Zuordnung einer Instanz/ eines Datenwertes ist keine notwendige Bedingung → Wenn aber eine Zuordnung stattfindet, muss die Instanz/der Datenwert aus dem genannten Bereich stammen

9.4.5 Weiterführende Informationen zur Konzeptionierung der vorliegenden Ontologie

Die vollständige *Table of Rules* ist unter folgendem Link einsehbar:

https://hdl.handle.net/21.11102/17809fce-5783-401e-affb-f0b4e3427794

Die vollständige *Table of Formulas* ist unter folgendem Link einsehbar:

https://hdl.handle.net/21.11102/9193a34b-7b2e-4ac4-8849-da5376467ecb

Tabelle 9-12 zeigt ein mögliches Template für die im Rahmen der Konzeptionierung relevanten *Tables of Instance Attribute*. Es ist anzumerken, dass nicht jedes Feld des Template für jede *Instance Attribute* relevant ist. Daher ist auch nicht jedes Feld der Tabelle 9-12 in der befüllten Tabelle 5-8 vorhanden.

Tabelle 9-12: Template für die *Tables of Instance Attribute*

Table of Instance Attribute	
Name	
Beschreibung	
Wertetyp	
Einheit	
Genauigkeit	
Wertebereich	
Standardwert	
Kardinalität	
Abgeleitet von Instanz Eigenschaft	
Abgeleitet von Klassen Eigenschaft	
Bestimmt durch Formel	
Quelle	

9.4.6 Theorie zur Integration

Ein Ziel der Nutzung von Ontologien ist die Nutzung von bereits vorhandenem Wissen (vgl. Kapitel 3.3). Daher ist der Schritt der *Integration* ein sehr Relevanter innerhalb der *Methontology*. Hierfür können ganze, existierende Ontologien oder auch nur Teile davon in die eigene Ontologie integriert werden[577]. Ein einheitliches Vorgehen für die Integration ist aus bestehender Literatur nicht herauszufiltern[578].

Als erster Schritt sind die zu integrierenden (Teil-)Ontologien zu definieren. Hierbei ist darauf zu achten, dass die Begriffe und Strukturen möglichst zu dem Ergebnis der Konzeptionierung passen (vgl. Anhang 9.4.4)[579]. Nach der erfolgten Auswahl folgt in Anlehnung an das Vorgehen nach DRÖGE ein *Matching*, *Mapping* und *Merging* (vgl. Abbildung 9-4).

---

[577] Vgl. Uschold, M./ Gruninger, M. (1996), Ontologies: principles, methods and applications, S. 104.

[578] Es sind in beiden folgenden Quellen Vorgehen zur Integration beschrieben; eine einheitliche Vorgabe konnte jedoch nicht gefunden werden: vgl. Fernández-López, M. et al. (1997), Methontology, S. 34; vgl. Dröge, E. et al. (2013), Wege zur Integration von Ontologien am, S. 276.

[579] Vgl. Fernández-López, M. et al. (1997), Methontology, S. 38.

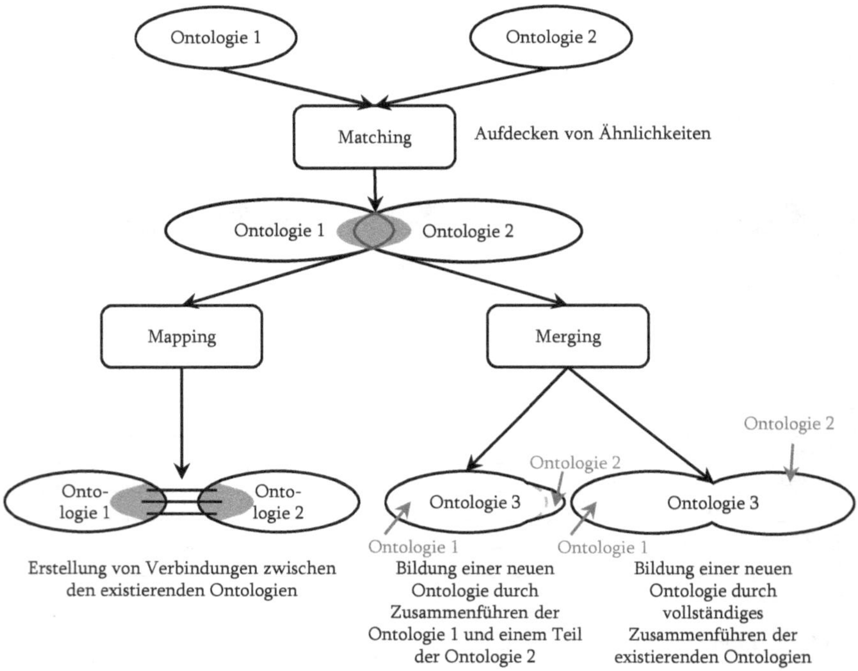

Abbildung 9-4: Integration mittels Matching, Mapping und Merging[580]

Zunächst werden die Ähnlichkeiten zwischen den Ontologien identifiziert, was als *Matching* bezeichnet wird[581]. Hierbei kann sowohl die gesamte Ontologie-Struktur selbst oder auch nur die Klassen bzw. ihre Instanzen betrachtet werden[582]. Zur Durchführung des *Matching* können verschiedene Methoden genutzt werden; eine einheitliche Methode hat sich jedoch nicht durchgesetzt[583]. Häufig wird das *Matching* heutzutage manuell oder halbautomatisch durchgeführt[584]. Sobald nach dem *Matching* eine oder mehrere (Teil-)Ontologie(n) identifiziert wurden, können sich zwei Folgeschritte anschließen (vgl. Abbildung 9-4). Beim *Merging* werden Bestandteile von Ontologien oder auch ganze Ontologien zusammengeführt. Hierdurch entsteht stets eine neue Ontologie.[585] Das *Merging* wird insbesondere bei der Zusammenführung von einer allgemeinen und einer spezifischen Ontologie genutzt. Der Prozess des *Mergings* ist aus dem Grunde

[580] I.A.a. Dröge, E. (2010), Leitfaden für das Verbinden von Ontologien, S. 144.
[581] Vgl. Predoiu, L. et al. (2005), State-of-the-art survey, S. 7.
[582] Vgl. Dröge, E. (2010), Leitfaden für das Verbinden von Ontologien, S. 145.
[583] Vgl. Euzenat, J./ Shvaiko, P. (2013), Ontology Matching, S. 55.
[584] Vgl. ebd., S. 3.
[585] Vgl. Bouquet, P. et al. (2005), Specifification of a Common Framework for, S. 5.

sehr komplex, als dass darauf geachtet werden muss, dass einerseits keine Informationen verloren gehen[586] und andererseits möglichst keine Ambiguitäten entstehen[587].

Beim Prozess des Mappings werden die zu integrierenden Elemente lediglich referenziert, also Verbindungen zwischen den Ontologien erzeugt[588]. Dadurch wird keine neue Ontologie erzeugt. Insbesondere bei gleichartigen Ontologien mit vielen Überschneidungen kann dies sinnvoll sein[589]. Eine Umsetzung eines solchen Mappings kann über *owl:equivalentClass* umgesetzt werden, wodurch gesagt wird, dass Instanzen der einen Klasse auch Instanzen der anderen Klasse sind und umgekehrt.

In Abbildung 9-5 sind die integrierten Ontologien in das in Abbildung 9-4 dargestellte Diagramm eingeordnet.

[586] Vgl. Malik, S. et al. (2010), Ontology Merging Using Prompt Plug-In of, S. 477.
[587] Vgl. Uschold, M./ Gruninger, M. (1996), Ontologies: principles, methods and applications, S. 105.
[588] Vgl. Bouquet, P. et al. (2005), Specifification of a Common Framework for, S. 4.
[589] Vgl. Dröge, E. (2010), Leitfaden für das Verbinden von Ontologien, S. 144.

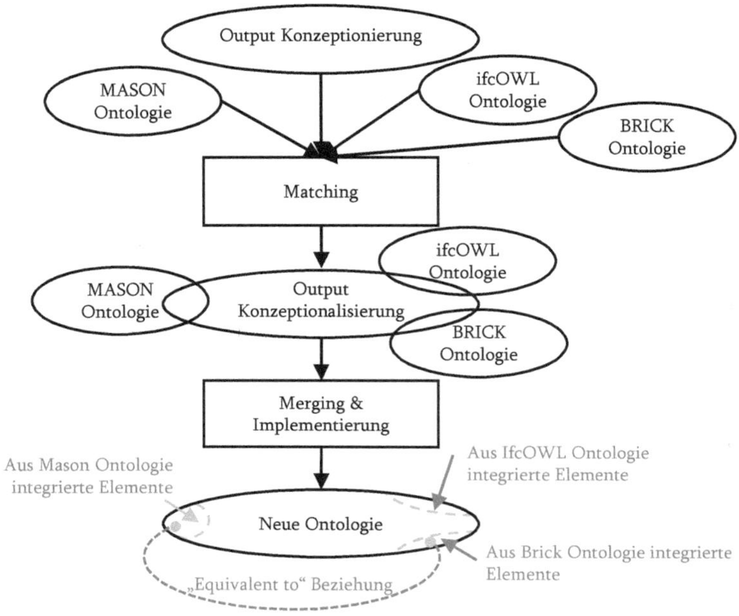

Abbildung 9-5: Integrierte Ontologien auf Basis von Abbildung 9-4

9.4.7 Weiterführende Informationen zu den integrierten Elementen von BÜSCHER

In den folgenden Tabellen sind die Elemente aufgelistet, die aus der von BÜSCHER erstellten VPI-Ontologie integriert wurden.

Tabelle 9-13: **Integrierte Elemente aus der VPI-Ontologie von BUESCHER (1/2)**

Hauptklasse	Klasse/Eigenschaft	Verortung in der OFP	Anmerkungen
Projekt	Projekt	Projekt	*Equivalent to IfcProject*
	Fabrikplanungsprojekt	Fabrikplanungsprojekt	Unterklasse Planungsprojekt
	Personalplanung	Personalplanung	Unterklasse Planungsprozess
	Prozessanalyse	Prozessanalyse	Unterklasse Analyse
	Produktanalyse	Produktanalyse	Unterklasse Analyse
	Kapazitätsplanung	Kapazitaetsplanung	Unterklasse Planungsprozess
	Produktionsplanung	Produktionsplanung	Unterklasse Planungsprozess
	IT-Planung	IT-Planung	Unterklasse Planungsprozess
	Logistikplanung	Logistikplanung	Unterklasse Planungsprozess
	Layoutplanung	Layoutplanung	Unterklasse Planungsprozess
	Startpunkt	hat_Startdatum	
	Endpunkt	hat_Soll_Enddatum	
	Meilenstein	hat_Meilenstein	
	Volumen	hat_Kosten	
	Personen	hat_Beteiligte	
Produkt	Produkt	Produkt	*Equivalent to IfcProduct*
Prozess	Prozess	Prozess	
	Transport-/Logistikprozess	Logistikprozess	
	Intralogistik	Intralogistikprozess	
	Rüstprozess	Ruestprozess	
	Dauer	hat_Dauer	
	Kosten	hat_Kosten	
	Beziehungstyp: vorgänger	findet_statt_vor	
	Beziehungstyp: nachfolger	folgt_auf	
	Beziehungstyp: parallel	findest_parallel_statt_zu	
	Beziehungstyp: alternative	hat_Alternative	bezogen auf Prozessschritt

Tabelle 9-14: Integrierte Elemente aus der VPI-Ontologie von BUESCHER (2/2)

Hauptklasse	Klasse/Eigenschaft	Verortung in der OFP	Anmerkungen
Ressource	Ressource	Ressource	
	Person	Humanressource	
Fläche	Unternehmen	Unternehmen	
	Standort	Standort	*equivalent to IfcSite; Site*
	Gebäude	Gebaeude	*equivalent to IfcBuilding; Building*
	Unternehmen: name	hat_Name	
	Position	hat_Position	
Organisation	Fertigungsform Instanzen von Fertigungsform: - Werkstattfertigung - Inselfertigung - Fließfertigung	Fertigungsform Instanzen von Fertigungsform: - Werkstattfertigung - Inselfertigung - Fließfertigung	
	Fertigungsart Instanzen von Fertigungsart: - Einzelfertigung - Losfertigung - Serienfertigung - Massenfertigung	Fertigungsart Instanzen von Fertigungsart: - Einzelfertigung - Losfertigung - Serienfertigung - Massenfertigung	
	Verbrauchsverfahren Instanzen von Verbrauchsverfahren: - FIFO - LIFO - HIFO	Verbrauchsverfahren Instanzen von Verbrauchsverfahren: - FIFO - LIFO - HIFO	
Gebäude	Wand	Wand	
	Tür	Tuer	
	Fenster	Fenster	
	Stütze	Stuetze	
	Fassade	Fassade	
	Decke	Decke	
	Dach	Dach	
	Baumaterial	Material	
	Position	hat_Position	

9.4.8 Vollständiges Integrationsdokument

Das vollständige Integrationsdokument ist unter folgendem Link abrufbar:

https://hdl.handle.net/21.11102/4a8c3fb6-ef7b-4d01-8bfe-b65d2fd3cb92

9.4.9 Theorie der Implementierung

Die Implementierung folgt auf die Integration. Nach der Integration ist definiert welche Elemente der Konzeptionierung nicht neu erstellt werden müssen, sondern integriert werden können. Bei der Implementierung werde diese Elemente der Konzeptionierung in eine formale umgewandelt (*Coding*)[590]. Die hierfür zu nutzende Sprache wird bereits innerhalb des OSRD festgelegt (vgl. Kapitel 5.1.1 und Anhang 9.4.2). Für die Implementierung der Ontologie können Ontologie-Editoren genutzt werden. Diese unterscheiden sich maßgeblich in der von ihnen unterstützen Ontologie-Sprache, den eingebauten Plug-Ins und Projektmanagement-Funktionen sowie der Funktionsweise (lokal vs. Web-basiert). Die bekanntesten Editoren sind das kostenfreie *Protégé* sowie der kostenpflichtige *TopBraid Composer*.[591] Mithilfe dieser Editoren kann das innerhalb des GOT und den dazugehörigen Tabellen gespeicherte Wissen inklusive der korrespondieren Beziehungen, Formeln und Regeln in formaler Sprache abgebildet werden.

9.4.10 Durchführung der Implementierung der vorliegenden Zielontologie

Notationskonvention

In der Literatur existieren verschiedene Möglichkeiten, die Elemente einer Ontologie zu benennen. Jede Klasse und jedes *Property* benötigen einen konkreten Namen, der auch als *IRI short name* benannt wird. Die Kombination aus *IRI short name* und IRI der OFP ergibt den gesamten IRI des konkreten Elements. Die Literatur empfiehlt für die *IRI short names* mehrheitlich die *CamelCase Notation* und die *Snake_Case Notation*. Diese beiden Varianten unterscheiden sich im Grunde dadurch, dass Wörter im ersten Falle ohne Abstand zueinander geschrieben werden (z. B. *isChildof*) und im zweiten Falle ein Unterstrich zur Trennung verwendet wird (z. B. *is_Child_of*).[592,593,594,595] Für die OFP wurde die Worttrennung gemäß der *Snake_Case Notation* verwendet. Weiterhin wurde auf die Nutzung von Umlauten verzichtet und ebenfalls Punkte und Kommata in den *IRI short names* vermieden, da sie den Einsatz von SWRL erschweren.

---

[590] Vgl. Uschold, M./ Gruninger, M. (1996), Ontologies: principles, methods and applications, S. 103.
[591] Vgl. Weller, K. (2014), Ontologien, S. 211.
[592] Vgl. Horridge, M. et al. (2004), A Practical Guide To Building OWL, S. 28.
[593] Vgl. ebd., S. 18.
[594] Vgl. Yamauchi, K. et al. (2014), Clustering Commits for Understanding the Intents, S. 408.
[595] Vgl. Sharif, B./ Maletic, J. (2010), An Eye Tracking Study on camelCase, S. 196.

Darstellung der Annotation Properties in Code-Form

```
<Declaration>
        <Class IRI="#Reinraum"/>
    </Declaration>
<AnnotationAssertion>
        <AnnotationProperty abbreviatedIRI="skos:example"/>
        <IRI>#Reinraum</IRI>
        <Literal xml:lang="de">Reinraum 001</Literal>
 </AnnotationAssertion>
 <AnnotationAssertion>
        <AnnotationProperty abbreviatedIRI="skos:hiddenLabel"/>
        <IRI>#Reinraum</IRI>
        <Literal xml:lang="de">Reimraum</Literal>
    </AnnotationAssertion>
 <AnnotationAssertion>
        <AnnotationProperty abbreviatedIRI="skos:altLabel"/>
        <IRI>#Reinraum</IRI>
        <Literal xml:lang="en">cleanroom</Literal>
    </AnnotationAssertion>
 <AnnotationAssertion>
        <AnnotationProperty abbreviatedIRI="rdfs:isDefinedBy"/>
        <IRI>#Reinraum</IRI>
        <Literal xml:lang="de">VDI 2083 Blatt 1</Literal>
    </AnnotationAssertion>
<AnnotationAssertion>
        <AnnotationProperty abbreviatedIRI="skos:definition"/>
        <IRI>#Reinraum</IRI>
        <Literal xml:lang="de">Raum mit definierter Konzentration luftge
tragener Partikel, der so konstruiert und verwendet wird, dass die Anzah
l der in den Raum eingeschleppten oder im Raum entstehenden und abgelage
rten Partikel kleinstmöglich ist, und in dem andere reinheitsrelevante P
arameter wie Temperatur, Feuchte und Druck nach Bedarf geregelt werden.<
/Literal>
 </AnnotationAssertion>
 <AnnotationAssertion>
        <AnnotationProperty abbreviatedIRI="rdfs:label"/>
        <IRI>#Reinraum</IRI>
        <Literal xml:lang="en">clean room</Literal>
    </AnnotationAssertion>
```

Abbildung 9-6: Darstellung der Abbildung 5-7 in Code-Form

Verlinkung zur vollständigen OFP

https://download.cms.rwth-aachen.de/wzl/OFP.owl

9.4.11 Theorie der Evaluation

Bei der Ontologie-Erstellung ist eine Evaluation der gesamten Ontologie durchzuführen. Ein Großteil der zu prüfenden Themen sind durch das ORSD vorgegeben. Hierbei wird in Verifikation und Validierung unterschieden. Während Verifikation den technischen Aufbau der Ontologie prüft, wird bei der Validierung vielmehr inhaltlich geprüft, ob die vorgegebenen Inhalte korrekt abgebildet wurden und die Ontologie ihren Zweck erfüllt.[596,597,598] Obgleich in der Literatur eine große Zahl an Kriterien zur Evaluation von Ontologien existieren, ist anzumerken, dass es keinen ganzheitlichen Ansatz gibt, der eine Ontologie abschließend für gut befinden kann[599]. Eine fundierte, von allen Seiten für adäquat befundene Evaluation kann somit nur schwerlich durchgeführt werden. Wie oben bereits beschrieben sind jedoch die im ORSD formulierten Anforderungen (und insbesondere die CQs) ein guter Ansatzpunkt zur inhaltlichen Prüfung der Ontologie[600,601]. Als konkretes Artefakt zur Dokumentation der Evaluation kann ein Evaluationsdokument dienen[602].

9.4.12 Durchführung der Evaluation der vorliegenden Ontologie

Im Zuge der Evaluation der erstellten Ontologie wurden die nicht-funktionalen und funktionalen Anforderungen aus dem ORSD der Ontologie geprüft (vgl. das ORSD in Kapitel 5.1.1 sowie Anhang 9.4.3). Die geprüften NFA inkl. des Prüfungsergebnisses sind in Tabelle 9-15 angegeben.

Tabelle 9-15: Überprüfte NFA

NFA	Prüfungsergebnis
NFA1: Implementierung aller Inhalte in deutscher Sprache	Jeder Ressource bzw. Entität besitzt zumindest ein deutsches Label
NFA2: Nutzung internationaler und nationaler Standards, z.B. den buildingSMART-Standards für die Bezeichnungen und Beziehungen im Ontologie-Modell	Während der Erstellung des GOT durchgehend sichergestellt
NFA3: Großbuchstaben als Beginn für Klassennamen	Final geprüft
NFA4: Kleinbuchstaben als Beginn für Eigenschaften *(Properties)*	Final geprüft
NFA5: Worttrennungen in IRI short names durch Unterstriche (in Anlehnung an Snake_Case Notation)	Final geprüft

596 Vgl. Fernández-López, M. et al. (1997), Methontology, S. 39.

597 Vgl. Gomez-Perez, A. (2001), Evaluation of ontologies, S. 393.

598 Vgl. Vrandecic, D. (2009), Ontology Evaluation, S. 295. Es wird in dieser Quelle kein Anspruch auf Vollständigkeit der geprüften Ansätze erhoben. Somit wird die Aussage, dass es keinen ganzheitlichen Ansatz gibt lediglich aus den in dieser Quelle geprüften Ansätzen abgeleitet.

599 Vgl. ebd., S. 307.

600 Vgl. Suárez-Figueroa, M. et al. (2009), How to Write and Use the ORSD, S. 981.

601 Vgl. ebd., S. 967.

602 Vgl. Fernández-López, M. et al. (1997), Methontology, S. 39.

Auf inhaltlicher Ebene wird die Ontologie durch Evaluation der Erfüllung der funktionalen Anforderungen geprüft. Aufgrund der Fülle an CQs wurde dies in regelmäßigen Stichproben durchgeführt. Der inkrementelle Aufbau der Ontologie, in der die verschiedenen Elemente aufeinander aufbauen, sorgte schon bei der Erstellung selbst für eine Evaluation der Implementierung.

Die evaluierten CQs und zusätzliche Deep Dives sind hier aufgeführt:

https://hdl.handle.net/21.11102/395163d9-7cc0-4bd8-8461-33f0172f4c9e

Es wurden die in der Implementierung zur Umsetzung der CQs genutzten Klassen, *Properties* und Instanzen aufgeführt. Zudem wurden die IRI *short names* sowie etwaige Label aufgeführt. Die Prüfung zeigt, dass die funktionalen Anforderungen erfüllt wurden. Eine weitere Evaluation wird in Kapitel 6 im Rahmen der Verprobung der gesamten Lösungsthese auf einen Anwendungsfall durchgeführt.

Die Dokumentation als letztem Schritt der Ontologie-Erstellung dient der Wiederverwendbarkeit und der Teilbarkeit der Ontologie in der Community. Allerdings existiert auch hierzu n der Literatur keine klare Vorgabe, wie eine Dokumentation zu geschehen hat.[603] Häufig besteht die Dokumentation aus der Ontologie selbst, den Vorbereitungen in natürlicher Sprache sowie etwaigen, diesbezüglichen Veröffentlichungen. Auf eine darüber hinaus gehende Dokumentation wird in der Praxis häufig verzichtet.[604] Auch in dieser Arbeit wird keine separate Dokumentation angefertigt.

9.5 Weitergehende Details zum IDM

Das gesamte FP-IDM ist hier zu finden:

*https://hdl.handle.net/*21.11102/fe196503-ef74-41c3-a1c9-d97ed7cb75db

9.5.1 Definition der LOG und LOI

In der Planung mit BIM findet keine lineare Planung statt. Somit ist es möglich, dass eine Disziplin bereits an einer fortgeschrittenen Ausdetaillierung arbeitet und eine andere Disziplin erst auf diese Modelle warten muss, um aufbauend darauf weiterzuarbeiten. Aus diesem Grund ist es

603 Vgl. Fernández-López, M. et al. (1997), Methontology, S. 34.
604 Vgl. ebd., S. 39.

nicht unüblich, dass in BI-Modellen teils bei verschiedenen Objekten und Strukturen verschiedene LOG und LOI existieren[605]. In realen Planungsprojekten kann es also vorkommen, dass in einer Projektphase nicht alle Objekte und Strukturen ein einheitliches LOD besitzen müssen bzw. sich sogar LOG und LOI eines einzelnen Objektes unterscheiden können.[606] Da der betrachtete Anwendungsfall ein reales Planungsprojekt widerspiegelt, wird auch hier kein einheitliches LOD pro Projektphase, sondern die LOG und LOI spezifisch je nach Objekt und somit unabhängig voneinander festgelegt. Das heißt die jeweiligen IAA, welche den LOG und LOI am Ende eines Planungsmoduls festhalten und die generierten Planungsinformationen und Planungsobjekte im Modell an weitere Planungsmodule übergeben, müssen sodann entsprechend der Festlegung mindestens das vorgeschriebene LOG und LOI einhalten, damit die definierten Planungsinformationen als endgültig angenommen und von anderen Disziplinen bzw. Planern weiterverwendet werden können. Bei der Definition der LOG und LOI wurde neben Expertenerkenntnissen auf Definitionen der MTHojggaard aus Dänemark[607], sowie den Definitionen der Drees & Sommer AG[608] und buildingSMART Switzerland[609] bedient.

[605] Vgl. Curschellas, P. et al. (2018), Swiss BIM LOIN-Definition (LOD), S. 9.
[606] Vgl. ebd.
[607] Vgl. MTHojgaard (2020), Building Component Catalogue.
[608] Vgl. Dohmen, P. et al. (2016), LOD / LOI Definitionen.
[609] Vgl. Curschellas, P. et al. (2018), Swiss BIM LOIN-Definition (LOD).

Tabelle 9-16: Definitionen der LOG im FP-IDM[610,611]

LOG	Definition/Inhalt	Beispiel	Verwendung
100	Objekt oder Struktur wird als Volumenobjekt dargestellt, um den verfügbaren Bauraum darzustellen; Beziehungen zur Umgebung oder anderen Objekten sind somit darstellbar; weitere Kennzahlen können abgeleitet werden	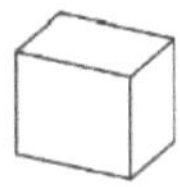	Grobe Energieberechnungen; grobe Preiskalkulationen; Risikoanalyse für die Gestaltung der Baustelle; grobe Flächenberechnungen; Festlegen von Räumen und Raumgruppen
200	Objekt oder Struktur wird als generisches Objekt (mit eindeutiger Bezeichnung), in Baugruppen, mit angenommener Geometrie, Verortung und Orientierung dargestellt; Baugruppen sind z.B. Wände, Türen, Decken, TGA, Tragwerk usw.; Alle Baugruppen, Haupttrassen und Zentralen der TGA sind modelliert		Bemessung der wesentlichsten Baugruppen; Statische Auslegung der Struktur; Koordinierung der Hauptgewerke; Terminplanung; Sicherheitsplanung; exakte Flächenberechnungen; Kollisionsprüfung; exakte Energieberechnung; Fertigungsvorbereitung; Risikoanalyse
300	Objekt oder Struktur wird als bestimmtes Objekt mit definierter Geometrie dargestellt; Konfiguration und Lage der Gebäudeteile liegt fest; Bauteile sind detaillierte Bauelemente; Es wird bereits nach Gewerken getrennt z.B. in der TGA		Koordination und Vergabe aller Gewerke; Fertigungsplanung; Stücklisten; Kollisionsprüfung; exakte Berechnungen & Simulationen der Haustechnik und exakte Berechnung aller statischen Systeme
350	Objekt oder Struktur wird als endgültige Geometrie dargestellt; Alles grafisch detailliert (auch Lage); keine weiteren Abstimmungen mehr	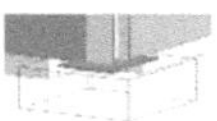	Produktionsvorbereitung der Struktur/des Objekts; Werk- und Montageplanung; Berechnung des Produktionsmaterials (Baumaterials); Stücklisten; Kollisionsprüfung
400	Grafische Darstellung, wie bei LOG 350; Detaillierte Informationen für die Fertigung und Montage der Objekte und Strukturen vorhanden (inkl. Lieferantenspezifischen Details); Datenmodell „as built"	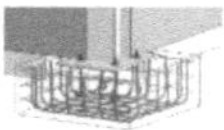	Überführung in ein CAFM-System

[610] Die Bilder dieser Tabelle stammen gesamthaft aus MTHojgaard (2020), Building Component Catalogue, S. 6ff.

[611] I.A.a. Curschellas, P. et al. (2018), Swiss BIM LOIN-Definition (LOD); Dohmen, P. et al. (2016), LOD / LOI Definitionen, S. 6ff.; MTHojgaard (2020), Building Component Catalogue.

Tabelle 9-17: Definitionen der LOI im FP-IDM [612]

LOI	Definition/Inhalt	Verwendung
100	Grundlegende Attributierung (z.B.: Objektart/-typ und Bezeichnungen/Namen) von Objekten und Strukturen	Anforderungen des Bauherrn dokumentieren; Kostenschätzung; Vollständigkeit sicherstellen; Raum-/ Objektprogramm darstellen
200	Weitere Attributierung (z.B.: tragend/ nichttragend, außen/innen, Maschinentypen, Gehäuseart bei Maschinen (offen/geschlossen), Informationen zur elektrischen Versorgung sowie zu weiteren TGA Versorgungsanschlüssen (Gas, Wasser, Luft, ...) usw.; bei Bedarf: Informationen zu Tür-, Fenster-, Fassaden- und Brandschutzklappen) von Objekten und Strukturen, basierend auf den Objektinformationen des Datenmodells	Raumbucherstellung; Kostenberechnung; Kontrolle des Projekts -> Abweichungen feststellbar
300	Beschreibung für herstellerunabhängige Informationen Attributierung hinsichtlich Qualitäten und Anforderungen (z.B.: Oberflächenbeschaffenheiten, Brandschutzanforderungen, Materialanforderungen, Produkt-/ Produktionsanforderungen (z.B. Anforderungen an die Produktionsbedingungen (Lufttemperatur, Luftfeuchte, Partikelreinheit, Partikelausstoß, weitere Kontamination)), Anforderungen an TGA (Anzahl und Dimensionierung der benötigten Anschlüsse), Kühllasten, Schallschutz usw.) zusätzliche Angaben: z.B. Standards/Zertifizierungen durch Dritte, genaue Informationen zu Abmessungen, Einheiten und Gewichten und weitere relevante Angaben von Objekten und Strukturen	Aktualisierung des Raumbuchs; Aktualisierung Kostenberechnung; Anforderungen für die Ausschreibungen und Vergabe der Gewerke aufstellen; Raumlisten; Baugruppenlisten; Bauteillisten; Informationen sind Vorgabe für Ausführung
350	Vollständige Attributierung (alle wesentlichen Objektinformationen, z.B. zusätzlich herstellerspezifische Produktinformationen (Anforderungen aus LOI 300 exakt spezifizieren mit den Herstellerangaben), Logistikinformationen, Bauüberwachungsinformationen, Angaben zur Montage, Verfügbarkeit, Lieferbedingungen und Wartung des jeweiligen herstellerspezifischen Objektes) von Objekten und Strukturen, basierend auf den Objektinformationen des Datenmodells	Aktualisierung des Raumbuchs; Ermittlung der Kostenfeststellung; Berechnung von Personal-, Material-, Geräte und Energiebedarf; Technische Freigabe durchführen
400	Abgeschlossene Attributierung aller für den Planungsfall relevanter Objektinformationen von Objekten und Strukturen, basierend auf den Objektinformationen des Datenmodells „as built“	Betrieb und Übernahme in das CAFM-System; ggf. Modell in VMC (virtual maintenance system) nutzen

Folgende Besonderheit ist bei den Definitionen des LOG und LOI festzustellen: Das LOG/LOI steigt im Laufe des Planungsprozesses, weil der Informationsgehalt eines BIM-Modells sich im Laufe eines Planungsprozesses immer weiter erhöht. Zum Beispiel besitzt dementsprechend ein Objekt mit dem LOD 300 auch alle Eigenschaften der vorherigen LOD (LOD 100 und LOD 200).

Da im Anwendungsfall von den oben gezeigten Definitionen des LOG und LOI ausgegangen wird, ist im vorliegenden Fall des Fokus der Schnittstelle Produktion & TGA im Rahmen der

[612] I.A.a. Curschellas, P. et al. (2018), Swiss BIM LOIN-Definition (LOD); Dohmen, P. et al. (2016), LOD / LOI Definitionen, S. 9ff.

Fabrikplanung zunächst nur eine Betrachtung bis zum LOG & LOI 300 sinnvoll, weil eine noch genauere Betrachtung einen zu hohen Aufwand darstellen würde und die Produktionsplanung grob mit der Entwurfsplanung endet. Weiterhin wurde definiert, dass das sich ergebende LOD stets aus dem geringeren der beiden Elemente LOD und LOI ergibt. Im konkreten Falle eines LOG 200 und LOI 100 wäre das LOD lediglich auf dem Niveau 100 einzustufen.

Um weitere praxisbezogene Informationen zu LOG und LOI Definitionen, der Verwendung eines IDMs in Planungsprojekten sowie allgemeinen Besonderheiten bei BIM-Planungsprojekten (besonders im Hinblick auf die Schnittstelle Produktion und TGA) zu erhalten, wurden Experteninterviews mit erfahrenen BIM-Planern durchgeführt. Die wichtigsten Informationen aus diesen Interviews sind nachfolgend festgehalten:

- Im Projekt wird nur ein Rahmenwerk eines IDM festgehalten ohne feste Vorgaben, da diese stets mit dem Fortschreiten des Projekts angepasst werden.
- Die Definitionen zu LOG und LOI sind aktuell noch nicht rechtlich bindend; dementsprechend kann jeder Planungsbeteiligte einen Vorschlag machen und sich im Projekt abstimmen.
- In Projekten findet ein wöchentlicher Data Drop und eine Synchronisation statt, darüber hinaus werden alle 2-4 Wochen Prüfungen durchgeführt, vor allem aber zum Abschluss von Leistungsphasen.
- In LPH 2 wird häufig mit Platzhaltern operiert. Solche Platzhalter sind meistens Volumenkörper, welche mit Informationen zu Abmessungen und ca. 10-15 weiteren relevanten Planungsinformationen gefüllt sind.

9.5.2 Weiteres Beispiel einer konkreten IAA des FP-IDM

Informationsaustausch-Anforderung

Name	Flächen und Höhen der TGA-Planung
Kennung	er_302_beachten_Flächen und Höhen der TGA-Planung

Änderungsprotokoll		
2021-09-07	Erstellung der IAA	m.ebade-esfahani@wzl.rwth-aachen.de

Tabelle 9-18: Einordnung der *er_302* in Projektphasen

Projektphase (nach LPH der HOAI)	1	Grundlagenermittlung	✓
	2	Vorplanung	✓
	3	Entwurfsplanung	
	4	Genehmigungsplanung	

	5	Ausführungsplanung	
	6	Vorbereitung der Vergabe	
	7	Mitwirkung bei der Vergabe	
	8	Objektüberwachung – Bauüberwachung und Dokumentation	
	9	Objektbetreuung	

Leitfaden zur Verwendung

Anwendungsbereich

Diese (IAA) gilt für die Planung von Produktionssystemen, insbesondere für die Planung von Reinräumen. Der Anwendungsbereich dieser Austauschanforderung besteht darin, den Austausch von Informationen über den Flächen- und Höhenbedarf des Reinraumes und der innerhalb und außerhalb des Reinraums dazugehörigen TGA-Infrastruktur in einem BI-Modell zu ermöglichen und damit für die weitere Planung bereitzustellen.

Bedarfsbeschreibung

Die IAA ermöglicht durch eine passende Dimensionierung des Reinraums und der den Reinraum umgebenden Räume, in denen die zum Reinraum gehörigen TGA-Infrastruktur untergebracht wird, die erforderlichen Informationen für die weitere Planung des Reinraums, insbesondere aber für die Berechnung des insgesamten Flächenbedarfs der Produktion und damit der ersten Layouterstellung bereitzustellen.

Mit dieser IAA kann auch im späteren Verlauf der Planung überprüft werden, ob die für die Produktion ausgewählten Maschinen- und Anlagen und außerdem die Komponenten der raumlufttechnischen Anlage bezogen auf deren jeweilige Abmessungen in den Reinraum passen.

Anforderungen an den Reifegrad bzw. LOG & LOI

Alle Objekte, welche mit dieser IAA übergeben werden, müssen mindestens das LOG und LOI 200 aufweisen. Bei Nutzung der IAA ist als erstes zu überprüfen, ob das LOG und LOI nach den Vorgaben eingehalten wird.

Formatanforderungen

Die benötigten Informationen müssen einerseits direkt im BI-Modell im XML- bzw. IFC-Format hinterlegt und zusätzlich allen Planungsbeteiligten zugänglich gemacht werden sowie andererseits als PDF-Dokument für alle weiteren Planungsbeteiligten und Gewerke zur Verfügung gestellt werden. Alle Informationen müssen in einer Datei enthalten sein.

Anforderungen an Informationen

Voraussetzungen für die vorliegende Informationsaustausch-Anforderung

Folgende unmittelbar vorausgehende Informationsaustausch-Anforderungen müssen bereitgestellt werden, damit die Flächen- und Höhen der TGA-Planung korrekt berechnet und aufgestellt werden können:

- Die festgelegte Produktionsfläche (er_135)
- Die geforderte Reinraumklasse nach DIN EN ISO 14611 bzw. EU-GMP-Richtlinie (er_301)

Beschreibung der Informationen

Zu den erforderlichen Informationen über die Flächen- und Höhenbedarfe der TGA-Planung gehören:

- Angaben zu genauen Bezeichnungen/Namen und Baugruppen der Reinräume/TGA-Infrastruktur
- Angaben zur Verortung (Bezeichnung des jeweiligen Raumes und genaue Position in diesem) und Orientierung der Reinräume/TGA-Infrastruktur
- Genaue Abmessungen der Reinräume/TGA-Infrastruktur
- Angaben zu dem erreichten LOG und LOI der Reinräume/TGA-Infrastruktur
- Flächen- und Höhenbedarf des Reinraums gemäß Anforderungen aus Produktionssicht inkl. benötigtem Platz für Lüftung und deren Wartung, Medientrassen und Brandschutzeinrichtungen
- Flächen- und Höhenbedarf der außerhalb des Reinraums benötigten TGA-Infrastruktur, insbesondere achten auf Schleusen, Lüftungstechnik, Medienversorgung und Medienbereitstellung

Informationseinheiten – Tabelle

Bei der Nutzung einer Ontologie zur Fehlerüberprüfung der Planungsdaten wird empfohlen mit der passenden OFP-Ontologie[613] zu arbeiten.

Bei der Nutzung der OFP und insbesondere bei der Nutzung von anderen Ontologien ist darauf zu achten, dass die Benennungen von Planungsinformationen im BI-Model zu den Benennungen der gleichen Planungsinformation in der Ontologie passen müssen. So muss z. B. der Name der Planungsinformation, welche die Höhe eines Objekts im BI-Modell angibt, mit dem Namen des passenden *Data Property*, welches die Höhe eines Objekts in der Ontologie zuordnet, übereinstimmen. Für die OFP sind in der Spalte „Beispiel & weitere Erläuterungen" der Tabelle 9-19 jeweils die bereits passenden Namen für einige Planungsinformationen im Building Information Model angegeben, sodass diese mit der OFP nutzbar sind.

Tabelle 9-19: Informationseinheiten-Tabelle der *er_302*

Objekttyp	Definition	Beispiel & weitere Erläuterungen

[613] abrufbar unter folgendem Link: https://download.cms.rwth-aachen.de/wzl/OFP.owl

Konzept eines Merkmals Merkmal		
Reinraum oder TGA-Infrastruktur	Raum: Abgeschlossener Volumenkörper, der eine begrenzte Länge, Breite und Höhe besitzt Reinraum: Raum, welcher besonders für die Produktion von speziellen Produkten sehr rein (bezogen auf Partikelreinheit, Keimreinheit usw.) gehalten wird. TGA-Infrastruktur: Infrastruktur (Räume, Versorgungsleitungen usw.) die zur Versorgungstechnik des Gebäudes und in diesem Fall besonders zur Versorgungstechnik des Reinraums gehören.	TGA-Infrastruktur: Luftschleusen, Lüftungstechnik, Medienversorgung und -bereitstellung etc.
3D-Modell	Dreidimensionaler Körper	Nicht nur als einfacher Volumenkörper, sondern bereits mit angenommener Geometrie darzustellen
Bezeichnung/Name	Ein Name oder eine Bezeichnung zur eindeutigen Identifizierung und für Verweisungszwecke	An die Vorgaben zur Bezeichnung von Objekten des BAP (BIM-Ablaufplan) halten, da dort eine Festlegung auf eindeutige Bezeichnungen/Namen stattfindet. Der Objektname muss bei jedem Objekt (auch falls mehrere gleiche Objekte existieren) einmalig sein, da dieser während des Datenimports in die Ontologie genutzt wird, um ein eindeutig identifizierbares Individual zu erstellen.
Baugruppenzuordnung	Zuordnung zu einer Baugruppe	Maschine, Fenster, Wand etc. Hierbei muss darauf geachtet werden, dass der gleiche Baugruppenname verwendet wird, der auch von der passenden Klasse als Klassenname in der Ontologie genutzt wird, da hierüber später eine Zuordnung zur passenden Klasse erfolgt. Bei Nutzung der empfohlenen OFP werden Baugruppennamen auch unter dem Planungsparameter „Klasse“ abgelegt.
Verortung/Lage	Raumnamen und genaue Position zum Bezugspunkt (0/0/0) des Gesamtmodells	Vektor ausgehend vom Koordinatenursprung des Gesamtmodells zum Einfügepunkt des Umfassungskörpers
Orientierung	Ausrichtung zum Bezugspunkt (0/0/0) des Gesamtmodells	Rotation ausgehend vom Koordinatenursprung des Gesamtmodells zum Einfügepunkt des Umfassungskörpers
Länge	Länge des Umfassungskörpers	Gemessene Länge in mm Bei Nutzung der empfohlenen OFP wird die Länge unter dem Planungsparameter „hat_Laenge“ abgelegt.

		Breite	Breite des Umfassungskörpers	Gemessene Breite in mm Bei Nutzung der empfohlenen OFP wird die Breite unter dem Planungsparameter „hat_Breite“ abgelegt.
		Höhe	Höhe des Umfassungskörpers	Gemessene Höhe in mm Bei Nutzung der empfohlenen OFP wird die Höhe unter dem Planungsparameter „hat_Hoehe“ abgelegt.
		Flächenbedarf	Flächenbedarf des Umfassungskörpers Es kann zusätzlicher Platz zu den reinen Abmessungen des Umfassungskörpers notwendig sein, daher Flächenbedarf meistens ≠ Länge * Breite des Umfassungskörpers	Flächenbedarf in m^2 Besonders auf die Anforderungen aus Produktionssicht sowie dem benötigten Platz für Lüftungstechnik und deren Wartung, Schleusen, Medientrassen zur Medienversorgung und -bereitstellung und Brandschutzeinrichtungen zu achten
		Höhenbedarf	Höhenbedarf des Umfassungskörpers Es kann zusätzlicher Platz zu den reinen Abmessungen des Umfassungskörpers notwendig sein, daher Höhenbedarf meistens ≠ Höhe des Umfassungskörpers	Höhenbedarf in m Besonders auf die Anforderungen aus Produktionssicht sowie dem benötigten Platz für Lüftungstechnik und deren Wartung, Schleusen, Medientrassen zur Medienversorgung und -bereitstellung und Brandschutzeinrichtungen zu achten
		LOG	Angabe des Level of Geometry (Informationsgehalt der geometrischen Informationen)	LOG existieren in diesem Projekt in den Stufen LOG 100, LOG 200, LOG 300, LOG 350, LOG 400 Bei Nutzung der empfohlenen OFP wird der LOG unter dem Planungsparameter „hat_LOG“ abgelegt.
		LOI	Angabe des Level of Information (Informationsgehalt der alphanumerischen Informationen)	LOI existieren in diesem Projekt in den Stufen LOI 100, LOI 200, LOI 300, LOI 350, LOI 400 Bei Nutzung der empfohlenen OFP wird der LOI unter dem Planungsparameter „hat_LOI“ abgelegt.

9.6 Weitergehende Details und Informationen zur *Constraint View*

9.6.1 Weitergehende Beschreibung von SHACL

Das W3C empfiehlt SHACL seit 2017 zur Validierung von RDF-Daten. SHACL basiert auf der Formulierung von Bedingungs-Sets, auch *Shapes* genannt, die sich stets auf eine konkrete Ressource beziehen. Somit benötigt SHACL zwei Input-Größen: einen *Shapes-Graphen* mit den Bedingungen sowie einen Datengraphen mit den zu prüfenden Daten. Output ist ein Validierungsbericht, welcher lediglich Informationen zu nicht konformen Ressourcen enthält (vgl. Abbildung 5-46). Es existieren zwei Arten von *Shapes: Node Shapes* und *Property Shapes.* Ein *Node Shape* bezieht sich auf die Knoten eines RDF-Graphen und könnte beispielsweise vorgeben, welche Ressourcen zu welchen Klassen zugeordnet sein müssen. *Property Shapes* hingegen definieren Bedingungen für die Kanten und somit für die Eigenschaften des RDF-Graphen. Hierbei kann ein *Property Shape* auch Teil eines *Node Shape* sein, wobei in diesem Falle alle im *Node Shape* betrachteten Ressourcen die Bedingungen des *Property Shape* erfüllen müssen. SHACL selbst stellt allerdings auch einen RDF-Graphen dar. So sind die verwendeten Eigenschaften *sh:targetNode* und *sh:targetClass* Eigenschaften, die konkrete Ressourcen bzw. Klassen referenzieren.[614]

9.6.2 Code-Beispiele für Validierungen mit den jeweiligen Sprachen

Das Code-Beispiel aus Abbildung 5-26 soll im Folgenden erneut genutzt werden zur Erläuterung der Funktionsweise der Sprachen SPARQL, *Resource Shapes* sowie ShEx. Zur Beschreibung der Sprache selbst sei auf Kapitel 5.3.2 verwiesen.

```
ASK
   WHERE {
      ?drehbank rdf:type :Maschine .
      ?drehbank :hat_Hoehe  ?hoehe
      FILTER (?hoehe > 5)
      }
```

Abbildung 9-7: Code-Beispiel mit SPARQL

In Abbildung 9-7 ist eine Validierung rein mit SPARQL zu sehen[615]. Es wird eine *ASK*-Abfrage durchgeführt hinsichtlich der Fragestellung, ob eine Instanz der Klasse *Maschine* existiert, die eine größere *Hoehe* als 5 besitzt. In diesem Falle würde die *ASK*-Abfrage den *boolean true* ausgeben, im negativen Fall ein *false*. Es ist zu erkennen, dass diese recht triviale Prüfung durch die Abfragesystematik von SPARQL recht umständlich ist und bei komplexeren Überprüfungen zur Einschränkung der Handhabbarkeit führen kann.

[614] Vgl. Knublauch, H./ Kontokostas, D., [Stand: 26.03.2021] Shapes Constraint Language (SHACL).

[615] Die Präfixe, die in SPARQL noch einmal anders deklariert werden müssen, sind hier der Übersichtlichkeit halber außen vor gelassen.

```
1  :DrehbankShape a oslc:ResourceShape ;
2  oslc:describes :Maschine ;
3  oslc:property [
4       oslc:name                „Hoehe“ ;
5       oslc:propertyDefinition: hat_Hoehe ;
6       xsd:maxInclusive         5 ;
7       oslc:occurs              oslc:Exactly-one ;
```

Abbildung 9-8: Code-Beispiel mit *ReSh*

In Abbildung 9-8 ist das gleiche Beispiel mittels *Resource Shapes* (ReSh) dargestellt. Wie der Name bereits andeutet, sind *Shapes*, also eine bestimmte Menge an Bedingungen, das Fundament dieser Sprache. Ein eben solches *Shape* zeigt Abbildung 9-8. Dieser *Shape* besitzt seine eindeutige Kennung über *:DrehbankShape*[616] (1). Über *oslc:describes* (2) wird dem Shape sein eindeutiger Bezug zugewiesen: die Klasse *:Maschine*, bzw. alle Instanzen dieser Klasse (2). Im Folgenden prüft der *Shape* wie auch in den vorigen Beispielen, ob einer Instanz eine Höhe größer als 5 zugewiesen wurde sowie ob auch nur exakt eine Höhe zugewiesen wurde (3-7).

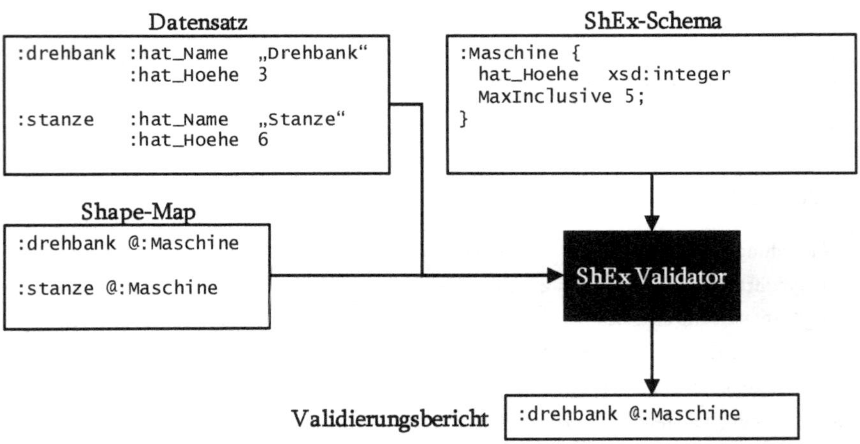

Abbildung 9-9: Code-Beispiel mit *Shape Expressions*

In Abbildung 9-9 ist zuletzt noch ein Beispiel mit *Shape Expressions (ShEx)* dargestellt. Auch sind *Shapes* das Fundament der Sprache. Es ist hier erkennbar, dass, im Gegensatz zu den vorigen Beispielen, eine höhere Anzahl an Inputinformationen notwendig ist. Das bereits bekannte *Shape* wird im *ShEx-Schema* dargestellt. Im Vergleich mit ReSh fällt auf, dass das *Shape* keinen Bezug besitzt. Diese Zuordnung geschieht über eine separate *Shape-Map*. In diesem Beispiel ist zu erkennen, dass sowohl die *:drehbank* als auch die *:stanze* auf das *Shape :Maschine* bezogen werden. Nun wird der Datensatz mit der jeweils konkreten *Hoehe* beigefügt. Sind alle Input-

[616] Au Übersichtlichkeitsgründen wurde der erste Teil des IRI weggelassen.

Informationen vorhanden, kann der *ShEx-Validator* einen Validierungsbericht erzeugen, der in diesem Fall angibt, welcher Teil des Datensatzes den *Shape* erfüllt. Er ist jedoch auch so konfigurierbar, dass jene Ressourcen angezeigt werden, die den *Shape* nicht erfüllt haben.

9.6.3 Erläuterung der K.O.-Kriterien zur Bewertung der Validierungssprachen

Im Folgenden werden die K.O.-Kriterien erläutert, die in Tabelle 5-18 aufgeführt sind.

Maschinenlesbarkeit gewährleistet

Da das in Kapitel 3.54 dargestellte Lösungskonzept eine automatische Validierung erreichen soll, ist die Maschinenlesbarkeit der Regelsprache unverzichtbar.

Validierungsbericht ausgebbar[617]

Die vorliegende Forschungsarbeit soll die Arbeit von Fabrikplanern erleichtern. Daher ist es erforderlich, dass ein von Menschen lesbarer Bericht der automatischen Validierung zur Veranlassung weiterer Schritte ausgegeben wird.

Validierungsbericht abspeicherbar

Da eine Fabrikplanung häufigen Iterationen unterliegt (vgl. Kapitel 2.1), ist es aus Gründen der Nachvollziehbarkeit verschiedene Projektstände wichtig, dass die Validierungsbericht abspeicherbar sind. Dies unterstützt auch beim Versionsmanagement der BIM-Planungen (vgl. Kapitel 4.1).

High-level Programmiersprache[618,619]

Eine High-level Programmiersprache zeichnet sich dadurch aus, dass ihre Syntax für den Menschen einfach zu lesen ist und erst später in eine *Low-level* Programmiersprache konvertiert wird[620]. Wie bereits bezüglich des Validierungsberichts ausgeführt, ist eine Interaktion mit einer nicht zwingend IT-affinen Personen unabdingbar.

Eigenschaften und konkrete Werte prüfbar[621,622]

Die Beschreibung des Handlungsbedarfs in Kapitel 2.4 und auch die Skizzierung der Lösungsthese in Kapitel 4.2 haben gezeigt, dass insbesondere die Prüfung von konkreten Planungswerten relevant ist, die auf mathematischen Operationen basieren. Die Sprache muss folglich in der Lage sein, Eigenschaften und auch konkrete Werte von Instanzen innerhalb der Planung zu prüfen.

---

617 Vgl. Labra Gayo, J. et al. (2018), Validating RDF data, S. 52.
618 I.A.a. Steyskal, S./ Coyle, K., [Stand: 27.03.2021] SHACL Use Cases and Requirements, Abschnitt 4.
619 I.A.a. Labra Gayo, J. et al. (2018), Validating RDF data, S. 49.
620 Vgl. TechTerms, [Stand: 27.03.2021] High-Level Language.
621 I.A.a. Steyskal, S./ Coyle, K., [Stand: 27.03.2021] SHACL Use Cases and Requirements, Abschnitt 4.
622 I.A.a. Labra Gayo, J. et al. (2018), Validating RDF data, S. 50.

In dem nun beispielhaften Statement *Halle hat Breite 10* ist *hat Breite* die Eigenschaft, *10* der Wert und *Halle* die zugehörige Ressource.

Verschiedene Datentypen prüfbar[623,624]

Die für die Planung einer Fabrik nötigen Daten können in RDF als *Literals* verschiedene Datentypen besitzen, so dass es möglich sein muss, diese abzuprüfen. Ein Beispiel kann in diesem Zusammenhang sein: Die Breite einer Maschine muss dem Datentyp *integer* entsprechen.

Datentyp-Facetten prüfbar[625,626]

Die Facetten eines Datentyps beziehen sich auf seine Ausprägungsmöglichkeiten. So muss es für den Anwendungsbereich dieser Forschungsarbeit möglich sein zu überprüfen, dass die Breite einer Maschine zwischen 0 und 100 Metern liegen muss. Dies wurde bereits im Rahmen der Konformitätsregeln in Kapitel 5.3.1 beschrieben.

Konjunktion/Disjunktion möglich[627]

Für eine effiziente Prüfung von Fabrikplanungsinformationen müssen Konjunktionen und Disjunktionen umsetzbar sein. Konkret bedeutet dies für eine Konjunktion, dass alle Bedingungen eines *Shapes* erfüllt werden müssen (z. B. eine Maschine muss einen Namen, eine Höhe und eine Breite besitzen); für eine Disjunktion wäre ein Beispiel, dass eine Maschine eine Maschinennummer oder einen Maschinennamen besitzen muss.

Kardinalitäten anwendbar[628,629]

Es ist unverzichtbar, die Kardinalität von Ressourcen einzugrenzen. Für die Kardinalität gleich 1 wäre ein Beispiel: eine Maschine muss genau eine Höhe besitzen. Ein anderes Beispiel wäre, dass ein Lager mindestens einen aber maximal drei Produktionsbereiche beliefern darf.

Werte im Vergleich prüfbar[630]

Eine der Kernaussagen des Aachener Fabrikplanungsvorgehens ist, dass Planungsinformationen stark voneinander abhängig sind. Es muss der Validierungssprache folglich möglich sein, Bedingungen für Daten zu formulieren, die wiederum von anderen Daten abhängig sind. Ein Beispiel wäre: die Höhe der Binder in der Halle muss geringer sein als die Höhe der Gebäudeoberkante der Halle.

623 I.A.a. ebd.

624 I.A.a. Steyskal, S./ Coyle, K., [Stand: 27.03.2021] SHACL Use Cases and Requirements, Abschnitt 4.

625 I.A.a. ebd., Abschnitt 4.

626 I.A.a. Labra Gayo, J. et al. (2018), Validating RDF data, S. 50.

627 I.A.a. ebd.

628 I.A.a. ebd., S. 51.

629 I.A.a. Steyskal, S./ Coyle, K., [Stand: 27.03.2021] SHACL Use Cases and Requirements, Abschnitt 4.

630 I.A.a. Steyskal, S./ Coyle, K., [Stand: 27.03.2021] SHACL Use Cases and Requirements, Abschnitt 4.

Arithmetische Funktionen umsetzbar[631,632]

Eine im Rahmen dieser Forschungsarbeit sehr relevante Regelkategorie ist die, die auf rechnerischen Zusammenhängen beruht (vgl. Kapitel 5.3.1). Folglich muss die Validierungssprache in der Lage sein, arithmetische Bedingungen zu formulieren und diese auch abzuprüfen.

9.6.4 Erläuterung der Wunsch-Kriterien zur Bewertung der Validierungssprachen

Tabelle 9-20 zeigt die Wunschkriterien, die als weitere Bewertungskriterien über die reinen K.O.-Kriterien hinaus genutzt wurden. In Folgendem werden die einzelnen Bedingungen und die individuelle Ausprägung der jeweiligen Sprache erläutert. Da SPARQL bereits zwei K.O.-Kriterien nicht erfüllt hat, werden im Folgenden lediglich SHACL und ShEx näher beschrieben. Grundsätzlich erfüllt SHACL jedes der Kriterien, nur Rekursion wird mit Einschränkung erfüllt.

Tabelle 9-20: Wunschkriterien zur Bewertung der Regelsprachen[633,634]

Kriterium	SPARQL	ShEx	SHACL
Rekursive Bedingungen umsetzbar	Ja mit Einschränkung	Ja	Ja mit Einschränkung
Entweder/Oder-Bedingung umsetzbar	Ja	Ja	Ja
Abhängige Bedingungen umsetzbar	Ja	Ja	Ja
Modularität gewährleistet	Nein	Ja	Ja
Kommentarfunktion existent	Ja	Ja	Ja
Einfache und komplexe Bedingungen trennbar	Nein	Nein	Ja
In Protégé integrierbar	Ja	Nein	Ja
Einfacher Lesbarkeit des Validierungsberichts für Laien	Nein	Ja mit Einschränkung	Ja

Rekursive Bedingungen umsetzbar[635]

Es ist möglich, dass Bedingungen sich rekursiv aufeinander beziehen. Dies sei an folgendem Beispiel verdeutlicht, in dem eine Linienfertigung vorherrscht: jede Fertigungsanlage, die den *Shape Fertigungsanlag*e erfüllt, muss eine weitere Ressource beliefern, die ebenfalls *den Shape Fertigungsanlage* erfüllt. Während der Umgang mit rekursiven Bedingungen für ShEx kein Problem

[631] I.A.a. ebd., Abschnitt 4.
[632] I.A.a. Labra Gayo, J. et al. (2018), Validating RDF data, S. 51.
[633] I.A.a. Labra Gayo, J. et al. (2018), Validating RDF data, S. 48ff.
[634] I.A.a. Steyskal, S./ Coyle, K., [Stand: 27.03.2021] SHACL Use Cases and Requirements.
[635] I.A.a. Labra Gayo, J. et al. (2018), Validating RDF data, S. 51.

darstellt, sind solche Art Bedingungen in SHACL zunächst grundsätzlich unbestimmt. Dies kann jedoch mit einem Workaround umgegangen werden, indem der *Shape* simultan als Klasse definiert wird.

Entweder/Oder-Bedingungen umsetzbar[636]

Als Erweiterung des K.O.-Kriteriums *Konjunktion/Disjunktion möglich* wäre es vorteilhaft, wenn auch Bedingungen geprüft werden könnten, wo maximal eine der Auswahlmöglichkeiten erfüllt werden darf. Ein Beispiel dazu wäre: eine Maschine darf lediglich einen Anlagennamen oder eine Anlagennummer besitzen, aber nicht beides. Daher wird diese Bedingung im Englischen auch mit *OneOf* bezeichnet. Dieses Kriterium wird von ShEx und SHACL erfüllt.

Abhängige Bedingungen umsetzbar

Es wurde in Kapitel 5.2 auf die Relevanz von LOD hingewiesen. Daher ist es nötig voneinander abhängige Bedingungen zu definieren. Ein Beispiel wäre: wenn LOD400 erfüllt ist, so muss die Maschine einen Anlagennamen besitzen. Auch dies ist mit beiden Validierungssprachen umsetzbar.

Modularität gewährleistet[637]

Im Sinne einer breiten Anwendbarkeit des Konzepts und eines möglichst geringen Aufwands bei der Erstellung und Anpassung der *Constraint View* sollten die Bedingungen möglichst modular formulierbar sein. ShEx und SHACL erfüllen dieses Kriterium.

Kommentarfunktion existent[638]

Wie in vielen gängigen Programmiersprachen wäre es vorteilhaft, wenn Kommentare in den Code eingefügt werden könnten, ohne den Code selbst zu beeinflussen. Sowohl SHACL als auch ShEx erfüllen dieses Kriterium.

Einfache und komplexe Bedingungen trennbar[639]

Wenn einfache und komplexe Bedingungen getrennt würden, könnte das die Lesbarkeit enorm erhöhen. Die Komplexität eines Modells korreliert häufig mit seiner Ausdrucksstärke[640]. Um dieses Kriterium zu erfüllen, muss eine Sprache über verschiedene Spezifizierungen verfügen. So verfügt SHACL über SHACL Core und SHACL-SPARQL (vgl. Kapitel 5.3.2). ShEx verfügt jedoch über keine Spezifizierungen.

In Protégé integrierbar

Für die Erstellung der Ontologie wurde in Kapitel 5.1 der Ontologie-Editor *Protégé* genutzt. Um nun möglichst viele Schnittstellen zu vermeiden, die jeweils wieder Fehlerpotential besitzen,

---

636 I.A.a. ebd.

637 I.A.a. Labra Gayo, J. et al. (2018), Validating RDF data, S. 52.

638 I.A.a. Steyskal, S./ Coyle, K., [Stand: 27.03.2021] SHACL Use Cases and Requirements.

639 I.A.a. ebd.

640 Vgl. Ausiello, G./ Cabibbo, L. (2000), Expressiveness and Complexity of Formal Systems, S. 107.

wäre es wünschenswert, wenn die Validierungssprache auch in Protégé anwendbar wäre. Für SHACL existiert hierzu ein Plug-In namens *SHACL4P*[641]. Für ShEx existiert ein solches Plug-In jedoch nicht, so dass eine Integration von ShEx in *Protégé* nicht möglich ist.

Einfache Lesbarkeit des Validierungsberichts für Laien[642]

In Korrelation mit dem K.O.-Kriterium *Validierungsbericht ausgebbar* wäre es vorteilhaft, wenn der Validierungsbericht selbst so aufgebaut und formuliert wäre, dass er auch für Laien leicht verständlich ist. Hierbei geht es nicht nur um die reine Sichtbarkeit des Inhalts, sondern auch um die Verständlichkeit und somit Interpretierbarkeit der Ergebnisse. ShEx stellt jedoch nicht automatisch weitere Informationen bereit, außer der Angabe, ob ein Knoten, und somit eine Ressource, einen bestimmten *Shape* erfüllt oder nicht. Mit SHACL hingegen sind weitere Informationen integrierbar. So kann eine Nachricht mittels *sh:message* oder auch der Grad der *Shape*-Verletzung mittels *sh.severity* angegeben werden[643].

---

[641] Für ein tieferes Verständnis von *SHACL4P:* Vgl. Ekaputra, F./ Lin, X. (2016), SHACL4P: SHACL constraints validation within Protégé.

[642] I.A.a. Steyskal, S./ Coyle, K., [Stand: 27.03.2021] SHACL Use Cases and Requirements.

[643] Vgl. Knublauch, H./ Kontokostas, D., [Stand: 26.03.2021] Shapes Constraint Language (SHACL), Abschnitt 3.6.2.

9.6.5 Weitere Code-Beispiele der *Constraint View*

```
:LoI100Shape a sh:NodeShape ;
    sh:target [
        a sh:SPARQLTarget ;
        sh:prefixes [
                sh:declare [
                    sh:prefix "" ;
                    sh:namespace "https://download.cms.rwth-
aachen.de/wzl/OFP.owl#"^^xsd:anyURI ;
                ] ;
                sh:declare [
                    sh:prefix "rdf" ;
                    sh:namespace "http://www.w3.org/1999/02/22-rdf-syntax-ns#"^^xsd:anyURI
;
                ]
        ] ;
        sh:select """
        SELECT ?node
        WHERE {
            ?node :hat_LoI  :LoI100 ;
                  rdf:type  :Maschine  ;
        }
        """ ;
    ] ;
    sh:property [
        sh:path :hat_Name ;
        sh:minCount 1 ;
        sh:maxCount 1 ;
    ] .

:LoI200Shape a sh:NodeShape ;
    sh:target [
        a sh:SPARQLTarget ;
        sh:prefixes [
                sh:declare [
                    sh:prefix "" ;
                    sh:namespace "https://download.cms.rwth-
aachen.de/wzl/OFP.owl#"^^xsd:anyURI ;
                ] ;
                sh:declare [
                    sh:prefix "rdf" ;
                    sh:namespace "http://www.w3.org/1999/02/22-rdf-syntax-ns#"^^xsd:anyURI
;
                ]
        ] ;
        sh:select """
        SELECT ?node
        WHERE {
            ?node :hat_LoI  :LoI200 ;
                  rdf:type  :Maschine  ;
        }
        """ ;
    ] ;
    sh:property [
        sh:path :hat_Name ;
        sh:minCount 1 ;
        sh:maxCount 1 ;
    ] ;
    sh:property [
        sh:path :hat_Nennspannung ;
        sh:minCount 1 ;
        sh:maxCount 1 ;
    ] .
```

Abbildung 9-10: Alternative zu Abbildung 5-43 unter Zuhilfenahme von SPARQL

```
:ÜberprüfungKnotenart a sh:NodeShape ;
    sh:targetSubjectsOf :hat_LoG ;
    sh:targetObjectsOf  :hat_LoG ;
    sh:nodeKind         sh:IRI .
```

Abbildung 9-11: Überprüfung der Knotenart am Beispiel des LOG

```
:RLTAnlageShape a sh:NodeShape ;
    sh:property [
        sh:path     :hat_Luftwechselzahl ;
        sh:minCount 1 ;
        sh:maxCount 1 ;
    ] .

:ReinraumShape a sh:NodeShape ;
    sh:targetClass :Reinraum ;
    sh:property [
        sh:path                  :ist_ausgestattet_mit ;
        sh:qualifiedValueShape [ sh:node :RLTAnlageShape ] ;
        sh:qualifiedMinCount   1 ;
    ] .
```

Abbildung 9-12: Überprüfung mittels Komposition von Regeln am Beispiel des Reinraums

```
:RLTAnlagenShape a sh:NodeShape ;
    sh:targetClass :Air_Handler_Unit ;
    sh:property [
        sh:path     :befindet_sich_in ;
        sh:node     :ReinraumShape ;
        sh:minCount 1 ;
        sh:maxCount 1 ;
    ] .

:ReinraumShape a sh:NodeShape ;
    sh:targetClass :Reinraum ;
    sh:property [
        sh:path                  :ist_ausgestattet_mit ;
        sh:qualifiedValueShape [ sh:node :RLTAnlagenShape ] ;
        sh:qualifiedMinCount   1 ;
    ] .
```

Abbildung 9-13: Darstellung rekursiver Shapes am Beispiel der RLT-Anlage

9.6.6 Herausforderungen bei Validierungsbericht mit SHACL-SPARQL

Bei SHACL Core werden syntaktische Fehler mittels einer Fehlermeldung dargestellt. Wird jedoch SHACL SPARQL genutzt, so wird als einzige Fehlermeldung ausgegeben „Something went wrong". Hierbei kann das Plug-In *SPARQL Query* von *Protégé* genutzt werden. Dieses kann genutzt werden, um die SPARQL-Abfrage zu simulieren und sich genauere Fehler ausgeben zu lassen. Da die Syntax sich von SHACL-SPARQL und SPARQL nicht unterscheidet, kann der Code einfach aus SHACL4P kopiert und hier eingefügt werden. Es ist jedoch zu beachten, dass die in SHACL-SPARQL zur Referenzierung genutzten Elemente *$this* und *$PATH* nicht genutzt werden können. Daraus folgt, dass die *sh:targetNode* bzw. *sh:targetClass* sowie der konkrete *sh:path* explizit ausgeschrieben werden müssen und nicht bloß referenziert können. Die Präfixe müssen ebenfalls manuell eingefügt werden, da sie syntaktisch anders deklariert werden.

9.7 Modelltheorie

Modelle verkürzen real existierende Phänomene[644]. Hierbei ist der Verwendungszweck des Modells zu beachten. So können *Beschreibungsmodelle* dafür verwendet werden, um vorhandene Zustände abzubilden, jedoch ohne konkrete Aussage zur Gültigkeit oder Ursache der vorgefundenen Phänomene. Von der reinen Beschreibung aus werden gewöhnlich keine weiteren deduktiven oder induktiven Schritte gegangen. Während somit eher die Frage „Was liegt vor?" beantwortet wird, betrachten *Erklärungsmodelle* die Frage „Weshalb ist das so?". Hierbei werden in induktiven Schritten Kausalketten und somit Erklärungen für das Auftreten des Phänomens aufgestellt. Daraus folgt, dass ein Großteil dieses Modelltyps auf Hypothesen basiert, für die Beschränkungen hinsichtlich ihrer Gültigkeit definiert werden. Im Gegensatz dazu schauen *Vorhersagemodelle* in die Zukunft und beantworten somit die Frage „Wie wird etwas geschehen?". Diese Art der Modelle basieren inhaltlich auf den Erklärungsmodellen, gehen aber in einzelnen, deduktiven Schritten in Richtung Zukunft und leiten somit in logischer Weise mögliche prospektive Systemzustände ab. Die Aussagen solcher Modelle können gegebenenfalls mittels historischer Daten geprüft werden. Als letzter Modelltyp sind *Entscheidungsmodelle* zu nennen. Mit diesen wird die Frage beantwortet „Wie soll etwas geschehen?". Explizit entwickelte Handlungsalternativen bilden die Basis für die Antwort. Für die Umsetzung der jeweils entschiedenen Alternative bildet die Beschreibung der Alternative selbst wiederum ein Beschreibungsmodell.[645]

In Bezug auf die in Kapitel 4.2 dargestellten Lösungsartefakte ist zu sagen, dass die *Knowledge View* als Erklärungsmodell zu werten ist, das die einzelnen Wirkzusammenhänge zwischen Begriffen und Konzepten mittels einer OWL-Ontologie darlegt. Die *Process View* sowie die *Validation View* bilden ein Beschreibungs- und Entscheidungsmodell, das der Planer für die Evaluation von Planungsständen nutzen kann.

9.8 Theorie zum Experiment

Um eine bestimmte Kausalitätskette zu erläutern, hat das Experiment die stärkste Nachweiskraft[646]. Daher wird es auch als „Königsweg der Erkenntnis"[647] bezeichnet.

---

[644] Vgl. Patzak, G. (1982), Systemtechnik - Planung komplexer innovativer Systeme, S. 315.
[645] Vgl. ebd., S. 313ff.
[646] Vgl. Döring, N./ Bortz, J. (2016), Forschungsmethoden und Evaluation in den Sozial- und, S. 192.
[647] Ebd., S. 194.

Das Experiment dieser Forschungsarbeit soll keine noch nicht geklärte Kausalität offen legen, sondern ist als hypothesenprüfende Studie ausgelegt; die Hypothese hierbei ist die Lösungsthese aus Kapitel 4.2. Dies folgt auch dem in der Physik häufig gefolgten Weg, eine Entscheidung zwischen Hypothesen bzw. Theorien mittels Experimenten herbeizuführen[648]. Da die Teilnehmer des vorliegenden Experiments nicht randomisiert werden konnten und auch nicht mehrere Gruppen gebildet wurden, die unterschiedlich behandelt wurden, kann forschungstheoretisch von einer Ex-post-facto-Studie gesprochen werden[649]. In einer weiteren Iterationsschleife im Sinne der *Design Science Research* könnten zur erneuten Evaluation verschiedene Gruppen gebildet werden und ggf. weitere Variablen zwischen den Gruppen verändert werden. Auf diese Weise könnten auch „[...] untersuchungsbedingte Störvariablen, die mit der Bildung und Behandlung der Untersuchungsgruppen verbunden sein könnten [...]“[650], als Kontrollvariablen dokumentiert und kontrolliert werden[651].

9.9 Details zum durchgeführten Experiment

In diesem Teil des Anhangs werden weiterführende Informationen zu der in Kapitel 6 dargestellten Evaluation der Lösungsthese gegeben.

9.9.1 Definierte AIA

In den folgenden Tabellen sind die AIA des Planungsobjektes gegeben. Solche AIA sind wichtig, um schon bei Projektbeginn Anforderungen der Produktion an andere Planungsbereiche wie die TGA festzuhalten. Für das Experiment werden jedoch lediglich die geometrische und nicht-geometrische Kollisionsprüfung betrachtet, welche in den BIM-Anwendungsfall 5 bzw. in Leistungsphase 3 der HOAI einzuordnen ist.

Projektname	Planung einer Batteriezellmaschine in einem Reinraum
Beschreibung	Baujahr (voraussichtlich): 2021 Reinraumlänge: 11 m Reinraumbreite: 5 m Reinraumhöhe: 2,6 m
Auftraggeber	Batterex GmbH
Ansprechpartner	Herr Matthias Ebade Esfahani
Leistungsbild(er)	Gebäude und Innenräume

648 Vgl. Rowe, D. (1992), Die Beziehung zwischen Theorie und Experiment, S. 56 Es wird jedoch betont, dass diese generelle Beschreibung in der Physik zu kurz greift und das Experiment nicht immer der Hypothese nachgelagert ist.

649 Vgl. Döring, N./ Bortz, J. (2016), Forschungsmethoden und Evaluation in den Sozial- und, S. 201.

650 Ebd., S. 205.

651 Vgl. ebd.

HOAI Leistungsphase(n)	2, 3

Für die vom Auftragnehmer im Projekt umzusetzenden Anwendungsfälle (AWF = BIM-Anwendungsfälle) gelten die folgenden projektspezifischen Vorgaben:

AWF-Nr.	Detaillierte Beschreibung der Anwendung im Projekt	Einordnung in LP der HOAI
AWF 5[1]	Es werden fachspezifische Koordinationsmodelle der Batteriezellmaschine und des Reinraumes vom Auftragnehmer erstellt. Durch das Zusammenführen dieser digitalen Modelle in ein Koordinationsmodell ist eine anschließende Kollisionsprüfung mit Konfliktbehebung umzusetzen. Dabei ist nicht nur auf geometrische, sondern auch auf nicht-geometrische Kollisionen zu prüfen. Dazu zählt insbesondere, ob die geforderten und erhöhten Grenzwerte für die Prozessanforderungen eingehalten werden. Außerdem muss die Konsistenz der Objekte untereinander geprüft werden. Für die Kollisionsprüfung definiert der Auftragnehmer sinnvolle Prüfregeln. Falls Konflikte auftreten, werden diese dokumentiert und anschließend mit den Beteiligten analysiert und behoben.	2, 3
AWF 7[2]	Die Ableitung der Entwurfs- und Genehmigungspläne erfolgt anhand der zu erstellenden digitalen Modelle. Es muss sichergestellt werden, dass die digitalen Modelle sowie Entwurfs- und Genehmigungspläne konsistent sind. Falls Details aus der Planung nicht aus den digitalen Modellen abgeleitet werden können, sind diese zu dokumentieren und mit dem Auftraggeber abzustimmen. Die Modelle sollten jedoch so strukturiert und mit Informationen gefüllt sein, dass eine automatische Ableitung der Entwurfs- und Genehmigungspläne möglich ist.	3, (4 -> für das Projekt sind nur Arbeiten der LP3 auszuführen)

[1] AWF 5 = Koordination der Fachgewerke

[2] AWF 7 = Erstellung der Entwurfs- und Genehmigungsplanung

Digitale Liefergegenstände der Leistungsphase 3 - Entwurfsplanung:

Liefergegenstand und LOD	Beschreibung
Bauwerksmodell (Reinraum inkl. Maschine) LOG 300[1] LOI 300	Die Bauteile des Bauwerksmodells werden als Volumenkörper mit genauer Menge, Abmessung, Form, Lage und Orientierung modelliert. Zusätzlich sind bei jedem Bauteil ein Name, die Objektart, die Nutzeranforderungen, Angaben zum Material und Abmessungen gegeben, die damit das LOG und LOI 300 festlegen. Das erreichte LOG und LOI ist bei jedem Bauteil im Modell anzugeben! Die Entwurfsplanung ist somit die endgültige Lösung der Planungsaufgabe.

[1] Je höher das LOG/LOI ist, desto detailgetreuer ist das Objekt im BIM-Modell

Anforderungsliste an den Reinraum:

Kategorie	Anforderung
Abmaße	Breite des Raumes (Innenmaß): 5,00 m
	Länge des Raumes (Innenmaß): 11,00 m
	Höhe des Raumes (Innenmaß): 2,60 m
Vorhandene Objekte	1x Produktionsmaschine
	1x RLT-Anlage

	6x Zuluftdüse
	6x Abluftdüse
	6x Fenster
Vorhandene Anschlüsse	1x Starkstrom
Arbeiter im Reinraum	2x Personen mit leichter Beanspruchung (Gehen) und Reinraumbekleidung
Reinraumbedingungen/ Prozessanforderungen	Grenzwerteinhaltung der ISO-Klasse 6 nach ISO 14644-1 für Partikel der Größe 0,1 µm
	Temperaturbereich: 16° bis 25°C
	Luftfeuchtigkeit: 40-60%
Detaillierungsgrad des Modells und aller Objekte	LOG: 300
	LOI: 300

9.9.2 Konstruktionszeichnungen des Modells

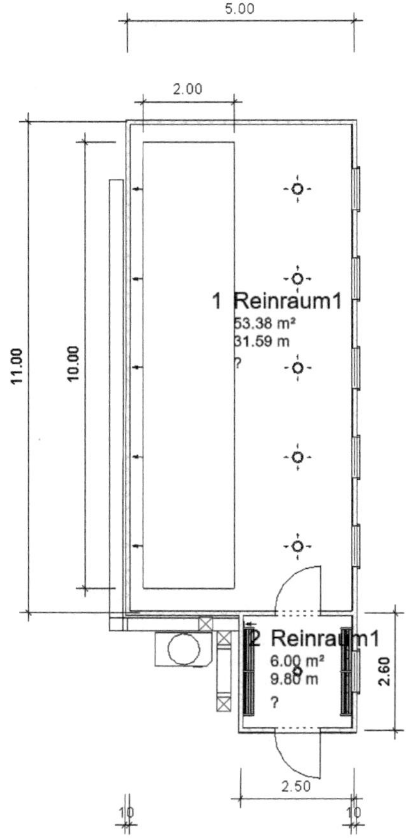

Abbildung 9-14: Draufsicht

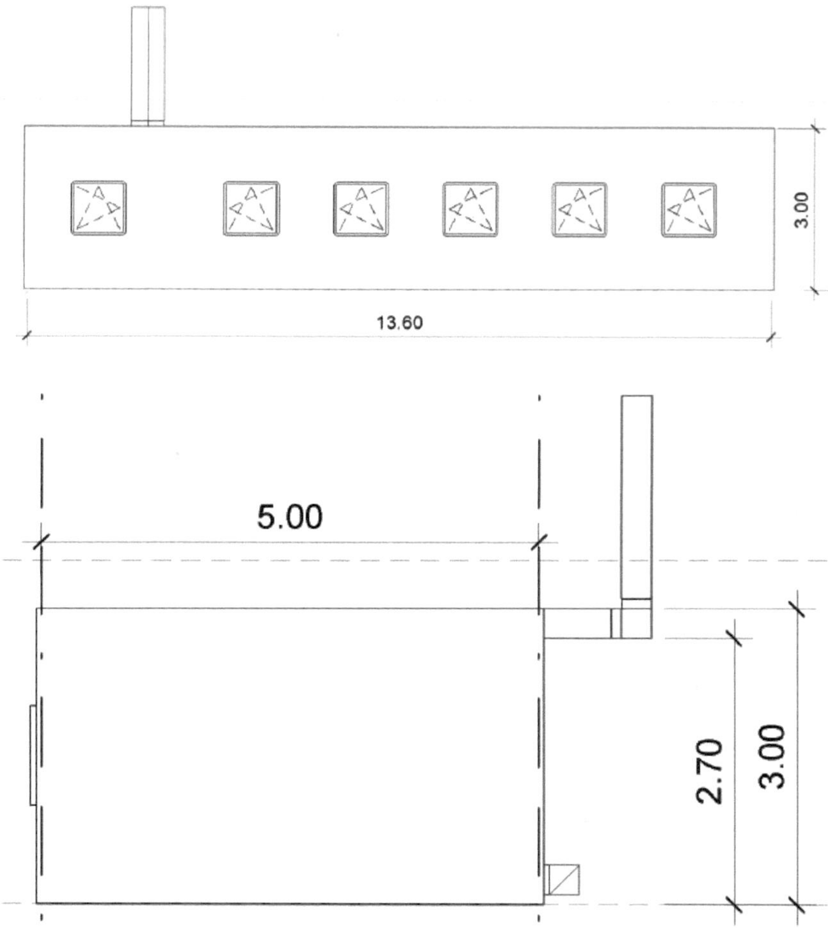

Abbildung 9-15: Seitenansichten

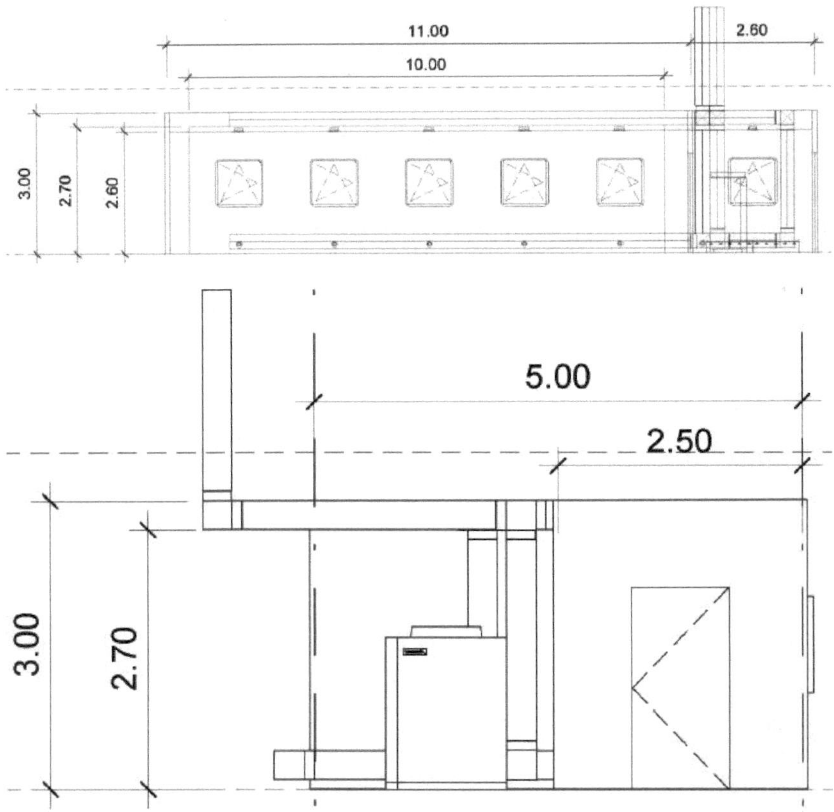

Abbildung 9-16: Seitenansichten

9.9.3 Datenblätter der Anlagen

Tabelle 9-21: Datenblatt der Zellassemblierungsanlage[652]

[652] Die hier verwendeten Werte sind aufgrund von Verschwiegenheitsvereinbarungen rein fiktiv; Fokus der Evaluation sind jedoch auch nicht die tatsächlichen Planungsinhalte des Use-Case, sondern vielmehr die Funktionalität der Gesamtlösungsthese

Eigenschaft	Wert
Hersteller	Battery Production Group
Modell	CWJA12
Bauart	Geschlossenes Gehäuse
Länge	10,00 m
Breite	2,00 m
Höhe	2,70 m
Gewicht	16.300 kg
Nennleistung	7.000 W
Nennspannung	400 V
Frequenz	50 Hz
Nennstromstärke	17,5 A
Wärmeabgabe	1240 W
Partikelemission =< 0,1 µm	1260000 Partikel/min
Partikelemission =< 0,2 µm	720000 Partikel/min
Partikelemission =< 0,3 µm	108000 Partikel/min
Partikelemission =< 0,5 µm	7200 Partikel/min
Partikelemission =< 1 µm	4000 Partikel/min

Tabelle 9-22: Datenblatt der RLT-Anlage

Eigenschaft	Wert
Hersteller	Fujitsu General
Modell	AJY396GALBH
Länge	0,765 m
Breite	3,41 m
Höhe	1,69 m
Nennspannung	400 V
Nennstromstärke	5 A
Frequenz	50 Hz
Luftwechselzahl	20 1/h
Ausgehender & Eingehender Luftstrom	0,51 m^3/s
Abscheidegrad für Partikel =< 0,1 µm	30 %
Abscheidegrad für Partikel =< 0,2 µm	60 %
Abscheidegrad für Partikel =< 0,3 µm	70 %
Abscheidegrad für Partikel =< 0,5 µm	90 %
Abscheidegrad für Partikel =< 1 µm	90 %
Partikelanzahl in der Frischluft =< 0,1 µm	1500000 Partikel/m^3
Partikelanzahl in der Frischluft =< 0,2 µm	700000 Partikel/m^3

Tabelle 9-23: Datenblatt des Reinraums (oben) und der Steckdose im Reinraum (unten)

Eigenschaft	Wert
Länge (Innenmaß)	11,00 m
Breite (Innenmaß)	5,00 m
Höhe (Innenmaß)	2,60 m
Tragfähigkeit des Bodens	8000 kg/m²
Transmissionswärmestrom pro Fenster	30 W
Transmissionswärmestrom durch Wände und Decken	0 W, da ideal isoliert
Standort in vorhandener Fabrikhalle	Daher Umgebungstemperatur des Reinraums konstant 21°C und Luftfeuchtigkeit konstant 50%
Druck im Raum	1,1 bar

Eigenschaft	Wert
Länge	0,075 m
Breite	0,08 m
Höhe	0,08 m
Spannung	400 V
Stromstärke	16 A
Frequenz	50 Hz
Länge	0,075 m
Breite	0,08 m
Höhe	0,08 m

Tabelle 9-24: Datenblatt der zu berücksichtigenden Arbeiter im Reinraum[653]

Eigenschaft	Wert
Wärmeabgabe	120 W
Partikellast =< 0,1 µm beim Gehen ohne Reinraumbekleidung	289730,38 Partikel/s
Partikellast =< 0,2 µm beim Gehen ohne Reinraumbekleidung	129571,37 Partikel/s
Partikellast =< 0,3 µm beim Gehen ohne Reinraumbekleidung	80923,27 Partikel/s
Partikellast =< 0,5 µm beim Gehen ohne Reinraumbekleidung	44721,36 Partikel/s
Partikellast =< 1 µm beim Gehen ohne Reinraumbekleidung	20000 Partikel/s
Partikellast =< 0,1 µm beim Gehen mit Reinraumbekleidung	64820,54 Partikel/s
Partikellast =< 0,2 µm beim Gehen mit Reinraumbekleidung	30867,95 Partikel/s
Partikellast =< 0,3 µm beim Gehen mit Reinraumbekleidung	20000 Partikel/s
Partikellast =< 0,5 µm beim Gehen mit Reinraumbekleidung	11576,47 Partikel/s
Partikellast =< 1 µm beim Gehen mit Reinraumbekleidung	5512,79 Partikel/s
Wärmeabgabe	120 W

9.9.4 Zur Verfügung gestellte Formelsammlung

Formel 9-1: Berechnung der Partikellast im Reinraum

$$p_R = \frac{\frac{\sum \dot{p}_i}{V_R * L} + (1-y) * p_F * x_F}{(1-(1-y) * x_U)}$$

p_R = Partikel in der Raumluft in der jeweiligen Grenzpartikelgröße [Partikel/m³]

---

653 Vgl. Chen, S. et al. (2019), Air quality indices and cleanroom ventilation, S. 6.

$\dot{p}_i$ = Partikelstrom der im Raum befindlichen Objekte/Menschen in der jeweiligen Grenzpartikelgröße [Partikel/s]

V_R = Volumen des Raumes [m³]

L = Luftwechselzahl [1/s]

y = Abscheidegrad der RLT-Anlage in der jeweiligen Grenzpartikelgröße [-]

p_F = Partikel in der Frischluft in der jeweiligen Grenzpartikelgröße [Partikel/m³]

x_F = Anteil der Frischluft am Abluftstrom der RLT-Anlage [-]

x_U = Anteil der Umluft am Abluftstrom der RLT-Anlage [-]

Formel 9-2: Berechnung der Beladung von Raumluft

$$X_R = \frac{\dot{m}_{R,ein} * X_{R,ein} + \dot{m}_{Maschine,H_2O} + \dot{m}_{Personen,H_2O}}{\dot{m}_{R,aus} + \dot{m}_{Leckage}}$$

X_R = Beladung des Raumes [$kg_{Wasser}/kg_{trockene\ Luft}$]

$\dot{m}_{R,ein}$ = Luftmassenstrom der RLT-Anlage [kg/s]

$X_{R,ein}$ = Beladung des Luftmassenstroms aus der RLT-Anlage [$kg_{Wasser}/kg_{trockene\ Luft}$]

$\dot{m}_{Maschine,H_2O}$ = Wassermassenstrom der Maschine in die Luft [kg/s]

$\dot{m}_{Personen,H_2O}$ = Wassermassenstrom der Personen in die Luft [m³/s]

$\dot{m}_{R,aus}$ = Luftmassenstrom der RLT-Anlage (Ansaugseite) [kg/s]

$\dot{m}_{Leckage}$ = Leckage-Luftmassenstrom [kg/s][654]

Formel 9-3: Berechnung der relativen Luftfeuchtigkeit eines Raumes

$$\varphi_W = \frac{X_R}{X_R + (\frac{M_W}{M_L})} * \frac{p}{p_{S,W}(T)}$$

φ_W = relative Luftfeuchtigkeit [%]

X_R = Beladung des Raumes [$kg_{Wasser}/kg_{trockene\ Luft}$]

M_W = Molmasse Wasser [kg/kmol] = 18,015 [kg/kmol]

M_L = Molmasse Luft [kg/kmol] = 28,964 [kg/kmol]

p = Luftdruck im Raum [kPa]

$p_{S,W}(T)$ = Temperaturabhängiger Dampfdruck [kPa] ≈ 2,339 [kPa]

---

[654] Es gilt die Annahme, dass der Reinraum im Überdruck gefahren wird, so dass Luft bei einer Leckage nur entweichen kann

Formel 9-4: Vereinfachte Berechnung der Wärmelast in einem Raum

$$\dot{Q}_R = \sum \dot{Q}_i$$

$\dot{Q}_R$ = Wärmestrom, der im Raum entsteht bzw. Wärmelast des Raumes [W]

$\dot{Q}_i$ = Wärmestrom der im Raum befindlichen Objekte, die eine Wärme abgeben [W]

9.9.5 Liste aller Modellobjekte

Tabelle 9-25: Liste aller Modellobjekte (1/2)

Familie und Typ	Kategorie	Typ	LOD
Rechteck : Vorgabe	Luftkanäle	Vorgabe	300
Rechteck: Vorgabe	Luftkanäle	Vorgabe	300
Tellerventil Zuluft horizontal: NW 200	Luftdurchlässe	NW200	300
Tellerventil Zuluft horizontal: NW 200	Luftdurchlässe	NW200	300
Tellerventil Zuluft horizontal: NW 200	Luftdurchlässe	NW200	300
Tellerventil Zuluft horizontal: NW 200	Luftdurchlässe	NW200	300
Tellerventil Zuluft horizontal: NW 200	Luftdurchlässe	NW200	300
Drehflügel 1-flg - Variabel1 : Aluminium_V	Türen	Aluminium_V	300
Furniture_Shelving-Storage_Dalform_Hat-Rack-1000:Default	Möbel	Default	300
Furniture_Shelving-Storage_Dalform_Hat-Rack-100:Default	Möbel	Default	300
Drehflügel 1-flg - Variabel1 : Aluminium_V	Türen	Aluminium_V	300
Furniture_Shelving-Storage_Dalform_Hat-Rack-1000:Default	Möbel	Default	300
Furniture_Shelving-Storage_Dalform_Hat-Rack-1000:Default	Möbel	Default	300
Tellerventil Zuluft horizontal: NW 200	Luftdurchlässe	NW160	300
Rechteck : Vorgabe	Luftkanäle	Vorgabe	300
Winkel rechteck WS: Standard	Luftkanalformteile	Standard	300
Winkel rechteck WS: Standard	Luftkanalformteile	Standard	300
Tellerventil Abluft: ND 200	Luftdurchlässe	ND 200	300
Tellerventil Abluft: ND 200	Luftdurchlässe	ND 200	300
Tellerventil Abluft: ND 200	Luftdurchlässe	ND 200	300
Tellerventil Abluft: ND 200	Luftdurchlässe	ND 200	300
Tellerventil Abluft: ND 200	Luftdurchlässe	ND 200	300
Tellerventil Abluft: ND 200	Luftdurchlässe	ND 200	300
Winkel rechteck WS: Standard	Luftkanalformteile	Standard	300

Tabelle 9-26: Liste aller Modellobjekte (2/2)

Familie und Typ	Kategorie	Typ	LOD
Rechteck: Vorgabe	Luftkanäle	Vorgabe	300
Rechteck: Vorgabe	Luftkanäle	Vorgabe	300
Rechteck: Vorgabe	Luftkanäle	Vorgabe	300
Rechteck: Vorgabe	Luftkanäle	Vorgabe	300
Rechteck: Vorgabe	Luftkanäle	Vorgabe	300
Winkel rechteck WS: Standard	Luftkanalformteile	Standard	300
Fenster 1-flg - Ansch lag: 1.01 x 1.01	Fenster	1.01 X 1 .01	300
Fenster 1-flg - Ansch lag: 1.01 x 1.01	Fenster	1.01 X 1 .01	300
Fenster 1-flg - Ansch lag: 1.01 x 1.01	Fenster	1.01 X 1. 01	300
Fenster 1-flg - Ansch lag: 1.01 x 1.01	Fenster	1.01 X 1. 01	300
Fenster 1-flg - Ansch lag: 1.01 x 1.01	Fenster	1.01 X 1. 01	300
Fenster 1-flg - Ansch lag: 1.01 x 1.01	Fenster	1.01 X 1 .01	300
Winkel rechteck WS: Standard	Luftkanalformteile	Standard	300
Winkel rechteck WS: Standard	Luftkanalformteile	Standard	300
Rechteck : Vorgabe	Luftkanäle	Vorgabe	300
Rechteck : Vorgabe	Luftkanäle	Vorgabe	300
Winkel rechteck WS: Standard	Luftkanalformteile	Standard	300
Winkel rechteck WS: Standard	Luftkanalformteile	Standard	300
Rechteck: Vorgabe	Luftkanäle	Vorgabe	300
Rechteck: Vorgabe	Luftkanäle	Vorgabe	300
Winkel rechteck WS: Standard	Luftkanalformteile	Standard	300
Maschine: Produktionsmaschine	Allgem. Modell	Prod.maschine	200
Steckdosen: 1-Fach P	Elek.installationen	1-Fach UP	300
RLT-Anlage_Fujitsu General_VR-IV AJY378 - 396GALBH_EN: AJI	HLS-Bauteile	AJY396GALBH	300

9.9.6 Exportierte Bauteilliste

Tabelle 9-27: Exportierte Bauteilliste (1/5)

Raum: Name	Familie	Klasse	Name	Bauart
Reinraum1	Tellerventil Zuluft horizontal	Zuluftdurchlass	Zuluftdüse1	
Reinraum1	Tellerventil Zuluft horizontal	Zuluftdurchlass	Zuluftdüse2	
Reinraum1	Tellerventil Zuluft horizontal	Zuluftdurchlass	Zuluftdüse3	
Reinraum1	Tellerventil Zuluft horizontal	Zuluftdurchlass	Zuluftdüse4	
Reinraum1	Tellerventil Zuluft horizontal	Zuluftdurchlass	Zuluftdüse5	
Reinraum1	Tellerventil Zuluft horizontal	Zuluftdurchlass	Zuluftdüse6	
Reinraum1	Tellerventil Abluft	Abluftdurchlass	Abluftdüse1	
Reinraum1	Tellerventil Abluft	Abluftdurchlass	Abluftdüse2	
Reinraum1	Tellerventil Abluft	Abluftdurchlass	Abluftdüse3	
Reinraum1	Tellerventil Abluft	Abluftdurchlass	Abluftdüse4	
Reinraum1	Tellerventil Abluft	Abluftdurchlass	Abluftdüse5	
Reinraum1	Tellerventil Abluft	Abluftdurchlass	Abluftdüse6	
Reinraum1	Fenster 1-flg - Anschlag	Fenster	Fenster1	
Reinraum1	Fenster 1-flg - Anschlag	Fenster	Fenster2	
Reinraum1	Fenster 1-flg - Anschlag	Fenster	Fenster3	
Reinraum1	Fenster 1-flg - Anschlag	Fenster	Fenster4	
Reinraum1	Fenster 1-flg - Anschlag	Fenster	Fenster5	
Reinraum1	Fenster 1-flg - Anschlag	Fenster	Fenster6	
Reinraum1	Maschine	Maschine	Produktionsmaschine	Geschlossenes Gehäuse
Reinraum1	Steckdosen	POC	Starkstromsteckdose	
	RLT-Anlage_Fujitsu General_VI	Lueftungsanlage	RLTAnlage	Geschlossenes Gehäuse

Tabelle 9-28: Exportierte Bauteilliste (2/5)

Name	hat_Laenge	hat_Breite	hat_Hoehe	hat_Eigengewicht	hat_Nennspannung
Zuluftdüse1	0.400	0.400	0.200	0.50	
Zuluftdüse2	0.400	0.400	0.200	0.50	
Zuluftdüse3	0.400	0.400	0.200	0.50	
Zuluftdüse4	0.400	0.400	0.200	0.50	
Zuluftdüse5	0.400	0.400	0.200	0.50	
Zuluftdüse6	0.320	0.320	0.200	0.45	
Abluftdüse1	0.200	0.060	0.200	0.40	
Abluftdüse2	0.200	0.060	0.200	0.40	
Abluftdüse3	0.200	0.060	0.200	0.40	
Abluftdüse4	0.200	0.060	0.200	0.40	
Abluftdüse5	0.200	0.060	0.200	0.40	
Abluftdüse6	0.200	0.060	0.200	0.40	
Fenster1	1.010	0.080	1.010	11.30	
Fenster2	1.010	0.080	1.010	11.30	
Fenster3	1.010	0.080	1.010	11.30	
Fenster4	1.010	0.080	1.010	11.30	
Fenster5	1.010	0.080	1.010	11.30	
Fenster6	1.010	0.080	1.010	11.30	
Produktionsmaschine	10.000	2.000	2.700	16300.00	400
Starkstromsteckdose	0.075	0.080	0.080	0.20	400
RLTAnlage	0.765	3.410	1.690	834.00	400

Tabelle 9-29: Exportierte Bauteilliste (3/5)

Name	hat_Stromstaerke	hat_Anschlussleistung	hat_benoetigte_Frequenz	hat_Waermeabgabe_Maschine	hat_Transmissionswaermeabgabe
Zuluftdüse1					
Zuluftdüse2					
Zuluftdüse3					
Zuluftdüse4					
Zuluftdüse5					
Zuluftdüse6					
Abluftdüse1					
Abluftdüse2					
Abluftdüse3					
Abluftdüse4					
Abluftdüse5					
Abluftdüse6					
Fenster1					30
Fenster2					30
Fenster3					30
Fenster4					30
Fenster5					30
Fenster6					30
Produktionsmaschine	17.50	7000	50	1240	
Starkstromsteckdose	16.00	6400	50		
RLTAnlage	5.00	2000	50		

Tabelle 9-30: Exportierte Bauteilliste (4/5)

Name	hat_max_Kuehlleistung	hat_Luftwechselzahl	hat_Abscheidegrad_0_1	hat_Partikelkonzentration_0_1	hat_Partikelemission_0_1
Zuluftdüse1					
Zuluftdüse2					
Zuluftdüse3					
Zuluftdüse4					
Zuluftdüse5					
Zuluftdüse6					
Abluftdüse1					
Abluftdüse2					
Abluftdüse3					
Abluftdüse4					
Abluftdüse5					
Abluftdüse6					
Fenster1					
Fenster2					
Fenster3					
Fenster4					
Fenster5					
Fenster6					
Produktionsmaschine					1260000
Starkstromsteckdose					
RLTAnlage	1600	20	0.30	1500000	

Tabelle 9-31: Exportierte Bauteilliste (5/5)

Name	hat_Frischluftanteil	hat_Umluftanteil	hat_LOD
Zuluftdüse1			LOD300
Zuluftdüse2			LOD300
Zuluftdüse3			LOD300
Zuluftdüse4			LOD300
Zuluftdüse5			LOD300
Zuluftdüse6			LOD300
Abluftdüse1			LOD300
Abluftdüse2			LOD300
Abluftdüse3			LOD300
Abluftdüse4			LOD300
Abluftdüse5			LOD300
Abluftdüse6			LOD300
Fenster1			LOD300
Fenster2			LOD300
Fenster3			LOD300
Fenster4			LOD300
Fenster5			LOD300
Fenster6			LOD300
Produktionsmaschine			LOD200
Starkstromsteckdose			LOD300
RLTAnlage	0.20	0.80	LOD300

9.9.7 Cellfie Skript zur Transformation (Parsing)

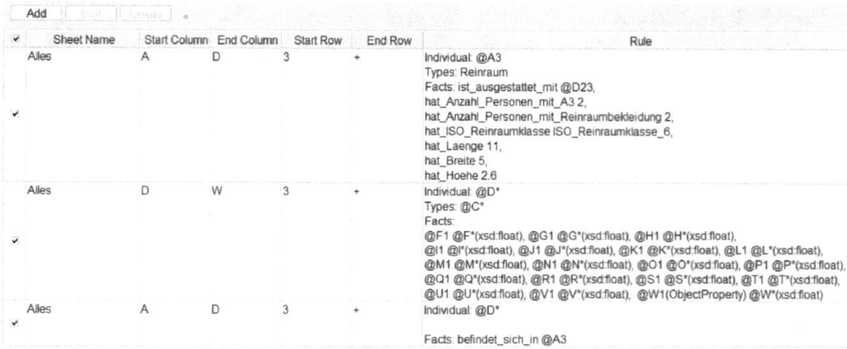

✔	Sheet Name	Start Column	End Column	Start Row	End Row	Rule
✔	Alles	A	D	3	+	Individual: @A3 Types: Reinraum Facts: ist_ausgestattet_mit @D23, hat_Anzahl_Personen_mit_A3 2, hat_Anzahl_Personen_mit_Reinraumbekleidung 2, hat_ISO_Reinraumklasse ISO_Reinraumklasse_6, hat_Laenge 11, hat_Breite 5, hat_Hoehe 2.6
✔	Alles	D	W	3	+	Individual: @D* Types: @C* Facts: @F1 @F*(xsd:float), @G1 @G*(xsd:float), @H1 @H*(xsd:float), @I1 @I*(xsd:float), @J1 @J*(xsd:float), @K1 @K*(xsd:float), @L1 @L*(xsd:float), @M1 @M*(xsd:float), @N1 @N*(xsd:float), @O1 @O*(xsd:float), @P1 @P*(xsd:float), @Q1 @Q*(xsd:float), @R1 @R*(xsd:float), @S1 @S*(xsd:float), @T1 @T*(xsd:float), @U1 @U*(xsd:float), @V1 @V*(xsd:float), @W1(ObjectProperty) @W*(xsd:float)
✔	Alles	A	D	3	+	Individual: @D* Facts: befindet_sich_in @A3

Abbildung 9-17: Cellfie Skript für das Experiment

9.9.8 SHACL-Skript

Das vollständige SHACL-Skript ist hier zu finden:

https://hdl.handle.net/21.11102/27d1b3ea-a573-4342-acf7-7c08eb7fccd9

9.9.9 Ergebnisse pro Fehler

Tabelle 9-32: Gesamtübersicht der Fehler

Dokumentierte Rückmeldungen der Planer	Validität der Rückmeldung	Häufigkeit
Maschine zu hoch	Richtig	71%
Stromanschluss unzureichend dimensioniert	Richtig	71%
LOD der Maschine unzureichend	Richtig	57%
Zu hohe Wärmelast	Richtig	86%
davon jedoch falschen Wert errechnet	-	17%
Zu hohe Partikellast	Richtig	43%
davon jedoch falschen Wert errechnet	-	67%
Fehlendes Objekt im Modell	Falsch	43%
Inkorrekte Luftfeuchtigkeit	Falsch	14%
Kein Stromanschluss im Modell	Falsch	14%
Maschine zu schwer	Falsch	14%
Höhe des Reinraums = 3m	Falsch	14%

9.9.10 Gesamter Validation Report

Der in Tabelle 9-33 dargestellte *Validation Report* ist zu Übersichtlichkeitszwecken leicht angepasst zu dem, wie *Protégé* ihn ausgibt. So ist aus den in Kapitel 6.3.2 beschriebenen Gründen auch hier der *SourceShape* nicht mit angegeben, da der *Path* bereits ausreichende Erkenntnisse liefert. Die Spalte *Severity* ist eingekürzt und würde in voller Länge jeweils mit *http://www.w3.org/ns/shacl#Violation* beschrieben. Auch der *FocusNode* ist eingekürzt und würde in voller Länger z. B. *http://www.w3.org/TR/skos-reference/skos-owl1-dl.rdf#ProductionMachine* geschrieben. Der Path würde den IRI der OFP innehaben und somit z. B. durch *https://download.cms.rwth-aachen.de/wzl/OFP.owl#ist_ausgestattet_mit* beschrieben werden.

Tabelle 9-33: Gesamter Validation Report des Experiments

Severity	Message	FocusNode	Path	Value
Violation	Kühllast des Reinraumes zu hoch für RLT-Anlage	RLTAnlage	hat_max_Kuehlleistung	1600.0^^http://www.w3.org/2001/XMLSchema#float
Violation	Kühllast des Reinraumes zu hoch für RLT-Anlage	RLTAnlage	hat_max_Kuehlleistung	1600.0^^http://www.w3.org/2001/XMLSchema#float
Violation	Kühllast des Reinraumes zu hoch für RLT-Anlage	RLTAnlage	hat_max_Kuehlleistung	1600.0^^http://www.w3.org/2001/XMLSchema#float
Violation	Kühllast des Reinraumes zu hoch für RLT-Anlage	RLTAnlage	hat_max_Kuehlleistung	1600.0^^http://www.w3.org/2001/XMLSchema#float
Violation	Kühllast des Reinraumes zu hoch für RLT-Anlage	RLTAnlage	hat_max_Kuehlleistung	1600.0^^http://www.w3.org/2001/XMLSchema#float
Violation	Kühllast des Reinraumes zu hoch für RLT-Anlage	RLTAnlage	hat_max_Kuehlleistung	1600.0^^http://www.w3.org/2001/XMLSchema#float
Violation	Stromstärke der Maschine zu groß für Steckdose	Starkstromsteckdose	hat_Stromstaerke	16.0^^http://www.w3.org/2001/XMLSchema#float
Violation	Höhe der Maschine muss kleiner sein, als die Höhe des Raumes	Produktionsmaschine	hat_Hoehe	2.7^^http://www.w3.org/2001/XMLSchema#float
Violation	Value does not match pattern \"LOD300\"	Produktionsmaschine	hat_LOD	http://www.semanticweb.org/mebadeesfahani/OFP/v1.0#LOD200
Violation	Partikelkonzentration im Reinraum zu hoch, sodass die ISO-Klasse nicht mehr eingehalten werden kann	Reinraum1	hat_Grenzwert_Partikelkonzentration_0_1	1000000^^http://www.w3.org/2001/XMLSchema#integer
Violation	RLT-Anlage fehlt im Reinraum	Reinraum1	ist_ausgestattet_mit	

In der Reihe **Ergebnisse aus der Produktionstechnik** zuletzt erschienen:

Kreß, Julian Maximilian:
Erbringung hybrider Leistungsangebote in Wertschöpfungsnetzwerken
ISBN: 978-3-98555-128-6
Erscheinungsdatum: 24.01.2023

Bickendorf, Philipp:
Tribologische und geometrische Auslegung von additiv hergestellten Werkzeug-einsätzen zur Feinblech-umformung
ISBN: 978-3-98555-133-0
Erscheinungsdatum: 24.01.2023

Wenning, Marius:
Kontextabhängige Anomaliedetektion zur visuellen Hinderniserkennung für automatisierte PKW im End-of-Line-Bereich
ISBN: 978-3-98555-121-7
Erscheinungsdatum: 19.12.2022

Schlegel, Peter:
Bewertung und Optimierung der Vollständigkeit von Betriebsdaten im Kontext der Fehlerprädiktion
ISBN: 978-3-98555-120-0
Erscheinungsdatum: 18.11.2022

Kiesel, Raphael:
Techno-Economic Evaluation of 5G Technology for Latency-Critical Applications in Production
ISBN: 978-3-98555-115-6
Erscheinungsdatum: 19.10.2022

Behrens, Jan:
Selbstkalibrierung von 5-Achs-Bearbeitungszentren mit Dreh-/Schwenktisch
ISBN: 978-3-98555-124-8
Erscheinungsdatum: 24.01.2023

Vierschillung, Sebastian Patrick:
Automatisierung der Standortauswahl in der Fabrikplanung
ISBN: 978-3-98555-134-7
Erscheinungsdatum: 09.01.2023

Helbig, Jens:
Typisierung und Auswahl von Referenzstrategien für den Werkzeugeinkauf
ISBN: 978-3-98555-122-4
Erscheinungsdatum: 19.12.2022

Kukla, Christian:
Prozesstemperaturregelung in der laserunterstützten Verarbeitung von faserverstärkten thermoplastischen Verbundkunststoffen
ISBN: 978-3-98555-116-3
Erscheinungsdatum: 19.10.2022

Hahn, Viviane:
Bewertung der Wandlungsfähigkeit in der automatisierten Fabrikplanung
ISBN: 978-3-98555-102-6
Erscheinungsdatum: 10.10.2022

Edition Wissenschaft
Apprimus

Schäkel, Martin:
Adaptiver laserunterstützter Tapewickelprozess für die Herstellung von Druckbehältern aus endlosfaserverstärkten Thermoplasten
ISBN: 978-3-98555-107-1
Erscheinungsdatum: 12.08.2022

Elser, Hannes:
Fähigkeit von Bluetooth Low Energy zur signalstärkebasierten Rückverfolgung von Bauteilen in der Einzel- und Kleinserienfertigung
ISBN: 978-3-98555-099-9
Erscheinungsdatum: 12.08.2022

Busch, Max:
Intelligente Produktionsplanungsprozesse im Werkzeugbau
ISBN: 978-3-98555-095-1
Erscheinungsdatum: 14.07.2022

Fölling, Carsten:
Komplexitätsbeherrschung durch hybride Montageplanung
ISBN: 978-3-98555-090-6
Erscheinungsdatum: 30.06.2022

Ays, Johanna:
Kontextbasierte Integration agiler und plangetriebener Entwicklungsprozesse
ISBN: 978-3-98555-087-6
Erscheinungsdatum: 23.06.2022

Maslo, Semir:
Simulation of the Dynamic Vibration Behaviour and Spindle Speed Optimization During the Milling Process of Turbomachinery Components
ISBN: 978-3-98555-082-1
Erscheinungsdatum: 25.05.2022

Solf, Mareike:
Modellierung der Schleifkraft beim Kegelradschleifen
ISBN: 978-3-98555-106-4
Erscheinungsdatum: 12.08.2022

Henkel, Jérôme
Strategien zur Steigerung der Flächeneffizienz von Fabriken im urbanen Umfeld ISBN
ISBN: 978-3-98555-098-2
Erscheinungsdatum: 27.07.2022

Eßer, Bastian:
Analyse des Betriebsverhaltens von Kugelgewindetrieben unter statischen axialen Betriebslasten
ISBN: 978-3-98555-065-4
Erscheinungsdatum: 11.07.2022

Schulz, Martin:
Optimierung des Temperaturfeldes beim Laserstrahlhärten
ISBN: 978-3-98555-078-4
Erscheinungsdatum: 23.06.2022

Ebade Esfahani, Matthias:
Ontologie der Fabrikplanung mit Hilfe von Building Information Modeling (BIM)
ISBN: 978-3-98555-084-5
Erscheinungsdatum: 07.06.2022

Schmitz, Seth:
Datenbasierte Beschreibung der Prozessperformance in der Auftragsabwicklung
ISBN: 978-3-98555-079-1
Erscheinungsdatum: 19.05.2022

Edition Wissenschaft
Apprimus

FSC
www.fsc.org
MIX
Papier | Fördert
gute Waldnutzung
FSC® C083411

Zeitfracht Medien GmbH
Ferdinand-Jühlke-Straße 7
99095 Erfurt, Deutschland
produktsicherheit@kolibri360.de